高职高专“十二五”规划教材

化工安全技术与环境保护

刘景良　主编

HUAGONG ANQUAN
JISHU YU HUANJING BAOHU

化学工业出版社
·北京·

本书在编写过程中，注重对普及化工安全生产知识和环境保护基础知识的介绍，兼顾内容的通用性及系统性。体现生产实际，反映新理论、新技术、新装备以及最新相关法规标准要求。注重学生安全生产和环境保护意识的建立与强化，使学生了解危险识别、危险控制及环境保护的基本理论和方法。

全书共包括化工安全与职业危害概论、危险化学品、防火防爆技术、工业防毒技术、压力容器安全技术、电气安全与静电防护技术、化工装置安全检修、职业危害防护技术、安全生产安全管理制度、环境保护与化工污染概述、化工废水处理、化工废气治理、化工固废的处理与资源化等内容，对化工生产中涉及的有关安全生产和环境保护的理论及其应用做了较系统的介绍，在大部分章节选编了典型事故案例和环境保护应用实例，以便使读者加深对知识的理解和掌握，每章后均附有复习思考题。

本书可作为高等职业教育化工及相关专业公共课教材，也可作为从事化工生产的技术人员和管理人员培训及参考用书。

图书在版编目（CIP）数据

化工安全技术与环境保护/刘景良主编．—北京：化学工业出版社，2012.8（2022.2重印）
高职高专“十二五”规划教材
ISBN 978-7-122-14651-9

Ⅰ．化…　Ⅱ．刘…　Ⅲ．①化学工业-安全技术-高等职业教育-教材②化学工业-环境保护-高等职业教育-教材　Ⅳ．①TQ086②X78

中国版本图书馆CIP数据核字（2012）第138919号

责任编辑：窦　臻　　　　文字编辑：糜家铃
责任校对：顾淑云　　　　装帧设计：王晓宇

出版发行：化学工业出版社（北京市东城区青年湖南街13号　邮政编码100011）
印　　刷：北京京华铭诚工贸有限公司
装　　订：三河市振勇印装有限公司
787mm×1092mm　1/16　印张16¾　字数438千字　　2022年2月北京第1版第8次印刷

购书咨询：010-64518888　　　　售后服务：010-64518899
网　　址：http://www.cip.com.cn
凡购买本书，如有缺损质量问题，本社销售中心负责调换。

定　　价：46.00元

版权所有　违者必究

FOREWORD

前　言

众所周知，化工企业的原料及产品多为易燃、易爆、有毒有害、有腐蚀性的物质，现代化工生产过程多具有高温、高压、深冷、连续化、自动化、生产装置大型化等特点。与其他行业相比，化工生产的各个环节不安全因素较多，具有事故后果严重、危险性和危害性更大的特点；同时，化工生产过程中产生的各类污染物对生态环境也可造成损害。化工生产的实际对安全生产和环境保护提出了更加严格的要求。客观上要求从事化工生产的管理人员、技术人员及操作人员必须掌握或了解基本的安全知识和环境保护知识。满足现代化工生产的这一客观要求，实现安全生产、保护环境，保障我国化学工业持续健康的发展，是编写此书的初衷和良好愿望。

本书在编写过程中注重科技发展和生产实际，反映新理论、新技术、新装备以及最新相关法规标准要求；兼顾安全和环境基础知识的通用性和系统性。

本书共包括化工安全与职业危害概论、危险化学品、防火防爆技术、工业防毒技术、压力容器安全技术、电气安全与静电防护技术、化工装置安全检修、职业危害防护技术、安全生产安全管理制度、环境保护与化工污染概述、化工废水处理、化工废气治理、化工固废的处理与资源化等内容，对化工生产中涉及的有关安全生产和环境保护的理论及其应用做了较系统的介绍，在大部分章节选编了典型事故案例和环境保护应用实例，以便使读者加深对知识的理解和掌握，每章后均附有复习思考题。

本书共分十三章，天津职业大学刘景良担任主编。其中刘景良编写第一章～第九章，四川化工职业技术学院白晶编写第十章和第十一章，天津职业大学聂云编写第十二章，天津职业大学冯艳文编写第十三章，四川化工职业技术学院牛正玺参与了第一章、第二章、第十章、第十一章部分内容的编写。全书由刘景良统稿。

由于编者水平所限，书中不妥之处在所难免，敬请读者批评指正。

编　者

2012 年 3 月

第一章　化工安全与职业危害概论

第二章　危险化学品

第三章　防火防爆技术

第四章　工业防毒技术

第五章　压力容器安全技术

第六章　电气安全与静电防护技术

第七章　化工装置安全检修

第八章　职业危害防护技术

第九章　安全生产管理制度

第十章　环境保护与化工污染概述

第十一章　化工废气治理

第十二章　化工废水处理

第十三章　化工固废的处理与资源化

参考文献

CHAPTER 1

第一章

第一节 化工生产的特点与安全

化学工业是运用化学方法从事产品生产的工业。它是一个多行业、多品种、历史悠久、在国民经济中占重要地位的工业部门。化学工业作为国民经济的支柱产业，与农业、轻工、纺织、建筑及国防等部门有着密切的联系，其产品已经并将继续渗透到国民经济的各个领域。我国的化学工业经过几十年的发展，目前已形成相当的规模，如硫酸、合成氨、化学肥料、农药、烧碱、纯碱等主要化工产品的产量均在世界上名列前茅。

一、化工生产的特点

1. 化工生产涉及的危险品种类多

化工生产使用的原料、半成品和成品种类繁多，且绝大部分是易燃、易爆、有毒、有腐蚀的化学危险品。这给生产中对这些原材料、燃料、中间产品和成品的储存和运输都提出了特殊的要求。

2. 化工生产要求的工艺条件苛刻

有的化学反应在高温、高压下进行，而有的则要在低温、高真空度下进行。如由轻柴油裂解制乙烯、进而生产聚乙烯的生产过程中，轻柴油在裂解炉中的裂解温度为800℃；裂解气要在深冷（−96℃）条件下进行分离；纯度为99.99%的乙烯气体在294MPa（3000kgf/cm^2）压力下聚合，制成聚乙烯树脂。

3. 生产规模大型化

近几十年来，国际上化工生产采用大型生产装置是一个明显的趋势。以化肥为例，20世纪50年代合成氨的最大规模为6t/a，60年代初为12万吨/年，60年代末达到30万吨/年，70年代发展到50万吨/年以上。乙烯装置的生产能力也从20世纪50年代的10万吨/年，发展到70年代的60万吨/年。

采用大型装置可以明显降低单位产品的建设投资和生产成本，有利于提高劳动生产率。因此，世界各国都在积极发展大型化工生产装置。当然，也不是说化工装置越大越好，这里涉及技术经济的综合效益问题。例如，目前新建的乙烯装置和合成氨装置大多稳定在30万45万吨/年的规模。

4. 生产方式日趋先进

现代化工企业的生产方式已经从过去的手工操作、间断生产转变为高度自动化、连续化

生产；生产设备由敞开式变为密闭式；生产装置由室内走向露天；生产操作由分散控制变为集中控制，同时也由人工手动操作和现场观测发展到由计算机遥测遥控。

二、安全在化工生产中的地位

综上所述，化工生产具有易燃、易爆、易中毒、高温、高压、腐蚀等特点，与其他行业相比，化工生产潜在的不安全因素更多，危险性和危害性更大，因此，对安全生产的要求也更加严格，其重要性也就不言自明。

一些发达国家的统计资料表明，在工业企业发生的爆炸事故中，化工企业占了1/3。据日本统计资料报道，仅1972年11月～1974年4月的一年半时间内，日本的石油化工厂共发生了20次重大爆炸火灾事故，造成重大人身伤亡事故和巨额经济损失，其中仅一个液氯储罐爆炸就造成521人受伤中毒。

随着生产技术的发展和生产规模的扩大，化工生产安全已成为一个社会问题。因为一旦发生火灾和爆炸事故，不但导致生产停顿、设备损坏、产品无法生产、原料积压，造成社会生产链中断，使社会的生产力下降；而且也会造成大量人身伤亡，甚至波及社会，产生无法估量的损失和难以挽回的影响。例如，1984年11月墨西哥城液化石油气站发生爆炸事故，造成540人死亡，4000多人受伤，大片的居民区化为焦土，50万人无家可归。再如，印度博帕尔市的一家农药厂发生甲基异氰酸酯毒气泄漏事件，造成2500人死亡，5万人双目失明，15万人终身残废（本书第四章有关于此次事故的详细介绍）。

我国的化工企业特别是中小化工企业，由于安全制度不健全或执行制度不严、操作人员缺乏安全生产知识或技术水平不高、违章作业、设备陈旧等原因，也发生过很多事故。

此外，在化工生产中，不可避免地要接触大量有毒化学物质，如苯类、氯气、亚硝基化合物、铬盐、联苯胺等物质，极易造成中毒事件；同时在化工生产过程中也容易造成环境污染。

随着中国社会的全面进步，我国化学工业面临的安全生产、劳动保护与环境保护等问题必然会引起人们越来越多的关注，这对从事化工生产安全管理人员、技术管理人员及技术工人的安全素质提出了越来越高的要求。如何确保化工安全生产，使化学工业能够稳定持续的健康发展，是我国化学工业面临的一个亟待解决且必须解决的重大问题。

第二节 两类危险源理论

事故致因因素种类繁多，非常复杂，在事故发生发展过程中起的作用也不相同。根据危险源在事故发生中的作用，把危险源划分为两大类。根据能量意外释放理论，能量或危险物质的意外释放是伤亡事故发生的物理本质。于是，把生产过程中存在的、可能发生意外释放的能量（能源或能量载体）或危险物质称第一类危险源。正常情况下，生产过程中的能量或危险物质受到约束或限制，不会发生意外释放，即不会发生事故。但是，一旦这些约束或限制能量或危险物质的措施受到破坏或失效，则将发生事故。导致能量或危险物质约束或限制措施失效的各种因素称为第二类危险源。

第二类危险源包括人、物、环境三个方面的问题，主要包括人的失误、物的故障和环境因素。

人失误（human error）即人的行为结果偏离预定的标准。人的不安全行为是人失误的特例，人失误可能直接破坏第一类危险源控制措施，造成能量或危险物质的意外释放。

物的因素的问题是物的故障，物的不安全状态也是一种故障状态，包括在物的故障之中。物的故障可能直接破坏对能量或危险物质的约束或限制措施。有时一种物的故障导致另一种物的故障，最终造成能量或危险物质的意外释放。

环境因素主要指系统的运行环境，包括温度、湿度、照明、粉尘、通风换气、噪声等物理因素。不良的环境会引起物的故障或人的失误。

1995 年陈宝智教授在对系统安全理论进行系统研究的基础上，提出了事故致因的两类危险源理论。该理论认为，一起伤亡事故的发生往往是两类危险源共同作用的结果。第一类危险源是伤亡事故发生的能量主体，是第二类危险源出现的前提，并决定事故后果的严重程度；第二类危险源是第一类危险源造成事故的必要条件，决定事故发生的可能性。两类危险源相互关联、相互依存。

根据两类危险源理论，第一类危险源是一些物理实体，第二类危险源是围绕着第一类危险源而出现的一些异常现象或状态。因此危险源辨识的首要任务是辨识第一类危险源，然后围绕第一类危险源来辨识第二类危险源。

第三节 化工生产中的重大危险源

一、重大危险源的定义

由火灾、爆炸、毒物泄漏等所引起的重大事故，尽管其起因和后果的严重程度不尽相同，但它们都是因危险物质失控后引起的，并造成严重后果。危险的根源是生产、运输、储存、使用过程中存在易燃、易爆及有毒物质，具有引发灾难性事故的能量。造成重大工业事故的可能性及后果的严重度既与物质的固有特性有关，又与设施或设备中危险物质的数量或能量的大小有关。

根据《中华人民共和国安全生产法》中的规定，重大危险源是指长期或者临时地生产、搬运、使用或者储存危险物品，且危险物品的数量等于或者超过临界量的单元（包括场所和设施）。

在《危险化学品重大危险源辨识》（GB 18218—2009）中，危险化学品重大危险源定义为：长期或临时地生产、加工、使用或储存危险化学品，且危险化学品的数量等于或超过临界量的单元。

所谓单元是指一个（套）生产装置、设施或场所，或同属一个生产经营单位的且边缘距离小于 500m 的几个（套）生产装置、设施或场所。

根据《重大事故隐患管理规定》（劳部发［1995］322 号），重大事故隐患是指可能导致重大人身伤亡或者重大经济损失的事故隐患。

重大危险源与重大事故隐患是有区别的，前者强调设备、设施或场所本质的、固有的物质能量的大小；后者则强调作业场所、设备及设施的不安全状态、人的不安全行为和管理上的缺陷。

需要指出的是，不同国家和地区对重大危险源的定义及规定的临界量可能是不同的。无论是对重大危险源的范围以及重大危险源临界量的确定，都是为了防止重大事故发生，在综合考虑国家和地区的经济实力、人们对安全与健康的承受水平和安全监督管理的需要后给出的。随着社会总体水平的提高和防控事故能力的增强，对重大危险源的相关规定也会随之改变。

二、危险化学品重大危险源的辨识

凡单元内存在危险化学品的数量等于或超过规定的临界量，即为重大危险源。单元内存在危险化学品的数量根据处理危险化学品种类的多少区分为以下两种情况。

（1）单元内存在的危险化学品为单一品种，则该危险化学品的数量即为单元内危险化学品的总量，若等于或超过相应的临界量，则定为重大危险源。

（2）单元内存在的危险化学品为多品种时，则按式（1-1）计算，若满足式（1-1）的条件，则定为重大危险源：

$$\frac{q_1}{Q_1}+\frac{q_2}{Q_2}+\cdots+\frac{q_n}{Q_n}\geqslant 1 \tag{1-1}$$

式中　q_1，q_2，…，q_n——每种危险化学品的实际存在量，t；

Q_1，Q_2，…，Q_n——与各危险化学品相对应的临界量，t。

危险化学品临界量的确定方法如下：

（1）在表 1-1 范围内的危险化学品，其临界量按表 1-1 确定；

（2）未在表 1-1 范围内的危险化学品，依据其危险性，按表 1-2 确定临界量；若一种危险化学品具有多种危险性，按其中最低的临界量确定。

表 1-1　危险化学品名称及其临界量

序号	类别	危险化学品名称和说明	临界量/t
1	爆炸品	叠氮化钡	0.5
2		叠氮化铅	0.5
3		雷酸汞	0.5
4		三硝基苯甲醚	5
5		三硝基甲苯	5
6		硝化甘油	1
7		硝化纤维素	10
8		硝酸铵（含可燃物＞0.2%）	5
9	易燃气体	丁二烯	5
10		二甲醚	50
11		甲烷，天然气	50
12		氯乙烯	50
13		氢	5
14		液化石油气（含丙烷、丁烷及其混合物）	50
15		一甲胺	5
16		乙炔	1
17		乙烯	50
18	毒性气体	氨	10
19		二氟化氧	1
20		二氧化氮	1
21		二氧化硫	20
22		氟	1

续表

序号	类别	危险化学品名称和说明	临界量/t
23	毒性气体	光气	0.3
24		环氧乙烷	10
25		甲醛(含量>90%)	5
26		磷化氢	1
27		硫化氢	5
28		氯化氢	20
29		氯	5
30		煤气(CO,CO 和 H_2、CH_4 的混合物等)	20
31		砷化三氢(胂)	1
32		锑化氢	1
33		硒化氢	1
34		溴甲烷	10
35	易燃液体	苯	50
36		苯乙烯	500
37		丙酮	500
38		丙烯腈	50
39		二硫化碳	50
40		环己烷	500
41		环氧丙烷	10
42		甲苯	500
43		甲醇	500
44		汽油	200
45		乙醇	500
46		乙醚	10
47		乙酸乙酯	500
48		正己烷	500
49	易于自燃的物质	黄磷	50
50		烷基铝	1
51		戊硼烷	1
52	遇水放出易燃气体的物质	电石	100
53		钾	1
54		钠	10
55	氧化性物质	发烟硫酸	100
56		过氧化钾	20
57	氧化性物质	过氧化钠	20
58		氯酸钾	100
59		氯酸钠	100

续表

序号	类别	危险化学品名称和说明	临界量/t
60	氧化性物质	硝酸(发红烟的)	20
61		硝酸(发红烟的除外,含硝酸＞70%)	100
62		硝酸铵(含可燃物≤0.2%)	300
63		硝酸铵基化肥	1000
64	有机过氧化物	过氧乙酸(含量≥60%)	10
65		过氧化甲乙酮(含量≥60%)	10
66	毒性物质	丙酮合氰化氢	20
67		丙烯醛	20
68		氟化氢	1
69		环氧氯丙烷(3-氯-1,2-环氧丙烷)	20
70		环氧溴丙烷(表溴醇)	20
71		甲苯二异氰酸酯	100
72		氯化硫	1
73		氰化氢	1
74		三氧化硫	75
75		烯丙胺	20
76		溴	20
77		二甲亚胺	20
78		异氰酸甲酯	0.75

表 1-2　未在表 1-1 中列举的危险化学品类别及其临界量

类别	危险性分类及说明	临界量/t
爆炸品	1.1A 项爆炸品	1
	除 1.1A 项外的其他 1.1 项爆炸品	10
	除 1.1 项外的其他爆炸品	50
气体	易燃气体:危险性属于 2.1 项的气体	10
	氧化性气体:危险性属于 2.2 项非易燃无毒气体且次要危险性为 5 类的气体	200
	剧毒气体:危险性属于 2.3 项且急性毒性为类别 1 的毒性气体	5
	有毒气体:危险性属于 2.3 项的其他毒性气体	50
易燃液体	极易燃液体:沸点≤35℃且闪点＜0℃的液体;或保存温度一直在其沸点以上的易燃液体	10
	高度易燃液体:闪点＜23℃的液体(不包括极易燃液体);液态退敏爆炸品	1000
	23℃≤闪点＜61℃的液体	5000
易燃固体	危险性属于 4.1 项且包装为Ⅰ类的物质	200
易于自燃的物质	危险性属于 4.2 项且包装为Ⅰ或Ⅱ类的物质	200

续表

类别	危险性分类及说明	临界量/t
遇水放出易燃气体的物质	危险性属于4.3项且包装为Ⅰ或Ⅱ的物质	200
氧化性物质	危险性属于5.1项且包装为Ⅰ类的物质	50
	危险性属于5.1项且包装为Ⅱ或Ⅲ类的物质	200
有机过氧化物	危险性属于5.2项的物质	50
毒性物质	危险性属于6.1项且急性毒性为类别1的物质	50
	危险性属于6.1项且急性毒性为类别2的物质	500

注：以上危险化学品危险性类别及包装类别依据GB 12268确定，急性毒性类别依据GB 20592确定。

三、危险化学品重大危险源的分级

危险化学品重大危险源根据其危险程度，分为一级、二级、三级和四级，一级为最高级别。重大危险源分级方法如下。

1. 分级指标

采用单元内各种危险化学品实际存在（在线）的量与其在《危险化学品重大危险源辨识》(GB 18218）中规定的临界量比值，经校正系数校正后的比值之和R作为分级指标。

2. 分级指标R的计算方法

$$R=\alpha(\beta_1 q_1/Q_1+\beta_2 q_2/Q_2+\cdots+\beta_n q_n/Q_n) \tag{1-2}$$

式中　q_1，q_2，…，q_n——每种危险化学品实际存在（在线）的量，t；

Q_1，Q_2，…，Q_n——与各危险化学品相对应的临界量，t；

β_1，β_2…，β_n——与各危险化学品相对应的校正系数；

α——该危险化学品重大危险源厂区外暴露人员的校正系数。

3. 校正系数β的取值

根据单元内危险化学品的类别不同，设定校正系数β值，见表1-3和表1-4。

表1-3　校正系数β取值表

危险化学品类别	毒性气体	爆炸品	易燃气体	其他类危险化学品
β	见表1-2	2	1.5	1

注：危险化学品类别依据《危险货物品名表》中分类标准确定。

表1-4　常见毒性气体校正系数β值取值表

毒性气体名称	一氧化碳	二氧化硫	氨	环氧乙烷	氯化氢	溴甲烷	氯
β	2	2	2	2	3	3	4
毒性气体名称	硫化氢	氟化氢	二氧化氮	氰化氢	碳酰氯	磷化氢	异氰酸甲酯
β	5	5	10	10	20	20	20

注：未在表1-3中列出的有毒气体可按$\beta=2$取值，剧毒气体可按$\beta=4$取值。

4. 校正系数α的取值

根据重大危险源的厂区边界向外扩展500m范围内常住人口数量，设定厂外暴露人员校正系数α值，见表1-5。

表 1-5 校正系数 α 取值表

厂外可能暴露人员的数量/人	α	厂外可能暴露人员的数量/人	α
≥100	2.0	1～29	1.0
50～99	1.5	0	0.5
30～49	1.2		

5. 分级标准

根据计算出来的 R 值，按表 1-5 确定危险化学品重大危险源的级别，见表 1-6。

表 1-6 危险化学品重大危险源级别和 R 值的对应关系

危险化学品重大危险源级别	R 值	危险化学品重大危险源级别	R 值
一级	$R\geqslant100$	三级	$50>R\geqslant10$
二级	$100>R\geqslant50$	四级	$R<10$

第四节 化工职业危害与职业病

一、职业性危害因素与职业病

（一）职业性危害因素

在生产过程与劳动过程中、作业环境中存在的危害从业人员健康的因素，称为职业性危害因素。

1. 职业性危害因素的来源

（1）生产工艺过程　随着生产技术、机器设备、使用材料和工艺流程变化不同而变化。如与生产过程有关的原材料、工业毒物、粉尘、噪声、振动、高温、辐射及传染性等因素有关。

（2）劳动过程　主要是由于生产工艺的劳动组织情况、生产设备布局、生产制度与作业人员体位和方式以及智能化的程度有关。

（3）作业环境　主要是作业场所的环境，如室外不良气象条件、室内由于厂房狭小、车间位置不合理、照明不良与通风不畅等因素的影响都会对作业人员产生影响。

2. 职业性危害因素的分类

职业性危害因素按其性质，可分为以下几方面。

（1）环境因素

① 物理因素。不良的物理因素，或异常的气象条件如高温、低温、噪声、振动、高低气压、非电离辐射（可见光、紫外线、红外线、射频辐射、激光等）与电离辐射（如 X 射线、γ 射线）等，这些都可以对人体产生危害。

② 化学因素。生产过程中使用和接触到的原料、中间产品、成品及这些物质在生产过程中产生的废气、废水和废渣等都会对人体产生危害，也称为工业毒物。毒物以粉尘、烟尘、雾气、蒸气或气体的形态遍布于生产作业场所的不同地点和空间，接触毒物可对人体产生刺激或使人体产生过敏反应，还可能引起中毒。

③ 生物因素。生产过程中使用的原料、辅料及在作业环境中都可存在某些致病微生物和寄生虫，如炭疽杆菌、霉菌、布氏杆菌、森林脑炎病毒和真菌等。

（2）与职业有关的其他因素　劳动组织和作息制度的不合理导致的工作紧张；个人生活习惯不良，如过度饮酒、缺乏锻炼；劳动负荷过重，长时间的单调作业、夜班作业，动作和体位的不合理等都会对人体产生不良影响。

（3）其他因素　社会经济因素，如国家的经济发展速度、国民的文化教育程度、生态环境、管理水平等因素都会对企业的安全、卫生的投入和管理带来影响。职业卫生法制的健全、职业卫生服务和管理系统化，对于控制职业危害的发生和减少作业人员的职业伤害，也是十分重要的因素。

（二）职业病的概念及其分类

1. 职业病的概念

职业病是指劳动者在职业活动中，接触粉尘、放射性物质和其他有毒有害物质等因素而引起的疾病。如：在职业活动中，接触粉尘可导致尘肺（肺尘埃沉着病），接触工业毒物可导致职业中毒，接触工业噪声可导致噪声聋等。

由国家主管部门公布的职业病目录所列的职业病称为法定职业病。界定法定职业病的几个基本条件是：①在职业活动中产生；②接触职业危害因素；③列入国家职业病范围。

由于预防工作的疏忽及技术的局限，使健康受到损害的，称为职业性病损，包括工伤、职业病及与工作有关的疾病。也可以说，职业病是职业病损的一种形式。

2. 职业病的分类

我国卫生部、劳动和社会保障部于 2002 年 4 月 18 日颁布《职业病目录》（卫法监发[2002] 108 号），将 10 类共 115 种职业病列入法定职业病，包括：①尘肺 13 种；②职业性放射性疾病 11 种；③职业中毒 56 种；④物理因素所致职业病 5 种；⑤生物因素所致职业病 3 种；⑥职业性皮肤病 8 种；⑦职业性眼病 3 种；⑧职业性耳鼻喉口腔疾病 3 种；⑨职业性肿瘤 8 种；⑩其他职业病 5 种。

为确保科学、公正地进行职业病诊断与鉴定，卫生部发布了《职业病诊断与鉴定管理办法》以及一系列《职业病诊断标准》，使得职业病诊断、鉴定工作能够依据法定的标准与程序实施。

（三）生产性粉尘及尘肺病

1. 生产性粉尘

生产性粉尘是指在生产过程中形成，并能长时间悬浮在空气中的固体微粒。生产性粉尘主要来源于固体物质的机械加工、蒸气冷凝、物质的不完全燃烧等生产过程。

2. 粉尘引起的职业危害

粉尘引起的职业危害有全身中毒性、局部刺激性、变态反应性、致癌性、尘肺。其中以尘肺的危害最为严重。尘肺是目前我国工业生产中最严重的职业危害之一。2002 年卫生部、劳动和社会保障部公布的职业病目录中列出的法定尘肺有 13 种，即矽肺、煤工尘肺、石墨尘肺、炭黑尘肺、石棉肺、滑石尘肺、水泥尘肺、云母尘肺、陶工尘肺、铝尘肺、电焊工尘肺、铸工尘肺以及根据《尘肺病诊断标准》和《尘肺病理诊断标准》可以诊断的其他尘肺。

（四）生产性毒物及职业中毒

生产过程中生产或使用的有毒物质称为生产性毒物。生产性毒物在生产过程中，可以在原料、辅助材料、夹杂物、半成品、成品、废气、废液及废渣中存在，其形态包括固体、液体、气体。如氯、溴、氨、一氧化碳、甲烷以气体形式存在，电焊时产生的电焊烟尘、水银蒸气、苯蒸气，还有悬浮于空气中的粉尘、烟和雾等。

生产性毒物可引起职业中毒。某些生产性毒物可致人体突变、致癌、致畸，引起机体遗传物质的变异，对女工月经、妊娠、哺乳等生殖功能产生不良影响，不仅对妇女本身有害，

而且累及下一代。生产性毒物的危害及防护技术详见本教材第四章。

（五）物理性职业危害因素及所致职业病

作业场所存在的物理职业危害因素包括气象条件（气温、气湿、气流、气压）、噪声、振动、电磁辐射等。

1. 噪声及噪声聋

由于机器转动、气体排放、工件撞击与摩擦等所产生的噪声，称为生产性噪声或工业噪声。

生产性噪声对人体的危害首先是对听觉器官的损害，我国已将噪声聋列为职业病。噪声还可对神经系统、心血管系统及全身其他器官功能产生不同程度的危害。

噪声的控制技术见本教材第八章。

2. 振动及振动病

生产设备、工具产生的振动称为生产性振动。产生振动的设备有锻造机、冲压机、压缩机、振动筛、鼓风机、振动传送带和打夯机等。产生振动的工具主要有锤打工具，如凿岩机、空气锤等；手持转动工具，如电钻和风钻等，固定轮转工具，如砂轮机等。

振动病分为全身振动和局部振动两种。局部振动病为法定职业病。

3. 电磁辐射及所致的职业病

电磁辐射的危害及防护措施等内容见本教材第八章。非电磁辐射的红外线引起的职业性白内障已列入职业病名单。

电离辐射引起的职业病包括：全身性放射性疾病，如急、慢性放射病；局部放射性疾病，如急、慢性放射性皮炎及放射性白内障；放射所致远期损伤，如放射所致白血病。

列为国家法定职业病的有急性、亚急性、慢性外照射放射病，外照射皮肤疾病和内照射放射病、放射性肿瘤、放射性骨损伤、放射性甲状腺疾病、放射性性腺疾病、放射复合伤和其他放射性损伤共 11 种。

4. 异常气象条件及有关职业病

异常气象条件指高温作业、高温强热辐射、高温高湿；其他异常气象条件指低温作业、低气压作业等。

异常气象条件引起的职业病列入国家职业病目录的有以下 3 种：中暑、减压病（急性减压病主要发生在潜水作业后）、高原病（是发生于高原低氧环境下的一种特发性疾病）。

（六）职业性致癌因素和职业癌

1. 职业性致癌物的分类

与职业有关的能引起肿瘤的因素称为职业性致癌因素。由职业性致癌因素所致的癌症，称为职业癌。引起职业癌的物质称为职业性致癌物。

职业性致癌物可分为三类。

（1）确认致癌物。如炼焦油、芳香胺、石棉、铬、芥子气、氯甲甲醚、氯乙烯和放射性物质等。

（2）可疑致癌物。如镉、铜、铁和亚硝胺等，但尚未经流行病学调查证实。

（3）潜在致癌物。这类物质在动物实验中已获阳性结果，有致癌性，如钴、锌、铅。

2. 职业癌

我国已将：①石棉所致肺癌、皮间瘤；②联苯胺所致膀胱癌；③苯所致白血病；④氯甲醚所致肺癌；⑤砷所致肺癌、皮肤癌；⑥氯乙烯所致肝血管肉瘤；⑦焦炉个人肺癌；⑧铬酸盐制造业个人肺癌等 8 种职业性肿瘤列入职业病名单。

（七）生物因素所致职业病

我国将炭疽、森林脑炎、布氏杆菌病列为法定职业病。

（八）其他列入职业病目录的职业性疾病

职业性皮肤病（接触性皮炎、光敏性皮炎、电光性皮炎、黑变病、痤疮、溃疡、化学性皮肤灼伤、其他职业性皮肤病）、化学性眼部灼伤、铬鼻病、牙酸蚀症、金属烟尘热、职业性哮喘、职业性变态反应性肺泡炎、棉尘病、煤矿井下工人滑囊炎等均列入职业病目录。

（九）与职业有关的疾病

与职业有关的疾病主要是指在职业人群中，由多种因素引起的疾病，它的发生与职业因素有关，但又不是唯一的发病因素，非职业因素也可引起发病，是未列入职业病目录的一些与职业因素有关的疾病，如搬运工、铸造工、长途汽车司机、炉前工及电焊工等因不良工作姿势所致的腰背痛；长期固定姿势，长期低头，长期伏案工作所致的颈肩痛；长期吸入刺激性气体、粉尘而引起的慢性支气管炎等。

视屏显示终端（VDT）的职业危害问题：由于微机的大量使用，视屏显示终端（VDT）操作人员的职业危害问题是关注的重点。长时间操作 VDT，可出现“VDT 综合征”，主要表现为神经衰弱综合征、肩颈腕综合征和眼睛视力方面的改变等。

其他如一些单调作业引起的疲劳、精神抑制等；夜班作业导致的失眠、消化不良，又称为“轮班劳动不适应综合征”；还有些脑力劳动，精神压力大、紧张可引起心血管系统的改变等。某些工作的压力大或责任重大引起的心理压力增加等也会对人体带来影响变化。

（十）女工的职业卫生问题

妇女由于生理特点，在职业性危害因素的影响下，生殖器官和生殖功能易受到影响，且可以通过妊娠、哺乳而影响胎儿、婴儿的健康和发育成长，关系到未来的人口素质。在一般体力劳动过程中，存在强制体位（如长时间立姿、坐姿）和重体力劳动的负重作业两方面问题。我国目前规定，成年妇女禁忌参加连续负重，禁忌每次负重质量超过 20kg，间断负重每次质量超过 25kg 的作业。许多生产性毒物、物理性因素以及劳动生理因素可对女工健康造成危害，常见的有铅、汞、锰、锡、苯、甲苯、二甲苯、二硫化碳、氯丁二烯、苯乙烯、己内酰胺、汽油、氯仿、二甲基甲酰胺、三硝基甲苯、强烈噪声、全身振动、电离辐射、低温及重体力劳动等，这些均可引起月经变化或影响生殖健康。

二、导致职业病的因素

职业病的发生常与生产过程和作业环境有关，但除了环境危害因素对人的危害程度，还受个体的特性差异的影响。在同一职业危害的作业环境中，由于个体特征的差异，各人所受的影响可能有所不同。这些个体特征包括性别、年龄、健康状态和营养状况等。人体受到环境中直接或间接有害因素的危害时，不一定都发生职业病。职业病的发病过程，还取决于下列三个主要条件。

1. 有害因素本身的性质

有害因素的理化性质和作用部位与是否导致职业病密切相关。如电磁辐射透入组织的深度和危害性，主要决定于其波长。生产性毒物的理化性质及其对组织的亲和性与毒性作用有直接关系，例如汽油和二硫化碳具有明显的脂溶性，对神经组织就有密切的亲和作用，因此首先损害神经系统。一般物理因素常在接触时有作用，脱离接触后体内不存在残留；而化学因素在脱离接触后，作用还会持续一段时间或继续存在，特别是一些蓄积性毒物。

2. 有害因素作用于人体的量

物理和化学因素对人的危害与进入人体的量有关。作用剂量（dose，D）是确诊的重要参考。一般作用剂量是接触浓度/强度（concentration，C）与接触时间（time，t）的乘积，

可表达为 $D=Ct$。我国公布的《工作场所有害因素职业接触限值》(GBZ 2—2002)，提供了某些化学物质在工作场所空气中的最高限值，它是防止有害因素进入人体的超量的重要依据。

3. 劳动者个体易感性

健康的机体对有害因素的防御能力是多方面的。某些物理因素停止接触后，被扰乱的生理功能会逐步恢复。但抵抗力和身体健康状况较差的人员对于进入体内的毒物，由于其解毒和排毒功能下降，更易受到损害。经常患有某些疾病的工人，接触有毒物质后，可使原有疾病加剧，进而发生职业病。对工人进行就业前和定期的体格检查，其目的就在于及时发现其对生产中有害因素的职业禁忌症，以便更合适地安排工作，保护工人健康。

早期诊断、早期给予相应处理或治疗，对于预防职业病意义重大。

三、职业危害作业分级

目前用于作业场所职业危害作业分级的主要标准有：《职业性接触毒物危害程度分级》(GBZ 230—2010)、《有毒作业分级》(GB 12331—90)、《生产性粉尘作业危害程度分级》(GB 5817—86)、《体力劳动强度分级》(GB/T 3869—97)、《高温作业分级》(GB/T 4200—2008)、《低温作业分级》(GB/T 14440—93)、《冷水作业分级》(GB/T 14439—93)、《噪声作业分级》(LD 80—1995)。

事故案例

案例 1-1 1980 年 6 月，浙江省金华某化工厂五硫化二磷车间，黄磷酸洗锅发生爆炸。死亡 8 人，重伤 2 人，轻伤 7 人，炸塌厂房逾 $300m^2$，造成全厂停产。

该厂为提高产品质量，采用浓硫酸处理黄磷中的杂质，代替水洗黄磷的工艺。在试行这一新工艺时，该厂没有制定完善的试验方案，在小试成功后，未经中间试验，就盲目扩大 1500 倍进行工业性生产，结果刚投入生产就发生了爆炸事故。

案例 1-2 1980 年 12 月，湖南省某氮肥厂 2 号造气炉水夹套发生爆炸，死亡 3 人，重伤 2 人，轻伤 10 人，厂房被严重破坏。

事故的直接原因是车间副主任为提高煤气炉负荷多产煤气，违反安全生产的基本原则，背着主操作工关闭水夹套的进、出口阀门，以此来提高造气炉温度提高产量，关闭 30min 后，造成造气炉水夹套因超压发生爆炸

案例 1-3 1979 年 1 月，四川省某县化肥厂的氨合成塔发生爆炸，塔体飞出，将水泥框架撞坏，合成塔外筒出现三条大裂纹，催化剂筐四分五裂，操作仪表盘及高压管道等被烧坏，厂房也遭到破坏。事故直接经济损失约 7.5 万元。

事故的直接原因是该塔长期超温、超压使用不当所致。尤其严重的是当塔壁已漏气着火时，该厂领导缺乏科学态度，未引起足够重视，也未认真检查处理，继续盲目生产而导致爆炸事故。此外，合成塔的设计、选材、制造等方面也存在不少问题。

案例 1-4 1985 年 5 月，四川省某县磷肥厂硫酸车间沸腾炉，由于违章指挥发生一起化学爆炸事故。该沸腾炉在爆炸前连续几个班超负荷运行。炉温、风压、产量均超过规定指标。其次，该沸腾炉是自制设备，没有正规设计，没有炉温自动记录，没有控制炉温的应急手段。操作控制很困难，炉内经常结疤。在停炉处理时，车间干部违章指挥，向炉内的结疤连续击水时，炉内发生爆炸，将 15t 重的炉盖冲开，高温炉疤冲出炉体 10 多米远，6 名工人被烧伤，其中 3 人死亡，1 人重伤，2 人轻伤。

复习思考题

1. 化工生产中存在哪些不安全因素?
2. 如何认识安全在化工生产中的重要性?
3. 如何确定危险化学品重大危险源?
4. 危险化学品重大危险源是如何分级的?
5. 化工生产过程中存在哪些职业危害?

CHAPTER 2

第二章 危险化学品

随着科学的进步，越来越多的化学物质造福于人类，但其中的一部分也给人类与环境带来了极大的威胁。这些化学物品存在明显的或潜在的危险性，虽然在一定的条件下是安全的，但当其受到某些不利因素的影响时，就可能发生燃烧、爆炸、中毒等严重事故，给生命、财产造成重大危害。因而人们应该认识这些化学危险品，了解其性质及危害性，才能应用相应的科学手段进行有效的控制。

第一节 危险化学品的分类和特性

一、危险化学品及其分类

《危险化学品安全管理条例（国务院令第 591 号）》对危险化学品做如下定义：具有毒害、腐蚀、爆炸、燃烧、助燃等性质，对人体、设施、环境具有危害的剧毒化学品和其他化学品。

危险化学品按其危险性，根据《危险化学品名录（2002 版）》、中华人民共和国国家标准《危险货物分类和品名编号》（GB 6944—2005）和《常用危险化学品的分类及标志》（GB 13690—92）可分为九大类别：即爆炸品，压缩气体和液化气体，易燃液体，易燃固体、自燃物质和遇湿易燃物质，氧化剂和有机过氧化物，毒害品和感染性物品，放射性物质，腐蚀品以及杂项危险物质和物品（注：第九类始于 GB 6944—2005）。

第一类：爆炸品

爆炸品通常是指在外界作用下（如受热、受压、撞击等），能发生剧烈的化学反应，瞬时产生大量的气体和热量，使周围压力急骤上升，发生爆炸，对周围环境造成破坏的物质。

本类危险化学品包括以下 4 项。

第 1 项　具有整体爆炸危险的物质和物品（如叠氮（化）钡 [干的或含水<50%]、重氮甲烷、高氯酸 [含量>72%]、硝铵炸药等）

第 2 项　具有迸射危险，但无整体爆炸危险的物质和物品

第 3 项　具有燃烧危险和较小爆炸或较小抛射危险，或两者兼有，但无整体爆炸危险的物质和物品（如二亚硝基苯、硝化二乙醇胺火药、硝化纤维素 [含乙醇≥25%] 等）

第 4 项　无重大危险的爆炸物质和物品（如四唑并-1-乙酸等）

第二类：压缩气体和液化气体

本类危险化学品系指压缩、液化或加压溶解的气体，并应符合下述两种情况之一者：

（1）临界温度低于 50℃，或在 50℃时蒸气压大于 294kPa 的压缩或液化气体；

(2) 温度在21.1℃时，气体的绝对压力大于294kPa；或在37.8℃时，雷德蒸气压大于275kPa的液化气体和加压溶解的气体。

本类危险化学品包括以下3项。

第1项　易燃气体（如氢气、一氧化碳、液化天然气等）

第2项　不燃气体（如窒息性气体，会稀释或取代通常在空气中的氧气的气体如液氮；氧化性气体会通过提供比空气更能引起或促进其他材料燃烧的气体如液氧）

第3项　有毒气体（如液氯、液氨、磷化氢、一氧化氮等）

第三类：易燃液体

本类危险化学品是指在其闪点温度（其闭杯试验闪点不高于60.5℃，或其开杯试验闪点不高于65.6℃）时放出易燃蒸气的液体或液体混合物，或是在溶液或悬浮液中含有固体的液体；还包括在温度等于或高于其闪点的条件下提交运输的液体；或以液态在高温条件下运输或提交运输、并在温度等于或低于最高运输温度下放出易燃蒸气的物质。

本类危险化学品包括以下3项。

第1项　低闪点液体（如汽油［闪点＜－18℃］、正戊烷、正己烷等）

第2项　中闪点液体（如汽油［－18℃≤闪点＜23℃］、石油原油、正辛烷等）

第3项　高闪点液体（如煤油、环辛烷、硝基甲烷等）

第四类：易燃固体、自燃物品和遇湿易燃物品

易燃固体系指燃点低，对热、撞击、摩擦敏感，易被外部火源点燃，燃烧迅速，并可能散发出有毒烟雾或有毒气体的固体，但不包括已列入爆炸物质的物质。

自燃物质系指自燃点低，在空气中易发生氧化反应，放出热量，可自行燃烧的物质。

遇湿易燃物质系指遇水或受潮时，发生剧烈化学反应，放出大量的易燃气体和热量的物质。有的不需明火，即能燃烧或爆炸。

本类危险化学品包括以下3项。

第1项　易燃固体（如红磷、铝粉［有涂层的］、萘等）

第2项　自燃物品（如黄磷、金属钙粉等）

第3项　遇湿易燃物品（如金属锂、金属钠、金属钾等）

第五类：氧化剂和有机过氧化物

氧化剂系指处于高氧化态，具有强氧化性，易分解并放出氧和热量的物质。包括含有过氧基的无机物，其本身不一定可燃，但能导致可燃物的燃烧，与松软的粉末状可燃物能组成爆炸性混合物，对热、振动或摩擦较敏感。

有机过氧化物系指分子组成中含有过氧基（—O—O—）的有机物，该项物质为热不稳定物质，其本身易燃易爆，极易分解，对热、碰撞或摩擦极为敏感。

本类危险化学品包括以下2项。

第1项　氧化剂（如过氧化钠、过氧化钾、高氯酸钙等）

第2项　有机过氧化物（如2,2-过氧化二氢丙烷［含量≤27%，带有惰性固体］、过甲酸等）

第六类：毒害品和感染性物品

毒害品系指进入机体后，累积达一定的量时，能与体液和器官组织发生生物化学作用或生物物理学作用，扰乱或破坏机体的正常生理功能，引起某些器官和系统暂时性或永久性的病理改变，甚至危及生命的物品。经口摄取半数致死量：固体$LD_{50}\leq 500$mg/kg；液体$LD_{50}\leq 2000$mg/kg；经皮肤接触24h，半数致死量$LD_{50}\leq 1000$mg/kg；粉尘、烟雾及蒸气吸入半数致死浓度$LC_{50}\leq 10$mg/L的固体和液体。

感染性物品系指含有病原体的物质，包括生物制品、诊断样品、基因突变的微生物、生

物体和其他媒介。

本类危险化学品包括以下 2 项。

第 1 项　毒害品（如氰化物、砷、铍化合物、苯酚、石棉等）

第 2 项　感染性物品（如病毒蛋白等）

第七类：放射性物质

本类危险化学品系指放射性比活度大于 $7.4\times10^4Bq/kg$（Bq，贝可［勒尔］，$1Bq=1s^{-1}$）的物质。

如易裂变的放射性物质六氟化铀。

第八类：腐蚀品

腐蚀品系指能灼伤人体组织并对金属等物品造成损坏的固体或液体。与皮肤接触在 4h 内出现可见坏死现象，或温度在55℃时，对 20 号钢的表面均匀年腐蚀率超过 6.25mm/年的固体或液体。

本类危险化学品包括以下 3 项。

第 1 项　酸性腐蚀品（如硝酸、硫酸、盐酸等）

第 2 项　碱性腐蚀品（如氢氧化钠、氢氧化钾、电池液［碱性的］等）

第 3 项　其他腐蚀品（如亚氯酸钠溶液［含有效氯＞5％］、汞等）

第九类：杂项危险物质和物品

本类危险化学品是指具有其他类别未包括的危险物质和物品，涉及危害环境物质、高温物质和经过基因修改的微生物或组织。

具体如乙醛合氨、固态二氧化碳（干冰）、苯甲醛、磁化材料、锂电池组、基因改变的微生物、温度等于或高于 100℃、低于其闪点（包括熔融金属、熔融盐类等）的高温液体、温度等于或高于 240℃的高温固体、机器中的危险货物或仪器中的危险货物等。

二、危险化学品造成化学事故的主要特性

危险化学品所以有危险性、能引起事故甚至灾难性事故，与其本身的特性有关。

1. 易燃易爆性

易燃易爆的化学品在常温常压下，经撞击、摩擦、热源、火花等火源的作用，能发生燃烧与爆炸。

燃烧爆炸的能力大小取决于这类物质的化学组成。化学组成决定着化学物质的燃点、闪点的高低、燃烧范围、爆炸极限、燃速、发热量等。

一般来说，气体比液体、固体易燃易爆，燃速更快。这是因为气体的分子间力小，化学键容易断裂，无需溶解、熔化和分解。

分子越小、分子量越低物质其化学性质越活泼，越容易引起燃烧爆炸。由简单成分组成的气体比复杂成分组成的气体易燃、易爆，含有不饱和键的化合物比含有饱和键的易燃、易爆，如火灾爆炸危险性 $H_2>CO>CH_4$。

可燃性气体燃烧前必须与助燃气体先混合，当可燃气体从容器内外逸时，与空气混合，就会形成爆炸性混合物，两者互为条件，缺一不可。分解爆炸性气体，如乙烯，乙炔、环氧乙烷等，不需与助燃气体混合，其本身就会发生爆炸。

有些化学物质相互间不能接触，否则将发生爆炸，如硝酸与苯、高锰酸钾与甘油等。

由于任何物体的摩擦都会产生静电，所以当易燃易爆的化学危险物品从破损的容器或管道口处高速喷出时能够产生静电，这些气体或液体中的杂质越多，流速越快，产生的静电荷越多，这是极危险的点火源。

燃点较低的危险品易燃性强，如黄磷在常温下遇空气即发生燃烧。遇湿易燃的化学物在

受潮或遇水后会放出氧气引燃，如电石、五氧化二磷等。

2. 扩散性

化学事故中化学物质溢出，可以向周围扩散，比空气轻的可燃气体可在空气中迅速扩散，与空气形成混合物，随风飘荡，致使燃烧、爆炸与毒害蔓延扩大。比空气重的物质多漂流于地表、沟、角落等处，可长时间积聚不散，造成迟发性燃烧、爆炸和引起人员中毒。

这些气体的扩散性受气体本身密度的影响，相对分子质量越小的物质扩散越快。如氢气的相对分子质量最小，其扩散速率最快，在空气中达到爆炸极限的时间最短。气体的扩散速率与其相对分子质量的平方根成反比。

3. 突发性

化学物质引发的事故多是突然爆发，在很短的时间内或瞬间即产生危害。一般的火灾要经过起火、蔓延扩大到猛烈燃烧几个阶段，需经历几分钟到几十分钟，而化学危险物品一旦起火，往往是轰然而起，迅速蔓延，燃烧、爆炸交替发生，加之有毒物质的弥散，迅速产生危害。许多化学事故是高压气体从容器、管道、塔、槽等设备泄漏，由于高压气体的性质，短时间内喷出大量气体，使大片地区迅速变成污染区。

4. 毒害性

不论是脂溶性的还是水溶性的有毒化学物质，都有进入机体与损坏机体正常功能的作用。这些化学物质通过一种或多种途径进入机体达一定量时，便会引起机体结构的损伤，破坏正常的生理功能，引起中毒。

三、影响危险化学品危险性的主要因素

化学物质的物理、化学性质与状态可以说明其物理危险性和化学危险性。如气体、蒸气的密度可以说明该物质可能沿地面流动还是上升到上层空间，加热、燃烧、聚合等可使某些化学物质发生化学反应引起爆炸或产生有毒气体。

1. 物理性质与危险性的关系

（1）沸点　在101.3kPa（760mmHg）大气压下，物质由液态转变为气态的温度称为沸点。沸点越低的物质，气化越快，易迅速造成事故现场空气的高浓度污染，且越易达到爆炸极限。一定量的液体在等压条件下气化后体积将急剧增大，由此会引发一系列的安全问题，所导致的安全事故屡见不鲜。

（2）熔点　物质在标准大气压（101.3kPa）下的溶解温度或温度范围，熔点反映物质的纯度，可以推断出该物质在各种环境介质（水、土壤、空气）中的分布。熔点的高低与污染现场的洗消、污染物处理有关。

（3）相对密度（水为1）　环境温度（20℃）下，物质的密度与4℃时水的密度的比值，它是表示该物质是漂浮在水面还是沉入水下的重要参数。当相对密度小于1的液体发生火灾时，用水灭火将是无效的，因为水将沉至燃烧着的液面的下面，则消防水甚至可以由于其流动性使火灾蔓延到远处。

（4）蒸气压　饱和蒸气压的简称，指化学物质在一定温度下与其液体或固体相互平衡时的饱和蒸气的压力。蒸气压是温度的函数，在一定温度下，每种物质的饱和蒸气压可认为是一个常数。发生事故时的气温越高，化学物质的蒸气压越高，其在空气中的浓度相应增高。

（5）蒸气相对密度（空气为1）　指在给定条件下化学物质的蒸气密度与参比物质（空气）密度的比值。当蒸气相对密度值小于1时，表示该蒸气比空气轻，能在相对稳定的大气中趋于上升。在密闭的房间里，轻的气体趋向天花板移动或自敞开的窗户逸出房间。其值大于1时，表示重于空气，泄漏后趋向于集中至接近地面，能在较低处扩散到相当远的距离。若气体可燃，遇明火可能引起远处着火回燃。如果释放出来的蒸气是相对密度小的可燃气

体，可能积在建筑物的上层空间，引起爆炸。常见气体的蒸气相对密度见表 2-1。

表 2-1　常见气体的蒸气相对密度

气体	蒸气相对密度(空气为 1)	气体	蒸气相对密度(空气为 1)
乙炔	0.899	氰化氢	0.938
氨	0.589	硫化氢	1.18
二氧化碳	1.52	甲烷	0.553
一氧化碳	0.969	氮	0.969
氯	2.46	氧	1.11
氟	1.32	臭氧	1.66
氢	0.07	丙烷	1.52
氯化氢	1.26	二氧化硫	2.22

(6) 蒸气/空气混合物的相对密度（20℃，空气为 1）　指在与敞口空气相接触的液体或固体上方存在的蒸气与空气混合物相对于周围纯空气的密度。当相对密度值≥1.1 时，该混合物可能沿地面流动，并可能在低洼处积累。当其数值为 0.9～1.1 时，能与周围空气快速混合。

(7) 闪点　闪点表示在大气压力（101.3kPa）下，一种液体表面上方释放出的可燃蒸气与空气完全混合后，可以闪燃 5s 的最低温度。闪点是判断可燃性液体蒸气由于外界明火而发生闪燃的依据。闪点越低的化学物质泄出后，越易在空气中形成爆炸混合物，引起燃烧与爆炸。

(8) 自燃温度　一种物质与空气接触发生起火或引起自燃的最低温度，并且在此温度下无火源（火焰或火花）时，物质可继续燃烧。自燃温度不仅取决于物质的化学性质，而且还与物料的大小、形状和性质等因素有关。自燃温度对在可能存在爆炸性蒸气/空气混合物的空间中使用的电气设备的选择是重要的，对生产工艺温度的选择亦是至关重要的。

(9) 爆炸极限　指一种可燃气体或蒸气与空气的混合物能着火或引燃爆炸的浓度范围。空气中含有可燃气体（如氢、一氧化碳、甲烷等）或蒸气（如乙醇蒸气、苯蒸气）时，在一定浓度范围内，遇到火花就会使火焰蔓延而发生爆炸。其最低浓度称为下限，最高浓度称为上限，浓度低于或高于这一范围，都不会发生爆炸。一般用可燃气体或蒸气在混合物中的体积分数表示。根据爆炸下限浓度可把可燃气体分成两级，如表 2-2 所示。

表 2-2　可燃性气体分级

级别	爆炸下限(体积分数)/%	举　例
一级	<10	氢气、甲烷、乙炔、环氧乙烷
二级	≥10	氨、一氧化碳

(10) 临界温度与临界压力　气体在加温加压下可变为液体，压入高压钢瓶或储罐中，能够使气体液化的最高温度叫临界温度，在临界温度下使其液化所需的最低压力叫临界压力。

2. 其他物理、化学危险性

电导率小于 104pS/m 的液体在流动、搅动时可产生静电，引起火灾与爆炸，如泵吸、搅拌、过滤等。如果该液体中含有其他液体、气体或固体颗粒物（混合物、悬浮物）时，这种情况更容易发生。

有的化学可燃物质呈粉末或微细颗粒物（直径小于 0.5mm）状时，与空气充分混合，经引燃可能发生燃爆，在封闭空间中，爆炸可能很猛烈。

有些化学物质在储存时生成过氧化物，蒸发或加热后的残渣可能自燃爆炸，如醚类化合物。

聚合是一种物质的分子结合成大分子的化学反应。聚合反应通常放出较大的热量，使温度急剧升高，反应速率加快，有着火或爆炸的危险。

有些化学物质加热可能引起猛烈燃烧或爆炸，如自身受热或局部受热时发生反应。这将导致燃烧，在封闭空间内可能导致猛烈爆炸。

有些化学物质在与其他物质混合或燃烧时，产生有毒气体放到空间，如几乎所有有机物的燃烧都会产生CO有毒气体；再如还有一些气体本身无毒，但大量充满在封闭空间，造成空气中氧含量减少而导致人员窒息。

强酸、强碱在与其他物质接触时常发生剧烈反应，产生侵蚀等作用。

3. 中毒危险性

在突发的化学事故中，有毒化学物质能引起人员中毒，其危险性就会大大增加。有关化学物质的毒性作用详见本书第四章。

第二节 危险化学品的储存安全

一、危险化学品储存的安全要求

化学危险品仓库是储存易燃易爆等化学危险品的场所，仓库选址必须适当，建筑物必须符合《危险化学品安全管理条例》要求，做到科学管理，确保其储存、保管安全。故在化学危险品的储存保管中要把安全放在首位。其储存保管的安全要求如下。

（1）化学物质的储存限量，由当地主管部门与公安部门规定。

（2）交通运输部门应在车站、码头等地修建专用储存危险化学品的仓库。

（3）储存危险化学品的地点及建筑结构，应根据国家有关规定设置，并充分考虑对周围居民区的影响。

（4）化学危险物品露天存放时应符合防火防爆的安全要求。

（5）安全消防卫生设施，应根据物品危险性质设置相应的防火、防爆、泄压、通风、温度调节、防潮防雨等安全措施。

（6）必须加强出入库验收，避免出现差错。特别是对爆炸物质、剧毒物质和放射性物质，应采取双人收发、双人记账、双人双锁、双人运输和双人使用的“五双制”方法加以管理。

（7）经常检查，发现问题及时处理，根据危险品库房物性及灭火办法的不同，应严格按表2-3的规定分类储存。

表2-3 化学危险物品分类储存原则

组别	物质名称	储存原则	附注
一	爆炸性物质：叠氮铅、雷汞、三硝基甲苯、硝化棉（含氮量在12.5%以上）、硝铵炸药等	不准和任何其他种类的物质共同储存，必须单独储存	
二	易燃和可燃气体、液体：汽油、苯、二硫化碳、丙酮、甲苯、乙醇、石油醚、乙醚、甲乙醚、环氧乙烷、甲酸甲酯、甲酸乙酯、乙酸乙酯、煤油、丁烯醇、乙醛、丁醛、氯苯、松节油、樟脑油等	不准和其他种类的物质共同储存	如数量很少，允许与固体易燃物质隔开后共存

续表

组别	物质名称	储存原则	附注
三	压缩气体和液化气体 1. 可燃气体：氢、甲烷、乙烯、丙烯、乙炔、丙烷、甲醚、氯乙烷、一氧化碳、硫化氢等	除不燃气体外，不准和其他种类的物质共同储存	氯兼有毒害性
	2. 不燃气体： 氮、二氧化碳、氖、氩、氟里昂等	除可燃气体、助燃气体、氧化剂和有毒物质外，不准和其他种类物质共同储存	
	3. 助燃气体：氧、压缩空气、氯等	除不燃气体和有毒物质外，不准和其他种类的物质共同储存	
四	遇水或空气能自燃的物质：钾、钠、磷化钙、锌粉、铝粉、黄磷、三乙基铝等	不准和其他种类的物质共同储存	钾、钠须浸入石油中，黄磷须浸入水中
五	易燃固体：赛璐珞、赤磷、萘、樟脑、硫磺、三硝基苯、二硝基甲苯、二硝基萘、三硝基苯酚等	不准和其他种类的物质共同储存	赛璐珞须单独储存
六	氧化剂 （1）能形成爆炸性混合物的氧化剂：氯酸钾、氯酸钠、硝酸钾、硝酸钠、硝酸钡、次氯酸钙、亚硝酸钠、过氧化钠、过氧化钡、30%的过氧化氢等 （2）能引起燃烧的氧化剂：溴、硝酸、硫酸、铬酸、高锰酸钾、重铬酸钾等	除惰性气体外，不准和其他种类的物质共同储存	过氧化物、有分解爆炸危险，应单独储存。过氧化氢应储存在阴凉处；表中的两类氧化剂应隔离储存
七	毒害物质：氯化苦、光气、五氧化二砷、氰化钾、氰化钠等	除不燃气体和助燃气体外，不准和其他种类的物质共同储存	

二、危险化学品分类储存的安全要求

1. 爆炸性物质储存的安全要求

爆炸性物质的储存按原公安、铁道、商业、化工、卫生和农业等部门关于“爆炸物品管理规则”的规定办理。

（1）爆炸性物质必须存放在专用仓库内。储存爆炸性物质的仓库禁止设在城镇、市区和居民聚居的地方。并且应当和周围建筑、交通要道、输电线路等保持一定的安全距离。

（2）存放爆炸性物质的仓库，不得同时存放相抵触的爆炸物质，并不得超过规定的储存数量。如雷管不得与其他炸药混合储存。

（3）一切爆炸性物质不得与酸、碱、盐类以及某些金属、氧化剂等同库储存。

（4）为了通风、装卸和便于出入检查，爆炸性物质堆放时堆垛不应过高过密。

（5）爆炸性物质仓库的温度、湿度应加强控制和调节。

2. 压缩气体和液化气体储存的安全要求

（1）压缩气体和液化气体不得与其他物质共同储存；易燃气体不得与助燃气体、剧毒气体共同储存；易燃气体和剧毒气体不得与腐蚀物质混合储存；氧气不得与油脂混合储存。

（2）液化石油气储罐区的安全要求。液化石油气储罐区应布置在通风良好而远离明火或散发火花的露天地带，不宜与易燃、可燃液体储罐同组布置，更不应设在一个土堤内。压力卧式液化气罐的纵轴，不宜对着重要建筑物、重要设备、交通要道及人员集中的场所。

液化石油气罐既可单独布置，也可成组布置。成组布置时，组内储罐不应超过两排。一组储罐的总容量不应超过 $6000m^3$。

储罐与储罐组的四周可设防火堤。两相邻防火堤外侧的基脚线之间的距离不应小于

7m，堤高不超过 0.6m。

液化石油气储罐的罐体基础的外露部分及储罐组的地面应为非燃烧材料，罐上应设有安全阀、压力计、液面计、温度计以及超压报警装置。无绝热措施时，应设淋水冷却设施。储罐的安全阀及放空管应接入全厂性火炬。独立储罐的放空管应通往安全地点放空。安全阀和储罐之间安装有截止阀，应常开并加铅封。储罐应设置静电接地及防雷设施，罐区内的电气设备应防爆。

（3）对气瓶储存的安全要求。储存气瓶的仓库应为单层建筑，在其上设置易揭开的轻质屋顶，地坪可用不发火沥青砂浆混凝土铺设，门窗都向外开启，玻璃涂以白色。库温不宜超过 35℃，有通风降温措施。瓶库应用防火墙分隔为若干单独分间，每一分间有安全出入口。气瓶仓库的最大储存量应按有关规定执行。

对直立放置的气瓶应设有栅栏或支架加以固定，以防止倾倒。卧放气瓶应加以固定，以防止滚动。盛气瓶的头尾方向在堆放时应取一致。高压气瓶的堆放高度不宜超过五层。气瓶应远离热源并旋紧安全帽。对盛装易发生聚合反应的气体的气瓶，必须规定储存限期。随时检查有无漏气和堆垛不稳的情况，如检查中发现有漏气时，应首先做好人身保护，站立在上风处，向气瓶倾浇冷水，使其冷却后再去旋紧阀门。若发现气瓶燃烧，可以根据所盛气体的性质，使用相应的灭火器具。但最主要的是用雾状水去喷射，使其冷却再进行扑灭。

扑灭有毒气体气瓶的燃烧，应注意站在上风向，并使用防毒面具，切勿靠近气瓶的头部或尾部，以防发生爆炸造成伤害。

3. 易燃液体储存的安全要求

（1）易燃液体应储存于通风阴凉的处所，并与明火保持一定的距离，在一定区域内严禁烟火。

（2）沸点低于或接近夏季气温的易燃液体，应储存于有降温设施的库房或储罐内。盛装易燃液体的容器应保留不少于 5%容积的空隙，夏季不可暴晒。易燃液体的包装应无渗漏，封口要严密。铁桶包装不宜堆放太高，防止发生碰撞、摩擦而产生火花。

（3）闪点较低的易燃液体，应注意控制库温。气温较低时容易凝结成块的易燃液体，受冻后易使容器胀裂，故应注意防冻。

（4）易燃、可燃液体储罐分地上、半地上和地下三种类型。地上储罐不应与地下或半地下储罐布置在同一储罐组内，且不宜与液化石油气储罐布置在同一储罐组内。储罐组内储罐的布置不应超过两排。在地上和半地下的易燃、可燃液体储罐的四周应设置防火堤。

（5）储罐高度超过 17m 时，应设置固定的冷却和灭火设备；低于 17m 时，可采用移动式灭火设备。

（6）闪点低、沸点低的易燃液体储罐应设置安全阀并有冷却降温设施。

（7）储罐的进料管应从罐体下部接入，以防止液体冲击飞溅产生静电火花引起爆炸。储罐及其有关设施必须设有防雷击、防静电设施，并采用防爆电气设备。

（8）易燃、可燃液体桶装库应设计为单层仓库，可采用钢筋混凝土排架结构，设防火墙分隔数间，每间应有安全出口。桶装的易燃液体不宜于露天堆放。

4. 易燃固体储存的安全要求

（1）储存易燃固体的仓库要求阴凉、干燥，要有隔热措施，忌阳光照射，易挥发、易燃固体宜密封堆放，仓库要求严格防潮。

（2）易燃固体多属于还原剂，应与氧和氧化剂分开储存。有很多易燃固体有毒，故储存中应注意防毒。

5. 自燃物质储存的安全要求

（1）自燃物质不能和易燃液体、易燃固体、遇水燃烧物质混合储存，也不能与腐蚀性物

质混合储存。

（2）自燃物质在储存中，对温度、湿度的要求比较严格，必须储存于阴凉、通风干燥的仓库中，并注意做好防火、防毒工作。

6. 遇水燃烧物质储存的安全要求

（1）遇水燃烧的物质储存时应选用地势较高的地方，在夏令暴雨季节保证不进水，堆垛时要用干燥的枕木或垫板。

（2）储存时遇水燃烧物质的库房要求干燥，要严防雨雪的侵袭。库房的门窗可以密封。库房的相对湿度一般保持在75%以下，最高不超过80%。

（3）钾、钠等应储存于不含水分的矿物油或石蜡油中。

7. 氧化剂储存的安全要求

（1）一级无机氧化剂与有机氧化剂不能混合储存，不能和其他弱氧化剂混合储存，不能与压缩气体、液化气体混合储存。氧化剂与有毒物质不得混合储存。有机氧化剂不能与溴、过氧化氢、硝酸等酸性物质混合储存。硝酸盐与硫酸、发烟硫酸、氯磺酸接触时都会发生化学反应，不能混合储存。

（2）储存氧化剂，应严格控制温度、湿度。可以采取整库密封、分垛密封与自然通风相结合的方法。在不能通风的情况下，可以采用吸潮和人工降温的方法。

8. 有毒物质储存的安全要求

（1）有毒物质应储存在阴凉通风的干燥场所，要避免露天存放，不能与酸类物质接触。

（2）严禁与食品同存一库

（3）包装封口必须严密，无论是瓶装、盒装、箱装或其他包装，外面均应贴（印）有明显名称和标志。

（4）工作人员应按规定穿戴防毒用具，禁止用手直接接触有毒物质。储存有毒物质的仓库应有中毒急救、清洗、中和、消毒用的药物等备用。

9. 腐蚀性物质储存的安全要求

（1）腐蚀性物质均须储存在冬暖夏凉的库房里，保持通风、干燥，防潮、防热。

（2）腐蚀性物质不能与易燃物质混合储存，可用墙分隔同库储存不同的腐蚀性物质。

（3）采用相应的耐腐蚀容器盛装腐蚀性物质，且包装封口要严密。

（4）储存中应注意控制腐蚀性物质的储存温度，防止受热或受冻造成容器胀裂。

第三节 危险化学品的运输安全

化工生产的原料和产品通常是采用铁路、水路和公路运输的，使用的运输工具是火车、船舶和汽车等。由于运输的物质多数具有易燃易爆的特征，运输中往往还会受到气候、地形及环境等的影响，因此，运输安全一般要求较高。

一、危险化学品运输的配装原则

危险化学品的危险性各不相同，性质相抵触的物品相遇后往往会发生燃烧爆炸事故，而且发生火灾时使用的灭火剂和扑救方法也不完全一样，因此为保证装运中的安全，应遵守有关配装原则。

包装要符合要求，运输应佩戴相应的劳动保护用品和配备必要的紧急处理工具。搬运时必须轻装轻卸，严禁撞击、振动和倒置。

二、危险化学品运输安全事项

1. 公路运输

汽车装运化学危险物品时，应悬挂运送危险货物的标志。在行驶、停车时要与其他车辆、高压线、人口稠密区、高大建筑物和重点文物保护区保持一定的安全距离，按当地公安机关指定的路线和规定时间行驶。严禁超车、超速、超重，防止摩擦、冲击，车上应设置相应的安全防护设施。

2. 铁路运输

铁路是运输化工原料和产品的主要工具。通常对易燃、可燃液体采用槽车运输，装运其他危险货物使用棚车或专用危险品货车。

装卸易燃、可燃液体等危险物品的栈台应该用非燃烧材料建造。栈台每隔 60m 设安全梯，以便于人员疏散和扑救火灾。电气设备应为防爆型。栈台应备有灭火设备和消防给水设施。

蒸汽机不宜进入装卸台，如必须进入时应在烟囱上安装火星熄灭器，停车时应用木垫，而不用刹车，以防止打出火花；牵引车头与罐车之间应有隔离车。

装车用的易燃液体管道上应装设紧急切断阀。

槽车不应漏油。装卸油管流速也不易过快，鹤管应良好接地，以防止静电火花的产生。雷雨时应停止装卸作业，夜间检查不应用明火或普通手电筒照明。

3. 水陆运输

船舶在装运易燃易爆物品时应悬挂危险货物标志，严禁在船上动用明火，燃煤拖轮应装设火星熄灭器，且拖船尾至驳船首的安全距离不应小于 50m。

装运闪点小于 28℃的易燃液体的机动船舶，要经当地检查部门的认可，木船不可装运散装的易燃液体、剧毒物质和放射性等危险性物质。在封闭水域严禁运输剧毒品（见“水运条例”）。

装卸易燃液体时，应将岸上输油管与船上输油管连接紧密，并将船体与油泵船（油泵站）的金属体用直径不小于 2.5mm 的导线连接起来。装卸油时，应先接导线，后接管装卸；当装卸完毕，先卸油管，后拆导线。

还应注意，卸货完毕后必须彻底进行清扫。对装过剧毒物品的船和车，卸货结束，立即洗刷消毒，否则严禁使用。

三、危险化学品的包装及标志

1. 包装

化学危险物品的包装应遵照《危险货物运输规则》、《气瓶安全检查规则》和原化学工业部《液化气体铁路槽车安全管理规定》等有关要求办理。

2. 包装标志

为了给人们以醒目的提示和指令，便于安全管理，凡是出厂的易燃易爆、有毒等产品，应在包装好的物品上牢固清晰印贴专用包装标志。包装标志的名称、适用范围、图形、颜色和尺寸等基本要求，应符合我国《危险货物包装标志》（GB 190—85）的规定。

有关危险化学品运输的安全管理规定详见《危险化学品安全管理条例（国务院令第 591 号)》第五章运输安全的内容。

事故案例

案例 2-1 1993 年 8 月 5 日，我国深圳市安贸公司清水河化学危险品仓库发生特大火灾爆炸事故，造成 15 人死亡，141 人受伤住院治疗，其中重伤 34 人，直接经济损失 2.5 亿元。专家认定，清水河的干杂仓库被违章改作化学危险品仓库及仓内化学危险品存放严重违章是事故的主要原因，教训极为深刻。

案例 2-2 1978 年 3 月，江苏省某化肥厂从上海用槽车运回碳四液化气，在卸车过程中，因司机没有严格执行交接班制度，接班司机移动车辆时，没有考虑槽车出口与碳四储罐相连接的情况，汽车猛一开动，拉断储罐进口管铸铁阀门，使大量碳四液喷出，遇到距此只有 14m 的明火锅炉，引起猛烈爆燃，1 台 2t 的碳四计量罐受热也发生爆炸，将一套 2000t 合成氨系统几乎全部摧毁。设备损失严重，死亡 6 人，重伤 8 人，轻伤 47 人，损失 140 万元。

此次事故的主要教训：在运输危险物品时没有负责到底，工作交接未到现场，没有把作业情况交代清楚；司机责任心不强，开车时未认真检查；阀门材质不符合要求；现场明火管理不严；明火与碳四储罐间距不符合安全防火要求。

案例 2-3 1984 年 4 月，辽宁省某市自来水公司汽车运载液氯钢瓶到沈阳某化工厂灌装液氯，灌装后在返程途中，违反化学危险品运输车辆不得在闹市、居民区等处停留的规定，在沈阳市街道上停车，运输人员离车去做其他事，此时一只钢瓶易熔塞泄漏，氯气扩散使附近 500 余名居民吸入氯气受到毒害，扰乱社会治安，运输人员受到了刑事处理。

案例 2-4 1986 年 10 月，河南省某化肥厂从邻县用汽车运输液氨回厂，返程中在县城外氨罐爆炸，司机与押运员当场死亡，吸入氨者达 56 人。

此液氨槽车上的氨罐是旧的非正规设备，也从来没有检验过，使用前未按规定检验就盲目使用。爆炸后现场勘察表明此设备质量很差。事故发生时正逢一辆长途客车经过，致使伤亡扩大。

案例 2-5 1987 年 6 月，安徽省某镇集市上发生一起液氨槽车恶性爆炸事故，当场死亡 4 人，陆续死亡 10 人，受伤接受治疗者 62 人。

该省某化肥厂外借一台氨罐，去邻县化肥厂购买液氨，充装后在返回途中路经某个集市，氨罐尾部突然冒烟，接着一声巨响，氨罐爆炸，重 74.4kg 的后封头向后偏右飞出 64.4m，直径 800mm、长 3000mm、质量约 770kg 的罐体挣断固定索，撞着地又跳起向前冲出，行程共 95.7m，此过程前后撞死三人。罐内 790kg 液氨喷出，致使 87 名赶集的农民灼伤、中毒。附近树木、庄稼遭到不同程度的损坏。

这次事故的主要原因是：

① 液氨罐本体质量差，材质选用沸腾钢板，全部焊缝未开坡口，未焊透严重，经测量断裂的焊缝，10mm 厚的钢板只熔合 4mm，封头无直边，封头与筒体错边 7.5～15mm，焊后未经退火处理；

② 该罐是固定盛装储罐，不应放在汽车上作运输式储罐，不符合国家有关液化气体汽车槽车的规定；

③ 该化肥厂在使用液氨储罐前，没有进行必要的检查；

④ 行车路线和时间没有向当地公安部门申请。

案例 2-6 1985 年 12 月，印度新德里什里拉姆化肥厂发生一起严重的发烟硫酸泄漏事故。

该厂一台直径为8m、储有40t发烟硫酸的高位储槽，因一根5m的金属支架腐蚀折断而突然倒塌，致使一根硫酸输送管折断，大量硫酸从管道断裂处喷出，流入下水道放出大量热，形成100多米的蒸气柱，飘散数小时，扩散距离40余千米。虽然消防队迅速控制了局势，但数万名居民仍处于不知所措的混乱状态。有60余人住院治疗，一人死亡。

复习思考题

1. 危险化学品按其危险性质划分为哪几类？
2. 危险化学品储存的安全要求是什么？
3. 危险化学品的运输有哪些安全要求？

CHAPTER 3

第三章 防火防爆技术

化工生产中使用的原料、生产中的中间体和产品很多都是易燃、易爆的物质，而化工生产过程又多为高温、高压，若工艺与设备设计不合理、设备制造不合格、操作不当或管理不善，容易发生火灾爆炸事故，造成人员伤亡及财产损失。因此，防火防爆对于化工生产的安全运行是十分重要的。

第一节 燃烧与爆炸的基础知识

一、燃烧的基础知识

燃烧是一种复杂的物理化学过程。燃烧过程具有发光、发热、生成新物质的三个特征。

1. 燃烧条件

燃烧是有条件的，它必须在可燃物质、助燃物质和点火源这三个基本条件同时具备时才能发生。

（1）可燃物质　我们可以把所有物质分为可燃物质、难燃物质和不可燃物质三类。可燃物质是指在火源作用下能被点燃，并且当点火源移去后能继续燃烧直至燃尽的物质；难燃物质为在火源作用下能被点燃，当点火源移去后不能维持继续燃烧的物质；不可燃物质是指在正常情况下不会被点燃的物质。可燃物质是防火、防爆的主要研究对象。

凡能与空气、氧气或其他氧化剂发生剧烈氧化反应的物质，都可称之为可燃物质。可燃物质种类繁多，按物理状态可分为气态、液态和固态三类。化工生产中使用的原料、生产中的中间体和产品很多都是可燃物质。气态如氢气、一氧化碳、液化石油气等；液态如汽油、甲醇、酒精等；固态如煤、木炭等。

（2）助燃物质　凡是具有较强的氧化能力，能与可燃物质发生化学反应并引起燃烧的物质均称为助燃物。例如空气、氧气、氯气、氟和溴等物质。

（3）点火源　凡能引起可燃物质燃烧的能源均可称之为点火源。常见的点火源有明火、电火花、炽热物体等。

可燃物、助燃物和点火源是导致燃烧的三要素，缺一不可，是必要条件。上述“三要素”同时存在，燃烧能否实现，还要看是否满足了数值上的要求。在燃烧过程中，当“三要素”的数值发生改变时，也会使燃烧速度改变甚至停止燃烧。例如，空气中氧的浓度降到16％～14％时，木柴的燃烧即立即停止。如果在可燃气体与空气的混合物中，减少可燃气体的比例，则燃烧速率会减慢，甚至停止燃烧。例如氢气在空气中的浓度小于4％时就不能点燃。点火源如果不具备一定的温度和足够的热量，燃烧也不会发生。例如飞溅的火星可以点燃油面丝或刨花，但火星如果溅落在大块的木柴上，我们发现它会很快熄灭，不能引起木柴的燃烧。这是因为这种点火源虽然有超过木柴着火的温度，但却缺乏足够热量的缘故。因此，对于已经进行着的燃烧，若消除“三要素”中的一个条件，或使其数量有足够的减少，燃烧便会终止，这就是灭火的基本原理。

2. 燃烧过程

可燃物质的燃烧都有一个过程，这个过程随着可燃物质的状态不同，其燃烧过程也不同。气体最容易燃烧，只要达到其氧化分解所需的热量便能迅速燃烧。可燃液体的燃烧并不是液相与空气直接反应而燃烧，而是先蒸发为蒸气，蒸气再与空气混合而燃烧。对于可燃固体：若是简单物质，如硫、磷及石蜡等，受热时经过熔化、蒸发，与空气混合而燃烧；若是复杂物质，如煤、沥青、木材等，则是先受热分解出可燃气体和蒸气，然后与空气混合而燃烧，并留下若干固体残渣。由此可见，绝大多数可燃物质的燃烧是在气态下进行的，并产生火焰。有的可燃固体如焦炭等不能成为气态物质，在燃烧时呈炽热状态，而不呈现火焰。各种可燃物质的燃烧过程如图 3-1 所示。

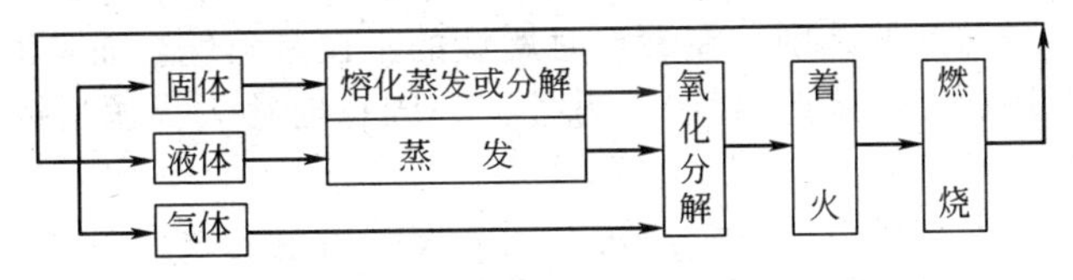

图 3-1 物质燃烧过程

综上所述，根据可燃物质燃烧时的状态不同，燃烧有气相和固相两种情况。气相燃烧是指在进行燃烧反应过程中，可燃物和助燃物均为气体，这种燃烧的特点是有火焰产生。气相燃烧是一种最基本的燃烧形式。固相燃烧是指在燃烧反应过程中，可燃物质为固态，这种燃烧亦称为表面燃烧，燃烧的特征是燃烧时没有火焰产生，只呈现光和热，例如上述焦炭的燃烧。一些物质的燃烧既有气相燃烧，也有固相燃烧，例如煤的燃烧。

3. 燃烧类型

根据燃烧的起因不同，燃烧可分为闪燃、着火和自燃三类。

(1) 闪燃和闪点　可燃液体的蒸气（包括可升华固体的蒸气）与空气混合后，遇到明火而引起瞬间（延续时间少于 5s）燃烧，称为闪燃。液体能发生闪燃的最低温度，称为该液体的闪点。闪燃往往是着火先兆，可燃液体的闪点越低，越易着火，火灾危险性越大。某些可燃液体的闪点见表 3-1。

表 3-1 某些可燃液体的闪点

液体名称	闪点/℃	液体名称	闪点/℃
戊烷	<－40	丁醇	29
己烷	－21.7	乙酸	40
庚烷	－4	乙酸酐	49
甲醇	11	甲酸甲酯	<－20
乙醇	11.1	乙酸甲酯	－10
丙醇	15	乙酸乙酯	－4.4
乙酸丁酯	22	氯苯	28
丙酮	－19	二氯苯	66
乙醚	－45	二硫化碳	－30
苯	－11.1	氰化氢	－17.8
甲苯	4.4	汽油	－42.8
二甲苯	30		

应当指出，可燃液体之所以会发生一闪即灭的闪燃现象，是因为它在闪点的温度下蒸发速率较慢，所蒸发出来的蒸气仅能维持短时间的燃烧，而来不及提供足够的蒸气补充维持稳定的燃烧。

除了可燃液体以外，某些能蒸发出蒸气的固体，如石蜡、樟脑、萘等，其表面上所产生的蒸气可以达到一定的浓度，与空气混合而成为可燃的气体混合物，若与明火接触也能出现闪燃现象。

（2）着火与燃点　可燃物质在有足够助燃物（如充足的空气、氧气）的情况下，有点火源作用引起的持续燃烧现象，称为着火。使可燃物质发生持续燃烧的最低温度，称为燃点或着火点。燃点越低，越容易着火。一些可燃物质的燃点见表 3-2。

表 3-2　一些可燃物质的燃点

物质名称	燃点/℃	物质名称	燃点/℃
赤磷	160	聚乙烯	400
石蜡	158～195	聚氯乙烯	400
硝酸纤维	180	吡啶	482
硫黄	255	有机玻璃	260
聚丙烯	400	松香	216
醋酸纤维	482	樟脑	70

可燃液体的闪点与燃点的区别：在燃点时燃烧的不仅是蒸气，而是液体（即液体已达到燃烧温度，可提供保持稳定燃烧的蒸气）。另外，在闪点时移去火源后闪燃即熄灭，而在燃点时则能继续燃烧。

控制可燃物质的温度在燃点以下是预防发生火灾的措施之一。在火场上，如果有两种燃点不同的物质处在相同的条件下，受到火源作用时，燃点低的物质首先着火。用冷却法灭火，其原理就是将燃烧物质的温度降到燃点以下，使燃烧停止。

（3）自燃和自燃点　可燃物质受热升温而不需明火作用就能自行着火燃烧的现象，称为自燃。可燃物质发生自燃的最低温度，称为自燃点。自燃点越低，则火灾危险性越大。一些可燃物质的自燃点见表 3-3。

表 3-3　一些可燃物质的自燃点

物质名称	自燃点/℃	物质名称	自燃点/℃
二硫化碳	102	萘	540
乙醚	170	汽油	280
甲醇	455	煤油	380～425
乙醇	422	重油	380～420
丙醇	405	原油	380～530
丁醇	340	乌洛托品	685
乙酸	485	甲烷	537
乙酸酐	315	乙烷	515
乙酸甲酯	475	丙烷	466
乙酸戊酯	375	丁烷	365
丙酮	537	水煤气	550～650
甲胺	430	天然气	550～650
苯	555	一氧化碳	605
甲苯	535	硫化氢	260
乙苯	430	焦炉气	640
二甲苯	465	氨	630
氯苯	590	半水煤气	700
黄磷	30	煤	320

化工生产中，由于可燃物质靠近蒸气管道，加热或烘烤过度，化学反应局部过热，在密闭容器中加热温度高于自燃点的可燃物一旦泄漏，均可发生可燃物质自燃。

4. 热值和燃烧温度

（1）热值　所谓热值，是指单位质量或单位体积的可燃物质完全燃烧时所放出的热量。可燃性固体和可燃性液体的热值可以“J/kg”表示，可燃气体的热值可以“J/m^3（标准状态）”表示。可燃物质燃烧爆炸时所达到的最高温度、最高压力及爆炸力等均与物质的热值有关。部分物质的热值见表3-4。

表3-4 部分物质的热值和燃烧温度

物质的名称	热值		燃烧温度
	1×10^6J/kg	1×10^6J/m^3	℃
甲烷	—	39.4	1800
乙烷	—	69.3	1895
乙炔	—	58.3	2127
甲醇	23.9	—	1100
乙醇	31.0	—	1180
丙酮	30.9	—	1000
乙醚	36.9	—	2861
原油	44.0	—	1100
汽油	46.9	—	1200
煤油	41.4～46.0	—	700～1030
氢气	—	10.8	1600
一氧化碳	—	12.7	1680
二硫化碳	14.0	12.7	2195
硫化氢	—	25.5	2110
液化气	—	10.5～11.4	2020
天然气	—	35.5～39.5	2120
硫	10.4	—	1820
磷	25.0	—	—

(2) 燃烧温度　可燃物质燃烧时所放出的热量，一部分被火焰辐射散失，而大部分则消耗在加热燃烧上，由于可燃物质所产生的热量是在火焰燃烧区域内析出的，因而火焰温度也就是燃烧温度。部分可燃物质的燃烧温度见表3-4。

二、爆炸的基础知识

爆炸是物质在瞬间以机械功的形式释放出大量气体和能量的现象。由于物质状态的急剧变化，爆炸发生时会使压力猛烈增高并产生巨大的声响，其主要特征是压力的急剧升高。

上述所谓“瞬间”，就是说爆炸发生于极短的时间内。例如乙炔罐里的乙炔与氧气混合发生爆炸时，大约是在1/100s内完成下列化学反应的：

$$2C_2H_2+5O_2 = 4CO_2+2H_2O+Q$$

同时释放出大量热量和二氧化碳、水蒸气等气体，使罐内压力升高10～13倍，其爆炸威力可以使罐体升空20～30m。这种克服地心引力将重物举高一段距离，则是所说的机械功。

在化工生产中，一旦发生爆炸，就会酿成工伤事故，造成人身和财产的巨大损失，使生产受到严重影响。

1. 爆炸的分类

(1) 按照爆炸能量的来源不同分类

① 物理性爆炸。物理性爆炸是由物理因素（如温度、体积、压力等）变化而引起的爆炸现象。在物理性爆炸的前后，爆炸物质的化学成分不改变。

锅炉的爆炸就是典型的物理性爆炸，其原因是过热的水迅速蒸发出大量蒸汽，使蒸汽压力不断提高，当压力超过锅炉的极限强度时，就会发生爆炸。又如氧气钢瓶受热升温，引起气体压力增高，当压力超过钢瓶的极限强度时即发生爆炸。发生物理性爆炸时，气体或蒸汽等介质潜藏的能量在瞬间释放出来，会造成巨大的破坏和伤害。

② 化学性爆炸。使物质在短时间内完成化学反应，同时产生大量气体和能量而引起的爆炸现象。化学性爆炸前后，物质的性质和化学成分均发生了根本的变化。

例如用来制造炸药的硝化棉在爆炸时放出大量热量，同时生成大量气体（CO、CO_2、H_2 和水蒸气等），爆炸时的体积竟会突然增大 47 万倍，燃烧在 10^{-5}s 内完成。因而会对周围物体产生毁灭性的破坏作用。

（2）按照爆炸的顺时燃烧速率分类

① 轻爆。物质爆炸时的燃烧速率为每秒数米，爆炸时无多大破坏力，音响也不大。如无烟火药在空气中的快速燃烧，可燃气体混合物在接近爆炸浓度上限或下限时的爆炸即属于此类。

② 爆炸。物质爆炸时的燃烧速率为每秒十几米至数百米，爆炸时能在爆炸点引起压力激增，有较大的破坏力，有震耳的声响。可燃气体混合物在多数情况下的爆炸，以及被压火药遇火源引起的爆炸即属于此类。

③ 爆轰。物质爆炸的燃烧速率为 1000～7000m/s。爆轰时的特点是突然引起极高压力，并产生超音速的“冲击波”。由于在极短时间内发生的燃烧产物急剧膨胀，像活塞一样积压其周围气体，反应所产生的能量有一部分传给被压缩的气体层，于是形成的冲击波由它本身的能量所支持，迅速传播并能远离爆轰的发源地而独立存在，同时可引起该处的其他爆炸性气体混合物和炸药发生爆炸，从而发生一种“殉爆”现象。

2. 化学性爆炸物质

根据爆炸时所进行的化学反应，化学性爆炸物质可分为以下几种。

（1）简单分解的爆炸物　这类物质在爆炸时分解为元素，并在分解过程中产生热量。属于这一类的物质有乙炔铜、乙炔银、碘化氮、叠氮铅等，这类容易分解的不稳定物质，其爆炸危险性是很大的，受摩擦、撞击、甚至轻微振动即可能发生爆炸。如乙炔银受摩擦或撞击时的分解爆炸：

$$Ag_2C_2 \longrightarrow 2Ag + 2C + Q$$

（2）复杂分解的爆炸物　这类物质包括各种含氧炸药，其危险性较简单分解的爆炸物稍低，含氧炸药在发生爆炸时伴有燃烧反应，燃烧所需的氧由物质本身分解供给。如苦味酸、TNT、硝化棉等都属于此类。

（3）可燃性混合物　它是指由可燃物质与助燃物质组成的爆炸物质。所有可燃气体、蒸气和可燃粉尘与空气（或氧气）组成的混合物均属此类。如一氧化碳与空气混合的爆炸反应：

$$2CO + O_2 + 3.76N_2 = 2CO_2 + 3.76N_2 + Q$$

这类爆炸实际上是在火源作用下的一种瞬间燃烧反应。

通常称可燃性混合物为有爆炸危险的物质，它们只是在适当的条件下，才会成为危险的物质。这些条件包括可燃物质的浓度、氧化剂浓度以及点火能量等。

3. 爆炸极限

（1）爆炸极限　可燃性气体、蒸气或粉尘与空气组成的混合物，并不是在任何浓度下都会发生燃烧或爆炸；而是必须在一定的浓度比例范围内才能发生燃烧和爆炸。而且混合的比例不同，其爆炸的危险程度亦不同。例如，由一氧化碳与空气构成的混合物在火源作用下的燃爆试验情况如下：

CO 在混合其中所占的体积/%	燃爆情况
<12.5	不燃不爆
12.5	轻度燃爆
12.5～30	燃爆逐步加强

30　　燃爆最强烈

30～80　　燃爆逐渐减弱

＞80　　不燃不爆

上述试验情况说明：可燃性混合物有一个发生燃烧和爆炸的浓度范围，即有一个最低浓度和最高浓度，混合物中的可燃物只有在这两个浓度之间，才会有燃爆危险。通常将最低浓度称为爆炸下限，最高浓度称为爆炸上限。混合物浓度低于爆炸下限时，由于混合物浓度不够及过量空气的冷却作用，阻止了火焰的蔓延；混合物浓度高于爆炸上限时，则由于氧气不足，使火焰不能蔓延。可燃性混合物的爆炸下限越低、爆炸极限范围越宽，其爆炸的危险性越大。

必须指出，对于浓度在爆炸上限以上的混合物决不能认为是安全的，因为一旦补充进空气就具有了危险性。一些气体和液体蒸气的爆炸极限见表 3-5。

表 3-5　一些气体和液体蒸气的爆炸极限

物质名称	爆炸极限/%		物质名称	爆炸极限/%	
	下限	上限		下限	上限
天然气	4.5	13.5	丙醇	1.7	48.0
城市煤气	5.3	32	丁醇	1.4	10.0
氢气	4.0	75.6	甲烷	5.0	15.0
氨	15.0	28.0	乙烷	3.0	15.5
一氧化碳	12.5	74.0	丙烷	2.1	9.5
二硫化碳	1.0	60.0	丁烷	1.5	8.5
乙炔	1.5	82.0	甲醛	7.0	73.0
氰化氢	5.6	41.0	乙醚	1.7	48.0
乙烯	2.7	34.0	丙酮	2.5	13.0
苯	1.2	8.0	汽油	1.4	7.6
甲苯	1.2	7.0	煤油	0.7	5.0
邻二甲苯	1.0	7.6	乙酸	4.0	17.0
氯苯	1.3	11.0	乙酸乙酯	2.1	11.5
甲醇	5.5	36.0	乙酸丁酯	1.2	7.6
乙醇	3.5	19.0	硫化氢	4.3	45.0

（2）可燃气体、蒸气爆炸极限的影响因素　爆炸极限受许多因素的影响，表 3-5 给出的爆炸极限数值对应的是在常温常压下，当温度、压力及其他因素发生变化时，爆炸极限也会发生变化。

① 温度　一般情况下爆炸性混合物的原始温度越高，爆炸极限范围越大。所以温度升高会使爆炸的危险性增大。

② 压力　一般情况下压力越高，爆炸极限范围越大，尤其是爆炸上限显著提高。因此，减压操作有利于减小爆炸的危险性。

③ 惰性介质及杂物　一般情况下惰性介质的加入可以缩小爆炸极限范围，当其浓度高到一定数值时可使混合物不发生爆炸。杂物的存在对爆炸极限的影响较为复杂，如少量硫化氢的存在会降低水煤气在空气混合物中的燃点，使其更易爆炸。

④ 容器　容器直径越小，火焰在其中越难以蔓延，混合物的爆炸极限范围则越小。当容器直径或火焰通道小到一定数值时，火焰不能蔓延，可消除爆炸危险，这个直径称为临界直径或最大灭火间距。如甲烷的临界直径为 0.4～0.5mm，氢和乙炔为 0.1～0.2mm。

⑤ 氧含量　混合物中含氧量增加，爆炸极限范围扩大，尤其是爆炸上限显著提高。可燃气体在空气中和纯氧中的爆炸极限范围的比较见表 3-6。

⑥ 点火源　点火源的能量、热表面的面积、点火源与混合物的作用时间等均对爆炸极限有影响。

表 3-6 可燃气体在空气和纯氧中的爆炸极限范围

物质名称	在空气中的爆炸极限/%	在纯氧中的爆炸极限/%
甲烷	5.0～15.0	5.0～61.0
乙烷	3.0～15.5	3.0～66.0
丙烷	2.1～9.5	2.3～55.0
丁烷	1.5～8.5	1.8～49.0
乙烯	2.7～34.0	3.0～80.0
乙炔	1.5～82.0	2.8～93.0
氢	4.0～75.6	4.0～95.0
氨	15.0～28.0	13.5～79.0
一氧化碳	12.5～74.0	15.5～94.0

各种爆炸性混合物都有一个最低引爆能量，即点火能量。它是混合物爆炸危险性的一项重要参数。爆炸性混合物的点火能量越小，其燃爆危险性就越大。

4. 粉尘爆炸

(1) 粉尘爆炸　人们很早就发现某些粉尘具有发生爆炸的危险性。如煤矿里的煤尘爆炸，磨粉厂、谷仓里的粉尘爆炸，镁粉、碳化钙粉尘等与水接触后引起的自燃或爆炸等。

粉尘爆炸是粉尘粒子表面和氧作用的结果。当粉尘表面达到一定温度时，由于热分解或干馏作用，粉尘表面会释放出可燃性气体，这些气体与空气形成爆炸性混合物，而发生粉尘爆炸。因此，粉尘爆炸的实质是气体爆炸。使粉尘表面温度升高的原因主要是热辐射的作用。

(2) 粉尘爆炸的影响因素

① 物理化学性质　燃烧热越大的粉尘越易引起爆炸，例如煤尘、碳、硫等；氧化速率越大的粉尘越易引起爆炸，如煤、燃料等；越易带静电的粉尘越易引起爆炸；粉尘所含的挥发分越大，越易引起爆炸，如当煤粉中的挥发分低于10%时就不会发生爆炸。

② 粉尘颗粒大小　粉尘的颗粒越小，其比表面积越大（比表面积是指单位质量或单位体积的粉尘所具有的总表面积），化学活性越强，燃点越低，粉尘的爆炸下限越小，爆炸的危险性越大。爆炸粉尘的粒径范围一般为0.1～100μm左右。

③ 粉尘的悬浮性　粉尘在空气中停留的时间越长，其爆炸的危险性越大。粉尘的悬浮性与粉尘的颗粒大小、粉尘的密度、粉尘的形状等因素有关。

④ 空气中粉尘的浓度　粉尘的浓度通常用单位体积中粉尘的质量来表示，其单位为“mg/m^3”。空气中粉尘只有达到一定的浓度，才可能会发生爆炸。因此粉尘爆炸也有一定的浓度范围，即有爆炸下限和爆炸上限。由于通常情况下，粉尘的浓度均低于爆炸浓度下限，因此粉尘的爆炸上限浓度很少使用。表 3-7 列出了一些粉尘的爆炸下限。

表 3-7 一些粉尘的爆炸下限

粉尘名称	云状粉尘的引燃温度/℃	云状粉尘的爆炸下限(标准状态)/(g/m^3)	粉尘名称	云状粉尘的引燃温度/℃	云状粉尘的爆炸下限(标准状态)/(g/m^3)
金属铝	590	37～50	聚丙烯酯	505	35～55
铁粉	430	153～240	聚氯乙烯	595	63～86
镁	470	44～59	酚醛树脂	520	36～49
炭黑	>690	36～45	硬质橡胶	360	36～49
锌	530	212～284	天然树脂	370	38～52
萘	575	28～38	砂糖粉	360	77～99
萘酚染料	415	133～184	褐煤粉		49～68
聚苯乙烯	475	27～37	有烟煤粉	595	41～57
聚乙烯醇	450	42～55	煤焦炭粉	>750	37～50

第二节 火灾爆炸危险性分析

一、生产和储存的火灾爆炸危险性分类

为防止火灾和爆炸事故，首先必须了解生产或储存的物质的火灾危险性，发生火灾爆炸事故后火势蔓延扩大的条件等，这是采取行之有效的防火、防爆措施的重要依据。

生产及储存的火灾爆炸危险性分类见表 3-8。分类的依据是生产和储存中物质的理化性质。

表 3-8 火灾爆炸危险性分类

类别	特征
甲	1. 闪点＜28℃的易燃液体 2. 爆炸下限＜10％的可燃气体 3. 常温下能自行分解或在空气中氧化即能导致迅速自燃或爆炸的物质 4. 常温下受到水或空气中水蒸气的作用，能产生可燃气体并能引起燃烧或爆炸的物质 5. 遇酸、受热、撞击、摩擦以及遇有机物或硫黄等易燃无机物，极易引起燃烧或爆炸的强氧化剂 6. 受撞击、摩擦或与氧化剂、有机物接触时能引起燃烧或爆炸的物质 7. 在压力容器内物质本身温度超过自燃点的生产
乙	1. 28℃≤闪点＜60℃的易燃、可燃液体 2. 爆炸下限≥10％的可燃气体 3. 助燃气体和不属于甲类的氧化剂 4. 不属于甲类的化学易燃危险固体 5. 能与空气形成爆炸性混合物的浮游状态的可燃纤维或粉尘、闪点≥60℃的液体雾滴
丙	1. 闪点≥60℃的易燃液体 2. 可燃固体
丁	具有下列情况的生产： 1. 对非燃烧物质进行加工，并在高热或熔化状态下经常产生辐射热、火花、火焰的生产 2. 用气体、液体、固体作为燃料或将气体、液体进行燃烧作其他用的生产 3. 常温下使用或加工难燃烧物质的生产
戊	常温下使用或加工非燃烧物质的生产

生产或储存物品的火灾危险性分类，使确定建构筑物的耐火等级、布置工艺装置、选择电气设备类型以及采取防火防爆措施的重要依据。

二、爆炸和火灾危险场所的区域划分

爆炸和火灾危险场所的区域划分见表 3-9。

表 3-9 爆炸和火灾危险场所的区域划分

类别	特征	分级	特征
1	有可燃气体或易燃液体蒸气爆炸危险的场所	0 区 1 区 2 区	正常情况下，能形成爆炸性混合物的场所 正常情况下不能形成，但在不正常情况下能形成爆炸性混合物的场所 不正常情况下整个空间形成爆炸性混合物可能性较小的场所

续表

类别	特　征	分级	特　征
2	有可燃粉尘或可燃纤维爆炸危险的场所	10 区	正常情况下，能形成爆炸性混合物的场所
		11 区	仅在不正常情况下，才能形成爆炸性混合物的场所
3	有火灾危险性的场所	21 区	在生产过程中，生产、使用、储存和输送闪点高于场所环境温度的可燃液体，在数量上和配置上能引起火灾危险的场所
		22 区	在生产过程中，不可能形成爆炸性混合物的可燃粉尘或可燃纤维在数量上和配置上能引起火灾危险的场所
		23 区	有固体可燃物质在数量上和配置上能引起火灾危险的场所

表中的“正常情况”包括正常的开车、停车、运转（如敞开装料、卸料等），也包括设备和管线正常允许的泄漏情况。“不正常情况”则包括装置损坏、误操作及装置的拆卸、检修、维护不当泄漏等。

第三节 点火源的控制

如前所述，点火源的控制是防止燃烧和爆炸的重要环节。在化工生产中的点火源主要包括：明火、高温表面、电气火花、静电火花、冲击与摩擦、化学反应热、光线及射线等。对上述点火源进行分析，并采取适当措施，是安全管理工作的一个重要内容。

一、明火

化工生产中的明火主要是指生产过程中的加热用火、维修用火及其他火源。

1. 加热用火的控制

加热易燃液体时，应尽量避免采用明火，而采用蒸汽、过热水、中间载热体或电热等；如果必须采用明火，则设备应严格密闭，并定期检查，防止泄漏。工艺装置中明火设备的布置，应远离可能泄漏的可燃气体或蒸气的工艺设备及储罐区；在积存有可燃气体、蒸气的地沟、深坑、下水道内及其附近，没有消除危险之前，不能进行明火作业。

在确定的禁火区内，要加强管理，杜绝明火的存在。

2. 维修用火的控制

维修用火主要是指焊割、喷灯、熬炼用火等。在有火灾爆炸危险的厂房内，应尽量避免焊割作业，必须进行切割或焊接作业时，应严格执行动火安全规定；在有火灾爆炸危险场所使用喷灯进行维修作业时，应按动火制度进行并将可燃物清理干净；对熬炼设备要经常检查，防止烟道蹿火和熬锅破漏，同时要防止物料过满而溢出。在生产区熬炼时，应注意熬炼地点的选择。

此外，烟囱飞火、机动车的排气管喷火，都可以引起可燃气体、蒸气的燃烧爆炸，要加强对上述火源的监控与管理。

二、高温表面

在化工生产中，加热装置、高温物料输送管线及机泵等，其表面温度均较高，要防止可燃物落在上面，引燃着火。可燃物的排放要远离高温表面。如果高温管线及设备与可燃物装置较接近，高温表面应有隔热措施。加热温度高于物料自燃点的工艺过程，应严防物料外泄或空气进入系统。

照明灯具的外壳或表面都有很高温度。白炽灯泡表面温度见表3-10；高压汞灯的表面温度和白炽灯相差不多，约为150～200℃；1000W卤钨灯等管表面温度可达500～800℃。灯泡表面的高温可点燃附近的可燃物品，因此在易燃易爆场所，严禁使用这类灯具。

表3-10 白炽灯泡表面温度

灯泡功率/W	灯泡表面温度/℃	灯泡功率/W	灯泡表面温度/℃
40	50～60	100	170～220
60	130～180	150	150～230
75	140～200	200	160～300

各种电气设备在设计和安装时，应考虑一定的散热或通风措施，使其在正常稳定运行时，它们的放热与散热平衡，其最高温度和最高温升（即最高温度和周围环境温度之差）符合规范所规定的要求，从而防止电器设备因过热而导致火灾、爆炸事故。

三、电气火花及电弧

电火花是电极间的击穿放电，电弧则是大量的电火花汇集的结果。一般电火花的温度均很高，特别是电弧，温度可达3600～6000℃。电火花和电弧不仅能引起绝缘材料燃烧，而且可以引起金属熔化飞溅，构成危险的火源。

电火花分为工作火花和事故火花。工作火花是指电气设备正常工作时或正常操作过程中产生的火花。如直流电机电刷与整流片接触处的火花，开关或继电器分合时的火花，短路、保险丝熔断时产生的火花等。

除上述电火花外，电动机转子和定子发生摩擦或风扇叶轮与其他部件碰撞会产生机械性质的火花；灯泡破碎时露出温度高达2000～3000℃的灯丝，都可能成为引发电气火灾的火源。

1. 防爆电气设备类型

为了满足化工生产的防爆要求，必须了解并正确选择防爆电气的类型。

各种防爆电气设备类型及其标志如下：

隔爆型	标志	d	充油型	标志	o
增安型	标志	e	充砂型	标志	q
正压型	标志	p	特殊型	标志	s
本质安全型	标志	ia和ib	无火花型	标志	n

防爆电气设备在标志中除了标志类型外，还标出适用的分级分组。防爆电气标志一般由四部分组成，以字母或数字表示。由左至右依次为：①防爆电气类型的标志；②Ⅱ（适用于工厂用防爆电气设备，其标志的左起第二项是Ⅱ）；③爆炸混合物的级别；④爆炸混合物的组别。

2. 防爆电气设备的选型

为了正确地选择防爆电气设备，下面将八种防爆型电气设备的特点做一简要介绍。

（1）隔爆型电气设备　有一个隔爆外壳，是应用缝隙隔爆原理，使设备外壳内部产生的爆炸火焰不能传播到外壳的外部而点燃周围环境中的爆炸性介质的电气设备。

隔爆型电气设备的安全性较高，可用于除0区之外的各级危险场所，但其价格及维护要求也较高，因此在危险性级别较低的场所使用不够经济。

（2）增安型电气设备　是在正常运行情况下不产生电弧、火花或危险温度的电气设备。它可用于1区和2区危险场所，价格适中，可广泛使用。

（3）正压型电气设备　具有保护外壳，壳内充有保护性气体，其压力高于周围爆炸性气

体的压力，能阻止外部爆炸性气体进入设备内部引起爆炸。可用于1区和2区危险场所。

（4）本质安全型电气设备　是由本质安全电路构成的电气设备。在正常情况下及事故时产生的火花、危险温度不会引起爆炸性混合物爆炸。ia级可用于0区危险场所，ib级可用于除0区之外的危险场所。

（5）充油型电气设备　是应用隔爆原理将电气设备全部或一部分浸没在绝缘油面以下，使得产生的电火花和电弧不会点燃油面以上及容器外壳外部的燃爆型介质。运行中经常产生电火花以及有活动部件的电气设备可以采用这种防爆形式。可用于除0区之外的危险场所。

（6）充砂型电气设备　是应用隔爆原理将可能产生火花的电气部位用砂粒充填覆盖，利用覆盖层砂粒间隙的熄火作用，使电气设备的火花或过热温度不致引燃周围环境中的爆炸性物质。可用于除0区之外的危险场所。

（7）无火花型电气设备　在正常运行时不会产生火花、电弧及高温表面的电气设备。它只能用于2区危险场所，但由于在爆炸性危险场所中2区危险场所占绝大部分，所以该类型设备使用面很广。

（8）防爆特殊型电气设备　电气设备采用《爆炸性环境用防爆电气设备》中未包括的防爆形式，属于防爆特殊型电气设备。该类设备必须经指定的鉴定单位检验。

四、静电

在化工生产中，物料、装置、器材、构筑物以及人体所产生的静电积累，对安全已构成严重威胁。据资料统计，日本1965～1973年间，由静电引起的火灾平均每年达100次以上，仅1973年就多达139起，损失巨大，危害严重。

静电能够引起火灾爆炸的根本原因，在于静电放电火花具有点火能量。许多爆炸性蒸气、气体和空气混合物点燃的最小能量为0.009～7mJ。当放电能量小于爆炸性混合物最小点燃能量的1/4时，则认为是安全的。

静电防护主要是设法消除或控制静电的产生和积累的条件，主要有工艺控制法、泄漏法和中和法。工艺控制法就是采取选用适当材料，改进设备和系统的结构，限制流体的速率以及净化输送物料，防止混入杂质等措施，控制静电产生和积累的条件，使其不会达到危险程度。泄漏法就是采取增湿、导体接地，采用抗静电添加剂和导电性地面等措施，促使静电电荷从绝缘体上自行消散。中和法是在静电电荷密集的地方设法产生带电离子，使该处静电电荷被中和，从而消除绝缘体上的静电。

为防止静电放电火花引起的燃烧爆炸，可根据生产过程中的具体情况采取相应的防静电措施。例如将容易积聚电荷的金属设备、管道或容器等安装可靠的接地装置，以导除静电，是防止静电危害的基本措施之一。下列生产设备应有可靠的接地：输送可燃气体和易燃液体的管道以及各种闸门、灌油设备和油槽车；通风管道上的金属过滤网；生产或加工易燃液体和可燃气体的设备储罐；输送可燃粉尘的管道和生产粉尘的设备以及其他能够产生静电的生产设备。防静电接地的每处接地电阻不宜超过规定的数值。

五、摩擦与撞击

在化工生产中，摩擦与撞击也是导致火灾爆炸的原因之一。如机器上轴承等转动部件因润滑不均或未及时润滑而引起的摩擦发热起火、金属之间的撞击而产生的火花等。因此在生产过程中，特别要注意以下几个方面的问题：

① 设备应保持良好的润滑，并严格保持一定的油位；

② 搬运盛可燃气体或易燃液体的金属容器时，严禁抛掷、拖拉、振动，防止因摩擦与

撞击而产生火花；

③ 防止铁器等落入粉碎机、反应器等设备内因撞击而产生火花；

④ 防爆生产场所禁止穿带有铁钉的鞋。

⑤ 禁止使用铁制工具。

第四节 火灾爆炸危险物质的安全技术措施

在化工生产中存在火灾爆炸危险物质时，可考虑采取以下措施。

一、用难燃或不燃物质代替可燃物质

选择危险性较小的液体时，沸点及蒸气压很重要。沸点在110℃以上的液体，常温下（18～20℃）不能形成爆炸浓度。

例如20℃时蒸气压为6mmHg的乙酸戊酯，其浓度c为：

$$c=(MPV)/(760RT)=(130\times6\times1000)/(760\times0.08\times293)=44(g/m^3)$$

乙酸戊酯的爆炸浓度范围为119～541g/m^3。常温下的浓度仅为爆炸下限的1/3。

二、根据物质的危险特性采取措施

对本身具有自燃能力的油脂以及遇空气自燃、遇水燃烧爆炸的物质等，应采取隔绝空气、防水、防潮或通风、散热、降温等措施，以防止物质自燃或发生爆炸。

相互接触能引起燃烧爆炸的物质不能混存，遇酸、碱有分解爆炸的物质应防止与酸、碱接触，对机械作用比较敏感的物质要轻拿轻放。

易燃、可燃气体和液体蒸气要根据它们的密度采取相应的排污方法。根据物质的沸点、饱和蒸气压考虑设备的耐压强度、储存温度、保温降温措施等。根据它们的闪点、爆炸范围、扩散性等采取相应的防火防爆措施。

某些物质如乙醚等，受到阳光作用时能生成危险的过氧化物，因此，这些物质应存放于金属桶或暗色的玻璃瓶中。

三、密闭与通风措施

1. 密闭措施

为防止易燃气体、蒸气和可燃性粉尘与空气构成爆炸性混合物，应设法使设备密闭。对于有压设备更需保证其密闭性，以防气体或粉尘逸出。在负压下操作的设备，应防止进入空气。

为了保证设备的密闭性，对危险设备或系统应尽量少用法兰连接，但要保证安装、检修方便。输送危险气体、液体的管道应采用无缝管。盛装腐蚀性介质的容器底部尽可能不装开关和阀门，腐蚀性液体应从顶部抽吸排出。

如设备本身不能密闭，可采用液封。负压操作可防止系统中有毒或爆炸危险性气体逸入生产场所。例如在焙烧炉、燃烧室及吸收装置中都是采用这种方法。

2. 通风措施

在实际生产中，完全依靠设备密闭，消除可燃物在生产场所的存在是不大可能的。往往还要借助于通风措施来降低车间空气中可燃物的含量。

通风按动力来源可分为机械通风和自然通风，机械通风按换气方式又可分为排风和送风

（详见第四章）。

四、惰性介质保护

在化工生产中常用的惰性介质有氮气、二氧化碳、水蒸气及烟道气等。这些气体常用于以下几个方面：

① 易燃固体物质的粉碎、研磨、筛分、混合以及粉状物料输送时，可用惰性介质保护；

② 可燃气体混合物在处理过程中可加入惰性介质保护；

③ 具有着火爆炸危险的工艺装置、储罐、管线等配备惰性介质，以备在发生危险时使用，可燃气体的排气系统尾部用氮封；

④ 采用惰性介质（氮气）压送易燃液体；

⑤ 爆炸性危险场所中，非防爆电器、仪表等的充氮保护以及防腐蚀等；

⑥ 有着火危险的设备的停车检修处理；

⑦ 危险物料泄漏时用惰性介质稀释。

使用惰性介质时，要有固定储存输送装置。根据生产情况、物料危险特性，采用不同的惰性介质和不同的装置。例如，氢气的充填系统最好备有高压氮气，地下苯储罐周围应配有高压蒸气管线等。

化工生产中惰性介质的需用量取决于系统中氧浓度的下降值。部分可燃物质最高允许含氧量见表 3-11。

表 3-11 部分可燃物质最高允许含氧量 单位：%

可燃物质	用二氧化碳	用氮	可燃物质	用二氧化碳	用氮
甲烷	11.5	9.5	丁二醇	10.5	8.5
乙烷	10.5	9	氢	5	4
丙烷	11.5	9.5	一氧化碳	5	4.5
丁烷	11.5	9.5	丙酮	12.5	11
汽油	11	9	苯	11	9
乙烯	9	8	煤粉	12～15	—
丙烯	11	9	麦粉	11	—
乙醚	10.5	—	硫黄粉	9	—
甲醇	11	8	铝粉	2.5	7
乙醇	10.5	8.5	锌粉	8	8

在使用惰性气体时必须注意防止使人窒息的危险。

第五节 工艺参数的安全控制

化工生产过程中的工艺参数主要包括温度、压力、流量及物料配比等。按工艺要求严格控制工艺参数在安全限度以内，是实现化工安全生产的基本保证。实现这些参数的自动调节和控制是保证化工安全生产的重要措施。

一、温度控制

温度是化工生产中的主要控制参数之一。不同的化学反应都有其自己最适宜的反应温度。化学反应速率与温度有着密切关系。如果超温，反应物有可能加剧反应，造成压力升高，导致爆炸，也可能因为温度过高产生副反应，生成新的危险物质。升温过快、过高或冷却降温设施发生故障，还可能引起剧烈反应发生冲料或爆炸。温度过低有时会造成反应速率减慢或停滞，而一旦反应温度恢复正常时，则往往会因为未反应的物料过多而发生剧烈反应引起爆炸。温度过低还会使某些物料冻结，造成管路堵塞或破裂，致使易燃物泄漏而发生火灾爆炸。液化气体和低沸点液体介质都可能由于温度升高汽化，发生超压爆炸。因此必须防止工艺温度过高或过低。在操作中必须注意以下几个问题。

1. 控制反应温度

化学反应一般都伴随有热效应，放出或吸收一定热量。例如基本有机合成中的各种氧化反应、氯化反应、聚合反应等均是放热反应；而各种裂解反应、脱氢反应、脱水反应等则为吸热反应。为使反应在一定温度下进行，必须向反应系统中加入或除去一定的热量。通常利用热交换装置来实现。

2. 防止搅拌中断

化学反应过程中，搅拌可以加速热量的传递，使反应物料温度均匀，防止局部过热。反应时一般应先投入一种物料再开始搅拌，然后按规定的投料速率投入另一种物料。如果将两种反应物投入反应釜后再开始搅拌，就有可能引起两种物料剧烈反应而造成超温超压。生产过程中如果由于停电、搅拌器脱落而造成搅拌中断时，可能造成散热不良或发生局部剧烈反应而导致危险。因此必须采取措施防止搅拌中断，例如采取双路供电、增设人工搅拌装置、自动停止加料设置及有效的降温手段等。

3. 正确选择传热介质

化工生产中常用的热载体有水蒸气、热水、过热水、碳氢化合物（如矿物油、二苯醚等）、熔盐、汞、烟道气及熔融金属等。充分了解热载体性质，进行正确选择，对加热过程的安全十分重要。

（1）避免使用和反应物料性质相抵触的介质作为传热介质　例如不能用水来加热或冷却环氧乙烷，因为极微量水也会引起液体环氧乙烷自聚发热而爆炸。此种情况可选用液体石蜡作为传热介质。

（2）防止传热面结疤　在化工生产中，设备传热面结疤现象是普遍存在的。结疤不仅影响传热效率，更危险的是因物料分解而引起爆炸。结疤的原因：可以是由于水质不好而结成水垢；还可由物料聚合、缩合、凝聚、炭化等原因引起结疤。其中后者危险性更大。换热器内的流体宜采用较高流速，不仅可以提高传热效率，而且可以减少污垢在换热管表面的沉积。

二、投料控制

投料控制主要是指对投料速率、配比、顺序、原料纯度以及投料量的控制。

1. 投料速率

对于放热反应，加料速率不能超过设备的传热能力。加料速率过快会引起温度急剧升高，而造成事故。加料速率若突然减少，会导致温度降低，使一部分反应物料因温度过低而不反应。因此必须严格控制投料速率。

2. 投料配比

对于放热反应，投入物料的配比十分重要。如松香钙皂的生产，是把松香投入反应釜内加热至 240℃，缓慢加入氢氧化钙，其反应式为：

$$2C_{19}H_{29}COOH + Ca(OH)_2 \longrightarrow Ca(C_{19}H_{29}COO)_2 + 2H_2O\uparrow$$

反应生成的水在高温下变成蒸汽。由反应可以看出，投入的氢氧化钙量增大，蒸汽的生成量也增大，如果控制不当会造成跑锅，一旦遇火源接触就会造成着火。

对于连续化程度较高、危险性较大的生产，更要特别注意反应物料的配比关系。例如环

氧乙烷生产中乙烯和氧的混合反应，其浓度接近爆炸范围，尤其在开停车过程中，乙烯和氧的浓度都在发生变化，且开车时催化剂活性较低，容易造成反应器出口氧浓度过高，为保证安全，应设置连锁装置，经常核对循环气的组成，尽量减少开停车的次数。

3. 投料顺序

化工生产中，必须按照一定的顺序投料。例如，氯化氢合成时，应先通氢后通氯；三氯化磷的生产，应先投磷后通氯；磷酸酯与甲胺反应时，应先投磷酸酯，再滴加甲胺；反之，就容易发生爆炸事故。而用2,4-二氯酚和对硝基氯苯加碱生产除草醚时，三种原料必须同时加入反应罐，在190℃下进行缩合反应。假若忘加对硝基氯苯，只加2,4-二氯酚和碱，结果生成二氯酚钠盐，在240℃下能分解爆炸。如果只加对硝基氯苯与碱反应，则生成对硝基钠盐，在200℃下分解爆炸。

4. 原料纯度

许多化学反应，由于反应物料中含有过量杂质，以致引起燃烧爆炸。如用于生产乙炔的电石，其含磷量不得超过0.08%，因为电石中的磷化钙遇水后生成易自燃的磷化氢，磷化氢与空气燃烧而导致乙炔-空气混合物的爆炸。此外，在反应原料气中，如果有害气体不清除干净，在物料循环过程中，就会越聚越多，最终导致爆炸。因此，对生产原料、中间产品及成品应有严格的质量检验制度，以保证原料的纯度。

有时有害杂质来源于未清除干净的设备，例如六六六生产中，由于合成塔中可能留有少量的水，通氯后，水与氯反应生成次氯酸，次氯酸受光照射产生氧气，与苯混合发生爆炸。所以对此类设备，一定要清除干净，符合要求后才能投料生产。

5. 投料量

化工反应设备或储罐都有一定的安全容积，带有搅拌器的反应设备要考虑搅拌开动时的液面升高；储罐、气瓶要考虑温度升高后液面或压力的升高。若投料过多，超过安全容积系数，往往会引起溢料或超压。投料过少，也可能发生事故，投料量过少，可能使温度计接触不到液面，导致温度出现假象，由于判断错误而发生事故，同时，也可能使加热设备的加热面与物料的气相接触，使易于分解的物料分解，从而引起爆炸。

三、溢料和泄漏的控制

化工生产中，发生溢料情况并不少见，然而若溢出的是易燃物，则是相当危险的，必须予以控制。

造成溢料的原因很多，它与物料的构成、反应温度、投料速率以及消泡剂的用量和质量有关。投料速率过快，产生的气泡大量溢出，同时夹带走大量物料；加热速率过快，也易产生这种现象；物料黏度大也容易产生气泡。

化工生产中的大量物料泄漏，通常是由于设备损坏、人为操作错误和反应失去控制等原因造成的，一旦发生可能会造成严重后果。因此必须在工艺指标控制、设备结构形式等方面采取相应的措施。比如重要的阀门采取两级控制；对于危险性大的装置，应设置远距离遥控断路阀，以备一旦装置异常，立即和其他装置隔离；为了防止误操作，重要控制阀的管线应涂色，以示区别，或挂标志、加锁等；此外，仪表配管也要以各种颜色加以区别，各管道上的阀门要保持一定距离。

在化工生产中还存在着反应物料的跑、冒、滴、漏现象，原因较多，加强维护管理是非常重要的。因为易燃物的跑、冒、滴、漏可能会引起火灾爆炸事故。

特别要防止易燃、易爆物料渗入保温层。由于保温材料多数为多孔和易吸附性材料，容易渗入易燃、易爆物，在高温下达到一定浓度或遇到明火时，就会发生燃烧爆炸。如在苯酐的生产中，就曾发生过由于物料漏入保温层中引起的爆炸事故。因此对于接触易燃物的保温材料要采取防渗漏措施。

四、自动控制与安全保护装置

1. 自动控制

化工自动化生产中，大多是对连续变化的参数进行自动调节。对于在生产控制中要求一组机构按一定的时间间隔做周期性动作，如合成氨生产中原料气的制造，要求一组阀门按一定的要求做周期性切换，就可采用自动程序控制系统来实现。它主要是由程序控制器一定时间间隔发出信号，驱动执行机构动作。

2. 安全保护装置

(1) 信号报警装置　化工生产中，信号报警装置可以出现在危险状态时警告操作者，及时采取措施消除隐患。发出信号的形式一般为声、光等，通常都与测量仪表相联系。需要说明的是，信号报警装置只能提醒操作者注意已发生的不正常情况或故障，但不能自动排除故障。

(2) 保险装置　保险装置在发生危险状况时，则能自动消除不正常状况。如锅炉、压力容器上装设的安全阀和防爆片等安全装置。

(3) 安全联锁装置　所谓联锁就是利用机械或电气控制依次接通各个仪器及设备并使之彼此发生联系，以达到安全生产的目的。

安全联锁装置是对操作顺序有特定安全要求、防止误操作的一种安全装置，有机械联锁和电气联锁。例如需要经常打开的带压反应器，开启前必须将反应器内压力排除，经常连续操作容易出现疏忽，因此可将打开孔盖与排除反应器内压力的阀门进行联锁。

在化工生产中，常见的安全联锁装置有以下几种情况：

① 同时或依次放两种液体或气体时；

② 在反应终止需要惰性气体保护时；

③ 打开设备前预先解除压力或需要降温时；

④ 当两个或多个部件、设备、机器由于操作错误容易引起事故时；

⑤ 当工艺控制参数达到某极限值，开启处理装置时；

⑥ 某危险区域或部位禁止人员入内时。

例如在硫酸与水的混合操作中，必须首先往设备中注入水再注入硫酸，否则将会发生喷溅和灼伤事故。将注水阀门和注酸阀门依次联锁起来，就可达到此目的。如果只凭工人记忆操作，很可能因为疏忽使顺序颠倒，发生事故。

第六节　火灾及爆炸蔓延的控制

安全生产，首先应当强调防患于未然，把预防放在第一位。然而，如果发生事故，就要考虑如何将事故控制在最小的范围，使损失最小化，这是应有的科学态度。因此火灾及爆炸蔓延的控制在开始设计时就应重点考虑。对工艺装置的布局设计、建筑结构及防火区域的划分，不仅要有利于工艺要求、运行管理，而且要符合事故控制要求，以便把事故控制在局部范围内。

例如，出于投资上的考虑，布局紧凑为好，但这样对防止火灾爆炸蔓延不力，有可能使事故后果扩大。所以两者要统筹兼顾，一定要留有必要的防火间距。

一、正确选址与安全间距

为了限制火灾蔓延及减少爆炸损失，厂址选择及防爆厂房的布局和结构应按照相关要求建设，如根据所在地区主导风的风向，把火源置于易燃物质可能释放点的上风侧；为人员、物料和车辆流动提供充分的通道；厂址应靠近水量充足、水质优良的水源等。化工企业应根据我国《建筑设计防火规范》，建设相应等级的厂房；采用防火墙、防火门、防火堤对易燃易爆的危险场所进行防火分离，并确保防火间距。

二、隔离、露天布置、远距离操纵

在化工生产中，因某些设备与装置危险性较大，应采取分区隔离、露天布置和远距离操纵等措施。

（1）分区隔离　在总体设计时，应慎重考虑危险车间的布置位置。按照国家的有关规定，危险车间与其他车间或装置应保持一定的间距，充分估计相邻车间建、构筑物可能引起的相互影响。对个别危险性大的设备，可采用隔离操作和防护屏的方法使操作人员与生产设备隔离。例如合成氨生产中，合成车间压缩岗位的布置。

在同一车间的各个工段，应按其生产性质和危险程度而予以隔离，各种原料成品、半成品的储藏，亦应按其性质、储量不同而进行隔离。

（2）露天布置　为了便于有害气体的散发，减少因设备泄漏而造成易燃气体在厂房内积聚的危险性，宜将这类设备和装置布置在露天或半露天场所。如氮肥厂的煤气发生炉及其附属设备，加热炉、炼焦炉、气柜、精馏塔等。石油化工生产中的大多数设备都是在露天放置的。在露天场所，应注意气象条件对生产设备、工艺参数和工作人员的影响，如应有合理的夜间照明，夏季防晒防潮气腐蚀，冬季防冻等措施。

（3）远距离操纵　在化工生产中，大多数的连续生产过程，主要是根据反应进行情况和程度来调节各种阀门，而某些阀门操作人员难以接近，开闭又较费力，或要求迅速启闭，上述情况都应进行远距离操纵。操纵人员只需在操纵室进行操作，记录有关数据。对于热辐射高的设备及危险性大的反应装置，也应采取远距离操纵。远距离操纵的方法由机械传动、气压传动、液压传动和电动操纵。

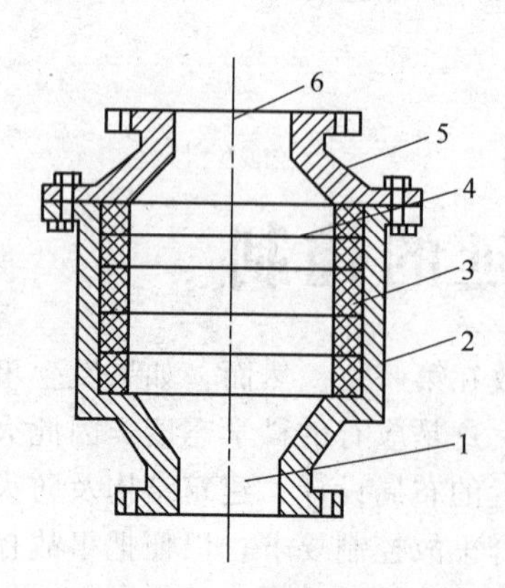

图 3-2　金属网阻火器

1—进口；2—壳体；3—垫圈；4—金属网；5—上盖；6—出口

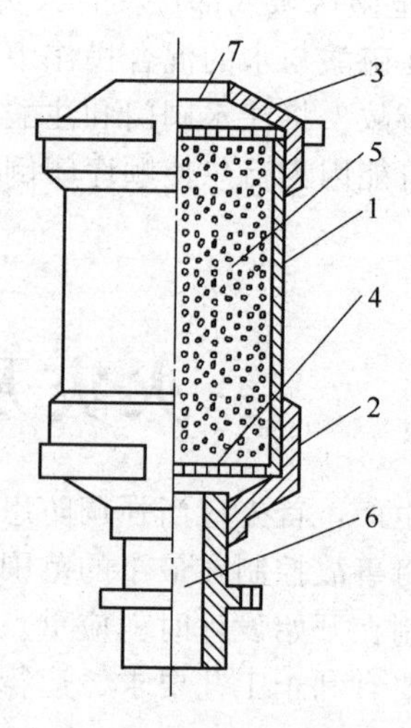

图 3-3　砾石阻火器

1—壳体；2—下盖；3—上盖；4—网格；5—砂粒；6—进口；7—出口

三、防火与防爆安全装置

1. 阻火装置

阻火装置的作用是防止外部火焰窜入有火灾爆炸危险的设备、管道、容器，或阻止火焰在设备或管道间蔓延，主要包括阻火器、安全液封、单向阀、阻火闸门等。

（1）阻火器　阻火器的工作原理：火焰在管中蔓延的速率随着管径的减小而减小，最后可以达到一个火焰不蔓延的临界直径。

阻火器常用在容易引起火灾爆炸的高热设备和输送可燃气体、易燃液体蒸气的管道之间，以及可燃气体、易燃液体蒸气的排气管上。

阻火器由金属网、砾石和波纹金属片等形式。

① 金属网阻火器　其结构如图 3-2 所示，是用若干具有一定孔径的金属网把空间分隔成许多小孔隙。对一般有机溶剂采用 4 层金属网即可阻止火焰蔓延，通常采用 6～12 层。

② 砾石阻火器　其结构如图 3-3 所示，是用砂粒、卵石、玻璃球等作为填料，这些阻火介质使阻火器内的空间被分隔成许多非直线性小孔隙，当可燃气体发生燃烧时，这些非直线性微孔能有效地阻止火焰的蔓延，其阻火效果比金属网阻火器更好。阻火介质的直径一般为 3～4mm。

③ 波纹金属片阻火器　其结构如图 3-4 所示，壳体由铝合金铸造而成，阻火层由 0.1～0.2mm 厚的不锈钢带压而制成波纹形。两波纹带之间加一层同厚度的平带缠绕成圆形阻火层，阻火层上形成许多三角形孔隙，孔隙尺寸在 0.45～1.5mm，其尺寸大小由火焰速率的大小决定，三角形孔隙有利于阻止火焰通过，阻火层厚度一般不大于 50mm。

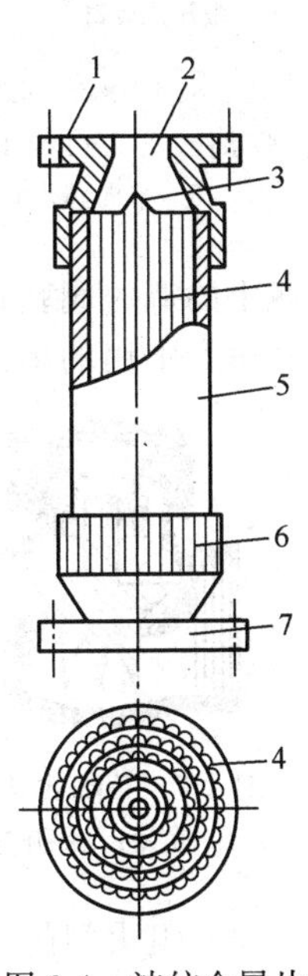

图 3-4　波纹金属片阻火器

1—上盖；2—出口；3—轴芯；4—波纹金属片；5—外壳；6—下盖；7—进口

（2）安全液封　安全液封的阻火原理是液体封在进出口之间，一旦液封的一侧着火，火焰都将在液封处被熄灭，从而阻止火焰蔓延。安全液封一般安装在气体管道与生产设备或气柜之间。一般用水作为阻火介质。

安全液封的结构形式：常用的有敞开式和封闭式两种，其结构如图 3-5 所示。

水封井是安全液封的一种，设置在有可燃气体、易燃液体蒸气或油污的污水管网上，以防止燃烧或爆炸沿管网蔓延，水封井的结构如图 3-6 所示。

安全液封的使用安全要求如下。

① 使用安全水封时，应随时注意水位不得低于水位阀门所标定的位置。但水位也不应过高，否则除可燃气体通过困难外，水还可能随可燃气体一起进入出气管。每次发生火焰倒燃后，应随时检查水位并补足。安全液封应保持垂直位置。

② 冬季使用安全水封时，在工作完毕后应把水全部排出、洗净，以免冻结。如发现冻结现象，只能用热水或蒸汽加热解冻，严禁用明火烘烤。为了防冻，可在水中加少量食盐以降低冰点。

③ 用封闭式安全水封时，由于可燃气体中可能带有黏性杂质，使用一段时间后容易糊在阀和阀座等处，所以需要经常检查逆止阀的气密性。

（3）单向阀　又称止逆阀、止回阀，其作用是仅允许流体向一定方向流动，遇有回流即自动关闭。常用于防止高压物料窜入低压系统，也可用作防止回火的安全装置。如液化石油

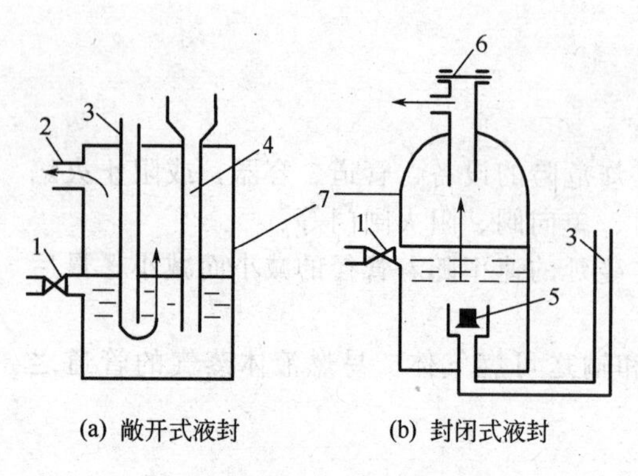

图 3-5 安全液封示意图

1—验水栓；2—气体出口；3—进气管；4—安全管；5—单向阀；6—爆破片；7—外壳

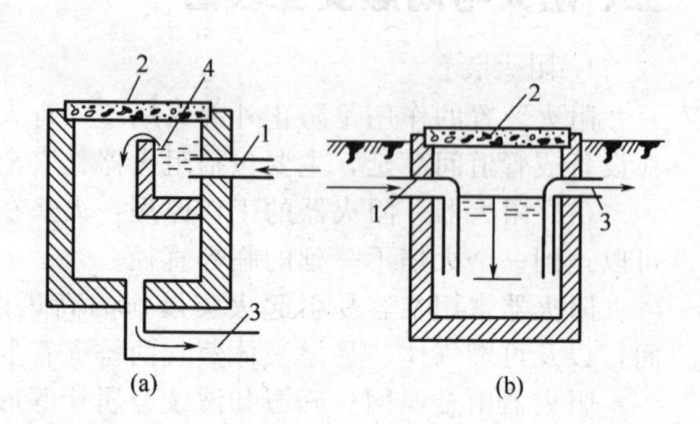

图 3-6 水封井示意图

1—污水进口；2—井盖；3—污水出口；4—溢水槽

气瓶上的调压阀就是单向阀的一种。

生产中用的单向阀有升降式、摇板式、球式等，参见图 3-7～图 3-9。

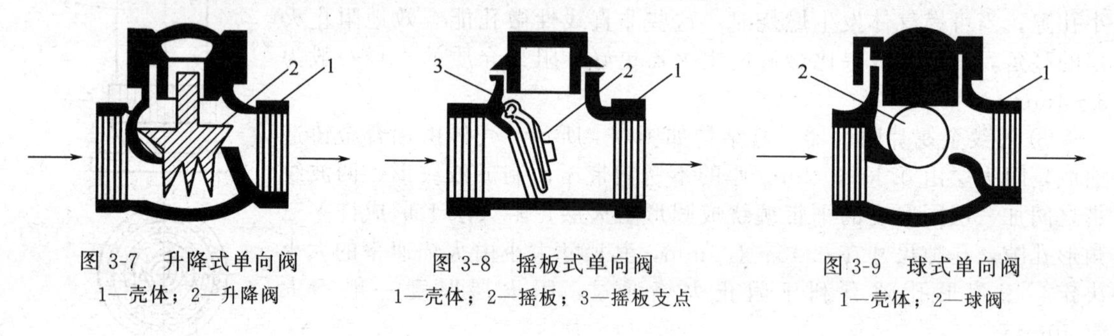

图 3-7 升降式单向阀

1—壳体；2—升降阀

图 3-8 摇板式单向阀

1—壳体；2—摇板；3—摇板支点

图 3-9 球式单向阀

1—壳体；2—球阀

（4）阻火闸门　阻火闸门是为防止火焰沿通风管道蔓延而设置的阻火装置。图 3-10 所示为跌落式自动阻火闸门。

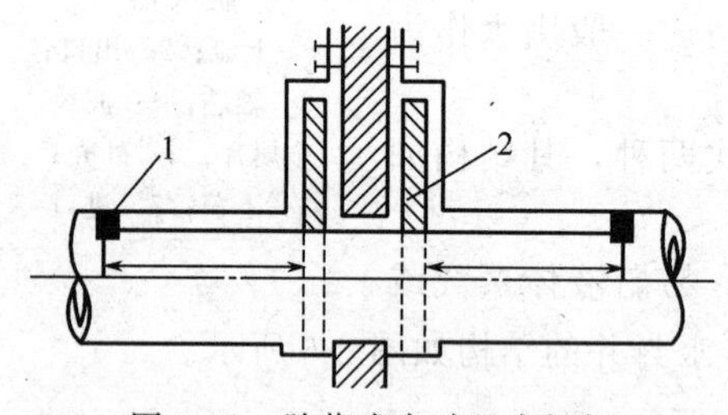

图 3-10 跌落式自动阻火闸门

1—易熔合金元件；2—阻火闸门

正常情况下，阻火闸门受易熔合金元件控制处于开启状态，一旦着火，温度少，会使易熔金属熔化，此时闸门失去控制，受重力作用自动关闭。也有的阻火闸门是手动的，在遇火警时由人迅速关闭。

2. 防爆泄压装置

防爆泄压装置包括安全阀、防爆片、防爆门和放空管等。系统内一旦发生爆炸或压力骤增时，可以通过这些设施释放能量，以减小巨大压力对设备的破坏或爆炸事故的发生。

（1）安全阀　安全阀是为了防止设备或容器内非正常压力过高引起物理性爆炸而设置的。当设备或容器内压力升高超过一定限度时安全阀能自动开启，排放部分气体，当压力降至安全范围内再自行关闭，从而实现设备和容器内压力的自动控制，防止设备和容器的破裂爆炸。

常用的安全阀有弹簧式、杠杆式，其结构如图 3-11、图 3-12 所示。

工作温度高而压力不高的设备宜选杠杆式，高压设备宜选弹簧式。一般以弹簧式安全阀最多用。

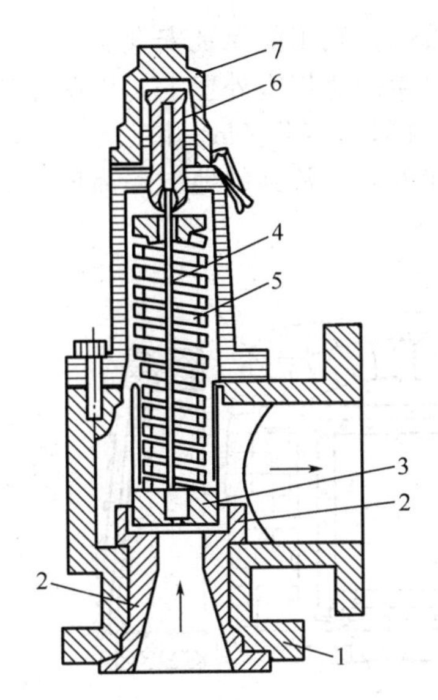

图 3-11 弹簧式安全阀

1—阀体；2—阀座；3—阀芯；4—阀杆；
5—弹簧；6—螺帽；7—阀盖

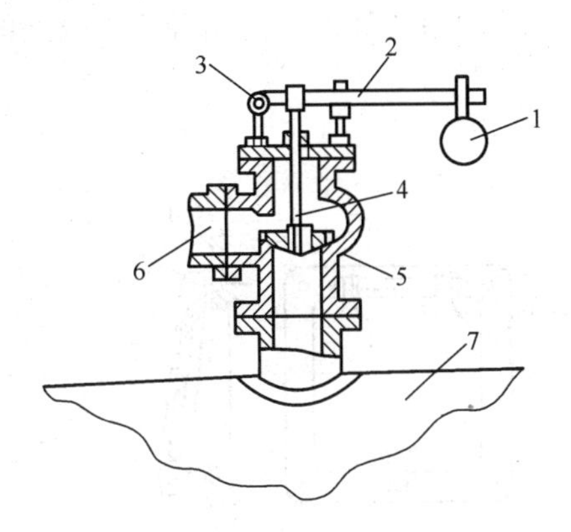

图 3-12 杠杆式安全阀

1—重锤；2—杠杆；3—杠杆支点；4—阀芯；
5—阀座；6—排出管；7—容器或设备

设置安全阀时应注意以下几点。

① 压力容器的安全阀直接安装在容器本体上。容器内有气、液两相物料时，安全阀应装于气相部分，防止排出液相物料而发生事故。

② 一般安全阀可就地放空，放空口应高出操作人员 1m 以上且不应朝向 15m 以内的明火或易燃物。室内设备、容器的安全阀放空口应引出房顶，并高出房顶 2m 以上。

③ 安全阀用于泄放可燃及有毒液体时，应将排泄管接入事故储槽、污油罐或其他容器；用于泄放高温油气或易燃、可燃液体等与空气能自燃的，应接入密闭的放空塔或火炬或事故储槽。

④ 当安全阀的入口处装有隔断阀时，隔断阀应为常开状态。

⑤ 安全阀的选型、规格、排放压力的设定应合理。

（2）防爆片（又称防爆膜、爆破片） 防爆片是通过法兰装在受压设备或容器上。当设备或容器内因化学爆炸或其他原因产生过高压力时，防爆片作为人为设计的薄弱环节自行破裂，高压流体即通过防爆片从放空管排出，使爆炸压力难以继续升高，从而保护设备或容器的主体免遭更大的损坏，使在场的人员不致遭受致命的伤亡。

防爆片一般应用在以下几种场合。

① 存在爆燃危险或异常反应使压力骤然增加的场合，这种情况下弹簧安全阀由于惯性而不适应。

② 不允许介质有任何泄漏的场合。各种形式的安全阀总有微量的泄漏。

③ 内部物料易因沉淀、结晶、聚合等形成黏附物，妨碍安全阀正常动作的场合。

凡有重大爆炸危险性的设备、容器及管道，例如气体氧化塔、进焦煤炉的气体管道、乙炔发生器等，都应安装防爆片。

防爆片的安全可靠性取决于防爆片的材料、厚度和泄压面积。

正常生产时压力很小或没有压力的设备，可用石棉板、塑料片、橡皮或玻璃片等作为防爆片；微负压生产的可采用 2～3cm 厚的橡胶板作为防爆片；操作压力较高的设备可采用铝板、铜板。铁片破裂时能产生火花，存在燃爆性气体时不宜采用。

防爆片的爆破压力一般不超过系统操作压力的 1.25 倍。若防爆片在低于操作压力时破

裂，就不能维持正常生产；若操作压力过高而防爆片不破裂，则不能保证安全。

(3) 防爆门　防爆门一般设置在燃油、燃气或燃烧煤粉的燃烧室外壁上，以防止燃烧爆炸时，设备遭到破坏。防爆门的总面积，一般按燃烧室内部净容积 $1m^3$ 不少于 $250cm^2$ 计算。为了防止燃烧气体喷出时将人烧伤，防爆门应设置在人们不常到的地方，高度最好不低于 2m。图 3-13、图 3-14 为两种不同类型的防爆门。

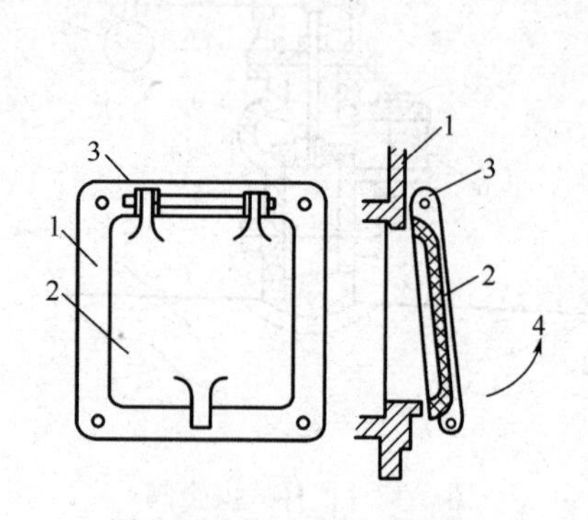

图 3-13　向上翻的防爆门

1—防爆门的门框；2—防爆门；3—转轴；4—防爆门动作方向

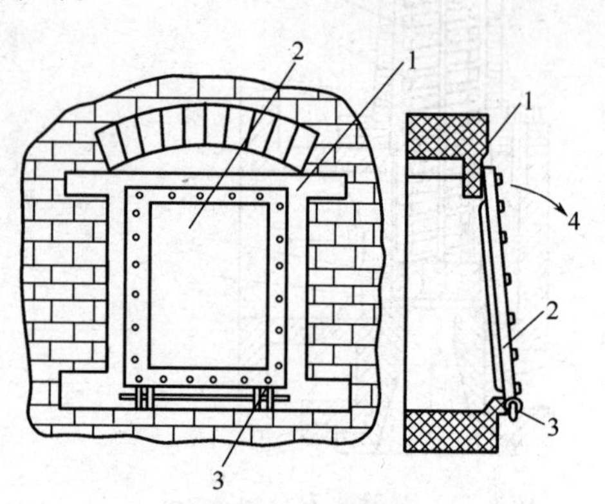

图 3-14　向下翻的防爆门

1—燃烧室外壁；2—防爆门；3—转轴；4—防爆门动作方向

(4) 放空管　在某些极其危险的设备上，为防止可能出现的超温、超压而引起爆炸的恶性事故的发生，可设置自动或手控的放空管以紧急排放危险物料。

第七节 消防安全

一、灭火方法及其原理

灭火方法主要包括窒息灭火法、冷却灭火法、隔离灭火法和化学抑制灭火法。

1. 窒息灭火法

窒息灭火法即阻止空气进入燃烧区或用惰性气体稀释空气，使燃烧因得不到足够的氧气而熄灭的灭火方法。

运用窒息法灭火时，可考虑选择以下措施。

① 用石棉布、浸湿的棉被、帆布、沙土等不燃或难燃材料覆盖燃烧物或封闭孔洞。

② 用水蒸气、惰性气体通入燃烧区域内。

③ 利用建筑物上原有的门、窗以及生产、储运设备上的盖、阀门等，封闭燃烧区。

④ 在万不得已而条件许可的情况下，采取用水淹没（灌注）的方法灭火。

采用窒息灭火法，必须注意以下几个问题。

① 此法适用于燃烧部位空间较小、容易堵塞封闭的房间、生产及储运设备内发生的火灾，而且燃烧区域内应没有氧化剂存在。

② 在采用水淹方法灭火时，必须考虑到水与可燃物质接触后是否会产生不良后果，如有则不能采用。

③ 采用此法时，必须在确认火已熄灭后，方可打开孔洞进行检查。严防因过早打开封闭的房间或设备，导致“死灰复燃”。

2. 冷却灭火法

冷却灭火法即将灭火剂直接喷洒在燃烧着的物体上，将可燃物质的温度降到燃点以下以终止燃烧的灭火方法。也可将灭火剂喷洒在火场附近未燃的易燃物上起冷却作用，防止其受辐射热作用而起火。冷却灭火法是一种常用的灭火方法。

3. 隔离灭火法

隔离灭火法即将燃烧物质与附近未燃的可燃物质隔离或疏散开，使燃烧因缺少可燃物质而停止。隔离灭火法也是一种常用的灭火方法。这种灭火方法适用于扑救各种固体、液体和气体火灾。

隔离灭火法常用的具体措施有：

① 将可燃、易燃、易爆物质和氧化剂从燃烧区移出至安全地点；

② 关闭阀门，阻止可燃气体、液体流入燃烧区；

③ 用泡沫覆盖已燃烧的易燃液体表面，把燃烧区与液面隔开，阻止可燃蒸气进入燃烧区；

④ 拆除与燃烧物相连的易燃、可燃建筑物；

⑤ 用水流或用爆炸等方法封闭井口，扑救油气井喷火灾。

4. 化学抑制灭火法

化学抑制灭火法是使灭火剂参与到燃烧反应中去，起到抑制反应的作用。具体而言就是使燃烧反应中产生的自由基与灭火剂中的卤素离子相结合，形成稳定分子或低活性的自由基，从而切断氢自由基与氧自由基的联锁反应链，使燃烧停止。

需要指出的是，窒息、冷却、隔离灭火法，在灭火过程中，灭火剂不参与燃烧反应，因而属于物理灭火方法，而化学抑制灭火法则属于化学灭火方法。

还需指出：上述四种灭火方法所对应的具体灭火措施是多种多样的；在灭火过程中，应根据可燃物的性质、燃烧特点、火灾大小、火场的具体条件以及消防技术装备的性能等实际情况，选择一种或几种灭火方法。一般情况下，综合运用几种灭火法效果较好。

二、灭火剂

灭火剂是能够有效地破坏燃烧条件，终止燃烧的物质。

选择灭火剂的基本要求是灭火效能高、使用方便、来源丰富、成本低廉、对人和物基本无害。

灭火剂的种类很多，下面介绍常见的几种。

1. 水（及水蒸气）

水的来源丰富，取用方便，价格便宜，是最常用的天然灭火剂。它可以单独使用，也可与不同的化学剂组成混合液使用。

(1) 水的灭火原理　主要包括冷却作用、窒息作用和隔离作用。

① 冷却作用　水的比热容［4.18J/(g·℃)］较大，它的蒸发潜热达 2256.8J/(g·℃)。当常温水与炽热的燃烧物接触时，在被加热和汽化过程中，就会大量吸收燃烧物的热量，使燃烧物的温度降低而灭火。

② 窒息作用　在密闭的房间或设备中，此作用比较明显。水汽化成水蒸气，体积能扩大 1700 倍，可稀释燃烧区中的可燃气与氧气，使它们的浓度下降，从而使可燃物因“缺氧”而停止燃烧。

③ 隔离作用　在密集水流的机械冲击作用下，将可燃物与火源分隔开而灭火。此外水对水溶性的可燃气体（蒸气）还有吸收作用，这对灭火也有意义。

(2) 灭火用水的几种形式

① 普通无压力水 用容器盛装，人工浇到燃烧物上。

② 加压的密集水流 用专用设备喷射，灭火效果比普通无压力水好。

③ 雾化水 用专用设备喷射，因水呈雾滴状，吸热量大，灭火效果更好。

(3) 水灭火剂的优缺点

优点：①与其他灭火剂相比，水的比热容及汽化潜热较大，冷却作用明显；②价格便宜；③易于远距离输送；④水在化学上呈中性，对人无毒、无害。

缺点：①水在0℃下会结冰，当泵暂时停止供水时会在管道中形成冰冻造成堵塞；②水对很多物品如档案、图书、珍贵物品等有破坏作用；③用水扑救橡胶粉、煤粉等火灾时，由于水不能或很难浸透燃烧介质，因而灭火效率很低。必须向水中添加润湿剂才能弥补以上不足。

(4) 水灭火剂的适用范围 除以下情况，都可以考虑用水灭火。

① 忌水性物质如轻金属、电石等不能用水扑救。因为它们能与水发生化学反应，生成可燃性气体并放热，扩大火势甚至导致爆炸。

② 不溶于水、且密度比水小的易燃液体如汽油、煤油等着火时不能用水扑救。但原油、重油等可用雾状水扑救。

③ 密集水流不能扑救带电设备火灾，也不能扑救可燃性粉尘聚集处的火灾。

④ 不能用密集水流扑救储存大量浓硫酸、浓硝酸场所的火灾，因为水流能引起酸的飞溅、流散，遇可燃物质后，又有引起燃烧的危险。

⑤ 高温设备着火，不宜用水扑救，因为这会使金属机械强度受到影响。

⑥ 精密仪器设备、贵重文物档案、图书着火，不宜用水扑救。

2. 泡沫灭火剂

凡能与水相溶，并可通过化学反应或机械方法产生灭火泡沫的灭火药剂，称为泡沫灭火剂。

(1) 泡沫灭火剂分类 根据泡沫生成机理，泡沫灭火剂可以分为化学泡沫灭火剂和空气泡沫灭火剂。

① 化学泡沫是由酸性或碱性物质及泡沫稳定剂相互作用而成的膜状气泡群，气泡内主要是二氧化碳气体。化学泡沫虽然具有良好的灭火性能，但由于化学泡沫设备较为复杂、投资大、维护费用高，近年来多采用灭火简单、操作方便的空气机械泡沫。

② 空气泡沫又称机械泡沫，是由一定比例的泡沫液、水和空气在泡沫生成器中进行机械混合搅拌而生成的膜状气泡群，泡内一般为空气。

空气泡沫灭火剂按泡沫的发泡倍数，又可分为低倍数泡沫（发泡倍数小于20倍）、中倍数泡沫（发泡倍数在20～200倍）和高倍数泡沫（发泡倍数在200～1000倍）三类。

(2) 泡沫灭火原理

① 由于泡沫中充填大量气体，相对密度小（0.001～0.5），可漂浮于液体的表面，或附着于一般可燃固体表面，形成一个泡沫覆盖层，使燃烧物表面与空气隔绝，同时阻断了火焰的热辐射，阻止燃烧物本身或附近可燃物质的蒸发，起到隔离和窒息作用。

② 泡沫析出的水和其他液体有冷却作用。

③ 泡沫受热蒸发产生的水蒸气可降低燃烧物附近的氧浓度。

(3) 泡沫灭火剂适用范围 泡沫灭火剂主要用于扑救不溶于水的可燃、易燃液体如石油产品等的火灾，也可用于扑救木材、纤维、橡胶等固体的火灾；高倍数泡沫可有些特殊用途，如消除放射性污染等；由于泡沫灭火剂中含有一定量的水，所以不能用来扑救带电设备及忌水性物质引起的火灾。

3. 二氧化碳及惰性气体灭火剂

(1) 灭火原理 二氧化碳灭火剂在消防工作中有较广泛的应用。二氧化碳是以液态形式加压充装于钢瓶中。当它从灭火器中喷出时，由于突然减压，一部分二氧化碳绝热膨胀、汽化，吸收大量的热量，使另一部分二氧化碳迅速冷却成雪花状固体（即“干冰”）。“干冰”温度为－78.5℃，喷向着火处时，立即汽化，起到稀释氧浓度的作用；同时又起到冷却作用；而且大量二氧化碳气笼罩燃烧区域周围，还能起隔离燃烧物与空气的作用。因此，二氧化碳的灭火效率也较高，当二氧化碳占空气浓度的30％～35％时，燃烧就会停止。

（2）主要优缺点及适用范围　二氧化碳灭火剂的优点及适用范围如下。

① 不导电、不含水，可用于扑救电气设备和部分忌水性物质的火灾。

② 灭火后不留痕迹，可用于扑救精密仪器、机械设备、图书、档案等的火灾。

③ 价格低廉。

二氧化碳灭火剂的缺点如下。

① 冷却作用较差，不能扑救阴燃火灾，且灭火后火焰有复燃的可能。

② 二氧化碳与碱金属（钾、钠）和碱土金属（镁）在高温下会起化学反应，引起爆炸。

$$2Mg + CO_2 \longrightarrow 2MgO + C$$

③ 二氧化碳膨胀时，能产生静电而可能成为点火源。

④ 二氧化碳能导致救火人员窒息。

除二氧化碳外，其他惰性气体如氮气、水蒸气，也可用作灭火剂。

4. 卤代烷灭火剂

卤代烷及碳氢化合物中的氢原子完全地或部分地被卤族元素取代而生成的化合物，目前被广泛地应用来作灭火剂。碳氢化合物多为甲烷、乙烷，卤族元素多为氟、氯、溴。国内常用的卤代烷灭火剂有1211（二氟一氯一溴甲烷）、1202（二氟二溴甲烷）、1301（三氟一溴甲烷）、2402（四氟二溴乙烷）。

卤代烷灭火剂的编号原则是：第一个数字代表分子中的碳原子数目；第二个数字代表氟原子数目；第三个数字代表氯原子数目；第四个数字代表溴原子数目；第五个数字代表碘原子数目。

（1）灭火原理。主要包括化学抑制作用和冷却作用。

① 化学抑制作用是卤代烷灭火剂的主要灭火原理。卤代烷分子参与燃烧反应，即卤素原子能与燃烧反应中的自由基结合生成较为稳定的化合物，从而使燃烧反应因缺少自由基而终止。

② 冷却作用，卤代烷灭火剂通常经加压液化储于钢瓶中。使用时因减压汽化而吸热，所以对燃烧物有冷却作用。

（2）卤代烷灭火剂的优缺点及适用范围

① 主要用来扑救各种易燃液体火灾；

② 因其绝缘性能好，也可用来扑救带电电气设备火灾；

③ 因其灭火后全部汽化而不留痕迹，也可用来扑救档案文件、图示资料、珍贵物品等的火灾。

卤代烷灭火剂的缺点如下。

① 卤代烷灭火剂的主要缺点是毒性较高。实验证明，短暂地接触（1min以内）时，如1211体积浓度在4％以上、1301浓度在7％以上，人就有中毒反应。因此在狭窄的、密闭的、通风条件不好的场所，如地下室等，最好是用无毒灭火剂（如泡沫、干粉等）灭火。

② 卤代烷灭火剂不能用来扑救阴燃火灾，因为此时会形成有毒的热分解产物。

③ 卤代烷灭火剂也不能扑救轻金属如镁、氯、钠等的火灾，因为它们能与这些轻金属起化学反应且发生爆炸。

由于卤代烷灭火剂的较高毒性及会破坏遮挡阳光中有害紫外线的臭氧层，因此应严格控制使用。

5. 干粉灭火剂

干粉灭火剂是一种干燥的、易于流动的微细固体粉末，由能灭火的基料和防潮剂、流动促进剂、结块防止剂等添加剂组成。在救火中，干粉在气体压力的作用下从容器中喷出，以粉雾的形式灭火。

（1）分类　根据干粉灭火剂及适用范围主要分为普通和多用两大类。

普通干粉灭火剂主要是适用于扑救可燃液体、可燃气体及带电设备的火灾。目前，它的品种最多，生产、使用量最大，包括：

① 以碳酸氢钠为基料的小苏打干粉（钠盐干粉）；

② 以碳酸氢钠为基料，又添加增效基料的改性钠盐干粉；

③ 以碳酸氢钾为基料的紫钾盐干粉；

④ 以硫酸钾为基料的钾盐干粉；

⑤ 以氯化钾为基料的钾盐干粉；

⑥ 以尿素和以碳酸氢钾或以碳酸氢钠反应产物为基料的氨基干粉。

多用干粉灭火剂不仅适用于扑救可燃液体、可燃气体及带电设备的火灾，还适用于扑救一般固体火灾。它包括：

① 以磷酸盐为基料的干粉；

② 以硫酸铵与磷酸铵盐的混合物为基料的干粉；

③ 以聚磷酸铵为基料的干粉。

（2）干粉灭火原理　主要包括化学抑制作用、隔离作用、冷却与窒息作用。

① 化学抑制作用。当粉粒与火焰中产生的自由基接触时，自由基被瞬时吸附在粉粒表面，并发生如下反应：

$$\mathrm{M(粉粒)+OH\cdot \longrightarrow \cdot MOH}$$

$$\mathrm{\cdot MOH+H\cdot \longrightarrow M+H_2O}$$

由反应式可以看出，借助粉粒的作用，消耗了燃烧反应中的自由基（OH·和H·），使自由基的数量急剧减少而导致燃烧反应中断，使火焰熄灭。

② 隔离作用。喷出的粉末覆盖在燃烧物表面上，能构成阻碍燃烧的隔离层。

③ 冷却与窒息作用。粉末在高温下，将放出结晶水或发生分解，这些都属于吸热反应，而分解生成的不活泼气体又可稀释燃烧区内的氧气浓度，起到冷却与窒息作用。

（3）干粉灭火的优缺点与适用范围

① 干粉灭火剂综合了泡沫、二氧化碳、卤代烷等灭火剂的特点，灭火效率高。

② 化学干粉的物理化学性质稳定，无毒性，不腐蚀、不导电，易于长期储存。

③ 干粉适用温度范围广，能在－50～60℃温度条件下储存与使用。

④ 干粉雾能防止热辐射，因而在大型火灾中，即使不穿隔热服也能进行灭火。

⑤ 干粉可用管道进行输送。

由于干粉具有上述的优点，它除了适用于扑救易燃液体、忌水性物质火灾外，也适用于扑救油类、油漆、电气设备的火灾。

干粉灭火的缺点如下。

① 在密闭房间中，使用干粉时会形成强烈的粉雾，且灭火后留有残渣，因而不适于扑救精密仪器设备、旋转电机等的火灾。

② 干粉的冷却作用较弱，不能扑救阴燃火灾，不能迅速降低燃烧物品的表面温度，容易发生复燃。因此，干粉若与泡沫或喷雾水配合使用，效果更佳。

6. 其他

用砂、土等作为覆盖物也可进行灭火，他们覆盖在燃烧物上，主要起到与空气隔离的作用；其次，砂、土等也可从燃烧物吸收热量，起到一定的冷却作用。

三、消防设施

1. 消防站

大中型化工厂及石油化工联合企业均应设置消防站。消防站是专门用于消除火灾的专业性机构，拥有相当数量的灭火设备和经过严格训练的消防队员。消防站的服务范围按行车距离计，不得大于2.5km，且应保证在接到火警后，消防车到达火场的时间不超过5min。超过服务范围的场所，应建立消防分站或设置其他消防设施，如泡沫发生站、手提式灭火器等。属于丁、戊类危险性场所的，消防站的服务范围可加大到4km。

消防站的规模应根据发生火灾时消防用水量、灭火剂用量、采用灭火设施的类型、高压或低压消防供水以及消防协作条件等因素综合考虑。

采用半固定或移动式消防设施时，消防车辆应按扑救工厂最大火灾需要的用水量及泡沫、干粉等用量进行配备。当消防车超过六辆时，宜设置一辆指挥车。

协作单位可供使用的消防车辆，是指临近企业或城镇消防站在接到火警后，10min内能对相邻储罐进行冷却或20min内能对着火储罐进行灭火需要的消防车辆。特殊情况下，可向当地政府领导下的消防队报警，报警电话119，报警时应说清以下情况：火灾发生的单位和详细地址；燃烧物的种类名称；火势程度；附近有无消防给水设施；报警者姓名和单位。

2. 消防给水设施

专门为消防灭火而设置的给水设施，主要有消防给水管道和消火栓两种。

(1) 消防给水管道　简称消防管道，是一种能保证消防所需用水量的给水管道，一般可与生活用水或生产用水的上水管道合并。

消防管道有高压和低压两种。高压消防管道，灭火时所需的水压是由固定的消防水泵提供的；低压消防管道灭火所需的水压是从室外消火栓用消防车或人力移动的水泵提供的。

室外消防管道应布置成环状，输水干管不应少于两条。环状管道应用阀门分为若干独立管段，每段内消火栓数量不宜超过5个。地下水管为闭合的系统，水可以在管内朝各个方向流动，如管网的任何一段损坏，不会导致断水。室内消防管道应有通向室外的支管，支管上应带有消防速合螺母，以备万一发生故障时，可与移动式消防水泵的水龙带连接。

(2) 消火栓　消火栓可供消防车吸水，也可直接连接水带放水灭火，是消防供水的基本设备。消火栓按其装置地点可分为室外和室内两类。室外消火栓又可分为地上式和地下式两种。

室外消火栓应沿道路设置，距路边距离0.5～2m，设置的位置应便于消防车吸水。室外消火栓的数量应按消火栓的保护半径和室外消防用水量确定，间距不应超过120m。室内消火栓的配置，应保证两个相邻消火栓的充实水柱能够在建筑物最高、最远处相遇。室内消火栓一般设置在明显、易于取用的地点，离地面的距离应为1.2m。

(3) 化工生产装置区消防给水设施

① 消防供水竖管。用于框架式结构的露天生产装置区内，竖管沿梯子一侧装设。每层平台上均设有接口，并就近设有消防水带箱，便于冷却和灭火使用。

② 冷却喷淋设备。高度超过30m的炼制塔、蒸馏塔或容器，宜设置固定喷淋冷却设备，可用喷水头，也可用喷淋管，冷却水的供给强度可采用5L/(min·m^2)。

③ 消防水幕。设置于化工露天生产装置区的消防水幕，可对设备或建筑物进行分隔保护，以阻止火势蔓延。

④ 带架水枪。在火灾危险性较大且高度较高的设备周围，应设置固定式带架水枪，并备移动式带架水枪，以保护重点部位金属设备免受火灾热辐射的威胁。

四、灭火器材

灭火器材即移动式灭火机，是扑救初期火灾常用的有效的灭火设备。在化工生产区域内，应按规范设置一定的数量。常用的灭火机包括：泡沫灭火机、二氧化碳灭火机、干粉灭火机、1211灭火机等。灭火机应放置在明显、取用方便、又不易被损坏的地方，并应定期检查，过期更换，以确保正常使用。常用灭火机的性能及用途等详见表3-12。

化工厂需要的小型灭火机的种类及数量，应根据化工厂内燃烧物料性质、火灾危险性、可燃物数量、厂房和库房的占地面积以及固定灭火设施对扑救初期火灾的可能性等因素，综合考虑决定。一般情况下，可参照表3-13来设置。

表 3-12　常用灭火机的性能及用途

灭火机类型	泡沫灭火机	二氧化碳灭火机	干粉灭火机	1211灭火机
规格	10L 65～130L	＜2kg；2～3kg 5～7kg	8kg 50kg	1kg;2kg 3kg
药剂	桶内装有碳酸氢钠、发泡剂和硫酸铝溶液	瓶内装有压缩成液体的二氧化碳	钢桶内装有钾盐(或钠盐)干粉，并备有盛装压缩气体的小钢瓶	钢桶内充装二氟一氯一溴甲烷，并充填压缩氮气
用途	扑救固体物质或其他易燃液体火灾	扑救电器、精密仪器、油类及酸类火灾	扑救石油、石油产品、油漆、有机溶剂、天然气设备火灾	扑救油类、电气设备、化工化纤原料等初期火灾
性能	10L喷射时间60s，射程8m；65L喷射时间170s，射程13.5m	接近着火地点、保持3m距离	8kg喷射时间14～18s，射程4.5m；50kg喷射时间50～55s，射程6～8m	1kg喷射时间6～8s，射程2～3m
使用方法	倒置稍加摇动，打开开关，药剂即可喷出	一手拿喇叭筒对准火源，另一手打开开关即可喷出	提起圈环，干粉即可喷出	拔出铅封或横销，用力压下压把即可喷出
保养及检查	放在使用方便的地方，注意使用期限，防止喷嘴堵塞，防冻防晒；一年检查一次，泡沫低于4倍应换药	每月检查一次，当小于原量1/10应充气	置于干燥通风处，防潮防晒，一年检查一次气压，若质量减少1/10应充气	置于干燥处，勿碰撞，每年检查一次质量

表 3-13　灭火机的设置

场　所	设置数量/(个/m^2)	备　注
甲、乙类露天生产装置	1/50～1/100	①装置占地面积大于1000m^2时选用小值，小于1000m^2时选用大值 ②不足一个单位面积，但超过其50%时，可按一个单位面积计算
丙类露天生产装置	1/200～1/150	
甲、乙类生产建筑物	1/50	
丙类生产建筑物	1/80	
甲、乙类仓库	1/80	
丙类仓库	1/100	
易燃和可燃液体装卸栈台	按栈台长度每10～15m设置1个	可设置干粉灭火机
液化石油气、可燃气体罐区	按储罐数量每储罐设置2个	可设置干粉灭火机

五、常见初起火灾的扑救

从小到大、由弱到强是大多数火灾的规律。在生产过程中，及时发现并扑救初起火灾，对保障生产安全及生命财产安全具有重大意义。因此，在化工生产中，训练有素的现场人员一旦发现火情，除了迅速报告火警之外，应果断地运用配备的灭火器材把火灾消灭在初起阶段，或使其得到有效的控制，为专业消防队赶到现场赢得时间。

1. 生产装置初起火灾的扑救

当生产装置发生火灾爆炸事故时，在场人员应迅速采取如下措施。

(1) 迅速查清着火部位、着火物质的来源，及时准确地关闭阀门，切断物料来源及各种加热源；开启冷却水、消防蒸汽等，进行有效冷却或有效隔离；关闭通风装置，防止风助火势或沿通风管道蔓延。从而有效地控制火势以利于灭火。

(2) 带有压力的设备物料泄漏引起着火时，应切断进料并及时开启泄压阀门，进行紧急放空，同时将物料排入火炬系统或其他安全部位，以利于灭火。

(3) 现场当班人员应迅速果断地做出是否停车的决定，并及时向厂调度室报告情况和向消防部门报警。

(4) 装置发生火灾后，当班领队或班长应对装置采取准确的工艺措施，并充分利用现有的消防设施及灭火器材进行灭火。若火势一时难以扑灭，则要采取防止火势蔓延的措施，保护要害部位，转移危险物质。

(5) 在专业消防人员到达火场时，生产装置的负责人应主动向消防指挥人员介绍情况，说明着火部位、物质情况、设备及工艺状况以及已采取的措施等。

2. 易燃、可燃液体储罐初起火灾的扑救

(1) 易燃、可燃液体储罐发生着火、爆炸，特别是罐区某一储罐发生着火、爆炸是非常危险的。一旦发现火情，应迅速向消防部门报警，并向厂调度室报告。报警和报告中须说明罐区的位置、着火罐的位号及储存物料的情况，以便消防部门迅速赶赴火场进行扑救。

(2) 若着火罐尚在进料，必须采取措施迅速切断进料。如无法关闭进料阀，可在消防水枪的掩护下进行抢关，或通知送料单位停止送料。

(3) 若着火罐区有固定泡沫发生站，则应立即启动该装置。开通着火罐的泡沫阀门，利用泡沫灭火。

(4) 若着火罐为压力装置，应迅速打开水喷淋设施，对着火罐和邻近储罐进行冷却保护，以防止升温、升压引起爆炸，打开紧急放空阀门进行安全泄压。

(5) 火场指挥员应根据具体情况，组织人员采取有效措施防止物料流散，避免火势扩大，并注意对邻近储罐的保护以及减少人员伤亡和火势的扩大。

3. 电气火灾的扑救

(1) 电气火灾的特点　电气设备着火时，着火场所的很多电气设备可能是带电的。扑救带电电气设备时，应注意现场周围可能存在着较高的接触电压和跨步电压；同时还有一些设备着火时是绝缘油在燃烧。如电力变压器、多油开光等设备内的绝缘油，受热后可能发生喷油和爆炸事故，进而使火灾事故扩大。

(2) 扑救时的安全措施　扑救电气火灾时，应首先切断电源。切断电源时应严格按照规程要求操作。

① 火灾发生后，电气设备绝缘已经受损，应用绝缘良好的工具操作。

② 选好电源切断点。切断电源地点要选择适当。夜间切断要考虑临时照明问题。

③ 若需剪断电线时，应注意非同相电线应在不同部位剪断，以免造成短路。剪断电线部位应有支撑物支撑电线的地方，避免电线落地造成短路或触电事故。

④ 切断电源时如需电力等部门配合，应迅速联系，报告情况，提出断电要求。

(3) 带电扑救时的特殊安全措施　为了争取灭火时间，来不及切断电源或因生产需要不允许断电时，要注意以下几点。

① 带电体与人体保持必要的安全距离。一般室内应大于4m，室外不应小于8m。

② 选用不导电灭火剂对电气设备灭火。机体喷嘴与带电体的最小距离：10kV及以下，大于0.4m；35kV及以下，大于0.6m。

用水枪喷射灭火时，水枪喷嘴处应有接地措施。灭火人员应使用绝缘护具如绝缘手套、绝缘靴等并采用均压措施，其喷嘴与带电体的最小距离：110kV及以下，大于3m；220kV及以下，大于5m。

③ 对架空线路及空中设备灭火时，人体位置与带电体之间的仰角不超过45°，以防电线断落伤人。如遇带电导体断落地面时要划清警戒区，防止跨步电压伤人。

(4) 充油设备的灭火

① 充油设备中油的闪点多在130～140℃之间，一旦着火，危险性较大。如果在设备外部着火，可用二氧化碳、1211、干粉等灭火器带电灭火。如油箱破裂、出现喷油燃烧，且火势很大时，除切断电源外，有事故油坑的，应设法将油导入油坑。油坑中及地面上的油火，可用泡沫灭火。要防止油火进入电缆沟。如油火顺沟蔓延，这时电缆沟内的火，只能用泡沫扑灭。

② 充油设备灭火时，应先喷射边缘，后喷射中心，以免油火蔓延扩大。

4. 人身着火的扑救

人身着火多数是由于工作场所发生火灾、爆炸事故或扑救火灾引起的。也有因用汽油、苯、酒精、丙酮等易燃油品和溶剂擦洗机械或衣物，遇到明火或静电火花而引起的。当人身着火时，应采取如下措施。

(1) 若衣服着火又不能及时扑灭，则应迅速脱掉衣服，防止烧坏皮肤。若来不及或无法脱掉应就地打滚，用身体压灭火种。切记不可跑动，否则风助火势会造成严重后果。就地用水灭火效果会更好。

(2) 如果人身溅上油类而着火，其燃烧速率很快。人体的裸露部分，如手、脸和颈部最易烧伤。此时伤痛难忍，神经紧张，会本能地以跑动逃脱。在场的人应立即制止其跑动，将其搂倒，用石棉布、海草、棉衣、棉被等物覆盖，用水浸湿后覆盖效果更好。用灭火器扑救时，注意不要对着脸部。

在现场抢救烧伤患者时，应特别注意保护烧伤部位，不要碰破皮肤，以防感染。大面积烧伤患者往往会因为伤势过重而休克，此时伤者的舌头易收缩而堵塞咽喉，发生窒息而死亡。在场人员将伤者的嘴敲开，将舌头拉出，保证呼吸畅通。同时用被褥将伤者轻轻裹起来，送往医院治疗。

事故案例

案例3-1 1980年8月，广西壮族自治区某县氮肥厂，2名工人上班时间脱岗，坐在90m² 废氨水池上吸烟，引起爆炸，死亡1人，重伤1人。

案例3-2 1983年3月，云南省某化工厂停车检修期间，5名操作工人跟汽车到县里运汽油。汽油运到本厂油库后，工人将大油桶里的汽油往储槽里倒。倒完几桶后，油库空间汽油蒸气在空气中达到爆炸极限，当用铁扳手打开第六桶时，摩擦产生火花，导致爆炸。油库顶盖被掀开，围墙炸倒，5名操作工当场被炸死，在围墙外玩耍的儿童被砸死2人，伤3人。

案例3-3 1980年9月，山西省某氮肥厂因煤气洗气塔水垢严重，决定停车修理。停车后未经置换，就派人戴着长管式面具进塔清理污垢，在敲击污垢时，铁器撞击产生火花，引起爆炸，在塔内工作的工人被炸死。

案例 3-4 1979年4月，江苏省某化工厂甲苯储槽发生着火爆炸，死亡1人。查其原因是：当时正在向储槽内输送甲苯，用的是一个临时泵，出口接一根塑料软管，由储槽顶部采光孔送入，并用采光孔盖板盖住。值班长到顶部检查移动此盖板时，空口部位形成甲苯-空气混合气已达到爆炸范围，由于振动塑料软管，塑料软管上积累的静电在孔口放电，引起孔口着火并引入储槽内，导致储槽着火爆炸。

案例 3-5 1978年1月，山东省济南市某化工厂银粉车间筛干粉工序，由于皮带轮与螺丝相摩擦产生火花，引起地面散落的银粉燃烧。由于车间狭窄人多，职工又缺乏安全知识，扑救方法不当，而使银粉粉尘飞扬起来，造成空间银粉粉尘浓度增大，达到爆炸极限，引起粉尘爆炸，并形成大火，酿成灾害。死亡17人，重伤11人，轻伤33人，烧毁车间116m^2以及大量银粉和机器设备，直接经济损失15万元，全厂停产32天。

案例 3-6 1974年6月，英国尼波洛公司在弗利克斯波洛的年产70kt己内酰胺装置发生爆炸。爆炸发生在环己烷空气氧化工段，爆炸威力相当于45t TNT。死亡28人，重伤36人，轻伤数百人。厂区及周围遭到重大破坏。经调查是由一根破裂管道中泄漏天然气引起燃烧而发生的。

事故的教训是：①该厂在拆除5号氧化反应器时，为了使4号与6号连通，要重新接管。原来物料管径700mm，因缺或而改用500mm管径，且用三节组焊成弧形跨管，重新组焊的连通管产生集中应力；②组焊好的管子未经严格检查和试验；③与阀门连接的法兰螺栓未拧紧；④厂内储存1500m^3环己烷、3000m^3石油、500m^3甲苯、120m^3苯和2m^3汽油，大大超过安全储存标准，使事故扩大。

案例 3-7 1973年10月，日本新越化学工业公司直津江化工厂氯乙烯单体生产装置发生了一起重大爆炸火灾事故。上网24人，其中死亡1人。建筑物被毁7200m^2，损坏各种设备1200台，烧掉氯乙烯等各种气体170t，由于燃烧产生氯化氢气体，造成农作物受害面积约160000m^2。

当时生产装置正处于检修状态，要检修氯乙烯单体过滤器，引入口阀门关闭不严，单体由储罐流入过滤器，无法进行检修；又用扳手去关阀门，因用力过大，阀门支撑筋被拧断。阀门杆被液体氯乙烯单体顶起呈全开状态，4t氯乙烯单体从储罐经过过滤器开口处全部喷出，弥漫12000m^2厂区。值班长在切断电源时产生火花引起爆炸。

此次事故的主要教训是：①电气设备不防爆；②检修设备时无隔绝、置换措施，以至设备拆开敞口后发现阀门泄漏，实际上阀门已被腐蚀，应更换阀门。

复习思考题

1. 何谓燃烧的“三要素”？它们之间的关系如何？
2. 何谓闪燃、着火、自燃？三者有何区别？
3. 何谓轻爆、爆炸、爆轰？三者有何区别？
4. 如何正确选择防爆电气设备？
5. 在化工生产中，工艺参数的安全控制主要指哪些内容？
6. 生产装置的初起火灾应如何扑救？
7. 如何扑救电气设备火灾？

CHAPTER 4

第四章 工业防毒技术

第一节 工业毒物的分类及毒性

一、工业毒物及其分类

1. 工业毒物与职业中毒

广而言之，凡作用于人体并产生有害作用的物质都可称之为毒物，而狭义的毒物概念是指少量进入人体就可导致中毒的物质。通常所说的毒物主要是指狭义的毒物，而工业毒物是指在工业生产过程中所使用或生产的毒物。如化工生产中所使用的原材料，生产过程中的产品、中间产品、副产品以及其中的杂质，生产中的“三废”排放物中的毒物等均属于工业毒物。

毒物侵入人体后与人体组织发生化学或物理化学作用，并在一定条件下破坏人体的正常生理机能，引起某些器官和系统发生暂时性或永久性的病变，这种病变就称之为中毒。在生产过程中由工业毒物引起的中毒即为职业中毒。因此判断是否为“职业中毒”首先应看三个要素是否同时具备，即“生产过程中”、“工业毒物”和“中毒”，上述三要素是必要条件。

应该指出，毒物的含义是相对的。首先，物质只有在特定条件下作用于人体才具有毒性。其次，物质只要具备一定的条件，就可能出现毒害作用。如职业中毒的发生，不仅与毒物本身的性质有关，还与毒物侵入人体的途径及数量、接触时间及身体状况、防护条件等多种因素有关。因此在研究毒物的毒性影响时，必须考虑这些相关因素。第三，具体讲某种物质是否有毒，则与它的数量及作用条件有直接关系。例如，在人体内含有一定数量的铅、汞等物质，但不能说由于这些物质的存在就判定发生了中毒。通常一种物质只有达到中毒剂量时，才能称之为毒物。如氯化钠日常可作为食用，但人一次服用 200～250g 就可能会致死。另一方面，毒物的作用条件也很重要，当条件改变时，甚至一般非毒性的物质也会具有毒性。如氯化钠溅到鼻黏膜上会引起溃疡，甚至使鼻中隔穿孔；氮在 9.1MPa 下有显著的麻醉作用。

2. 工业毒物的分类

化工生产中，工业毒物是广泛存在的。据世界卫生组织的估计，全世界工农业生产中的化学物质约有 60 多万种。据国际潜在有毒化学物登记组织统计，1976～1979 年该组织就登记了 33 万种化学物质，其中许多物质对人体有毒害作用。由于毒物的化学性质各不相同，因此分类的方法很多。以下介绍几种常用的分类方法。

(1) 按物理形态分类

① 气体：指在常温常压下呈气态的物质。如常见的一氧化碳、氯气、氨气、二氧化硫等。

② 蒸气：指液体蒸发、固体升华而形成的气体。前者如苯、汽油蒸气等，后者如熔磷时的磷蒸气等。

③ 烟：又称烟尘或烟气，为悬浮在空气中的固体微粒，其直径一般小于1μm。有机物加热或燃烧时可产生烟，如塑料、橡胶热加工时产生的烟；金属冶炼时也可产生烟，如炼钢、炼铁时产生的烟尘。

④ 雾：为悬浮于空气中的液体微粒，多为蒸气冷凝或液体喷射所形成。如铬电镀时产生的铬酸雾，喷漆作业时产生的漆雾等。

⑤ 粉尘：为悬浮于空气中的固体微粒，其直径一般大于1μm，多为固体物料经机械粉碎、研磨时形成或粉状物料在加工、包装、储运过程中产生。如制造铅丹颜料时产生的铅尘，水泥、耐火材料加工过程中产生的粉尘等。

(2) 按化学类属分类

① 无机毒物：主要包括金属与金属盐、酸、碱及其他无机化合物。

② 有机毒物：主要包括脂肪族碳氢化合物、芳香族碳氢化合物及其他有机物。随着化学合成工业的迅速发展，有机化合物的种类日益增多，因此有机毒物的数量也随之增加。

(3) 按毒物作用性质分类　按毒物对机体的毒作用结合其临床特点大致可分为以下四类。

① 刺激性毒物：酸的蒸气、氯、氨、二氧化硫等均属此类毒物。

② 窒息性毒物：常见的如一氧化碳、硫化氢、氰化氢等。

③ 麻醉性毒物：芳香族化合物、醇类、脂肪族硫化物、苯胺、硝基苯等均属此类毒物。

④ 全身性毒物：其中以金属为多，如铅、汞等。

二、工业毒物的毒性

1. 毒性及其评价指标

毒物的剂量与反应之间的关系，用“毒性”一词来表示。毒性的计算单位一般以化学物质引起实验动物某种毒性反应所需的剂量表示。对于吸入中毒，则用空气中该物质的浓度表示。某种毒物的剂量（浓度）越小，表示该物质毒性越大。通常用实验动物的死亡数来反映物质的毒性。常用的评价指标有以下几种。

(1) 绝对致死剂量或浓度（LD_{100}或LC_{100}）　指使全组染毒动物全部死亡的最小剂量或浓度。

(2) 半数致死剂量或浓度（LD_{50}或LC_{50}）　指使全组染毒动物半数死亡的剂量或浓度，是将动物实验所得的数据经统计处理而得的。

(3) 最小致死剂量或浓度（MLD 或 MLC）　指使全组染毒动物中有个别动物死亡的剂量或浓度。

(4) 最大耐受剂量或浓度（LD_0 或 LC_0）　指使全组染毒动物全部存活的最大剂量或浓度。

上述各种“剂量”通常是用毒物的毫克数与动物的每千克体重之比（即 mg/kg）来表示。“浓度”常用每立方米（或升）空气中所含毒物的毫克或克数（即 mg/m^3、g/m^3、mg/L）来表示。

除了上述的毒性评价指标外，下面的指标也反映出物质毒性的某些特点。

(1) 慢性阈剂量（或浓度）　指多次、小剂量染毒而导致慢性中毒的最小剂量（或浓度）。

（2）急性阈剂量（或浓度） 指一次染毒而导致急性中毒的最小剂量（或浓度）。

（3）毒作用带 指从生理反应阈剂量到致死剂量的剂量范围。

2. 毒物的急性毒性分级

毒物的急性毒性可根据动物染毒实验资料 LD_{50} 进行分级，据此将毒物分为剧毒、高毒、中等毒、低毒、微毒五级，详见表 4-1。

表 4-1 化学物质的急性毒性分级

毒物分级	大鼠一次经口 LD_{50}/(mg/kg)	6 只大鼠吸入 4h 死亡 2～4 只的浓度 /(μg/g)	兔涂皮时 LD_{50} /(mg/kg)	对人可能致死剂量	
				g/kg	总量(60kg 体重) /g
剧毒	<1	<10	<5	<0.05	0.1
高毒	1～50	10～100	5～44	0.05～0.5	3
中等毒	50～500	100～1000	44～340	0.5～5	30
低毒	500～5000	1000～10000	340～2810	5～15	250
微毒	5000～15000	10000～100000	2810～22590	>15	>1000

3. 影响毒性的因素

工业毒物的毒性大小或作用特点常因其本身的理化特性、毒物间的联合作用、环境条件及个体的差异等许多因素而异。

（1）物质的化学结构对毒性影响 各种毒物的毒性之所以存在差异，主要是基于其分子化学结构的不同。如在碳氢化合物中，存在以下规律：

① 在脂肪族烃类化合物中，其麻醉作用随分子中碳原子数的增加而增加；

② 化合物分子结构中的不饱和键数量越多，其毒性越大；

③ 一般分子结构对称的化合物，其毒性大于不对称的化合物；

④ 在碳烷烃化合物中，一般而言，直链比支链的毒性大；

⑤ 毒物分子中某些元素或原子团对其毒性大小有显著影响，如在脂肪族碳氢化合物中带入卤族元素、芳香族碳氢化合物带入氨基或硝基、苯胺衍生物中以氧、硫或羟基置换氢时，毒性显著增大。

（2）物质的物理化学性质对毒性的影响 物质的物理化学性质是多方面的，其中影响其对人体毒性作用的主要有三个方面。

① 可溶性 毒物（如在体液中）的可溶性越大，其毒性作用越大。如三氧化二砷在水中的溶解度比三硫化二砷大 3 万倍，故前者毒性大，后者毒性小。应注意，毒物在不同液体中的溶解度不同；不溶于水的物质，有可能溶解于脂肪和类脂肪中。如硫化铅虽不溶于水，但在胃液中却能溶解 2.5%；又如氯气易溶于上呼吸道的黏液中，因而氯气对上呼吸道可产生损害；黄丹微溶于水，但易溶于血清中等。

② 挥发性 毒物的挥发性越大，其在空气中的浓度越大，进入人体的量越大，对人体的危害也就越大，毒作用越大。如苯、乙醚、三氯甲烷、四氯化碳等都是挥发性大的物质，他们对人体的危害也严重。而乙二醇的毒性虽高，但挥发性小，只为乙醚的 1/2625，故严重中毒的事故很少发生。有些物质的毒性本不大，但因为挥发性大，也会具有较大的危害性。

③ 分散度 毒物的颗粒越小，即分散度越大，则其化学活性越强，更易于随人的呼吸进入人体，因而毒作用越大。如锌等金属物质本身并无毒，但加热形成烟状氧化物时，可与体内蛋白质作用，产生异性蛋白而引起发烧，称为“铸造热”。

（3）毒物的联合作用 在生产环境中，现场人员接触到的毒物往往不是单一的，而是多种毒物共存。所以我们必须了解多种毒物对人体的联合作用。毒物联合作用的综合毒性有以下三种情况。

① 相加作用 当两种以上的毒物同时存在于作业场所环境中时，它们的综合毒性为各个毒物毒性作用的总和。如碳氢化合物在麻醉方面的联合作用即属此种情况。

② 相乘作用 即多种毒物联合作用的毒性大大超过各个毒物毒性的总和，又称增毒作用。例如二氧化硫被单独吸入时，多数引起上呼吸道炎症，如果将二氧化硫混入含锌烟雾气溶胶中，就会使其毒性加大一倍以上。一氧化碳和二氧化硫、一氧化碳和氮氧化物共存时也都属于相乘作用。

③ 拮抗作用 即多种毒物联合作用的毒性低于各个毒物毒性的总和。如氨和氯的联合作用即属此类。

此外，生产性毒物与生活性毒物的联合作用也很常见。如嗜酒的人易引起中毒，因为酒精可增加铅、汞、砷、四氯化碳、甲苯、二甲苯、氨基和硝基苯、硝化甘油、氮氧化物以及硝基氯苯等毒物的吸收能力，故接触这类物质的人不宜饮酒。

（4）生产环境和劳动强度与毒性的关系 不同的生产方法影响毒物产生的数量和存在状态，不同的操作方法影响人与毒物的接触机会；生产环境如温度、湿度、气压等的不同也能影响毒物作用。如高温条件可促进毒物的挥发，使空气中毒物的浓度增加；环境中较高的湿度，也会增加某些毒物的毒性，如氯化氢、氟化氢等即属此例；高气压可使溶解于体液中的毒物量增多。

劳动强度对毒物的吸收、分布、排泄均有明显的影响。劳动强度大，则呼吸量也大，能促进皮肤充血，排汗量增多，吸收毒物的速率加快；耗氧量增加，使工人对某些毒物所致的缺氧更加敏感。

（5）个体因素与毒性的关系 在同样条件下接触同样的毒物，往往有些人长期不中毒，而有些人却发生中毒，这是由于人体对毒物的耐受性不同所致。

未成年人由于各器官尚处于发育阶段，抵抗力弱，故不应参加有毒作业；妇女在经期、孕期、哺乳期生理功能发生变化，对某些毒物的敏感性增强。如在经期对苯、苯胺的敏感性就会增强，而在孕期、哺乳期参加接触汞、铅的作业，会对胎儿及婴儿的健康产生不利影响，因此应暂时做其他工作。

患有代谢功能障碍、肝脏及肾脏疾病的人解毒功能大大降低，因此较易中毒。如贫血者接触铅，肝脏疾病患者接触四氯化碳、氯乙烯，肾病患者接触砷，有呼吸系统病变的人接触刺激性气体都较易中毒。因此，为了保护劳动者的身体健康，应按职业禁忌症的要求分配工作。

总之，接触毒物后能否中毒受多种因素影响，了解这些因素间相互制约、相互联系的规律，有助于控制不利因素，防止中毒事故的发生。

三、工作场所空气中有害因素职业接触限值及其应用

1. 工作场所空气中有害因素职业接触限值

防止职业中毒，关键是控制工作场所即劳动者进行职业活动的全部地点的空气中有害因素职业接触限值。职业接触限值（occupational exposure limit，OEL）是职业性有害因素的接触限制量值，指劳动者在职业活动过程中长期反复接触对机体不引起急性或慢性有害健康影响的允许接触水平。化学因素的职业接触限值可分为时间加权平均允许浓度、最高允许浓度和短时间接触允许浓度三类。

① 时间加权平均允许浓度（permissible concentration-time weighted average，PC-TWA）指以时间为权数规定的8h工作日的平均允许接触水平。

② 最高允许浓度（maximum allowable concentration，MAC）指工作地点、在一个工

作日内、任何时间均不应超过的有毒化学物质的浓度。

定义中的工作地点是指劳动者从事职业活动或进行生产管理过程而经常或定时停留的地点。

③ 短时间接触允许浓度（pemissible concentration-short term exposure limit，PC-STEL），指一个工作日内，任何一次接触不得超过的15min时间加权平均的允许接触水平。

需要指出的是，职业接触限值不是一成不变的。在制定以后，随着有关毒理学和工业卫生学资料的积累、实施过程中毒物接触者健康状况观察的结果，以及国民经济的发展、技术水平的提高，还会不断地进行修订。我国现行的工作场所空气中有毒物质允许浓度详见《工作场所有害因素职业接触限值化学有害因素》（GBZ 2.1—2007），该标准列出了339种有毒物质的职业接触限值。

2. 应用职业接触限值时的注意事项

有毒物质的职业接触限值，是用来防止劳动者的过量接触，监测生产装置的泄漏及工作环境污染状况，是评价工作场所卫生状况的重要依据，以保障劳动者免受有害因素的危害。在应用职业接触限值浓度标准对工作场所环境进行危害性评价时，应注意以下问题。

(1) 在评价工作场所的污染或个人接触状况时，应按照国家颁布的标准测定方法和有关采样规范进行检测，在无上述规定时，也可用国内外公认的测定方法，使其全面反映工作场所有害因素的污染状况，并正确运用时间加权平均允许浓度、最高允许浓度或短时间接触允许浓度，做出恰当的评价。

(2) 时间加权平均允许浓度的应用：要求采集有代表性的样品，按8h工作日内各个接触持续时间与其相应浓度的乘积之和除以8，得出8h的时间加权平均浓度（TWA）；应用个体采样器采样所得到的浓度值，主要适用于评价个人接触状况；工作场所的定点采样（区域采样），主要适用于工作环境卫生状况的评价。

时间加权平均浓度可按下式计算，工作时间不足8h者，仍以8h计：

$$E=(C_aT_a+C_bT_b+\cdots+C_nT_n)/8 \tag{4-1}$$

式中　E——8h工作日接触有毒物质的时间加权平均浓度，mg/m^3；

8——一个工作日的工作时间，h；

C_a，C_b，…，C_n——T_a，T_b，…，T_n 时间段接触的相应浓度；

T_a，T_b，…，T_n——C_a，C_b，…，C_n 浓度下的相应接触持续时间。

[例 4-1] 乙酸乙酯的时间加权平均允许浓度为 $200mg/m^3$，劳动者接触状况为：$300mg/m^3$，接触2h；$160mg/m^3$，接触2h；$120mg/m^3$，接触4h。代入上述公式，$E=(2\times300+2\times160+4\times120)mg/m^3\div8=175mg/m^3$。此结果$<200mg/m^3$，未超过该物质的时间加权平均允许浓度。

[例 4-2] 同样是乙酸乙酯，如劳动者接触状况为：$300mg/m^3$ 浓度，接触2h；$200mg/m^3$，接触2h；$180mg/m^3$，接触2h；不接触，2h。代入上述公式，$E=(2\times300+2\times200+2\times180+2\times0)mg/m^3\div8=170mg/m^3$，结果$<200mg/m^3$，未超过该物质的时间加权平均允许浓度。

(3) 短时间接触允许浓度的应用

① 该职业接触限值旨在防止劳动者接触过高的波动浓度，避免引起刺激、急性作用或有害健康，要求在监测时间加权平均允许浓度的同时，对浓度变化较大的工作地点，进行监测评价（一般采集接触15min的空气样品；接触时间短于15min时，以15min的时间加权平均浓度计算）。

② 该职业接触限值是与8h时间加权平均允许浓度相配套的一种短时间接触限值，必须符合制定的接触限值或推算出的接触限值。当评价该限值时，即使当日的8h时间加权平均

允许浓度符合要求时，仍不应超过短时间接触允许浓度。

③ 对现有毒理学和工业卫生学资料不足以制定短时间接触允许浓度值时，按表 4-2 推算短时间接触允许浓度（PC-STEL）值。

表 4-2 时间加权平均允许浓度大小与超限倍数关系

PC-TWA 值/(mg/m^3)	超限倍数
＜1	3
1～	2.5
10～	2.0
≥100	1.5

例如，某物质的 PC-TWA 为 $5mg/m^3$，从表 4-2 查出超限倍数为 2.5，则 PC-STEL 为 $12.5mg/m^3$。

（4）最高允许浓度的应用 最高允许浓度是对急性作用大、刺激作用强和（或）危害性较大的有毒物质而制定的最高允许接触限值，应根据不同工种和操作地点采集有代表性的空气样品。该职业接触限值要求，工作场所中有毒物质的浓度必须控制在最高允许浓度以下，而不允许超过此限值。

（5）对于标有皮字的有毒物质，应积极防止皮肤污染。某些化学物质（如有机磷化合物、三硝基甲苯等）在工作场所中经皮肤吸收是重要的侵入途径，应采用个人防护措施，防止皮肤的污染。

（6）当工作场所中存在两种或两种以上有毒物质时，若缺乏联合作用资料，应测定各自物质的浓度，并分别按各个物质的职业接触限值进行评价。

（7）当两种或两种以上有毒物质共同作用于同一器官、系统或具有相同的毒性作用（如刺激作用等），或已知这些物质可产生相加作用时，则应按下列公式计算结果，进行评价：

$$\frac{C_1}{L_1}+\frac{C_2}{L_2}+\cdots+\frac{C_n}{L_n}=1 \qquad (4\text{-}2)$$

式中 C_1，C_2，…，C_n——代表各个物质所测得的浓度；

L_1，L_2，…，L_n——代表各个物质相应的允许浓度限值。

以此算出的比值＜1 或＝1 时，表示未超过接触限值，符合卫生要求；反之，当比值＞1 时，表示超过接触限值，不符合卫生要求。

第二节 工业毒物的危害

毒物对人体的危害不仅取决于毒物的毒性，还取决于毒物的危害程度。毒物的危害程度是指毒物在生产和使用条件下产生损害的可能性，取决于接触方式、接触时间和接触量、防护设备的良好程度等。为了区分工人在进行接触毒物的作业时有毒物质对工人的危害大小，国家颁布了《有毒作业分级》（GB 12331—90）。该标准依据毒物危害程度、有毒作业劳动时间和毒物浓度超标倍数三项指标将有毒作业共分为五级，分别是 0 级（安全作业）、一级（轻度危害作业）、二级（中度危害作业）、三级（高度危害作业）和四级（极度危害作业）。

一、工业毒物进入人体的途径

工业毒物进入人体的途径有三种，即呼吸道、皮肤和消化道，其中最主要的是呼吸道，其次是皮肤，经过消化道进入人体仅在特殊情况下才会发生。

1. 经呼吸道进入

毒物经呼吸道进入人体是最主要、最危险、最常见的途径。因为凡是呈气态、蒸气态或气溶胶状态的毒物均可随时伴随呼吸过程进入人体；而且人的呼吸系统从气管到肺泡都具有相当大的吸收能力，尤其肺泡的吸收能力最强，肺泡壁极薄且总面积大约有 55～120m^2，其上有丰富的微血管，由肺泡吸收的毒物会随血液循环迅速分布全身；在全部职业中毒者中，大约有 95%是经呼吸道吸入引起的。

生产性毒物进入人体后，被吸收量的大小取决于毒物的水溶性和血/气分配系数，血/气分配系数是指毒物在血液中的最大浓度与肺泡内气体浓度之比值。毒物的水溶性越大，血/气分配系数越大，被吸收在血液中的毒物也越多，导致中毒的可能性越大。例如，甲醇的血/气分配系数为1700，乙醇为1300，二硫化碳为5，乙醚为15，苯为6.58。

2. 经皮肤进入

毒物经皮肤进入人体的途径主要有表皮屏障和毛囊，即少数是通过汗腺导管进入。皮肤本身是人体具有保护作用的屏障，如水溶性物质不能通过无损的皮肤进入人体内。但是当水溶性物质与脂溶性或类脂溶性物质共存时，就有可能通过屏障进入人体。

毒物经皮肤进入人体的数量和速率，除了与毒物的脂溶性、水溶性、浓度和皮肤的接触面积有关外，还与环境中气体的温度、湿度等条件有关，能经过皮肤进入人体的毒物有以下三类。

（1）能溶于脂肪或类脂质的物质　此类物质主要是芳香族的硝基、氨基化合物，金属有机铅化合物以及有机磷化合物等，其次是苯、二甲苯、氯化烃类等物质。

（2）能与皮肤的酯酸根结合的物质　此类物质如汞及汞盐、砷的氧化物及其盐类等。

（3）具有腐蚀性的物质　此类物质如强酸、强碱、酚类及黄磷等。

3. 经消化道进入

毒物从消化道进入人体，主要是由于不遵守卫生制度，或误服毒物，或发生事故时毒物喷入口腔等所致。这种中毒情况一般比较少见。

二、职业中毒的类型

1. 急性中毒

急性中毒是由于在短时间内有大量毒物进入人体后突然发生的病变，具有发病急、变化快和病情重的特点。急性中毒可能在当班或下班几个小时内最多 1～2 天内发生，多数是因为生产事故或工人违反安全操作规程所引起的，如一氧化碳中毒。

2. 慢性中毒

慢性中毒是指长时间内有低浓度毒物不断进入人体，逐渐引起的病变。慢性中毒绝大部分是蓄积性毒物所引起的，往往在从事该毒物作业数月、数年或更长时间才出现症状，如慢性铅、汞、锰等中毒。

3. 亚急性中毒

亚急性中毒介于急性与慢性中毒之间，病变较急性时间长、发病症状较急性缓和的中毒，如二硫化碳、汞中毒等。

三、职业中毒对人体系统及器官的损害

职业中毒可对人体多个系统或器官造成损害，主要包括神经系统、血液和造血系统、呼吸系统、消化系统、肾脏及皮肤等。

1. 神经系统

（1）神经衰弱症候群　绝大多数慢性中毒的早期症状是神经衰弱症候群及植物性神经

紊乱。患者出现全身无力、易疲劳、记忆力减退、睡眠障碍、情绪激动、思想不集中等症状。

(2) 神经症状　如二硫化碳、汞、四乙基铅中毒，可出现狂躁、忧郁、消沉、健谈或寡言等症状。

(3) 多发性神经炎　主要损害周围神经，早期症状为手脚发麻疼痛，以后发展到动作不灵活。如二硫化碳、砷或铅中毒，目前已少见。

2. 血液和造血系统

(1) 血细胞减少　早期可引起血液中白细胞、红细胞及血小板数量的减少，严重时导致全血降低，形成再生障碍性贫血。经常出现头昏、无力、牙龈出血、鼻出血等症状。如慢性苯中毒、放射病等。

(2) 血红蛋白变性　如苯胺、一氧化碳中毒等可使血红蛋白变性，造成血液运氧功能障碍，出现胸闷、气急、紫绀等症状。

(3) 溶血性贫血　主要见于急性砷化氢中毒。

3. 呼吸系统

(1) 窒息　如一氧化碳、氰化氢、硫化氢等物质导致的中毒。轻者可出现咳嗽、胸闷、气急等症状，重者可出现喉头痉挛、声门水肿等症状，甚至可出现窒息死亡。有的能导致呼吸机能瘫痪窒息，如有机磷中毒。

(2) 中毒性水肿　吸入刺激性气体后，改变了肺泡壁毛细血管的通透性而发生肺水肿。如氮氧化物、光气等物质导致的中毒。

(3) 中毒性支气管炎、肺炎　某些气体如汽油等可作用气管、肺泡引起炎症。

(4) 支气管哮喘　多为过敏性反应，如苯二胺、乙二胺等导致的中毒。

(5) 肺纤维化　某些威力滞留在非不可导致肺纤维化，如铍中毒。

4. 消化系统

经消化系统进入人体的毒物可直接刺激、腐蚀胃黏膜产生绞痛、恶心、呕吐、食欲不振等症状。非经消化系统中毒者有时也会出现一些消化道症状，如四氯化碳、硝基苯、砷、磷等物质导致的中毒。

5. 肾脏

由于多种物质是经肾脏排出的，对肾脏往往产生不同程度的损害，出现蛋白尿、血尿、水肿等症状，如砷化氢、四氯化碳等引起的中毒性肾病。

6. 皮肤

皮肤接触毒物后，由于刺激和变态反应可发生瘙痒、刺痛、潮红、瘢丘疹等各种皮炎和湿疹，如沥青、石油、铬酸雾、合成树脂等对皮肤的作用。

四、常见工业毒物及其危害

1. 金属与类金属毒物

(1) 铅 (Pb)　铅在工业生产中应用广泛，其化合物种类很多，在工业生产中接触铅的人数多，因此铅中毒是主要的职业病之一。

① 理化性质　为蓝灰色金属，熔点327℃，沸点1525℃，加热至400～500℃时可产生大量铅蒸气。车间空气中PC-TWA浓度：铅烟0.03mg/m^3，铅尘0.05mg/m^3。

② 危害　铅及其化合物主要从呼吸道进入人体，其次为消化道。工业生产中以慢性中毒为主。初期感觉乏力，肌肉、关节酸痛，继之可出现腹隐痛、神经衰弱等症状。严重者可出现腹绞痛、贫血、肌无力和末梢神经炎，病情涉及神经系统、消化系统、造血系统及内脏。由于铅是蓄积性毒物，中毒后对人体造成长期影响。铅为可疑人类致癌物，铅烟、铅尘

为可能人类致癌物。

③ 预防措施　应严格控制车间空气中的铅浓度，使之达到国家卫生标准；生产过程要尽量实现机械化、自动化、密闭化；生产环境及生产设备要采取通风净化措施；注重工艺改革，尽量减少铅物料的使用；生产中要养成良好的卫生习惯，不在车间内吸烟、进食，饭前洗手、班后淋浴，并注意及时更换和清洗工作服。

(2) 汞 (Hg)　汞在工业中应用广泛，如食盐电解、塑料、染料、毛皮加工等工业中均有接触汞的生产过程。

① 理化性质　为银白色液态金属，熔点－38.9℃，沸点 356.9℃，在常温下即可蒸发。汞液洒落在桌面或地面上会分散成许多小汞珠，增加了蒸发面积。汞蒸气可吸附于墙壁、地面及衣物等形成二次毒源。汞溶于稀硝酸及类脂质，不溶于水及有机溶剂。车间空气中的 PC-TWA 浓度为 $0.02mg/m^3$。

② 危害　生产过程中金属汞主要以蒸气状态经呼吸道进入人体，可引起急性和慢性中毒。急性中毒多由于意外事故造成大量汞蒸气散逸引起，发病急，有头晕、乏力、发热、口腔炎症及腹痛、腹泻、食欲不振等症状。慢性中毒较为常见，最早出现神经衰弱综合征，表现为易兴奋、激动、情绪不稳定。汞毒性震颤为典型症状，严重时发展为粗大意向震颤并波及全身。少数患者出现口腔炎、肾脏及肝脏损害。

③ 预防措施　采用无汞生产工艺，如无汞仪表，食盐电解时采用隔膜电极代替汞电极；注意消除流散汞及吸附汞，以降低车间空气中的汞浓度；患有明显口腔炎、慢性肠道炎、肝、肾、神经症状等疾病者均不宜从事汞作业；其他参见铅的预防措施。

(3) 锰 (Mn)　锰及其化合物在工业中应用广泛。在电焊作业、干电池、塑料、油漆、染料、合成橡胶、鞣皮等工业中均有接触锰的生产过程。

① 理化性质　为浅灰色硬而脆的金属。熔点 1260℃，沸点 2097℃，易溶于稀酸。

② 危害　锰及其化合物的毒性各不相同，化合物中锰的原子价越低毒性越大。生产中主要以锰烟和锰尘的形式经呼吸道进入人体而引起中毒。工业生产中以慢性中毒为主，多因吸入高浓度锰烟和锰尘所致。在锰粉、锰化合物及干电池生产过程中发病率较高。发病工龄短者半年，长者 10～20 年。轻度及中度中毒者表现为失眠，头痛，记忆力减退，四肢麻木，轻度震颤，易跌倒，举止缓慢，感情淡漠或冲动。重度中毒者出现四肢僵直，动作缓慢笨拙，语言不清，写字不清，智能下降等症状。

③ 预防措施　必要时可戴防尘口罩；其他参见铅的预防措施。

(4) 铍 (Be)

① 理化性质　银灰色轻金属，熔点 1284℃，沸点 2970℃，铍质轻、坚硬，难溶于水，可溶于硫酸、盐酸和硝酸。

② 危害　铍及其化合物为高毒物质，可溶性化合物毒性大于难溶性铍化合物，毒性最大者为氟化铍和硫酸铍。主要以粉尘或烟雾的形式经呼吸道进入人体，也可经破损的皮肤进入人体而起局部作用。急性铍中毒很少见，多由于短时间内吸入大量可溶性铍化合物引起，3～6h 后出现中毒症状，以急性呼吸道化学炎症为主，严重者出现化学性肺水肿和肺炎。慢性铍中毒主要是吸入难溶性铍化合物所致，接触 5～10 年后可发展为铍沉着病，表现为呼吸困难、咳嗽、胸痛，后期可发生肺水肿、肺原性心脏病。铍中毒可引起皮炎，可溶性铍可引起铍溃疡和皮肤肉芽肿。铍及其化合物还可引起黏膜刺激，如眼结膜炎、鼻咽炎等，脱离接触后可恢复。铍及其化合物为确认人类致癌物。

③ 预防措施　参见铅的预防措施。

2. 有机溶剂

(1) 苯 (C_6H_6)　苯在工、农业生产中使用广泛，如化工中的香料、合成纤维、合成橡胶、合成洗涤剂、合成染料、酚、氯苯、硝基苯的生产以及使用溶剂和稀释剂如喷漆、制鞋、绝缘材料等行业中均有接触苯的生产过程。

① 理化性质 苯是一种有特殊香味儿无色透明的液体；沸点80.1℃，闪点－15～10℃；爆炸极限范围为1.3%～9.5%；易蒸发，不溶于水，易溶于乙醚、乙醇、丙酮等有机溶剂；苯蒸气与空气的相对密度为2.8；车间空气中PC-TWA浓度为$6mg/m^3$。煤焦油分馏或石油裂解均可产生苯。

② 危害 生产过程中的苯主要经过呼吸道进入人体，也可经皮肤进入体内。苯可造成急性中毒和慢性中毒。急性苯中毒是由于短时间内吸入大量苯蒸气引起，主要表现为中枢神经系统的症状。初期有黏膜刺激，随后可出现兴奋或酒醉状态以及头痛、头晕等现象。重症者除上述症状外还可出现昏迷，谵妄，阵发性或强直性抽搐，呼吸浅表，血压下降，严重时可因呼吸和循环衰竭而死亡。慢性苯中毒主要损害神经系统和造血系统，症状为神经衰弱综合征，有头晕、头痛、记忆力减退、失眠等，在造血系统引起的典型症状为白血病和再生障碍性贫血。苯为确认人类致癌物。

③ 预防措施 苯中毒的防治应采取综合措施。有些生产过程可用无毒或低毒的物料代替苯，如使用无苯稀料、无苯溶剂、无苯胶等；在使用苯的场所应注意加强通风净化措施；必要时可使用防苯口罩等防护用品；手接触苯时应注意皮肤防护。

苯中毒案例

上海市某县××乡××村皮鞋厂女工俞××，21岁，因月经过多，于1985年4月17日至乡卫生院门诊，治疗无效；4月19日至县中心医院就诊后，遵医嘱于4月21日去该院血液病门诊就医。是日因出血不止，收治入院。骨髓检查后诊断为再生障碍性贫血。5月8日因大出血死亡。

5月9日举行追悼会。与会同车间部分工人联想到自己也有类似症状。其中有两名女工在5月10日到县中心医院就诊，分别诊断为上消化道出血，再生障碍性贫血及白血病（以后诊断为再生障碍性贫血，但仍未考虑到职业危害因素）。

上述两位病员住院后，引起车间工人、乡及厂领导的重视，组织全体工人去乡卫生院体检，发现工人中白细胞计数减少者较多。乡卫生院即向县卫生防疫站报告。此后由县、市卫生防疫站、有关医院、市劳动卫生职业病研究所等单位组织开展调查研究。调查结果如下。

（1）该厂制帮车间生产过程为：鞋帮坯料-用胶水黏合-缝制-制成鞋帮。制帮车间面积为$56m^2$，高3m。冬季门窗紧闭。制帮用红胶含纯苯91.2%，每日消耗苯9kg以上，均蒸发在此车间内。调查中用甲苯模拟生产过程，测得车间中甲苯空气浓度为卫生标准的36倍。而苯比甲苯更易挥发，故推测实际生产时，苯的浓度可能更高（说明：现行标准，时间加权平均允许浓度，苯为$6mg/m^3$，甲苯为$50mg/m^3$；20世纪80年代标准，最高允许浓度，苯为$40mg/m^3$，甲苯为$100mg/m^3$）。

（2）经体检确诊为苯中毒者共18人（其中包括生前未诊断苯中毒的死亡一例），其中制帮车间14人，重度慢性病苯中毒7人。

对该厂的职业卫生与职业医学服务情况调查结果如下。

（1）该厂于1982年4月投产。投产前尚未向卫生防疫站申报，故未获得必要的卫生监督。接触苯作业工人均未进行就业前体格检查，该厂无职业卫生宣传教育。全厂干部和工人几乎都不知道黏合用的胶水有毒。全部中毒者均有苯中毒的神经或血液系统症状，但仅7人在中毒死亡事故发生之前就诊，其余11人直至事故发生后由厂组织体检时才就医，致使发生症状至就诊的间隔时间平均长达半年左右。

（2）该厂苯作业工人无定期体检制度。上述7名在事故发生前即因苯中毒症状就诊者，平均就诊2次，分别被诊断为贫血、再生障碍性贫血、白血病或无诊断只给对症处理药物。

本次重大事故的主要原因归纳起来有以下两方面。

首先是厂方应在投产前向当地卫生防疫部门申报，以获得必要的卫生监督。由于该厂未作申报，故卫生部门不可能了解其生产原料、生产方式和生产过程中可能存在的职业危害因素。接触苯作业工人都未进行就业前体检和定期体检等医疗服务，也未定期测定作业环境中苯的浓度，致使工人在厂房设备简陋、无任何通风防毒设施的环境中生产。此外，缺乏职业卫生和安全宣传教育工作，也是本事故的重要原因之一。

其次，直接为乡村人口服务的乡、县医院的医务人员缺乏应有的职业医学知识。如果在较短的时间内连续发现数名来自同一工厂（车间）患同种疾病的职工，就应考虑该疾病可能与职业因素有关。本事故在死亡病例发生前，曾有一医生怀疑此病症状与职业有关，但未能进一步进行现场调查；追悼会后，另外两名职工也去县医院就诊，仍分别诊断为上消化道出血、再生障碍性贫血，以致中毒事故未能及时发现。

（2）甲苯（$C_6H_5CH_3$） 甲苯大量地用来代替苯作为溶剂和稀释剂，工业上用来制造炸药、苯甲酸、合成涤纶以及作为航空汽油添加剂。

① 理化性质 甲苯为无色具有芳香气味的液体；沸点100.6℃，不溶于水，溶于酒精、乙醚等有机溶剂；闪点6～30℃，爆炸极限范围1%～7.6%。甲苯蒸气与空气的相对密度为3.9。车间空气中PC-TWA浓度为50mg/m^3。

② 危害 甲苯毒性较低，属低毒类。工业生产中甲苯主要以蒸气态经呼吸道进入人体，也能经过皮肤进入体内。急性中毒表现为中枢神经系统的麻醉作用和植物性神经功能紊乱症状，眩晕、无力、酒醉状，血压偏低、咳嗽、流泪，重者有恶心、呕吐、幻觉甚至神志不清。慢性中毒主要因长期吸入较高浓度的甲苯蒸气所引起，可出现头晕、头痛、无力、失眠、记忆力减退等现象。

③ 预防措施 参见苯的预防措施。

（3）汽油 汽油主要用作交通运输工具的燃料，橡胶、油漆、燃料、印刷、制药、黏合剂等工业中用汽油作为溶剂，在衣物的干洗及机器零件的清洗中作为去油剂。在石油炼制、汽油的运输及储存过程中均可接触汽油。

① 理化性质 为无色或浅黄色具有特殊臭味的液体；易挥发、易燃易爆，闪点30℃，爆炸极限范围1%～6%；汽油蒸气与空气的相对密度为3～3.5；易溶于苯、醇等有机溶剂，难溶于水。PC-TWA浓度为300mg/m^3。

② 危害 主要以蒸气形式经呼吸道进入人体，皮肤吸收很少。当汽油中不饱和烃、芳香烃、硫化物等含量增多时，毒性增大。汽油可引起急性和慢性中毒。急性中毒症状较轻时可有头晕、头痛、肢体震颤、精神恍惚、流泪等现象，严重者可出现昏迷、抽搐、肌肉痉挛、眼球震颤等症状。高浓度时可发生“闪电样”死亡。当用口吸入汽油而进入肺部时可导致吸入性肺炎。慢性中毒可引起神经精神症状，如倦怠、头痛、头晕、步态不稳、肌肉震颤、手足麻木等，也可引起消化道、血液系统的病症。

③ 预防措施 应采用无毒或低毒的物质代替汽油作溶剂；给汽车加油时应使用抽油器，工作场所应注意通风。

（4）二硫化碳（CS_2） 二硫化碳用于人造纤维、玻璃纸及四氯化碳的生产过程，用作橡胶、脂肪等的溶剂。

① 理化性质　纯品为易挥发无色液体，工业品为黄色，有臭味。沸点46.3℃，易燃易爆，爆炸极限范围1%～50%，自燃点100℃。几乎不溶于水，溶于强碱，能与乙醇、醚、苯、氯仿、油脂等混溶。腐蚀性强。二硫化碳蒸气与空气的相对密度为2.6。车间空气中PC-TWA浓度为5mg/m^3。

② 危害　主要经呼吸道进入人体，也能经过皮肤进入体内。可引起急性和慢性中毒，主要对神经系统造成损害。急性中毒主要由事故引起，轻者表现为酒醉状、头晕、头痛、眩晕、步态蹒跚及精神症状；重者先呈现兴奋状态，后出现谵妄、意识丧失、瞳孔反射消失，乃至死亡。慢性中毒除出现上述较轻症状外，还出现四肢麻木、步态不稳，并可对心血管系统、眼部、消化道系统产生损害。

③ 预防措施　黏胶纤维生产中使用二硫化碳较多，应采取通风净化措施。在检修设备、处理事故时应戴防毒面具。

(5) 四氯化碳（CCl_4）　四氯化碳在工业中用于制造二氯二氟甲烷和三氯甲烷，也可用作漆、脂肪、橡胶、硫黄、树脂的溶剂，在香料制造、电子零件脱脂、纤维脱脂等生产过程中也可接触到四氯化碳。

① 理化性质　为无色、透明、易挥发、有微甜味的油状液体，熔点－22.9℃，沸点76.7℃，不易燃，遇火或热的表面可分解为二氧化碳、氯化氢、光气和氯气。微溶于水，易溶于有机溶剂。车间空气中PC-TWA浓度为15mg/m^3。

② 危害　四氯化碳蒸气主要经呼吸道进入人体，液体和蒸气均可经皮肤吸收，可引起急性和慢性中毒。乙醇可促进四氯化碳的吸收，故饮酒可以加重中毒症状。吸入高浓度蒸气可引起急性中毒，可迅速出现昏迷、抽搐，严重者可突然死亡。接触较高浓度四氯化碳蒸气可引起眼、鼻、呼吸道刺激症状，也可损害肝、肾、神经系统。长期接触中等浓度四氯化碳可有头昏、眩晕、疲乏无力、失眠、记忆力减退等症状，少数患者可引起肝硬变、视野减小、视力减退等。皮肤长期接触可引起干燥、脱屑、皲裂。四氯化碳为可疑人类致癌物。

③ 预防措施　生产设备应加强密闭通风，避免四氯化碳与火焰接触。接触较高浓度四氯化碳时应戴供氧式或过滤式呼吸器，操作中应穿工作服，戴手套。接触四氯化碳的工人不宜饮酒。

3. 苯的硝基、氨基化合物

(1) 苯胺（$C_6H_5NH_2$）　苯胺广泛用于印染、染料制造、橡胶、塑料、制药等工业。

① 理化性质　苯胺又称阿尼林油，纯品为无色油状液体，久置呈棕色，有特殊臭味。熔点－6.2℃，沸点184.3℃，闪点79℃，爆炸下限1.58%。中等程度溶于水，能与苯、乙醇、乙醚等混溶。车间空气中PC-TWA浓度为3mg/m^3。

② 危害　工业生产中苯胺以皮肤吸收而引起中毒为主，液体和蒸气均能经皮肤吸收，此外还可经呼吸道和消化道进入人体。苯胺中毒主要对中枢神经系统和血液造成损害（苯胺进入人体内，可促使高铁血红蛋白的形成，使血红蛋白失去携氧能力，造成缺氧症状），可引起急性和慢性中毒。急性中毒较轻者感觉头痛、头晕、无力、口唇青紫，严重者进而出现呕吐、精神恍惚、步态不稳以至意识消失或昏迷等现象。慢性中毒者最早出现头痛、头晕、耳鸣、记忆力下降等症状。皮肤经常接触苯胺时可引起湿疹、皮炎。

③ 预防措施　生产场所应采取通风净化措施，操作中要注意皮肤防护。

(2) 三硝基甲苯［$CH_3C_6H_2(NO_2)_3$］　三硝基甲苯作为炸药而广泛用于国防、采矿、隧道工程，在生产及包装过程中均可产生大量粉尘和蒸气。

① 理化性质　三硝基甲苯有六种异构体，通常指2,4,6-三硝基甲苯，简称TNT，常温

下为淡黄色针状晶体；熔点 82℃，沸点 240℃，易溶于氯仿、四氯化碳、醚等溶剂中；突然受热易爆炸，在 160℃下生成气态分解产物，接触日光后对摩擦、冲击敏感而更具危险性；车间空气中 PC-TWA 浓度为 0.2mg/m^3。

② 危害　在生产过程中三硝基甲苯主要经皮肤和呼吸道进入人体，且以皮肤吸收更为重要。高温环境下皮肤暴露较多并有汗液时，可加速吸收过程。三硝基甲苯的毒作用主要是对眼晶状体、肝脏、血液和神经系统的损害。眼晶状体损害以中毒性白内障为主，这是接触该毒物的人最常见、最早出现的症状。对肝脏的损害是使其排泄功能、解毒功能变差。生产中以慢性中毒为常见，中毒者表现为眼部晶体浑浊，并发展为白内障，肝脏可出现压痛、肿大、功能异常。此外还可引起血液系统病变，个别严重者发展成为再生障碍性贫血。

③ 预防措施　生产场所应采取通风净化措施，操作中要注意皮肤防护，应注意使用好防护用品，操作后洗手，班后淋浴。

4. 窒息性气体

窒息性气体分为三类。第一类为单纯窒息性气体，其本身毒性很小或无毒，但由于它们的大量存在而降低了氧含量，人因为呼吸不到足够的氧而使机体窒息，属于这类的窒息性气体有氮气、氩气、氖气、甲烷、乙烷等；第二类为血液窒息性气体，这类气体主要对红细胞的血红蛋白发生作用，阻碍血液携带氧的功能及在组织细胞中释放氧的能力，使组织细胞得不到足够的氧而发生机体窒息，一氧化碳即属此类物质；第三类为细胞窒息性气体，这类气体主要因其毒作用而妨碍细胞利用氧的能力，从而造成组织细胞缺氧而产生所谓“内窒息”，硫化氢、氰化氢气体即属此类物质。

(1) 一氧化碳（CO）　一氧化碳是工业生产中最常见的有毒气体之一。在化工、炼钢、炼铁、炼焦、采矿爆破、铸造、锻造、炉窑、煤气发生炉等作业过程中均可接触一氧化碳。

① 理化性质　一氧化碳为无味、无色、无臭的气体，与空气的相对密度为 0.967；可溶于氨水、乙醇、苯和乙酸；爆炸极限为 12.5%～74.2%，车间空气中 PC-TWA 浓度为 20mg/m^3。

② 危害　一氧化碳主要经呼吸道进入人体，与血液中血红蛋白的结合能力极强，当空气中一氧化碳含量约为 700μL/L 时，血液携带氧的能力便下降一半，可见其毒性之剧。在工业生产中一氧化碳主要造成急性中毒，按严重程度可分为三个等级：轻度中毒者表现为头痛、头晕、心悸、恶心、呕吐、四肢无力等症状，脱离中毒环境几小时后症状消失。中度中毒者除上述症状外，且出现面色潮红、黏膜呈樱桃红色，全身疲软无力，步态不稳，意识模糊甚至昏迷，若抢救及时，数日内可恢复。重度中毒者往往是因为中度中毒者继续吸入一氧化碳而引起的，此时可在前述症状后发展为昏迷。此外，在短期内吸入大量一氧化碳也可造成重度中毒，这时患者无任何不适感就很快丧失意识而昏迷，有的甚至立即死亡。重度中毒者昏迷程度较深，持续时间可长达数小时，且可并发休克、脑水肿、呼吸衰竭、心肌损害、肺水肿、高热、惊厥等症状，治愈后常有后遗症。

③ 预防措施　凡产生一氧化碳的设备应严格执行检修制度，以防泄漏；凡有一氧化碳存在的车间应加强通风，并安装报警仪器；处理事故或进入高浓度场所应戴呼吸防护器；正常生产过程中应及时测定一氧化碳浓度，并严格控制操作时间。

(2) 氰化氢（HCN）　在氰化氢的生产制备、制药、化纤、合成橡胶、有机玻璃、塑料、电镀、冶金、炼焦等工业中均有接触氰化氢的生产过程。

① 理化性质　为无色液体或气体，沸点 26℃，液体易蒸发，为带有杏仁气味的蒸气，其蒸气与空气的相对密度为 0.94，可与乙醇、苯、甲苯、乙醚、甘油、氯仿、二氯乙烷等物质互溶；其水溶液呈弱酸性，称为氢氰酸；氰化氢气体与空气混合可燃烧，爆炸极限范围

6%～40%；氰化氢及氰化物车间空气中最高允许浓度 MAC 为 1mg/m³。

② 危害 生产条件下氰化氢气体或其盐类粉尘主要经呼吸道进入人体，也可经皮肤吸收。氰化氢气体进入人体后，可迅速作用于全身各组织细胞，抑制细胞内呼吸酶的功能，使细胞不能利用氧气而造成全身缺氧窒息，并称之为“细胞窒息”。

氰化氢毒性剧烈，很低浓度吸入时就可引起全身不适，严重者可死亡。在短时间内吸入高浓度的氰化氢气体可使人立即停止呼吸而死亡，并称之为“电击型”死亡。生产条件下此种情况少见。若氰化氢浓度较低，中毒病情发展稍缓慢，可分为四个阶段：前驱期，先出现眼部及上呼吸道黏膜刺激症状，如流泪、流涎、口中有苦杏仁味，继而出现恶心、呕吐、震颤等症状；呼吸困难期，表现为呼吸困难加剧，视力及听力下降，并有恐怖感；痉挛期，意识丧失，出现强直性、阵发性痉挛，大小便失禁，皮肤黏膜呈鲜红色；麻痹期，为中毒的终末状态，全身痉挛停止，患者深度昏迷，反射消失，呼吸、心跳可随时停止。上述四个阶段只是表示中毒者病情的延续过程，在时间上很难划分，如重症病人可很快出现痉挛以至立即死亡。

关于氰化氢能否引起慢性中毒尚有争议，但长期接触可对人体造成影响，出现慢性刺激症状、神经衰弱、植物性神经功能紊乱、甲状腺肿大及运动功能障碍。

③ 预防措施 生产中尽量使用无毒、低毒的工艺，如无氰电镀；在金属热处理、电镀等有氰化氢逸出的生产过程中应加强通风措施，接触氰化氢的工人应加强个人防护，并注意个人卫生习惯。

④ 其他含氰化合物 氰化氢的主要毒作用是它在人体内分解出的氰基（—CN）所造成的，因此凡在人体内释放出氰基的化合物均具有这种毒作用。在生产中进场要用到的含氰化合物有氰化钠、氰化钾、氢氰酸、丙烯腈、丙酮腈醇、乙腈等，使用这些物品时均应注意防止中毒。

(3) 硫化氢（H_2S） 硫化氢用于生产噻吩、硫醇等物质，此外在工业上很少直接应用，通常为生产过程中的废气。在石油开采和炼制、有机磷农药的生产、橡胶、人造丝、制革、精制盐酸或硫酸等工业中均会产生硫化氢。含硫有机物腐败发酵亦可产生硫化氢，如制糖及造纸业的原料浸渍、淹浸咸菜、处理腐败鱼肉及蛋类食品等过程中都可能产生硫化氢，因此在进入与上述有关的池、窑、沟或地下室等处时要注意对硫化氢的防护。

① 理化性质 硫化氢为具有腐蛋臭味的可燃气体，易溶于水产生氢硫酸，易溶于醇类物质、甘油、石油溶剂和原油中，能和大部分金属发生化学反应而具有腐蚀性；爆炸极限范围 4.3%～45.5%，车间空气中最高允许浓度 MAC 为 10mg/m³。

② 危害 硫化氢是毒性比较剧烈的窒息性毒物，工业生产中主要经呼吸道进入人体。硫化氢气体兼具刺激作用和窒息作用。浓度低时，主要表现为刺激作用，可引起结膜炎、角膜炎甚至角膜溃疡等，严重者可引起肺炎及肺水肿，皮肤潮湿多汗时刺激作用更明显；其刺激作用还表现为硫化氢具有恶臭气味，浓度低时可嗅出，浓度高则气味强，当浓度达到一定数值时，可使人的嗅觉神经末梢麻痹，臭味反而闻不出来，此时对人的危害更大。硫化氢对人体细胞产生的窒息作用与氰化氢相似。此外，硫化氢对神经系统具有特殊的毒性作用，患者可在数秒钟内停止呼吸而死亡，其作用甚至比氰化氢还要迅速。

长期接触低浓度硫化氢可造成慢性影响，除引起慢性结膜炎、角膜炎、鼻炎、气管炎等炎症外，还可造成神经衰弱症候群及植物性神经功能紊乱。

③ 预防措施 凡产生硫化氢气体的生产过程和环境应加强通风；凡进入可能产生硫化氢的地点均应先进行通风及测试，并应正确使用呼吸防护器，作业时应有人进行监护。

硫化氢中毒案例

某日下午4点30分，某造纸厂发生一起急性中毒事故。中毒11人，死亡3人。中毒事故发生的车间有一个储浆池（直径和深度为3m左右，存纸浆用）及一个副池（放抽浆泵和发动机）。该车间因检修而停产一月余（正常生产情况下，纸浆只存1～2天）。下午4点30分，工人下副池检修抽浆泵、发动机及管道，启动泵几分钟后，泵的橡皮管破裂，纸浆从管内喷出，立即停泵。工人李某马上下池内进行修理，一到池底立即摔倒在地；工人黄某看见李某摔倒在池内，认为是触电，即刻切断电源，下去抢救，到了池底黄某也昏倒了。经分析认为池内有毒气，随即用风机送风。然后，石某又下池抢救，突然感到鼻子发酸，咽部发苦发辣，当他伸手去拉黄某时，已感到两手不能自主，他屏了一口气返回到池口，已失去知觉。后来又连续下去三个工人抢救均未成功。技术员姜某从另一车间闻讯赶来即下池抢救，下去后也昏倒在池底。再向池内送风，后来先后又下去4人，均戴上三层用水浸湿的口罩，腰间系有绳子，经过20min抢救将池下3人拉了上来。因中毒时间较长，3人呼吸、心跳均已停止；其余8人，1人深昏迷，抢救12h苏醒，3人昏迷5～10min苏醒，4人未昏迷。

中毒事故原因调查结果如下。

（1）到现场的调查者能嗅到明显的硫化氢臭味。

（2）硫化氢测定结果：池底硫化氢浓度为2000mg/m^3。

（3）动物实验结果：先后将两只鸡用绳子悬入池底，15s，出现烦躁不安，20s昏倒。

（4）产生硫化氢原因分析：生产纸浆由于储存太久，纸浆中分解出氢离子，与硫化钠等物质作用产生硫化氢。

结论：急性硫化氢中毒事故。

5. 刺激性气体

（1）刺激性气体的种类　刺激性气体种类很多，主要包括以下几类。

酸：硫酸、盐酸、硝酸、铬酸。

成酸氧化物：二氧化硫、三氧化硫、二氧化氮、铬酐。

成酸氢化物：氯化氢、氟化氢、溴化氢。

卤族元素：氟、氯、溴、碘。

无机氯化物：光气、三氯化磷、三氯化硼、三氯化砷、四氯化硅等。

卤烃：溴甲烷、氯化苦。

酯类：硫酸二甲酯、甲酸甲酯。

醚类：氯甲基甲醚。

醛类：甲醛、乙醛、丙烯醛。

有机氧化物：环氧氯丙烷。

成碱氢化物：氨。

强氧化剂：臭氧。

金属化合物：氧化镉、羰基镍、硒化氢。

其中最常见的刺激性气体有氯、氨、氮氧化物、光气、氟化氢、二氧化硫及三氧化硫等。

（2）刺激性气体危害　刺激性气体以局部损害为主，当刺激作用过强时可引起全身反应。刺激作用的部位常发生在眼部、呼吸道，并可分为急性作用和慢性作用。急性作用会导致眼结膜和上呼吸道炎症，喉头痉挛水肿，化学性气管炎，支气管炎，伴有流泪、咳嗽、胸闷、胸痛、呼吸困难。接触光气、二氧化氮、氨、氯、臭氧、氧化镉、羰基镍、溴甲烷、氯化苦、硫酸二甲酯、甲醛、丙烯醛等气体易引起肺水肿。长期接触低浓度刺激性气体可引起慢性作用，常出现慢性结膜炎、鼻炎、支气管炎等炎症，还可伴有神经衰弱综合征及消化道症状。

大部分刺激性气体对呼吸道有明显刺激作用并有特殊臭味，人们闻到后就要避开，因此一般情况下急性中毒很少见，出现事故时可引起急性中毒。

（3）刺激性气体的预防　以消除跑、冒、滴、漏和生产事故为主。

（4）氯（Cl_2）　工业生产中氯气多由食盐电解而得，主要用于制药、农药、橡胶、塑料、化工、造纸、染料、纺织、冶金等行业。

① 理化性质　氯气为黄绿色具有强烈刺激性气味的气体；可溶于水和碱液，易溶于二硫化碳和四氯化碳等有机溶剂；与空气的相对密度为2.49，车间空气中最高允许浓度MAC为$1mg/m^3$。

② 危害　氯主要损害上呼吸道及支气管的黏膜，可导致支气管痉挛、支气管炎和支气管周围炎，吸入高浓度氯气时，可作用于肺泡引起肺水肿。

（5）氮氧化物　氮氧化物种类很多，主要包括氧化亚氮、氧化氮、三氧化二氮、二氧化氮、四氧化二氮和五氧化二氮。在工业生产中引起中毒的多是混合物，但主要是一氧化氮和二氧化氮，一氧化氮又很容易氧化为二氧化氮。NO_2车间空气中PC-TWA浓度为$5mg/m^3$。

制造硝酸，用硝酸清洗金属，制造硝基炸药、硝化纤维、苦味酸等硝基化合物，苯胺染料的重氮化过程，硝基炸药的爆炸，含氮物质及硝酸的燃烧，以上情况均会接触到氮氧化物。

二氧化氮在水中的溶解度低，对眼部和上呼吸道的刺激性小，吸入后对上呼吸道几乎不发生作用。当进入呼吸道深部的细支气管与肺泡时，可与水作用形成硝酸和亚硝酸，对肺组织产生剧烈的刺激和腐蚀作用，形成肺水肿。接触高浓度二氧化氮可损害中枢神经系统。

氮氧化物急性中毒可引起肺水肿、化学性肺炎和化学性支气管炎。长期接触低浓度氮氧化物可引起慢性咽炎、支气管炎外，还可出现头昏、头痛、无力、失眠等症状。

6. 高分子聚合物

高分子聚合物又称高聚物或聚合物，包括塑料、合成纤维、合成橡胶三大合成产品及黏合剂、离子交换树脂。聚合物分子量高达几千以至几百万，但化学组成简单，都是由一种或几种单体经聚合或缩聚而成。高分子聚合物的生产过程包括生产基本化工原料、合成单体、单体的聚合以及聚合物的加工四个部分，在前三部分的生产过程中工人可接触较多的毒物。生产中使用的单体多为不饱和烯烃、芳香烃及其卤代化合物、腈类、二醇和二胺类化合物，这些物质多数对人体有不良影响。此外，生产中使用的助剂种类很多，如催化剂、引发剂、调聚剂、凝聚剂、增塑剂、稳定剂、固化剂、发泡剂、填充剂等，这些助剂很容易从聚合物内移至表面而对人体产生不良影响。一般而言，高分子聚合物的毒性主要取决于所含游离单体的量和助剂品种，而高分子聚合物本身往往毒性较低。应注意的是，高分子聚合物燃烧分解时可产生一氧化碳，含氮和卤素的聚合物可释放出高毒的氯化氢、光气和卤代烃等。

（1）氯乙烯（$CH_2=CHCl$）　氯乙烯主要用于制造聚氯乙烯单体，也可作为化学中间体及溶剂，还可与丙烯腈等制成共聚物用于合成纤维的生产，在离心、干燥、清洗及聚合釜的检查、清理工作中，工人可接触较多的氯乙烯单体。

① 理化性质　氯乙烯常温常压下为无色易燃气体，自燃点472℃，爆炸极限范围4%～22%，与空气的相对密度为2.16；微溶于水，溶于乙醇、乙醚及四氯化碳；车间空气中PC-TWA浓度为$10mg/m^3$。

② 危害　氯乙烯主要经呼吸道进入体内。当吸入高浓度氯乙烯时可引起急性中毒。中

毒较轻者出现眩晕、头痛、恶心、嗜睡等症状，严重中毒者神志不清、甚至死亡。长期接触低浓度氯乙烯可造成慢性影响，严重者可出现肝脏病变和手指骨骼病变。

氯乙烯单体为确认人类致癌物，其他与氯乙烯化学结构类似的物质如苯乙烯、丙烯腈、2-氯丁二烯等也应参照氯乙烯的要求加强预防措施。

③ 预防措施　生产环境及设备应采取通风净化措施，设备、管道要密闭以防止氯乙烯逸出，注意防火防爆；聚合釜出料、清釜时要加强防护措施，清釜工更应注重清釜的技术和个人防护技术，防止造成急性中毒。

(2) 丙烯腈（$CH_2=CH—CN$）　丙烯腈是有机合成工业的重要单体，用于合成纤维、树脂、塑料和丁腈橡胶。

① 理化性质　丙烯腈为无色、易燃、易挥发的液体，有杏仁气味。沸点77.3℃，爆炸极限范围3%～17%，闪点－5℃，自燃点481℃，溶于水，可与醇类及乙醚混溶。车间空气中PC-TWA浓度为$1mg/m^3$。

② 危害　在丙烯腈的生产过程中，氰化氢以原料或副产品的形式存在。本品易引起火灾。在光和热的作用下，能自发聚合而引起密闭设备爆炸。发生火灾和爆炸时可产生致死性烟雾和蒸气（如氨和氰化氢）而使危害加剧。

丙烯腈主要经呼吸道进入人体，也可经皮肤吸收。丙烯腈可对人产生窒息和刺激作用。急性中毒的症状与氢氰酸中毒相似，出现四肢无力，呼吸困难，腹部不适，恶心，呼吸不规则，以至虚脱死亡。丙烯腈能否引起慢性中毒目前尚无定论。丙烯腈为可疑人类致癌物。

③ 预防措施　生产厂所应采取防火措施，设备应密闭通风，并注意正确使用呼吸防护器。生产中应注意皮肤防护，要配备必要的中毒急救设备和人员。

(3) 氯丁二烯（$CH_2=CCl—CH=CH_2$）　氯丁二烯主要用于制造氯丁橡胶。在聚合氯丁橡胶及后处理过程，聚合釜在加料、清釜时，会逸出高浓度氯丁二烯蒸气。

① 理化性质　氯丁二烯为无色、易挥发液体，沸点59.4℃，微溶于水，可溶于乙醇、乙醚、酮、苯和有机溶剂。闪点－20℃，爆炸极限范围1.9%～20%，车间空气中PC-TWA浓度为$4mg/m^3$。

② 危害　氯丁二烯属中等毒性，可经呼吸道和皮肤进入人体。接触高浓度氯丁二烯可引起急性中毒，常发生于操作事故或设备事故中。一般出现眼、鼻、上呼吸道刺激症，严重者出现步态不稳、震颤、血压下降，甚至意识丧失。氯丁二烯的慢性影响表现为毛发脱落、头晕、头痛等症状。氯丁二烯为可疑人类致癌物。

③ 预防措施　氯丁二烯毒作用明显，生产设备应密闭通风。清洗检修聚合釜时应先用水冲洗，然后注入氮气，并充分通风后才可进入。生产中应注意个人卫生，不要徒手接触毒物，注意佩戴防护用品。

(4) 含氟塑料　含氟塑料是一种新型材料，其综合性能好，应用广泛。如聚四氟乙烯就是性能良好的电绝缘材料，具有耐酸碱、耐热、耐磨的特点，广泛应用于化工、电子、航天等领域，在医学上用于制作人造血管。

① 危害　在含氟塑料的单体制备及聚合物的加热成型过程中均可接触多种有毒气体，包括六氟丙烯、氟乙烯、四氟乙烯、八氟异丁烯、氟光气、氟化氢等十余种，且以八氟异丁烯毒性最剧烈。在单体制备中产生的“裂解气”可引起呼吸道症状，轻者出现刺激作用，重者出现化学性肺炎和肺水肿，严重者可导致呼吸功能衰竭而死亡。聚合物加热过程中可产生“热解尘”，可造成聚合物烟雾热，导致全身不适、上呼吸道刺激及发热、畏寒等综合征状，严重者可有肺部损害。

② 预防　加强设备检修，防止跑、冒、滴、漏；裂解残液应予通风净化；聚合物热加工过程要严格控制温度，不要超过400℃（聚合物加热至400℃以上时会产生氟化氢、氟光

气等有毒气体，加热至440℃以上时会产生四氟乙烯、六氟丙烯等有毒气体，加热至480～500℃以上时八氟异丁烯的浓度急剧上升）；烧结炉应与操作点隔离，并加排风净化装置，操作者不应在作业环境内吸烟。

7．有机磷和有机氯农药

农药是指用于农业生产中防治病虫害、杂草、有害动物和调节植物生长的药剂。农药种类多，使用广泛。其中有些属于无毒或中、低等毒物，有些则属于剧毒或高毒。在农药生产中的合成、加工、包装、出料、设备检修等工序中均可接触到分散于空气中的农药，容易发生中毒。在农药的使用中，配药、喷药时皮肤、衣物均已沾染农药，也可吸入农药雾滴、蒸气或粉尘而引起中毒。在农药的装卸、运输、供销及保管中，若不注意也可发生中毒。

（1）有机磷农药　我国生产的有机磷农药多为杀虫剂，除少数品种如敌百虫为白色晶体外，多为油状液体，工业品呈淡黄色至棕色，具有大蒜臭味，不易溶于水，可溶于有机溶剂及动植物油。

有机磷农药能通过消化道、呼吸道及完整的皮肤和黏膜进入人体，生产性中毒主要由皮肤污染和呼吸道吸入引起。品种不同，产品质量、纯度不同，毒性的差异很大。在农业生产中，当采用两种以上药剂混合使用时，应考虑毒物的联合作用。有机磷农药引起的急性中毒，早期表现为食欲减退、恶心、呕吐、腹痛、腹泻、视力模糊、瞳孔缩小等症状；重度中毒可出现肺水肿、昏迷以至死亡。长期接触少量有机磷农药可引起慢性中毒，表现为神经衰弱综合征以及急性中毒较轻时出现的部分症状，部分患者可有视觉功能损害。皮肤接触有机磷农药可导致过敏性或接触性皮炎。

（2）有机氯农药　有机氯农药包括杀虫剂、杀螨剂和杀菌剂，后两类对人毒性小，一般不会造成中毒。在有机氯农药中以氯化苯类杀虫剂中的六六六、滴滴涕在我国使用广泛且用量大。

多数氯化烃类杀虫剂为白色或淡黄色结晶或蜡状固体，一般挥发不大，不溶于水而溶于有机溶剂、植物油或动物脂肪中。一般化学性质稳定，但遇碱后易分解失效。

氯化烃类杀虫剂能通过消化道、呼吸道和完整皮肤吸收，虽品种不同但毒作用及中毒症状相似。有机氯农药可造成急性与慢性中毒。急性中毒主要危害神经系统，可引起头昏、头痛、恶心、肌肉抽动、震颤，严重者可使意识丧失、呼吸衰竭。慢性中毒可引起黏膜刺激、头昏、头痛、全身肌肉无力、四肢疼痛，晚期造成肝、肾损坏。六六六和氯丹可引起皮炎，出现红斑、丘疹、瘙痒，并有水泡。六六六和滴滴涕是典型的环境污染物，可残存于食物、草料、土壤、水和空气中而危害人类健康，有些国家已禁止使用六六六。

（3）预防措施　各类农药中毒预防措施基本相同。农药厂的预防措施可参见化工厂的有关办法，使用剧毒农药时应执行有关规定。农业上使用农药应注意科学性，尽量采用低毒农药；工具应专用并妥善保管；喷药时注意安全操作规程，农药的运输、保管、销售、分发等环节由专人管理，要严格管理制度和安全措施。

第三节 急性中毒的现场救护

在化工生产和检修现场，有时由于设备突发性损坏或泄漏致使大量毒物外溢（逸）造成作业人员急性中毒。急性中毒往往病情严重，且发展变化快。因此必须全力以赴，争分夺秒地及时抢救。及时、正确的抢救化工生产或检修现场中的急性中毒事故，对于挽救重危中毒者，减轻中毒程度防止合并症的产生具有十分重要的意义。另外，争取了时间，为进一步治

疗创造了有利条件。

急性中毒的现场急救应遵循下列原则。

一、救护者的个人防护

急性中毒发生时毒物多由呼吸系统和皮肤进入人体。因此，救护者在进入危险区抢救之前，首先要做好呼吸系统和皮肤的个人防护，佩戴好供氧式防毒面具或氧气呼吸器，穿好防护服。进入设备内抢救时要系上安全带，然后再进行抢救。否则，不但中毒者不能获救，救护者也会中毒，致使中毒事故扩大。

二、切断毒物来源

救护人员进入现场后，除对中毒者进行抢救外，同时应侦查毒物来源，并采取果断措施切断其来源，如关闭泄漏管道的阀门、堵加盲板、停止加送物料、堵塞泄漏设备等，以防止毒物继续外溢（逸）。对于已经扩散出来的有毒气体或蒸气应立即启动通风排毒设施或开启门、窗，以降低有毒物质在空气中的含量，为抢救工作创造有利条件。

三、采取有效措施防止毒物继续侵入人体

（1）救护人员进入现场后，应迅速将中毒者转移至有新鲜空气处，并解开中毒者的颈、胸部纽扣及腰带，以保持呼吸道通畅。同时对中毒者要注意保暖和保持安静，严密注意中毒者神志、呼吸状态和循环系统的功能。在抢救搬运过程中，要注意人身安全，不能强硬拖拉以防造成外伤，致使病情加重。

（2）清除毒物，防止其沾染皮肤和黏膜。当皮肤受到腐蚀性毒物灼伤，不论其吸收与否，均应立即采取下列措施，防止伤害加重。

① 迅速脱去被污染的衣服、鞋袜、手套等。

② 立即彻底清洗被污染的皮肤，清除皮肤表面的化学刺激性毒物，冲洗时间要达到15～30min。

③ 如毒物系水溶性，现场无中和剂，可用大量水冲洗。用中和剂冲洗时，酸性物质用弱碱性溶液冲洗，碱性物质用弱酸性溶液冲洗。

非水溶性刺激物的冲洗剂，须用无毒或低毒物质。对于遇水能反应的物质，应先用干布或者其他能吸收液体的东西抹去污染物，再用水冲洗。

④ 对于黏稠的物质如有机磷农药，可用大量肥皂水冲洗（敌百虫不能用碱性溶液冲洗），要注意皮肤皱褶、毛发和指甲内的污染物。

⑤ 较大面积的冲洗，要注意防止着凉、感冒，必要时可将冲洗液保持适当温度，但以不影响冲洗剂的作用和及时冲洗为原则。

⑥ 毒物进入眼睛时，应尽快用大量流水缓慢冲洗眼睛15min以上，冲洗时把眼睑撑开，让伤员的眼睛向各个方向缓慢移动。

四、促进生命器官功能恢复

中毒者若停止呼吸，应立即进行人工呼吸。人工呼吸的方法有压背式、振臂式、口对口（鼻）式三种。最好采用口对口式人工呼吸法。其方法是，抢救者用手捏住中毒者鼻孔，以12～16次/min的速率向中毒者口中吹气，或使用苏生器。同时针刺人中、涌泉、太冲等穴位，必要时注射呼吸中枢兴奋剂（如“可拉明”或“洛贝林”）。

心跳停止应立即进行人工复苏胸外挤压。将中毒患者放平仰卧在硬地或木板床上。抢救者在患者一侧或骑在患者身上，面向患者头部，用双手以冲击式挤压胸骨下部部位，每分钟

60～70次。挤压时注意不要用力过猛，以免造成肋骨骨折、血气胸等。与此同时，还应尽快请医生进行急救处理。

五、及时解毒和促进毒物排出

发生急性中毒后应及时采取各种解毒及排毒措施，降低或消除毒物对机体的作用。如采用各种金属配位剂与毒物的金属离子配合成稳定的有机配合物，随尿液排出体外。

毒物经口引起的急性中毒，若毒物无腐蚀性，应立即用催吐或洗胃等方法清除毒物。对于某些毒物亦可使其变为不溶的物质以防止其吸收，如氯化钡、碳酸钡中毒，可口服硫酸钠，使胃肠道尚未吸收的钡盐成为硫酸钡沉淀而防止吸收。氨、铬酸盐、铜盐、汞盐、羧酸类、醛类、脂类中毒时，可给中毒者喝牛奶、生鸡蛋等缓解剂。烷烃、苯、石油醚中毒时，可给中毒者喝少量一汤匙液体石蜡和一杯含硫酸镁或硫酸钠的水。一氧化碳中毒应立即吸入氧气，以缓解机体缺氧并促进毒物排出。

第四节 综合防毒措施

“预防为主、防治结合”应是开展防毒工作的基本原则。综合防毒措施主要包括三个方面：防毒技术措施、防毒管理教育措施、个体防护措施。

一、防毒技术措施

防毒技术措施包括预防措施和净化回收措施两部分。预防措施是指尽量减少与工业毒物直接接触的措施；净化回收措施是指由于受生产条件的限制，仍然存在有毒物质散逸的情况下，可采用通风排毒的方法将有毒物质收集起来，再用各种净化法消除其危害。

1. 预防措施

（1）以无毒低毒的物料代替有毒高毒的物料　在化工生产中使用原料及各种辅助材料时，尽量以无毒、低毒物料代替有毒、高毒物料，尤其是以无毒物料代替有毒物料，是从根本上解决工业毒物对人造成危害的最佳措施。例如采用无苯稀料（用抽余油代替苯及其同系物作为油漆的稀释剂）、无铅油漆（在防锈底漆中，用氧化铁红 Fe_2O_3 代替铅丹 Pb_3O_4）、无汞仪表（用热电偶温度计代替水银温度计）等措施。

（2）改革工艺　改革工艺即在选择新工艺或改造旧工艺时，应尽量选用生产过程中不产生（或少产生）有毒物质或将这些有毒物质消灭在生产过程中的工艺路线。在选择工艺路线时，应把有毒无毒作为权衡选择的主要条件，同时要把此工艺路线中所需的防毒费用纳入技术经济指标中去。改革工艺大多是通过改动设备，改变作业方法或改变生产工序等，以达到不用（或少用）、不产生或（少产生）有毒物质的目的。

例如在镀锌、铜、镉、锡、银、金等电镀工艺中，都要使用氰化物作为络合剂。氰化物是剧毒物质，且用量大，在镀槽表面易散发出剧毒的氰化氢气体。采用无氰电镀工艺，就是通过改革电镀工艺，改用其他物质代替氰化物起到络合剂的作用，从而消除氰化物对人体的危害。

再如，过去大多数化工行业的氯碱厂电解食盐时，用水银作为阴极，称为水银电解。由于水银电解产生大量的汞蒸气、含汞盐泥、含汞废水等，严重地损害了工人的健康，同时也污染了环境。进行工艺改革后，采用离子膜电解，消除了汞害，通过对电解隔膜的研究，已取得与水银电解生产质量相同的产品。

(3) 生产过程的密闭　防止有毒物质从生产过程散发、外逸，关键在于生产过程的密闭程度。生产过程的密闭包括设备本身的密闭及投料、出料，物料的输送、粉碎、包装等过程的密闭。如生产条件允许，应尽可能使密闭的设备内保持负压，以提高设备的密闭效果。

(4) 隔离操作　隔离操作就是把工人操作的地点与生产设备隔离开来。可以把生产设备放在隔离室内，采用排风装置使隔离室内保持负压状态；也可以把工人的操作地点放在隔离室内，采用向隔离室内输送新鲜空气的方法使隔离室内处于正压状态。前者多用于防毒，后者多用于防暑降温。当工人远离生产设备时，就要使用仪表控制生产或采用自行调节，以达到隔离的目的。如生产过程是间歇的，也可以将产生有毒物质的操作时间安排在工人人数最少时进行，即所谓的“时间隔离”。

2. 净化回收措施

生产中采用一系列防毒技术预防措施后，仍然会有有毒物质散逸，如受生产条件限制使得设备无法完全密闭，或采用低毒代替高毒而并不是无毒等，此时必须对作业环境进行治理，以达到国家卫生标准。治理措施就是将作业环境中的有毒物质收集起来，然后采取净化回收的措施。

(1) 通风排毒　对于逸出的有毒气体、蒸气或气溶胶，要采用通风排毒的方法收集或稀释。将通风技术应用于防毒，以排风为主。在排风量不大时可以依靠门窗渗透来补偿，排风量较大时则需考虑车间进风的条件。

通风排毒可分为局部排风和全面通风换气两种。局部排风是把有毒物质从发生源直接抽出去，然后净化回收；而全面通风换气则是用新鲜空气将作业场所中的有毒气体稀释到符合国家卫生标准。前者处理风量小，处理气体中有毒物质浓度高，较为经济有效，也便于净化回收；而后者所需风量大，无法集中，故不能净化回收。因此，采用通风排毒措施时应尽可能地采用局部排风的方法。

局部排风系统由排风罩、风道、风机、净化装置等组成。涉及局部排风系统时，首要的问题是选择排风罩的形式、尺寸以及所需控制的风速，从而确定排风量。

全面通风换气适用于低毒物质，有毒气体散发源过于分散且散发量不大的情况；或虽有局部排风装置但仍有散逸的情况。全面通风换气可作为局部排风的辅助措施。采用全面通风换气措施时，应根据车间的气流条件，使新鲜气流先经过工作地点，再经过污染地点。数种溶剂蒸气或刺激性气体同时散发于空气中时，全面通风换气量应按各种物质分别稀释至最高允许浓度所需的空气量的总和计算；其他有害物质同时散发于空气中时，所需风量按需用风量最大的有害物质计算。

全面通风量可按换气次数进行估算，换气次数即每小时的通风量与通风房间的容积之比。不同生产过程的换气次数可通过相关的设计手册确定。

对于可能突然释放高浓度有毒物质或燃烧爆炸物质的场所，应设置事故通风装置，以满足临时性大风量送风的要求。考虑事故排风系统的排风口的位置时，要把安全作为重要因素。事故通风量同样可以通过相应的事故通风的换气次数来确定。

(2) 净化回收　局部排风系统中的有害物质浓度较高，往往高出允许排放浓度的几倍甚至更多，必须对其进行净化处理，净化后的气体才能排入到大气中。对于浓度较高具有回收价值的有害物质进行回收并综合利用、化害为利。具体的净化方法在此不再赘述。

二、防毒管理教育措施

防毒管理教育措施主要包括有毒作业环境的管理、有毒作业的管理以及劳动者健康管理三个方面。

1. 有毒作业环境的管理

有毒作业环境的管理的目的是为了控制甚至消除作业环境中的有毒物质，使作业环境中有毒物质的浓度降低到国家卫生标准，从而减少甚至消除对劳动者的危害。有毒作业环境的管理主要包括以下几个方面内容。

（1）组织管理措施　主要做好以下几项工作。

① 健全组织机构。企业应有分管安全的领导，并设有专职或兼职人员当好领导的助手。一个企业应该有健全的经营理念：要发展生产，必须排除妨碍生产的各种有害因素。这样不但保证了劳动者及环境居民的健康，也会提高劳动生产率。

② 调查了解企业当前的职业毒害的现状，制定不断改善劳动条件的不同时期的规划，并予实施。调查了解企业的职业毒害现状是开展防毒工作的基础，只有在对现状正确认识的基础上，才能制定正确的规划，并予正确实施。

③ 建立健全有关防毒的规章制度，如有关防毒的操作规程、宣传教育制度、设备定期检查保养制度、作业环境定期监测制度、毒物的储运与废弃制度等。企业的规章制度是企业生产中统一意志的集中体现，是进行科学管理必不可少的手段，做好防毒工作更是如此。防毒操作规程是指操作规程中的一些特殊规定，对防毒工作有直接的意义。如工人进入容器或低坑等的监护制度，是防止急性中毒事故发生的重要措施；下班前清扫岗位制度，则是消除“二次尘毒源”危害的重要环节。“二次尘毒源”是指有毒物质以粉尘、蒸气等形式从生产或储运过程中逸出，散落在车间、厂区后，再次成为有毒物质的来源。易挥发物料和粉状物料，“二次尘毒源”的危害就更为突出。

④ 对职工进行防毒的宣传教育，使职工既清楚有毒物质对人体的危害，又了解预防措施，从而使职工主动地遵守安全操作规程，加强个人防护。

必须指出，建立健全有关防毒的规章制度及对职工进行防毒的宣传教育是《中华人民共和国劳动法》对企业提出的基本要求。

（2）定期进行作业环境监测　车间空气中有毒物质的监测工作是搞好防毒工作的重要环节。通过测定可以了解生产现场受污染的程度、污染的范围及动态变化情况，是评价劳动条件、采取防毒措施的依据；通过测定有毒物质浓度的变化，可以判明防毒措施实施的效果；通过对作业环境的测定，可以为职业病的诊断提供依据，为制定和修改有关法规积累资料。

（3）严格执行“三同时”方针　《中华人民共和国劳动法》第六章第五十三条明确规定：“劳动安全卫生设施必须符合国家规定的标准。新建、改建、扩建工程的劳动安全卫生设施必须与主体工程同时设计、同时施工、同时投入生产和使用。”将“三同时”写进《劳动法》充分说明其重要性。个别新、老企业正是因为没有认真执行“三同时”方针，才导致新污染源不断产生，形成职业中毒得不到有效控制的局面。

（4）及时识别作业场所出现的新有毒物质　随着生产的不断发展，新技术、新工艺、新材料、新设备、新产品等的不断出现和使用，明确其毒害机理、毒害作用，以及寻找有效的防毒措施具有非常重要的意义。对于一些新的工艺和新的化学物质，应请有关部门协助进行卫生学的调查，以搞清是否存在致毒物质。

2. 有毒作业管理

有毒作业管理是针对劳动者个人进行的管理，使之免受或少受有毒物质的危害。在化工生产中，劳动者个人的操作作业方法不当，技术不熟练，身体过负荷或作业性质等，都是构成毒物散逸甚至造成急性中毒的原因。

对有毒作业进行管理的方法是对劳动者进行个别的指导，使之学会正确的作业方法。在操作中必须按生产要求严格控制工艺参数的数值，改变不适当的操作姿势和动作，以消除操作过程中可能出现的差错。

通过改进作业方法、作业用具及工作状态等防止劳动者在生产中身体过负荷而损害健

康。有毒作业管理还应教会和训练劳动者正确使用个人防护用品。

3. 健康管理

健康管理是针对劳动者本身的差异进行的管理，主要应包括以下内容。

(1) 对劳动者进行个人卫生指导　如指导劳动者不在作业场所吃饭、饮水、吸烟等，坚持饭前漱口、班后淋浴、工作服清洗制度等。这对于防止有毒物质污染人体，特别是防止有毒物质从口腔、消化道进入人体具有重要意义。

(2) 由卫生部门定期对从事有毒作业的劳动者做健康检查。特别要针对有毒物质的种类及可能受损的器官、系统进行健康检查，以便能对职业中毒患者早期发现、早期治疗。

(3) 对新员工入厂进行体格检查。由于个体对有毒物质的适应性和耐受性不同，因此就业健康检查时，发现有禁忌症的，不要分配到相应的有毒作业岗位。

(4) 对于有可能发生急性中毒的企业，其企业医务人员应掌握中毒急救的知识，并准备好相应的医药器材。

(5) 对从事有毒作业的人员，应按国家有关规定，按期发放保健费及保健食品。

三、个体防护措施

根据有毒物质进入人体的三条途径：呼吸道、皮肤、消化道，相应地采取各种有效措施保护劳动者个人。

1. 呼吸防护

正确使用呼吸防护器是防止有毒物质从呼吸道进入人体引起职业中毒的重要措施之一。需要指出的是，这种防护只是一种辅助性的保护措施，而根本的解决办法在于改善劳动条件，降低作业场所有毒物质的浓度。

用于防毒的呼吸器材，大致可分为两类：过滤式防毒呼吸器和隔离式防毒呼吸器。

(1) 过滤式防毒呼吸器　过滤式防毒呼吸器主要有过滤式防毒面具和过滤式防毒口罩。它们的主要部件是一个面具或口罩，一个滤毒罐。它们的净化过程是先将吸入空气中的有害粉尘等物阻止在滤网外，过滤后的有毒气体在经滤毒罐时进行化学或物理吸附（吸收）。滤毒罐中的吸附（收）剂可分为以下几类：活性炭、化学吸收剂、催化剂等。由于罐内装填的活性吸附（收）剂是使用不同方法处理的，所以不同滤毒罐的防护范围是不同的，因此，防毒面具和防毒口罩均应选择使用。

过滤式防毒面具如图 4-1 所示，它是由面罩、吸气软管和滤毒罐组成的。使用时要注意以下几点。

① 面罩按头形大小可分为五个型号，佩戴时要选择合适的型号，并检查面具及塑胶软管是否老化，气密性是否良好。

② 使用前要检查滤毒罐的型号是否适用（除表 4-3 中的 1 型滤毒罐外，其他各型滤毒罐防止烟尘的效果均不佳），滤毒罐的有效期一般为两年，所以使用前要检查是否已失效。滤毒罐的进、出气口平时应盖严，以免受潮或与岗位低浓度有毒气体作用而失效。

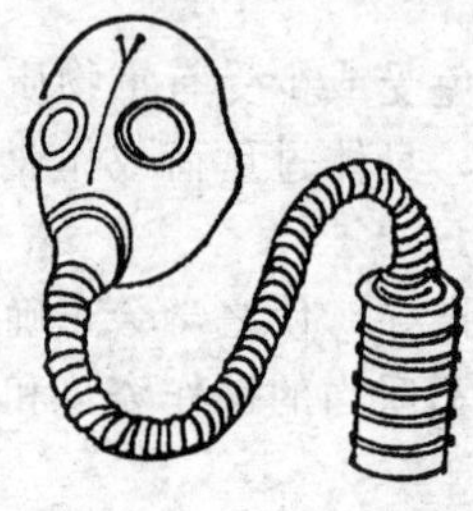

图 4-1　过滤式防毒面具

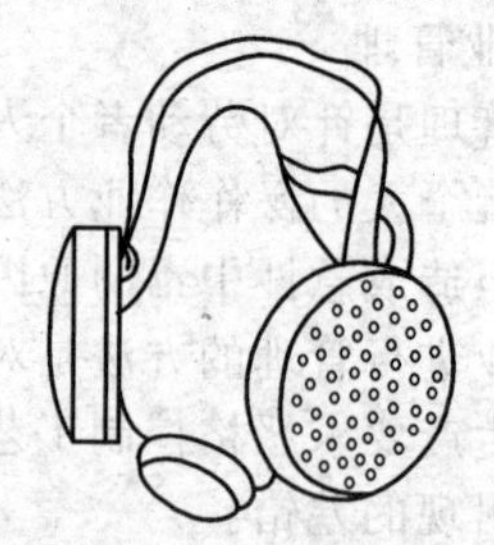

图 4-2　过滤式防毒口罩

③ 有毒气体含量超过1%或者空气中含氧量低于18%时，不能使用。

目前过滤式防毒面具以其滤毒罐内装填的吸附（收）剂类型、作用、预防对象进行系列性的生产，并统一编成8个型号，只要罐号相同，其作用与预防对象亦相同。不同型号的罐制成不同颜色，以便区别使用。国产的不同类型滤毒罐的防护范围如表4-3所示。

表 4-3 国产不同类型滤毒罐的防护范围

型号	滤毒罐的颜色	试验标准			防护对象(举例)
		气体名称	气体浓度/(mg/L)	防护时间/min	
1	黄绿白带	氢氰酸	3±0.3	50	氰化物、砷与锑的化合物、苯、酸性气体、氯气、硫化氢、二氧化硫、光气
2	草绿	氢氰酸 砷化氢	3±0.1 10±0.2	80 110	各种有机蒸气、磷化氢、路易斯气、芥子气
3	棕褐	苯	25±1.0	>80	各种有机气体与蒸气，如苯、四氯化碳、醇类、氯气、卤素有机物
4	灰色	氨	2.3±0.1	>90	氨、硫化氢
5	白色	一氧化碳	6.2±1.0	>100	一氧化碳
6	黑色	砷化氢	10±0.2	>100	砷化氢、磷化氢、汞等
7	黄色	二氧化硫 硫化氢	8.6±0.3 4.6±0.3	>90	各种酸性气体，如卤化氢、光气、二氧化硫、三氧化硫
8	红色	一氧化碳 苯 氨	6.2±0.3 10±0.1 2.3±0.1	>90	除惰性气体以外的全部有毒物质的蒸气、烟尘

过滤式防毒口罩如图4-2所示，其工作原理与防毒面具相似，采用的吸附（收）剂也基本相同，只是结构形式与大小等方面有些差异，使用范围有所不同。由于滤毒盒容量小，一般用于防御低浓度的有害物质。表4-4为我国生产的防毒口罩的型号及防护范围。

表 4-4 国产防毒口罩的防护范围

型号	防护对象(举例)	试验标准			国家规定安全浓度/(mg/L)
		试验样品	浓度/(mg/L)	防护时间/min	
1	各种酸性气体、氯气、二氧化硫、光气、氮氧化物、硝酸、硫氧化物、卤化氢等	氯气	0.31	156	0.002
2	各种有机蒸气、苯、汽油、乙醚、二硫化碳、四乙基铅、丙酮、四氯化碳、醇类、溴甲烷、氯化氢、氯仿、苯胺类、卤素	苯	1.0	155	0.05
3	氨、硫化氢	氨	0.76	29	0.03
4	汞蒸气	汞蒸气	0.013	3160	0.00001
5	氢氰酸、氯乙烷、光气、路易斯气	氢氰酸气体	0.25	240	0.003
6	一氧化碳				0.02
	砷、锑、铅及其化合物				
	……				
101	各种毒物				
	……				
302	放射性物质				

使用防毒口罩时要注意以下几点：

① 注意防毒口罩的型号应与预防的毒物相一致；

② 注意有毒物质的浓度和氧的浓度；

③ 注意使用时间。

（2）隔离式呼吸器 所谓隔离式是指供气系统和现场空气相隔绝，因此可以在有毒物质浓度较高的环境中使用。隔离式呼吸器主要有各种空气呼吸器、氧气呼吸器和各种蛇管式防毒面具。

在化工生产领域，隔离式呼吸器目前主要是使用空气呼吸器，各种蛇管式防毒面具由于安全性较差已较少使用。

RHZK 系列正压式空气呼吸器（positive pressure air breathing apparatus）是一种自给开放式空气呼吸器，主要适用于消防、化工、船舶、石油、冶炼、厂矿等处，使消防员或抢险救护人员能够在充满浓烟、毒气、蒸汽或缺氧的恶劣环境下安全地进行灭火、抢险救灾和救护工作，如图 4-3 所示。

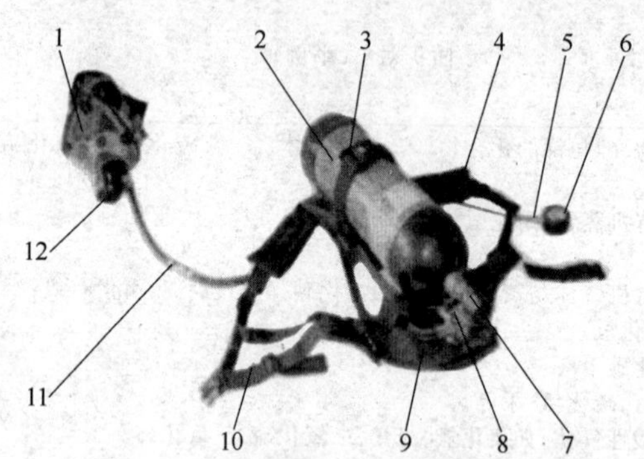

图 4-3 正压式空气呼吸器的组成
1—面罩；2—气瓶；3—瓶带组；4—肩带；5—报警哨；6—压力表；7—气瓶阀；8—减压器；9—背托；10—腰带组；11—快速接头；12—供给阀

该系列空气呼吸器配有视野广阔、明亮、气密良好的全面罩，供气装置配有体积较小、重量轻、性能稳定的新型供气阀；选用高强度背板和安全系数较高的优质高压气瓶；减压阀装置装有残气报警器，在规定气瓶压力范围内，可向佩戴者发出声响信号，提醒使用人员及时撤离现场。

RHZKF-6.8/30 型正压式空气呼吸器由 12 个部件组成，现将各部件的特点介绍如下。

（1）面罩 为大视野面窗，面窗镜片采用聚碳酸酯材料，透明度高、耐磨性强、具有防雾功能，网状头罩式佩戴方式，佩戴舒适、方便，胶体采用硅胶，无毒、无味、无刺激，气密性能好。

（2）气瓶 为铝内胆碳纤维全缠绕复合气瓶，工作压力 30MPa，具有重量轻、强度高、安全性能好的特点，瓶阀具有高压安全防护装置。

（3）瓶带组 瓶带卡为一快速凸轮锁紧机构，并保证瓶带始终处于一闭环状态，气瓶不会出现翻转现象。

（4）肩带 由阻燃聚酯织物制成，背带采用双侧可调结构，使重量落于腰胯部位，减轻肩带对胸部的压迫，使呼吸顺畅，并在肩带上设有宽大弹性衬垫，减轻对肩的压迫。

（5）报警哨 置于胸前，报警声易于分辨，体积小、重量轻。

（6）压力表 大表盘，具有夜视功能，配有橡胶保护罩。

（7）气瓶阀 具有高压安全装置，开启力矩小。

（8）减压器 体积小，流量大，输出压力稳定。

（9）背托 背托设计符合人体工程学原理，由碳纤维复合材料注塑成型，具有阻燃及防静电功能，质轻、坚固，在背托内侧衬有弹性护垫，可使佩戴者舒适。

（10）腰带组 卡扣锁紧，易于调节。

（11）快速接头 小巧，可单手操作，有锁紧防脱功能。

（12）供给阀 结构简单，功能性强，输出流量大，具有旁路输出，体积小。

该系列规格型号及技术参数见表 4-5。

氧气呼吸器因供养方式不同，可分为 AHG 型氧气呼吸器和隔绝式生氧器。前者由氧气瓶中的氧气供人呼吸（气瓶容量有 2h、3h、4h 之分，相应的型号为 AHG-2、AHG-3、AHG-4）；而后者是依靠人呼出的 CO_2 和 H_2O 与面具中的生氧剂发生化学反应，产生的氧气供人呼吸。前者安全性较好，可用于检修设备或处理事故，但较为笨重；后者由于不携带

表 4-5 RHZK 系列规格型号及技术参数

型号	气瓶工作压力/MPa	气瓶容积/L	最大供气流量/(L/min)	呼吸阻力/Pa		报警压力/MPa	使用时间/min	整机质量/kg	包装尺寸/mm
				呼气	吸气				
RHZK-5/30	30	5	300	<687	<588	4～6	50	≤12	700×300×480
RHZK-6/30	30	6	300	<687	<588	4～6	60	≤14	700×300×480
RHZKF-6.8/30	30	6.8	300	<687	<588	4～6	60	≤8.5	700×300×480
RHZKF-9/30	30	9	300	<687	<588	4～6	90	≤11.5	700×300×480
RHZKF-6.8×2/30 双瓶	30	6.8×2	300	<687	<588	4～6	120	≤17	700×300×480

高压气瓶，因而可以在高温场所或火灾现场使用，因安全性较差，故不再具体探讨。下面介绍 AHG 型氧气呼吸器的结构、工作原理、使用及保管时的注意事项。

AHG-2 型氧气呼吸器的结构如图 4-4 所示。氧气瓶用于储存氧气，容积为 1L，工作压力为 19.6MPa，工作时间为 2h。减压器是把高压氧器压力降至 245～294kPa，使氧气通过定量孔不断送入气囊中。当氧气瓶内压力从 19.6MPa 降至 1.96kPa 时，也能保持供给量在 1.3～1.1L/min 范围内。当定量孔的供氧量不能满足使用时，还可以从减压器腔室自动向气囊送气。清净罐内装 1.1kg 氢氧化钠，用于吸收从人体呼出的 CO_2。自动排气阀的作用是，当减压器供给气囊的氧气量超过工作人员的需要时，或积聚在整个系统内的废气过量时，气囊壁上升，同时带动阀杆，使阀门自动打开，过量气体从气孔排入大气，使废气排出。气囊容积为 2.7L，中部有自动排气阀，上部装吸气阀和吸气管，下部与清净罐相连，新鲜氧气与清净罐出来的气体在气囊中混合。

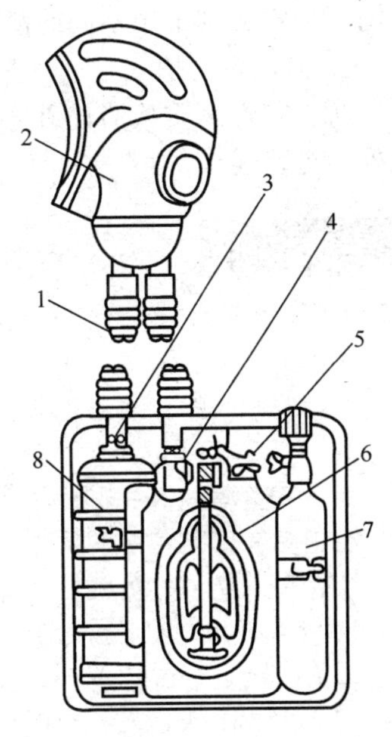

图 4-4 AHG-2 型氧气呼吸器

1—呼吸软管；2—面罩；3—呼气阀；4—吸气阀；5—手动补给按钮；6—气囊；7—氧气瓶；8—清净罐

AHG-2 型氧气呼吸器的工作原理是：人体从肺部呼出的气体经面罩、呼吸软管、呼气阀进入清净罐，呼出气体中的 CO_2 被吸收剂吸收，然后进入气囊。另外由氧气瓶储存的高压氧气经高压导管、减压器也进入气囊，互相混合，重新组成适合于呼吸的含氧气体。当吸气时，使化学计量的含氧气体由气囊经吸气阀、吸气软管、面罩而被吸入人体肺部完成呼吸循环。由于呼气阀和吸气阀都是单向阀，因此整个气囊的方向是一致的。

AHG-2 型氧气呼吸器使用及保管时的注意事项如下。

① 使用氧气呼吸器的人员必须事先经过训练，能正确使用。

② 使用前氧气压力必须在 7.85MPa 以上。戴面罩前要先打开氧气瓶，使用中要注意检查氧气压力，当氧气压力降到 2.9MPa 时，应离开禁区，停止使用。

③ 使用时避免与油类、火源接触，防止撞击，以免引起呼吸器燃烧、爆炸。如闻到有酸味，说明清净罐吸收剂已经失效，应立即退出毒区，予以更换。

④ 在危险区作业时，必须有两人以上进行配合监护，以免发生危险。有情况应以信号或手势进行联系，严禁在毒区内摘下面罩讲话。

⑤ 使用后的呼吸器，必须尽快恢复到备用状态。若压力不足，应补充氧气。若吸收剂失效应及时更换。对其他异常情况，应仔细检查消除缺陷。

⑥ 必须保持呼吸器的清洁，放置在不受灰尘污染的地方，严禁油污污染，防止和避免日光直接照射。

2. 皮肤防护

皮肤防护主要依靠个人防护用品，如工作服、工作帽、工作鞋、手套、口罩、眼镜等，这些防护用品可以避免有毒物质与人体皮肤的接触。对于外露的皮肤，则需涂上皮肤防护剂。

由于工种不同，所以个人防护用品的性能也因工种的不同而有所区别。操作者应按工种要求穿用工作服等防护用品，对于裸露的皮肤，也应视其所接触的不同物质，采用相应的皮肤防护剂。

皮肤被有毒物质污染后，应立即清洗。许多污染物是不易被普通肥皂洗掉的，而应按不同的污染物分别采用不同的清洗剂。但最好不用汽油、煤油作清洗剂。

3. 消化道防护

防止有毒物质从消化道进入人体，最主要的是搞好个人卫生，其主要内容前面已涉及，此处不再赘述。

事故案例

【印度博帕尔毒气泄漏事故】 印度博帕尔农药厂发生的12.3事故是世界上最大的一次化工毒气泄漏事故。其死亡损失之惨重，震惊全世界，以至十余年后的今天仍是令人触目惊心的，现将此事故概括如下。

1. 事故概况

1984年12月3日凌晨，印度的中央联邦首府博帕尔的美国联合碳化公司农药厂发生毒气泄漏事故。有近40t剧毒的甲基异氰酸酯（MIC）及其反应物在2h内冲向天空，顺着7.4km/h的西北风向东南方向飘荡，霎时间毒气弥漫，覆盖了相当部分市区（约64.7km²）。高温且密度大于空气的MIC蒸气，在当时17℃的大气中，迅速凝聚成毒雾，贴近地面层飘移，许多人在睡梦中就离开了人世。而更多的人被毒气熏呛后惊醒，涌上街头，人们被这骤然降临的灾难弄得晕头转向，不知所措。博帕尔市顿时变成了一座恐怖之城，一座座房屋完好无损，满街遍野到处是人、畜和飞鸟的尸体，惨不忍睹。在短短的几天内死亡2500余人，有20多万人受伤需要治疗。一星期后，每天仍有5人死于这厂灾难。半年后的1985年5月还有10人因事故受伤而死亡，据统计本次事故共死亡3500多人。受害者需要治疗，孕妇流产、胎儿畸形、肺功能受损者不计其数。

这次事故经济损失高达近百亿元，震惊整个世界。各国化工生产部门纷纷进行安全检查，消除隐患，都在吸取这次悲惨的教训，借前车之鉴，防止类似事件发生。

2. 甲基异氰酸酯的物理性质

甲基异氰酸酯是无色、易挥发、易燃烧的液体。相对分子质量为57，沸点为39.1℃，20℃时的蒸气压为46.4kPa（348mmHg），蒸气密度比空气重1倍。它是生产氨基甲酸酯农药西维因的主要原料。

MIC的化学性质很活泼，能与有活性的氢基团起反应；能和水反应并产生大量热；它能在催化剂的作用下，发生放热的聚合反应。促进聚合反应的催化剂很多，如碱、金属氯化物及金属离子铁、铜、锌等，因此MIC不能同这些金属接触。接触它的容器需用304号不锈钢和衬玻璃材料制成。输送管道需用不锈钢或衬聚四氟乙烯材料制成。容器体积要大，盛装MIC量只允许占容积的一半。大量储存时应使温度保持在0℃。

MIC产品规格要求含量不小于99%，游离氯0.1%，含三聚物不大于0.5%。MIC中残留有少量光气，它能抑制MIC与水反应及聚合反应，但光气也能提供氯离子，可腐蚀不锈钢容器。因此，每套设备使用5年应更换。

3. 事故原因

本次事故发生的原因是多方面的，在该厂 MIC 生产过程中的技术、设备、人员素质、安全管理等许多方面都存在着问题。有人对本次事故进行了较详细的分析，找出了67条发生原因。在诸多原因中以下几条是主要原因。

事故直接原因：610号储罐进入大量的水（残留物实验分析表明进入了450～900kg水）和产品中氯仿含量过高（标准要求不大于0.5%，而实际发生事故时高达12%～16%）。12月2日当用氮气将MIC从610号储罐传送至反应罐时没有成功，部门负责人命令工人对管道进行清洗。按安全操作规程要求，应把清洗的管道和系统隔开，在阀门附近插上盲板，但实际作业时并没有盲板。水进入610号储罐后与MIC反应可产生二氧化碳和热量。这类反应在20℃时进行缓慢，但因为热量累积，加之氯仿及光气提供的离子起催化作用，加速水和MIC之间反应；而且氯离子腐蚀管道（新安装的安全阀排放集管不是不锈钢而是普通钢），使其中含铁离子等催化MIC发生聚合反应也产生大量的热，加速水与MIC之间的反应，使蒸发加剧。热使MIC蒸发加剧，蒸气压上升，产生的二氧化碳也使压力上升。故这类异常反应到后来愈来愈剧烈，导致罐内压力直线上升，温度急剧增高，造成泄漏事故发生。据推测事故当时罐内压力至少达到1.0MPa，温度至少达到200℃。

造成这次沉重灾难的事故因素也是多种因素造成的。

（1）厂址选择不当　建厂时未严格按工业企业设计卫生标准要求，没有足够的卫生隔离带。建厂时，像磁石般的吸引着失业者和贫穷者来到这里。先后在工厂周围搭起棚房安家，最后竟与工厂一街之隔，形成了霍拉和贾拉咯什两个贫民聚居的小镇，而政府考虑到饥民的生计而容忍了这种危险的聚居。结果在这次悲惨的事故中，两个小镇在工厂下风侧，故两镇居民死伤最多，受害最重。

（2）当局和工厂对MIC的毒害作用缺乏认识　发生大的泄漏事故后，根本没有应急救援和疏散计划。事故当夜，市长（原外科医生）打电话问工厂毒气的性质，回答是气体没有什么毒性，只不过会使人流泪。一些市民打电话给当局问发生了什么事，回答是搞不清楚，并劝说居民，对任何事故的最好办法是待在家里不要动，结果使不少人在家中活活被毒气熏死。在整个事故过程中，通讯系统对维持秩序和组织疏散方面没有发挥什么作用。农药厂的阿瓦伊亚医生说："公司想努力发出一个及时的劝告，但被糟糕的印度通讯部所阻断。在发生泄漏的当日早晨，我花了2h试图通过电话通知博帕尔市民，但得不到有关部门的回答"。

（3）工厂的防护检测设施差　仅有一套安全装置，由于管理不善，而未处于应急状态之中，事故发生后而不能启动。该厂没有像美国工厂那样的早期报警系统，也没有自动检测安全仪表。该厂的雇员缺乏必要的安全卫生教育，缺乏必要的自救、互救知识，灾难来临时又缺乏必要的安全防护保障，因此事故中雇员束手无策，只能四散逃命。

（4）管理混乱　工艺要求MIC储存温度应保持在0℃左右，而有人估计该厂610号储罐长期为20℃左右（因温度指示已拆除）。安全装置无人检查和维修，致使在事故中，燃烧塔完全不起作用，淋洗器不能充分发挥作用。因随意拆除温度指示和报警装置，坐失抢救良机。交接班不严格，常规的监护和化验记录漏记。该厂自1978～1983年先后曾发生过6起中毒事故，造成1人死亡，48人中毒。这些事故却未引起该厂领导层重视安全，未能认真吸取教训，终于酿成大祸。

（5）人员技术素质差　2日23时610号储罐突然升压，向工长报告时，他却说不要紧，可见他对可能发生的异常反应缺乏认识。

公司管理人员对MIC和光气的急性毒性简直到无知的程度，他们经常对朋友说：

“当光气泄漏时，用湿布将脸和嘴盖上，就没有什么危险了”。他们经常向市长说：“工厂一切事情都很正常，没有值得操心的。工厂很安全，非常安全。”甚至印度劳动部长也说“博帕尔工厂根本没有什么危险，永远不会发生什么事情。”

操作规程要求，MIC 装置应配置专职安全员、3 名监督员、2 名检修员和 12 名操作员，关键岗位操作员要求大学毕业。而在 1984 年 12 月该装置无专职安全员，仅有 1 名负责装置安全的责任者，1 名监督员，1 名检修者，操作员无 1 名大学毕业生，最高也只有高中学历。MIC 装置的负责人是刚从其他部门调入的，没有处理 MIC 紧急事故的经验。操作人员注意到 MIC 储罐的压力突然上升，但没有找到压力上升的原因。为防止压力上升，设置了一个空储罐，但操作人员没有打开该储罐的阀门。清洗管道时，阀门附近没有插盲板，水流入 MIC 储罐后可能发生的后果操作人员不知道。违章作业，MIC 储罐按规程实际储量不得超过容积的 50%，而 610 号实际储量超过 70%。

（6）对 MIC 急性中毒抢救的无知　MIC 可与水发生剧烈反应，因此用水可较容易地破坏其危害性，如用湿毛巾可吸收 MIC 并使其失去活性，这一信息若向居民及时发布可免去很多人死亡和双目失明。医疗当局和医务人员都不知道其抢救方法。当 12 月 5 日美国联合碳化公司打来电话称可用硫代硫酸钠进行抢救时，该厂怕引起恐慌而没有公开这个信息。12 月 7 日原西德著名毒物专家带了 5 万支硫代硫酸钠来到印度的事故现场，说明该药抢救中毒病人很有效，但州政府持不同意见要求专家离开博帕尔市。

4. 事故教训

从这起震惊全世界的惨重事故中，可以总结出如下几个方面的教训。

（1）对于产生化学危险物品的工厂，在建厂前选址时，应做危险性评价。根据危险程度留有足够防护带。建厂后，不得在临近厂区建居民区。

（2）对于生产和加工有毒化学品的装置，应装配传感器、自动化仪表和计算机控制等设施，提高装置的本质安全水平。

（3）对剧毒化学品的储存量应以维持正常运转为限，博帕尔农药厂每日使用 MIC 的量为 5t，但该厂却储存了 55t，这样大的储存量没有必要。

（4）健全安全管理规程，并严格执行。提高操作人员技术素质，杜绝误操作和违章作业。严格交接班制度，记录齐全，不得有误，明确责任，奖罚分明。

（5）强化安全教育和健康教育，提高职工的自我保护意识和普及事故中的自救、互救知识。坚持持证上岗，不获得安全作业证者不得上岗。

（6）对生产和加工剧毒化学品的装置应有独立的安全处理系统，一旦发生泄漏事故能及时启动处理系统，将毒物全部吸收和破坏掉。该系统应定期检修，只要正常生产在进行，它即处于良好的应急工作状态。

（7）对小事故要做详细分析处理。该厂在 1978～1983 年期间曾发生过 6 起急性中毒事故，并且中毒死亡 1 人，遗憾的是未引起管理人员对安全的重视。

（8）凡生产和加工剧毒化学品的工厂都应制定化学事故应急救援预案。通过预测把可能导致重大灾害的情报在工厂内公开，并应定期进行事故演习，把防护、急救、脱险、疏散、抢险、现场处理等信息让有关人员都清楚。

一起复杂的大事故，其背后潜在的问题是多方面的。对于危险大的工厂的安全，只要抓住技术、人、信息和组织管理的四要素，就可以避免重大事故的发生。

复习思考题

1. 为什么说毒物的含义是相对的？
2. 如何确定职业中毒？
3. 试分析影响毒物毒性的因素。
4. 应用职业接触限值时应注意哪些问题？
5. 简述毒物侵入人体的途径。
6. 怎样进行现场急救？
7. 简述防毒综合措施。

CHAPTER 5

第五章 压力容器安全技术

在化工生产过程中需要用容器来储存和处理大量的物料。由于物料的状态、物料的物理及化学性质不同以及采用的工艺方法不同，所用的容器也是多种多样的。在化工生产过程使用的容器中，压力容器的数量多，工作条件复杂，危险性很大，因此压力容器状况的好坏对实现化工安全生产至关重要。所以必须加强压力容器的安全管理，并设有专门机构进行监察。压力容器的设计、制造、安装、维修、改造、检验或使用都必须遵照执行原劳动部颁发的《压力容器安全技术监察规程》。

第一节 压力容器概述

一般情况下压力容器是指具备下列条件的容器：

① 最高工作压力 $P_w \geqslant 0.1$MPa（不含液体静压力，下同）；

② 内直径（非圆形截面指断面最大尺寸）大于或等于 0.15m，且容积 $V \geqslant 0.025\text{m}^3$；

③ 介质为气体、液化气体或最高工作温度高于或等于标准沸点的液体。

在化工生产过程中，为有利于安全技术监督和管理，根据容器的压力高低、介质的危害程度以及在生产中的重要作用，将压力容器进行分类。压力容器的分类方法很多。

1. 按工作压力分类

按压力容器的设计压力分为低压、中压、高压、超高压四个等级，具体划分如下：

低压（代号 L）　　$0.1\text{MPa} \leqslant P < 1.6\text{MPa}$

中压（代号 M）　　$1.6\text{MPa} \leqslant P < 10\text{MPa}$

高压（代号 H）　　$10\text{MPa} \leqslant P < 100\text{MPa}$

超高压（代号 U）　$100\text{MPa} \leqslant P \leqslant 1000\text{MPa}$

2. 按用途分类

按压力容器在生产工艺过程中的作用原理，分为反应容器、换热容器、分离容器、储存容器。

（1）反应容器（代号 R）　主要用于完成介质的物理、化学反应的压力容器。如反应器、反应釜、分解锅、分解塔、聚合釜、高压釜、超高压釜、合成塔、铜洗塔、变换炉、蒸煮锅、蒸球、蒸压釜、煤气发生炉等。

（2）换热容器（代号 E）　主要用于完成介质的热量交换的压力容器。如管壳式废热锅炉、热交换器、冷却器、冷凝器、蒸发器、加热器、消毒锅、染色器、蒸炒锅、预热锅、蒸锅、蒸脱机、电热蒸气发生器、煤气发生炉水夹套等。

（3）分离容器（代号 S）　主要用于完成介质的流体压力平衡和气体净化分离等的压力

容器。如分离器、过滤器、集油器、缓冲器、洗涤器、吸收塔、干燥塔、汽提塔、分汽缸、除氧器等。

（4）储存容器（代号 C，其中球罐代号 B）　主要是盛装生产用的原料气体、液体、液化气体等的压力容器，如各种类型的储罐。

在一种压力容器中，如同时具备两个以上的工艺作用原理时，应按工艺过程中的主要作用来划分。

3. 按危险性和危害性分类

（1）一类压力容器　非易燃或无毒介质的低压容器；易燃或有毒介质的低压分离容器和换热容器。

（2）二类压力容器　任何介质的中压容器；易燃介质或毒性程度为中度危害介质的低压反应容器和储存容器；毒性程度为极度和高度危害介质的低压容器；低压管壳式余热锅炉；搪玻璃压力容器。

（3）三类压力容器　毒性程度为极度和高度危害介质的中压容器和 PV（设计压力×容积）$\geqslant 0.2\text{MPa}\cdot\text{m}^3$ 的低压容器；易燃或毒性程度为中度危害介质且 $PV\geqslant 0.5\text{MPa}\cdot\text{m}^3$ 的中压反应容器；$PV\geqslant 10\text{MPa}\cdot\text{m}^3$ 的中压储存容器；高压、中压管壳式余热锅炉；高压容器。

第二节　压力容器的定期检验

压力容器的定期检验是指在压力容器使用的过程中，每隔一定期限采用各种适当而有效的方法，对容器的各个承压部件和安全装置进行检查和必要的试验。通过检验，发现容器存在的缺陷，使它们在还没有危及容器安全之前即被消除或采取适当措施进行特殊监护，以防压力容器在运行中发生事故。压力容器在生产中不仅长期承受压力，而且还受到介质的腐蚀或高温流体的冲刷磨损，以及操作压力、温度波动的影响。因此，在使用过程中会产生缺陷。有些压力容器在设计、制造和安装过程中存在着一些原有缺陷，这些缺陷将会在使用中进一步扩展。

显然，无论是原有缺陷，还是在使用过程中产生的缺陷，如果不能及早发现或消除，任其发展扩大，势必在使用过程中导致严重爆炸事故。压力容器实行定期检验，是及时发现缺陷、消除隐患、保证压力容器安全运行的重要的必不可少的措施。

一、定期检验的要求

压力容器的使用单位，必须认真安排压力容器的定期检验工作，按照《在用压力容器检验规程》的规定，由取得检验资格的单位和人员进行检验。并将年检计划报主管部门和当地的锅炉压力容器安全监察机构。锅炉压力容器安全监察机构负责监督检查。

二、定期检验的内容

1. 外部检验

外部检验指专业人员在压力容器运行中定期的在线检查。检查的主要内容是：压力容器及其管道的保温层、防腐层、设备铭牌是否完好；外表面有无裂纹、变形、腐蚀和局部鼓包；所有焊缝、承压元件及连接部位有无泄漏；安全附件是否齐全、可靠、灵活好用；承压设备的基础有无下沉、倾斜，地脚螺丝、螺母是否齐全完好；有无振动和摩擦；运行参数是

否符合安全技术操作规程；运行日志与检修记录是否保存完整。

2. 内外部检验

内外部检验指专业检验人员在压力容器停机时的检验。检验内容除外部检验的全部内容外，还包括以下内容的检验：腐蚀、磨损、裂纹、衬里情况、壁厚测量、金相检验、化学成分分析和硬度测定。

3. 全面检验

全面检验除内、外部检验的全部内容外，还包括焊缝无损探伤和耐压试验。焊缝无损探伤长度一般为容器焊缝总长的20%。耐压试验是承压设备定期检验的主要项目之一，目的是检验设备的整体强度和致密性。绝大多数承压设备进行耐压试验时用水作介质，故常常把耐压试验叫作水压试验。

外部检查和内外部检验内容及安全状况等级的评定，见《在用压力容器检验规程》。

三、定期检验的周期

压力容器的检验周期应根据容器的制造和安装质量、使用条件、维护保养等情况，由企业自行确定。一般情况下，压力容器每年至少做一次外部检查，每三年做一次内外部检验，每六年进行一次全面检查。装有催化剂的反应容器以及装有充填物的大型压力容器，其检验周期由使用单位根据设计图纸和实际使用情况确定。

检验周期根据具体情况可适当延长或缩短。

有下列情况之一的，内外部检验期限应适当缩短：

① 介质对压力容器材料的腐蚀情况不明，介质对材料的腐蚀速率大于0.25mm/年，以及设计所确定的腐蚀数据严重不准确；

② 材料焊接性能差，制造时曾多次返修；

③ 首次检验；

④ 使用条件差，管理水平低；

⑤ 使用期超过15年，经技术鉴定，确认不能按正常检验周期使用，检验员认为应该缩短。

有下列情况之一的，内外部检验期限可以适当延长：

① 非金属衬里层完好，但其检验周期不应超过9年；

② 介质对材料腐蚀速率低于0.1mm/年，或有可靠的耐腐蚀金属衬里，通过1～2次内外部检验，确认符合原要求，但不应超过10年。

有下列情况之一的，内外检验合格后，必须进行耐压试验：

① 用焊接方法修理或更换主要受压元件；

② 改变使用条件且超过原设计参数；

③ 更换新衬里前；

④ 停止使用两年重新复用；

⑤ 新安装或移装；

⑥ 无法进行内部检验；

⑦ 使用单位对压力容器的安全性能有怀疑。

因特殊情况，不能按期进行内外部检验或耐压试验的使用单位必须申明理由，提前3个月提出申报，经单位技术负责人批准，由原检验单位提出处理意见，省级主管部门审查同意，发放《压力容器使用证》的锅炉压力容器安全监察机构备案后，方可延长，但一般不应超过12个月。

第三节 压力容器的安全附件

安全附件是承压设备安全、经济运行不可缺少的一个组成部分。根据容器的用途、工作条件、介质性质等具体情况选用必要的安全附件，可提高压力容器的可靠性和安全性。

一、安全泄压装置

压力容器在运行过程中，由于种种原因可能出现容器内压力超过它的最高许用压力（一般为设计压力）的情况。为了防止超压，确保压力容器安全运行，一般都装有安全泄压装置，以自动、迅速地排出容器内的介质，使容器内压力不超过它的最高许用压力。

压力容器常见的安全泄压装置有安全阀和爆破片。

1. 安全阀

压力容器在正常工作压力运行时，安全阀保持严密不漏；当压力超过设定值时，安全阀在压力作用下自行开启，使容器泄压，以防止容器或管线的破坏；当容器压力泄至正常值时，它又能自行关闭，停止泄放。

（1）安全阀的种类　安全阀按其整体结构及加载机构形式常分为杠杆式和弹簧式两种。它们是利用杠杆与重锤或弹簧弹力的作用，压住容器内的介质，当介质压力超过杠杆与重锤或弹簧弹力所能维持的压力时，阀芯被顶起，介质向外排放，器内压力迅速降低；当器内压力小于杠杆与重锤或弹簧弹力后，阀芯再次与阀座闭合。

弹簧式安全阀的加载装置是一个弹簧，通过调节螺母，可以改变弹簧的压缩量，调整阀瓣对阀座的压紧力，从而确定其开启压力的大小。弹簧式安全阀结构紧凑，体积小，动作灵敏，对振动不太敏感，可以装在移动式容器上，缺点是阀内弹簧受高温影响时，弹性有所降低。

杠杆式安全阀靠移动重锤的位置或改变重锤的重量来调节安全阀的开启压力。它具有结构简单、调整方便、比较准确以及适用较高温度的优点。但杠杆式安全阀结构比较笨重，难以用于高压容器之上。

（2）安全阀的选用　《压力容器安全技术监察规程》规定，安全阀的制造单位，必须有国家劳动部颁发的制造许可证。产品出厂应有合格证，合格证上应有质量检查部门的印章及检验日期。

安全阀的选用，应根据容器的工艺条件及工作介质的特性，从安全阀的安全泄放量、加载机构、封闭机构、气体排放方式、工作压力范围等方面考虑。

安全阀的排放量是选用安全阀的关键因素，安全阀的排量必须不小于容器的安全泄放量。

从气体排放方式来看，对盛装有毒、易燃或污染环境的介质容器，应选用封闭式安全阀。

选用安全阀时，要注意它的工作压力范围，要与压力容器的工作压力范围相匹配。

（3）安全阀的安装　安全阀应垂直向上安装在压力容器本体的液面以上气相空间部位，或与连接在压力容器气相空间上的管道相连接。安全阀确实不便装在容器本体上，而用短管与容器连接时，则接管的直径必须大于安全阀的进口直径，接管上一般禁止装设阀门或其他引出管。压力容器一个连接口上装设数个安全阀时，则该连接口入口的面积至少应等于数个安全阀的面积总和。压力容器与安全阀之间，一般不宜装设中间截止阀门，对于盛装易燃、

毒性程度为极度、高度、中高度危害或黏性介质的容器，为便于安全阀更换、清洗，可装截止阀，但截止阀的流通面积不得小于安全阀的最小流通面积，并且要有可靠的措施和严格的制度，以保证在运行中截止阀保持全开状态并加铅封。

选择安装位置时，应考虑到安全阀的日常检查、维护和检修的方便。安装在室外露天的安全阀要有防止冬季阀内水分冻结的可靠措施。装有排气管的安全阀排气管的最小截面积应大于安全阀内的出口截面积，排气管应尽可能短而直，并且不得装阀。安装杠杆式安全阀时，必须使它的阀杆保持在铅垂的位置。所有进气管、排气管连接法兰的螺栓必须均匀上紧，以免阀体产生附加应力，破坏阀体的同心度，影响安全阀的正常动作。

(4) 安全阀的维护和检验　安全阀在安装前应由专业人员进行水压试验和气密性试验，经试验合格后进行调整校正。安全阀的开启压力不得超过容器的设计压力。校正调整后的安全阀应进行铅封。

要使安全阀动作灵敏可靠和密封性能良好，必须加强日常维护检查。安全阀应经常保持清洁，防止阀体弹簧等被油垢脏物所粘住或被腐蚀，还应经常检查安全阀的铅封是否完好。气温过低时，有无冻结的可能性，检查安全阀是否有泄漏。对杠杆式安全阀，要检查其重锤是否松动或被移动等。如发现缺陷，要及时校正或更换。

安全阀要定期检验，每年至少校验一次。定期检验工作包括清洗、研磨、试验和校正。

2. 防爆片

防爆片又称防爆膜、防爆板，是一种断裂型的安全泄压装置。防爆片具有密封性能好、反应动作快以及不易受介质中黏污物的影响等优点。但它是通过膜片的断裂来卸压的，所以卸压后不能继续使用，容器也被迫停止运行。因此它只是在不宜安装安全阀的压力容器上使用。例如：存在爆燃或异常反应而压力倍增、安全阀由于惯性来不及动作；介质昂贵剧毒，不允许任何泄漏；运行中会产生大量沉淀或粉状黏附物，妨碍安全阀动作。

防爆片的结构比较简单。它的主零件是一块很薄的金属板，用一副特殊的管法兰夹持着装入容器引出的短管中，也有把膜片直接与密封垫片一起放入接管法兰的。容器在正常运行时，防爆片虽可能有较大的变形，但它能保持严密不漏。当容器超压时，膜片即断裂排泄介质，避免容器超压而发生爆炸。

防爆片的设计压力一般为工作压力的 1.25 倍，对压力波动幅度较大的容器，其设计破裂压力还要相应大一些。但在任何情况下，防爆片的爆破压力都不得大于容器设计压力。一般防爆片材料的选择、膜片的厚度以及采用的结构形式，均是经过专门的理论计算和试验测试而定的。

运行中应经常检查爆破片法兰连接处有无泄漏，爆破片有无变形。通常情况下，爆破片应每年更换一次，发生超压而未爆破的爆破片应该立即更换。

3. 防爆帽

防爆帽又称爆破帽，也是一种断裂型安全泄压装置。它的样式较多，但基本作用原理一样。它的主要元件是一个一端封闭、中间具有一薄弱断面的厚壁短管。当容器的压力超过规定时，防爆帽即从薄弱断面处断裂，气体从管孔中排出。为了防止防爆帽断裂后飞出伤人，在它的外面应装有保护装置。

二、压力表

压力表是测量压力容器中介质压力的一种计量仪表。压力表的种类较多，按它的作用原理和结构，可分为液柱式、弹性元件式、活塞式和电量式四大类。压力容器大多使用弹性元件式的单弹簧管压力表。

1. 压力表的选用

压力表应该根据被测压力的大小、安装位置的高低、介质的性质（如温度、腐蚀性等）

来选择精度等级、最大量程、表盘大小以及隔离装置。

装在压力容器上的压力表，其表盘刻度极限值应为容器最高工作压力的1.5～3倍，最好为2倍。压力表量程越大，允许误差的绝对值也越大，视觉误差也越大。按容器的压力等级要求，低压容器一般不低于2.5级，中压及高压容器不应低于1.5级。为便于操作人员能清楚准确地看出压力指示，压力表盘直径不能太小。在一般情况下，表盘直径不应小于100mm。如果压力表距离观察地点远，表盘直径增大，距离超过2m时，表盘直径最好不小于150mm；距离越过5m时，不要小于250mm。超高压容器压力表的表盘直径应不小于150mm。

2. 压力表的安装

安装压力表时，为便于操作人员观察，应将压力表安装在最醒目的地方，并要有充足的照明，同时要注意避免受辐射热、低温及震动的影响。装在高处的压力表应稍微向前倾斜，但倾斜角不要超过30°。压力表接管应直接与容器本体相接。为了便于卸换和校验压力表，压力表与容器之间应装设三通旋塞。旋塞应装在垂直的管段上，并要有开启标志，以便核对与更换。蒸汽容器在压力表与容器之间应装有存水弯管。盛装高温、强腐蚀及凝结性介质的容器，在压力表与容器连接管路上应装有隔离缓冲装置，使高温或腐蚀介质不和弹簧弯管直接接触，依据液体的腐蚀行选择隔离液。

3. 压力表的使用

使用中的压力表，应根据设备的最高工作压力，在它的刻度盘上划明警戒红线，但注意不要涂画在表盘玻璃上，一则会产生很大的视差，二则玻璃转动导致红线位置发生变化使操作人员产生错觉，造成事故。

压力表应保持洁净，表盘上玻璃要明亮透明，使表内指针指示的压力值能清楚易见。压力表的接管要定期吹洗。在容器运行期间，如发现压力表指示失灵，刻度不清，表盘玻璃破裂，泄压后指针不回零位，铅封损坏等情况，应立即校正或更换。

压力表的维护和校验应符合国家计量部门的有关规定。一般每六个月校验一次。通常压力表上应有校验标记，注明下次校验日期或校验有效期。校验后的压力表应加铅封。未经检验合格和无铅封的压力表均不准安装使用。

三、液面计

液面计是压力容器的安全附件。一般压力容器的液面显示多用玻璃板液面计。石油化工装置的压力容器，如各类液化石油气体的储存压力容器，选用各种不同作用原理、构造和性能的液位指示仪表。介质为粉体物料的压力容器，多数选用放射性同位素料位仪表，指示粉体的料位高度。

不论选用何种类型的液面计或仪表，均应符合《压力容器安全技术监察规程》规定的安全要求，主要有以下几方面。

(1) 应根据压力容器的介质、最高工作压力和温度正确选用。

(2) 在安装使用前，低、中压容器液面计，应进行1.5倍液面计公称压力的水压试验；高压容器液面计，应进行1.25倍液面计公称压力的水压试验。

(3) 盛装0℃以下介质的压力容器，应选用防霜液面计。

(4) 寒冷地区室外使用的液面计，应选用夹套型或保温型结构的液面计。

(5) 易燃、毒性程度为极度、高度危害介质的液化气体压力容器，应采用板式或自动液面指示计，并应有防止泄漏的保护装置。

(6) 要求液面指示平稳的，不应采用浮子（标）式液面计。

(7) 液面计应安装在便于观察的位置。如液面计的安装位置不便于观察，则应增加其他

辅助设施。大型压力容器还应有集中控制的设施和警报装置。液面计的最高和最低安全液位，应做出明显的标记。

(8) 压力容器操作人员，应加强液面计的维护管理，经常保持完好和清晰。应对液面计实行定期检修制度，使用单位可根据运行实际情况，在管理制度中具体规定。

(9) 液面计有下列情况之一的，应停止使用：超过检验周期；玻璃板（管）有裂纹、破碎；阀件固死；经常出现假液位。

(10) 使用放射性同位素料位检测仪表，应严格执行国务院发布的《放射性同位素与射线装置放射防护条例》的规定，采取有效保护措施，防止使用现场放射危害。

另外，化工生产过程中，有些反应压力容器和储存压力容器还装有液位检测报警、温度检测报警、压力检测报警及联锁等，既是生产监控仪表，也是压力容器的安全附件，都应该按有关规定的要求加强管理。

第四节 压力容器的安全使用

一、压力容器的使用管理

为了确保压力容器的安全运行，必须加强对压力容器的安全管理，消除弊端，防患于未然，不断提高其安全可靠性。

1. 压力容器的安全技术管理

要做好压力容器的安全技术管理工作，首先要从组织上保证。这就要求企业要有专门的机构，并配备专业人员即具有压力容器专业知识的工程技术人员负责压力容器的技术管理及安全监察工作。

压力容器的技术管理工作内容主要有：贯彻执行有关压力容器的安全技术规程；编制压力容器的安全管理规章制度，依据生产工艺要求和容器的技术性能制定容器的安全操作规程；参与压力容器的入厂检验、竣工验收及试车；检查压力容器的运行、维修和压力附件校验情况；压力容器的校验、修理、改造和报废等技术审查；编制压力容器的年度定期检修计划，并负责组织实施；向主管部门和当地劳动部门报送当年的压力容器的数量和变动情况统计报表、压力容器定期检验的实施情况及存在的主要问题；压力容器的事故调查分析和报告、检验、焊接和操作人员的安全技术培训管理和压力容器使用登记及技术资料管理。

2. 建立压力容器的安全技术档案

压力容器的技术档案是我们正确使用容器的主要依据，它可以使我们全面掌握容器的情况，摸清容器的使用规律，防止发生事故。容器调入或调出时，其技术档案必须随同容器一起调入或调出。对技术资料不齐全的容器，使用单位应对其所缺项目进行补充。

压力容器的技术档案应包括：压力容器的产品合格证，质量证明书，登记卡片，设计、制造、安装技术等原始的技术文件和资料，检查鉴定记录，验收单，检修方案及实际检修情况记录，运行累计时间表，年运行记录，理化检验报告，竣工图以及中高压反应容器和储运容器的主要受压元件强度计算书等。

3. 对压力容器使用单位及人员的要求

压力容器的使用单位，在压力容器投入使用前，应按劳动部颁布的《压力容器使用登记管理规则》的要求，向地、市劳动部门锅炉压力容器安全监察机构申报和办理使用登记手续。

压力容器使用单位，应在工艺操作规程中明确提出压力容器安全操作要求。其主要内容有：操作工艺指标（含介质状况、最高工作压力、最高或最低工作温度）；岗位操作法（含开停车操作程序和注意事项）；运行中应重点检查的项目和部位，可能出现的异常现象和防止措施，紧急情况的处理、报告程序等。

压力容器使用单位应对其操作人员进行安全教育和考核，操作人员应持安全操作证上岗操作。

压力容器发生下列异常现象之一时，操作人员应立即采取紧急措施，并按规定程序报告本单位有关部门。这些现象主要有：

① 工作压力、介质急剧变化、介质温度或壁温超过许用值，采取措施仍不能得到有效控制；

② 主要受压元件发生裂缝、鼓包、变形、泄漏等危及安全的缺陷；

③ 安全附件失效；

④ 接管、紧固件损坏，难以保证安全运行；

⑤ 发生火灾直接威胁到压力容器安全运行；

⑥ 过量充装；

⑦ 液位失去控制；

⑧ 压力容器与管道严重振动，危及安全运行等。

压力容器内部有压力时，不得进行任何修理或紧固工作。对于特殊的生产过程，需在开车升（降）温过程中带压、带温紧固螺栓的，必须按设计要求制定有效的操作和防护措施，并经使用单位技术负责人批准，在实际操作时，单位安全部门应派人进行现场监督。

以水为介质产生蒸汽的压力容器，必须做好水质管理和监测，没有可靠的水处理措施，不应投入运行。

运行中的压力容器，还应保持容器的防腐、保温、绝热、静电接地措施完好。

二、压力容器的安全操作

严格按照岗位安全操作规程的规定，精心操作和正确使用压力容器，科学而精心地维护保养是保证压力容器安全运行的重要措施，即使压力容器的设计尽善尽美、科学合理，制造和安装质量优良，如果操作不当同样会发生重大事故。

1. 压力容器的安全操作

操作压力容器时要集中精力，勤于监察和调节。操作动作应平稳，应缓慢操作避免温度、压力的骤升骤降，防止压力容器的疲劳破坏。阀门的开启要谨慎，开停车时各阀门的开关状态以及开关的顺序不能搞错。要防止憋压闷烧、防止高压窜入低压系统，防止性质相抵触的物料相混以及防止液体和高温物料相遇。

操作时，操作人员应严格控制各种工艺指数，严禁超压、超温、超负荷运行，严禁冒险性、试探性试验。并且要在压力容器运行过程中定时、定点、定线地进行巡回检查，认真、准时、准确地记录原始数据。主要检查操作温度、压力、流量、液位等工艺指标是否正常；着重检查容器法兰等部位有无泄漏，容器防腐层是否完好，有无变形、鼓包、腐蚀等缺陷和可疑迹象，容器及连接管道有无振动、磨损；检查安全阀、爆破片、压力表、液位计、紧急切断阀以及安全联锁、报警装置等安全附件是否齐全、完好、灵敏、可靠。

若容器在运行中发生故障，出现下列情况之一，操作人员应立即采取措施停止运行，并尽快向有关领导汇报。

（1）容器的压力或壁温超过操作规程规定的最高允许值，采取措施后仍不能使压力或壁温降下来，并有继续恶化的趋势。

(2) 容器的主要承压元件产生裂纹、鼓包或泄漏等缺陷，危及容器安全。

(3) 安全附件失灵、接管断裂、紧固件损坏，难以保证容器安全运行。

(4) 发生火灾，直接影响容器的安全操作。

停止容器运行的操作，一般应切断进料，卸放器内介质，使压力降下来。对于连续生产的容器，紧急停止运行前必须与前后有关工段做好联系工作。

2. 压力容器的维护保养

压力容器的维护保养工作一般包括防止腐蚀，消除"跑、冒、滴、漏"和做好停运期间的保养。

化工压力容器内部受工作介质的腐蚀，外部受大气、水或土壤的腐蚀。目前大多数容器采用防腐层来防止腐蚀，如金属涂层、无机涂层、有机涂层、金属内衬和搪瓷玻璃等。检查和维护防腐层的完好，是防止容器腐蚀的关键。如果容器的防腐层自行脱落或受碰撞而损坏，腐蚀介质和材料直接接触，则很快会发生腐蚀。因此，在巡检时应及时清除积附在容器、管道及阀门上面的灰尘、油污、潮湿和有腐蚀性的物资，经常保持容器外表面的洁净和干燥。

生产设备的"跑、冒、滴、漏"不仅浪费化工原料和能源，污染环境，而且往往造成容器、管道、阀门和安全附件的腐蚀。因此要做好日常的维护保养和检修工作，正确选用连接方式、垫片材料、填料等，及时消除"跑、冒、滴、漏"现象，消除振动和摩擦，维护保养好压力容器和安全附件。

另外，还要注意压力容器在停运期间的保养。容器停用时，要将内部的介质排空放净。尤其是腐蚀性介质，要经排放、置换或中和、清洗等技术处理。根据停运时间的长短以及设备和环境的具体情况，有的在容器内、外表面涂刷油漆等保护层；有的在容器内用专用器皿盛放吸潮剂。对停运容器要定期检查，及时更换失效的吸潮剂。发现油漆等保护层脱落时，应及时补上，使保护层经常保持完好无损。

第五节 气瓶安全技术

气瓶是指在正常环境下（－40～60℃）可重复充气使用的，公称工作压力为1.0～30MPa（表压），公称容积为0.4～1000L的盛装压缩气体、液化气体或溶解气体等的移动式压力容器。

一、气瓶的分类

1. 按充装介质的性质分类

(1) 压缩气体气瓶　压缩气体（压缩气体）因其临界温度小于－10℃，常温下呈气态，所以称为压缩气体，如氢、氧、氮、空气、煤气及氩、氦、氖、氪等。这类气瓶一般都以较高的压力充装气体，目的是增加气瓶的单位容积充气量，提高气瓶利用率和运输效率。常见的充装压力为15MPa，也有充装20～30MPa的。

(2) 液化气体气瓶　液化气体气瓶充装时都以低温液态灌装。有些液化气体的临界温度较低，装入瓶内后受环境温度的影响而全部汽化。有些液化气体的临界温度较高，装瓶后在瓶内始终保持汽-液平衡状态，因此可分为高压液化气体和低压液化气体。

高压液化气体：临界温度≥－109℃，且≤70℃。常见的有乙烯、乙烷、二氧化碳、氧化亚氙、六氟化硫、氯化氢、三氟氯甲烷（F-13）、三氟甲烷（F-23）、六氟乙烷（F-116）、氟己烯等。常见的充装压力有 15MPa 和 12.5MPa 等。

低压液化气体：临界温度大于 70℃。如溴化氢、硫化氢、氨、丙烷、丙烯、异丁烯、1,3-丁二烯、1-丁烯、环氧乙烷、液化石油气等。《气瓶安全监察规程》规定，液化气体气瓶的最高工作温度为 60℃。低压液化气体在 60℃时的饱和蒸气压都在 10MPa 以下，所以这类气体的充装压力都不高于 10MPa。

(3) 溶解气体气瓶　它是专门用于盛装乙炔的气瓶。由于乙炔气体极不稳定，故必须把它溶解在溶剂（常见的为丙酮）中。气瓶内装满多孔性材料，以吸收溶剂。乙炔瓶充装乙炔气，一般要求分两次进行，第一次充气后静置 8h 以上，再第二次充气。

2. 按制造方法分类

(1) 钢制无缝气瓶　以钢坯为原料，经冲压拉伸制造，或以无缝钢管为材料，经热旋压收口收底制造的钢瓶。瓶体材料为采用碱性平炉、电炉或吹氧碱性转炉冶炼的镇静钢，如优质碳钢、锰钢、铬钼钢或其他合金钢。这类气瓶用于盛装压缩气体和高压液化气体。

(2) 钢制焊接气瓶　以钢板为原料，经冲压卷焊制造的钢瓶。瓶体及受压元件材料为采用平炉、电炉或氧化转炉冶炼的镇静钢，要求有良好的冲压和焊接性能。这类气瓶用于盛装低压液化气体。

(3) 缠绕玻璃纤维气瓶　以玻璃纤维加黏结剂缠绕或碳纤维制造的气瓶。一般有一个铝制内筒，其作用是保证气瓶的气密性，承压强度则依靠玻璃纤维缠绕的外筒。这类气瓶由于绝热性能好、重量轻，多用于盛装呼吸用压缩空气，供消防、毒区或缺氧区域作业人员随身背挎并配以面罩使用。一般容积较小（1～10L），充气压力多为 15～30MPa。

3. 按公称工作压力分类

气瓶按公称工作压力分为高压气瓶和低压气瓶。

高压气瓶公称工作压力（MPa）：　30　20　15　12.5　8

低压气瓶公称工作压力（MPa）：　5　3　2　1.6　1

钢瓶公称容积和公称直径见表 5-1。

表 5-1　钢瓶公称容积和公称直径

公称容积 V_g/L	10	16	25	40	50	60	80	100	150	120	400	600	800	1000
公称直径 DN/mm	200			250		300			400		600		800	

二、气瓶的安全附件

1. 安全泄压装置

气瓶的安全泄压装置，是为了防止气瓶在遇到火灾等高温时，瓶内气体受热膨胀而发生破裂爆炸。

气瓶常见的泄压附件有爆破片和易熔塞。

爆破片装在瓶阀上，其爆破压力略高于瓶内气体的最高温升压力。爆破片多用于高压气瓶上，有的气瓶不装爆破片。《气瓶安全监察规程》对是否必须装设爆破片，未做明确规定。气瓶装设爆破片有利有弊，一些国家的气瓶不采用爆破片这种安全泄压装置。

易熔塞一般装在低压气瓶的瓶肩上，当周围环境温度超过气瓶的最高使用温度时，易熔塞的易熔合金熔化，瓶内气体排出，避免气瓶爆炸。

2. 其他附件（防震圈、瓶帽、瓶阀）

气瓶装有两个防震圈是气瓶瓶体的保护装置。气瓶在充装、使用、搬运过程中，常常会因滚动、震动、碰撞而损伤瓶壁，以致发生脆性破坏。这是气瓶发生爆炸事故常见的一种直接原因。

瓶帽是瓶阀的防护装置，它可避免气瓶在搬运过程中因碰撞而损坏瓶阀，保护出气口螺纹不被损坏，防止灰尘、水分或油脂等杂物落入阀内。

瓶阀是控制气体出入的装置，一般是用黄铜或钢制造。充装可燃气体的钢瓶的瓶阀，其出气口螺纹为左旋，盛装助燃气体的气瓶，其出气口螺纹为右旋。瓶阀的这种结构可有效地防止可燃气体与非可燃气体的错装。

三、气瓶的颜色

国家标准《气瓶颜色标记》对气瓶的颜色、字样和色环进行严格的规定。常见气瓶的颜色见表 5-2。

表 5-2 常见气瓶的颜色

序号	气瓶名称	化学式	外表面颜色	字样	字样颜色	色环
1	氢	H_2	深绿	氢	红	P=14.7MPa 不加色环 P=19.6MPa 黄色环一道 P=29.4MPa 黄色环二道
2	氧	O_2	天蓝	氧	黑	P=14.7MPa 不加色环 P=19.6MPa 白色环一道 P=29.4MPa 白色环二道
3	氨	NH_3	黄	液氨	黑	
4	氯	Cl_2	草绿	液氯	白	
5	空气		黑	空气	黄	
6	氮	N_2	黑	氮	黑	P=14.7MPa 不加色环 P=19.6MPa 白色环一道 P=29.4MPa 白色环二道
7	二氧化碳	CO_2	铝白	液化二氧化碳		P=14.7MPa 不加色环 P=19.6MPa 黑色环一道
8	乙烯	C_2H_4				P=12.2MPa 不加色环 P=14.7MPa 白色环一道 P=19.6MPa 白色环二道

四、气瓶的管理

1. 充装安全

为了保证气瓶在使用或充装过程中不因环境温度升高而处于超压状态，必须对气瓶的充装量严格控制。确定压缩气体及高压液化气体气瓶的充装量时，要求瓶内气体在最高使用温度（60℃）下的压力，不超过气瓶的最高许用压力。对低压液化气体气瓶，则要求瓶内液体在最高使用温度下，不会膨胀至瓶内满液，即要求瓶内始终保留有一定气相空间。

（1）气瓶充装过量，是气瓶破裂爆炸的常见原因之一。因此必须加强管理，严格执行《气瓶安全监察规程》的安全要求，防止充装过量。充装压缩气体的气瓶，要按不同温度下的最高允许充装压力进行充装，防止气瓶在最高使用温度下的压力超过气瓶的最高许用压力。充装液化气体的气瓶，必须严格按规定的充装系数充装，不得超量，如发现超装时，应设法将超装量卸出。

（2）防止不同性质气体混装。气体混装是指在同一气瓶内灌装两种气体（或液体）。如果这两种介质在瓶内发生化学反应，将会造成气瓶爆炸事故。如原来装过可燃气体（如氢气等）的气瓶，未经置换、清洗等处理，甚至瓶内还有一定量余气，又灌装氧气，结果瓶内氢气与氧气发生化学反应，产生大量反应热，瓶内压力急剧升高，气瓶爆炸，酿成严重事故。

(3) 属下列情况之一的，应先进行处理，否则严禁充装：

① 钢印标记、颜色标记不符规定及无法判定瓶内气体的；

② 改装不符合规定或用户自行改装的；

③ 附件不全、损坏或不符合规定的；

④ 瓶内无剩余压力的；

⑤ 超过检验期的；

⑥ 外观检查存在明显损伤，需进一步进行检查的；

⑦ 氧化或强氧化性气体气瓶沾有油脂的；

⑧ 易燃气体气瓶的首次充装，事先未经置换和抽空的。

2. 储存安全

(1) 气瓶的储存应有专人负责管理。管理人员、操作人员、消防人员应经安全技术培训，了解气瓶、气体的安全知识。

(2) 气瓶的储存，空瓶、实瓶应分开（分室储存）。如氧气瓶、液化石油气瓶，乙炔瓶与氧气瓶、氯气瓶不能同储一室。

(3) 气瓶库（储存间）应符合《建筑设计防火规范》，应采用二级以上防火建筑。与明火或其他建筑物应有符合规定的安全距离。易燃、易爆、有毒、腐蚀性气体气瓶库的安全距离不得小于 15m。

(4) 气瓶库应通风、干燥，防止雨（雪）淋、水浸，避免阳光直射，要有便于装卸、运输的设施。库内不得有暖气、水、煤气等管道通过，也不准有地下管道或暗沟。照明灯具及电器设备应是防爆的。

(5) 地下室或半地下室不能储存气瓶。

(6) 瓶库有明显的“禁止烟火”、“当心爆炸”等各类必要的安全标志。

(7) 瓶库应有运输和消防通道，设置消防栓和消防水池。在固定地点备有专用灭火器、灭火工具和防毒用具。

(8) 储气的气瓶应戴好瓶帽，最好戴固定瓶帽。

(9) 实瓶一般应立放储存。卧放时，应防止滚动，瓶头（有阀端）应朝向一方。垛放不得超过 5 层，并妥善固定。气瓶排放应整齐，固定牢靠。数量、号位的标志要明显，要留有通道。

(10) 实瓶的储存数量应有限制，在满足当天使用量和周转量的情况下，应尽量减少储存量。

(11) 容易起聚合反应的气体的气瓶，必须规定储存期限。

(12) 瓶库账目清楚，数量准确，按时盘点，账物相符。

(13) 建立并执行气瓶进出库制度。

3. 使用安全

(1) 使用气瓶者应学习气体与气瓶的安全技术知识，在技术熟练人员的指导监督下进行操作练习，合格后才能独立使用。

(2) 使用前应对气瓶进行检查，确认气瓶和瓶内气体质量完好，方可使用。如发现气瓶颜色、钢印等辨别不清，检验超期，气瓶损伤（变形、划伤、腐蚀），气体质量与标准规定不符等现象，应拒绝使用并做妥善处理。

(3) 按照规定，正确、可靠地连接调压器、回火防止器、输气、橡胶软管、缓冲器、汽化器、焊割炬等，检查、确认没有漏气现象。连接上述器具前，应微开瓶阀吹除瓶阀出口的灰尘、杂物。

(4) 气瓶使用时，一般应立放（乙炔瓶严禁卧放使用），不得靠近热源。与明火、可燃

与助燃气体气瓶之间距离，不得小于10m。

(5) 使用易起聚合反应的气体的气瓶，应远离射线、电磁波、振动源。

(6) 防止日光暴晒、雨淋、水浸。

(7) 移动气瓶应手搬瓶肩转动瓶底，移动距离较远时可用轻便小车运送，严禁抛、滚、滑、翻和肩扛、脚踹。

(8) 禁止敲击、碰撞气瓶。绝对禁止在气瓶上焊接、引弧。不准用气瓶作支架和铁砧。

(9) 注意操作顺序。开启瓶阀应轻缓，操作者应站在阀出口的侧后；关闭瓶阀应轻而严，不能用力过大，避免关得太紧、太死。

(10) 瓶阀冻结时，不准用火烤。可把瓶移入室内或温度较高的地方或用40℃以下的温水浇淋解冻。

(11) 注意保持气瓶及附件清洁、干燥，禁止沾染油脂、腐蚀性介质、灰尘等。

(12) 瓶内气体不得用尽，应留有剩余压力（余压）。余压不应低于0.05MPa。

(13) 保护瓶外油漆防护层，既可防止瓶体腐蚀，也可作为识别标记，可以防止误用和混装。瓶帽、防振圈、瓶阀等附件都要妥善维护、合理使用。

(14) 气瓶使用完毕，要送回瓶库或妥善保管。

五、气瓶的检验

气瓶的定期检验，应由取得检验资格的专门单位负责进行。未取得资格的单位和个人，不得从事气瓶的定期检验。

各类气瓶的检验周期为：盛装腐蚀性气体的气瓶，每2年检验一次；盛装一般气体的气瓶，每3年检验一次；液化石油气气瓶，使用未超过20年的，每5年检验一次，超过20年的，每2年检验一次；盛装惰性气体的气瓶，每5年检验一次。

气瓶在使用过程中，发现有严重腐蚀、损伤或对其安全可靠性有怀疑时，应提前进行检验。库存和使用时间超过一个检验周期的气瓶，启用前应进行检验。

气瓶检验单位，对要检验的气瓶，逐只进行检验，并按规定出具检验报告。未经检验和检验不合格的气瓶不得使用。

第六节 工业锅炉安全技术

锅炉是利用燃烧产生的热能把水加热或变成蒸汽的热力设备，尽管锅炉的种类繁多、结构各异，但都是由“锅”和“炉”以及为保证“锅”和“炉”正常运行所必需的附件、仪表及附属设备三大类（部分）组成。

“锅”是指锅炉中盛放水和蒸汽的密封受压部分，是锅炉的吸热部分，主要包括汽包、对流管、水冷壁、联箱、过热器、省煤器等。“锅”再加上给水设备就组成锅炉的汽水系统。

“炉”是指锅炉中燃料进行燃烧、放出热能的部分，是锅炉的放热部分，主要包括燃烧设备、炉墙、炉拱、钢架和烟道及排烟除尘设备等。

锅炉的附件和仪表很多，如安全阀、压力表、水位表及高低水位报警器、排污装置、汽水管道及阀门、燃烧自动调节装置、测温仪表等。

锅炉的附属设备也很多，一般包括给水系统的设备（如水处理装置、给水泵）；燃料供给及制备系统的设备（如给煤、磨粉、供油、供气等装置）；通风系统设备（如鼓风机、引风机）和除灰排渣系统设备（除尘器、出渣机、出灰机）。

总之，锅炉是一个复杂的组合体。尤其在化工企业中使用的大、中容量锅炉，除了锅炉本体庞大、复杂外，还有众多的辅机、附件和仪表，运行时需要各个部分、各个环节密切协调，任何一个环节发生故障，都会影响锅炉的安全运行。所以，作为特种设备的锅炉的安全监督应特别予以重视。

一、锅炉安全附件

1. 安全阀

安全阀是锅炉设备中的重要安全附件之一，它能自动开启排汽以防止锅炉压力超过规定限度。安全阀通常应该具有的功能是：当锅炉中介质压力超过允许压力时，安全阀自动开启，排汽降压，同时发出“呜呜”叫声向工作人员报警；当介质压力降到允许工作压力之后，自动“回座”关闭，使锅炉能够维持运行；在锅炉正常运行中，安全阀保持密闭不漏。

安全阀应该在什么压力之下开启排汽，是根据锅炉受压元件的承压能力人为规定的。一般说来，在锅炉正常工作压力下安全阀应处于闭合状态，在锅炉压力超过正常工作压力时安全阀才应开启排汽。但安全阀的开启压力不允许超过锅炉正常工作压力太多，以保证锅炉受压元件有足够的安全裕度，安全阀的开启压力也不应太接近锅炉正常工作压力，以免安全阀频繁开启，损伤安全阀并影响锅炉的正常运行。

安全阀必须有足够的排放能力，在开启排汽后才能起到降压作用。否则，即使安全阀排汽，锅炉内的压力仍会继续不断上升。因此，为保证在锅炉用汽单位全部停用蒸汽时也不致锅炉超压，锅炉上所有安全阀的总排汽量，必须大于锅炉的最大连续蒸发量。

安全阀应该垂直地装在汽包、联箱的最高位置。在安全阀和汽包、安全阀和联箱之间应装设取用蒸汽的出汽管和阀门，并且安装安全阀时应该装设排汽管，防止排汽时伤人。排汽管应尽量直通室外，并有足够的截面积，以减少阻力，保证排汽畅通。安全阀排汽管底部应该接到地面的泄水管，在排汽管和泄水管上都不允许装设阀门。安全阀每年至少做一次定期检验，每天人为排放一次，排放压力最好为规定最高工作压力的80％以上。

2. 压力表

压力表是测量和显示锅炉汽水系统压力大小的仪表。严密监视锅炉各受压元件实际承受的压力，将它控制在安全限度之内，是锅炉实现安全运行的基本条件和基本要求，因而压力表是运行操作人员必不可少的耳目。锅炉没有压力表、压力表损坏或压力表的装设不符合要求，都不得投入运行或继续运行。

锅炉中应用得最为广泛的压力表是弹簧管式压力表，它具有结构简单、使用方便，准确可靠、测量范围大等优点。

压力表的量程应与锅炉工作压力相适应，通常为锅炉工作压力的1.5～3倍，最好为2倍。压力表度盘上应该划红线，指出最高允许工作压力。压力表每半年至少应校验一次，校验后应该铅封。压力表的连接管不应有漏汽现象，否则会降低压力指示值。

压力表应该装设在便于观察和吹洗的位置，应防止受到高温、冰冻和震动的影响。为避免蒸汽直接进入弹簧弯管影响其弹性；压力表下边应该装设存水弯管。

3. 水位表

水位表是用来显示汽包内水位高低的仪表。操作人员可以通过水位表观察和调节水位，防止发生锅炉缺水或满水事故，保证锅炉安全运行。

水位表是按照连通器内液柱高度相等的原理装设的。水位表的水连管和拽连管分别与汽包的水空间和汽空间相连，水位表和汽包构成连通器，水位表显示的水位即是汽包内的水位。

锅炉上常用的水位表，有玻璃管式和玻璃板式两种。玻璃管式水位表结构简单，价格低

廉，在低压小型锅炉上应用得十分广泛；但玻璃管的耐压能力有限，使用工作压力不宜超过1.6MPa。为防止玻璃管破碎喷水伤人，玻璃管外通常装设有耐热的玻璃防护罩。玻璃板水位表比起玻璃管式水位表，能耐更高的压力和温度，不易泄漏，但结构较为复杂，多用于高压锅炉。

水位表应装在便于观察、冲洗的位置，并有充足的照明；水连接管和汽连接管应水平布置，以防止造成假水位；连接管的内径不得小于18mm，连接管应尽可能短；如长度超过500mm或有弯曲时，内径应适当放大；汽水连接管上应避免装设阀门，如装有阀门，则在正常运行时必须将阀门全开；水位表应有放水旋塞和接到安全地点放水管，其汽旋塞、水旋塞、放水旋塞的内径，以及水位表玻璃管的内径，不得小于8mm。水位表应有指示最高、最低安全水位的明显标志。水位表玻璃板（管）的最低可见边缘应比最低安全水位低25mm，最高可见边缘应比最高安全水位高5mm。

水位报警器用于在锅炉水位异常（高于最高安全水位或低于最低安全水位）时发出警报，提醒运行人员采取措施，消除险情。额定蒸发量≥2t/h的锅炉，必须装设高低水位报警器，警报信号应能区分高低水位。

二、锅炉水质处理

1. 锅炉给水处理的重要性

锅炉给水，不管是地面或地下水，都含有各种杂质。这些杂质分为三类：①固体杂质，如悬浮固体、胶溶固体、溶解于水的盐类和有机物等；②气体杂质，如氧气和二氧化碳；③液态杂质，如油类、酸类、工业废液等。这些含有杂质的水如不经过处理就进入锅炉，就会威胁锅炉的安全运行。例如，溶解在水中的钙、镁的碳酸盐，重碳酸盐，硫酸盐，在加热的过程中能在锅炉的受热面上沉积下来结成坚硬的水垢，水垢会给锅炉运行带来很多害处。由于水垢的热导率很小，是金属的几十分之一到百分之一，使受热面传热不良。水垢不但浪费燃料，而且使锅炉壁温升高，强度显著下降，这样，在内压力的作用下，管子就会发生变形或者鼓泡，甚至会引起爆管。另外一些溶解的盐类，在锅炉里会分解出氢氧根，氢氧根的浓度过高，会导致锅炉某些部位发生苛性脆化而危害锅炉安全。溶解在水中的氧气和二氧化碳会导致金属的腐蚀，从而缩短锅炉的寿命。

所以，为了确保锅炉的安全，使其经济可靠的运行，就必须对锅炉给水进行必要的处理。

2. 水质标准

对水质的要求，随炉型的不同而不同。低压锅炉主要水质指标有悬浮物、溶解盐类、硬度、碱度、酸度、pH值、溶解氧等；中、高压锅炉，除上述指标外还有电导率、二氧化硅、铜、铁等。

为了保证锅炉安全、经济运行，使用锅炉的单位要根据锅炉的形式、生产要求、本地区水质情况，按照国家现行的有关低压锅炉水质标准或水汽质量监督规程，制定本单位的锅炉水质和管理制度，并严格执行。

3. 水处理方法

因为各地水质不同，锅炉炉型较多，因此水处理方法也各不相同。在选择水处理方法时要因炉、因水而定。目前水处理方法从两方面进行，一种是炉内水处理，另一种是炉外水处理。

炉内水处理也叫锅内水处理，就是将自来水或经过沉淀的天然水直接加入，向汽包内加入适当的药剂，使之与锅炉内水中的钙、镁盐类生成松散的泥渣沉降，然后通过排污装置排除。这种方法较适于小型锅炉使用，也可作为高、中压锅炉的炉外水处理补充，以调整炉水质量。常用的几种药剂有：碳酸钠、氢氧化钠、磷酸钠、六偏磷酸钠、磷酸氢二钠和一些新型有机防垢剂。

炉外水处理就是在给水进入锅炉前，通过各种物理和化学的方法，把水中对锅炉运行有害的杂质除去，使给水达到标准，从而避免锅炉结垢和腐蚀。

常用的方法有离子交换法，能除去水中的钙、镁离子，使水软化（除去硬度），可防止炉壁结垢，中小型锅炉已普遍使用；阴阳离子交换法，能除去水中的盐类，生产脱盐水（亦称纯水），高压锅炉均使用脱盐水，直流锅炉和超高压锅炉的用水要经二级除盐；电渗析法，能除去水中的盐类，常作为离子交换法的前级处理。有些水在软化前要经机械过滤或石灰法除碱。

溶解在锅炉给水中的氧气、二氧化碳，会使锅炉的给水管道和锅炉本体腐蚀，尤其当氧气和二氧化碳同时存在时，金属腐蚀会更加严重。除氧的方法有：喷雾式热力除氧、真空除氧和化学除氧。使用最普遍的是热力除氧。

三、锅炉运行的安全管理

1. 锅炉启动的安全要点

由于锅炉是一个复杂的装置，包含着一系列部件、辅机，锅炉的正常运行包含着燃烧、传热、工质流动等过程，因而启动一台锅炉要进行多项操作，要用较长的时间、各个环节协同动作，逐步达到正常工作状态。

锅炉启动过程中，其部件、附件等由冷态（常温或室温）变为受热状态，由不承压转变为承压，其物理形态、受力情况等产生很大变化，最易产生各种事故。据统计，锅炉事故约有半数是在启动过程中发生的。因而对锅炉启动必须进行认真的准备。

（1）全面检查　锅炉启动之前一定要进行全面检查，符合启动要求后才能进行下一步的操作。启动前的检查应按照锅炉运行规程的规定，逐项进行，主要内容有：检查汽水系统、燃烧系统、风烟系统、锅炉本体和辅机是否完好；检查人孔、手孔、看火门、防爆门及各类阀门、接板是否正常；检查安全附件是否齐全、完好并使之处于启动所要求的位置；检查各种测量仪表是否完好等。

（2）上水　为防止产生过大热应力，上水水温最高不应超过 90～100℃；上水速率要缓慢，全部上水时间在夏季不小于 1h，在冬季不小于 2h。冷炉上水至最低安全水位时应停止上水，以防受热膨胀后水位过高。

（3）烘炉和煮炉　新装、大修或长期停用的锅炉，其炉膛和烟道的墙壁非常潮湿，一旦骤然接触高温烟气，就会产生裂纹、变形甚至发生倒塌事故。为了防止这种情况，锅炉在上水后启动前要进行烘炉。

烘炉就是在炉膛中用文火缓慢加热锅炉，使炉墙中的水分逐渐蒸发掉。

烘炉应根据事先制定的烘炉升温曲线进行，整个烘炉时间根据锅炉大小、型号不同而定，一般为 3～14 天。烘炉后期可以同时进行煮炉。

煮炉的目的是清除锅炉蒸发受热面中的铁锈、油污和其他污物，减少受热面腐蚀，提高锅水和蒸汽的品质。

煮炉时，在锅水中加入碱性药剂，如 $NaOH$、Na_3PO_4 或 Na_2CO_3 等。步骤为：上水至最高水位；加入适量药剂（2～4kg/t 水）；燃烧加热锅水至沸腾但不升压（开启空气阀或抬起安全阀排汽），维持 10～12h；减弱燃烧，排污之后适当放水；加强燃烧并使锅炉升压到 25%～100%工作压力，运行 12～24h；停炉冷却，排除锅水并清洗受热面。

烘炉和煮炉虽不是正常启动，但锅炉的燃烧系统和汽水系统已经部分或大部分处于工作状态，锅炉已经开始承受温度和压力，所以必须认真进行。

(4) 点火与升压　一般锅炉上水后即可点火升压；进行烘炉煮炉的锅炉，待煮炉完毕，排水清洗后，再重新上水，然后点火升压。

从锅炉点火到锅炉蒸汽压力上升到工作压力，这是锅炉启动中的关键环节，需要注意以下问题。

① 防止炉膛内爆炸。即点火前应开动引风机数分钟给炉膛通风，分析炉膛内可燃物的含量，低于爆炸下限时，才可点火。

② 防止热应力和热膨胀造成破坏。为了防止产生过大的热应力，锅炉的升压过程一定要缓慢进行。如：水管锅炉在夏季点火升压需要 2～4h，在冬季点火升压需要 2～6h；立式锅壳锅炉和快装锅炉需要时间较短，为 1～2h。

③ 监视和调整各种变化。点火升压过程中，锅炉的蒸汽参数、水位及各部件的工作状况在不断变化。为了防止异常情况及事故出现，要严密监视各种仪表指示的变化。另外，也要注意观察各受热面，使各部位冷热交换温度变化均匀，防止局部过热，烧坏设备。

(5) 暖管与并汽　所谓暖管，即用蒸汽缓慢加热管道三阀门、法兰等元件，使其温度缓慢上升，避免向冷态或较低温度的管道突然供入蒸汽，以防止热应力过大而损坏管道、阀门等元件。同时将管道中的冷凝水驱出，防止在供汽时发生水击。冷态蒸汽管道的暖管时间一般不少于 2h，热态蒸汽管道的暖管一般为 0.5～1h。

并汽也叫并炉、并列，即投入运行的锅炉向共用的蒸汽总管供汽。并汽时应燃烧稳定、运行正常、蒸汽品质合格以及蒸汽压力稍低于蒸汽总管内汽压（低压锅炉低 0.02～0.05MPa；中压锅炉低 0.1～0.2MPa）。

2. 锅炉运行中的安全要点

(1) 锅炉运行中，保护装置与联锁不得停用。需要检验或维修时，得经有关主管领导批准。

(2) 锅炉运行中，安全阀每天人为排汽试验一次。电磁安全阀电气回路试验每月应进行一次。安全阀排汽试验后，其起座压力、回座压力、阀瓣开启高度应符合规定，并作记录。

(3) 锅炉运行中，应定期进行排污试验。

3. 锅炉停炉时的安全要点

锅炉停炉分正常停炉和紧急停炉（事故停炉）两种。

(1) 正常停炉　正常停炉是计划内停炉。停炉中应注意的主要问题是，防止降压降温过快，以避免锅炉元件因降温收缩不均匀而产生过大的热应力。停炉操作应按规定的次序进行。锅炉正常停炉时先停燃料供应，随之停止送风，降低引风。与此同时，逐渐降低锅炉负荷，相应地减少锅炉上水，但应维持锅炉水位稍高于正常水位。锅炉停止供汽后，应隔绝与蒸汽总管的连接，排汽降压。待锅内无汽压时，开启空气阀，以免锅内因降温形成真空。为防止锅炉降温过快，在正常停炉的 4～6h 内，应紧闭炉门和烟道接板。之后打开烟道接板，缓慢加强通风，适当放水。停炉 18～24h，在锅水温度降至 70℃以下时，方可全部放水。

(2) 紧急停炉　锅炉运行中出现：水位低于水位表的下部可见边缘；不断加大向锅炉给水及采取其他措施，但水位仍继续下降；水位超过最高可见水位（满水），经放水仍不能见到水位；给水泵全部失效或给水系统故障，不能向锅炉进水；水位表或安全阀全部失效；炉元件损坏等严重威胁锅炉安全运行的情况，则应立即停炉。

紧急停炉的操作次序是，立即停止添加燃料和送风，减弱引风。与此同时，设法熄灭炉膛内的燃料，对于一般层燃炉可以用砂土或湿灰灭火，链条炉可以开快挡使炉排快速运转，把红火送入灰坑。灭火后即把炉门、灰门及烟道接板打开，以加强通风冷却。锅内可以较快降压并更换锅水，锅水冷却至 70℃左右允许排水。但因缺水紧急停炉时，严禁给炉上水，并不得开启空气阀及安全阀快速降压。

事故案例

案例 5-1 1993 年 8 月，大庆石化总厂化肥厂合成车间辅助锅炉发生爆管事故。事故原因是：开车期间，由于操作失误，导致锅炉给水泵抽空，高压汽包液位由 55％突然降至 16％，汽包另一套电极液位指示为零。在两个液位指示不一致的情况下，操作人员误认为 16％的液位是正确的，而没有果断地灭火停炉，造成辅锅干烧而爆管一根。直接经济损失 90.61 万元。

案例 5-2 1992 年 3 月 20 日，武汉石油化工厂催化装置因液态烃脱硫醇系统的液态烃串入非净化风系统，并使液态烃和非净化风一起进入再生器。当与高温催化剂接触后，引起非净化风罐罐体爆裂长约 900mm，装置被迫切断进料。事故原因主要是：塔-603、容-602 设计无安全阀，单向阀受碱液腐蚀又失去功能。

案例 5-3 1987 年 4 月 20 日，抚顺石化公司化工塑料厂动力车间尾气锅炉厂房内发生一起空间爆炸事故，造成 1 人轻伤，直接经济损失 4.5 万元。事故原因主要是：尾气锅炉燃烧系统设计设备选型不合理。尾气系统选用了不承压的铸铁阻火器，在承受压力的情况下，发生炉前阻火器破裂，大量燃料气外泄，与空气混合形成爆炸性混合气体，遇炉内明火发生了空间爆炸。此外，尾气总管线与炉前尾气管线间，没有减压稳压装置，在总管线压力波动的情况下，阻火器成为卸压的薄弱环节（经阻火器破坏性试验证明：在 0.490MPa 压力下，阻火器就已产生裂纹漏气）。

案例 5-4 1980 年 4 月，上海某染化厂道生炉发生爆炸，死亡 3 人，重伤 1 人，轻伤 1 人。事故的主要原因是：用道生液加热的高压釜，釜底下封头与筒体环向焊缝有漏眼，而且没有严格执行压力容器管理制度，焊缝缺陷未及时发现，在洗釜时水渗透进夹套。加热时水随道生液进入 285℃道生炉内，瞬间汽化产生高压，使道生炉发生爆炸。

案例 5-5 1993 年 6 月 30 日金陵石化公司炼油厂铂重整车间供气站发生一起氢气钢瓶爆炸伤亡事故。事故主要原因是：在向氢气钢瓶充氢操作前，对充氢系统的气密试验不严格；在充氢时，多个阀门泄漏，致使相当数量的空气被抽入系统，与钢瓶内氢气形成氢气-空气爆炸性混合物，成为这次钢瓶爆炸的充分条件；在拆装盲板紧固法兰的过程中，由于钢瓶进口管的 7 号阀泄漏，喷出的高压氢气-空气混合物产生静电火花，点燃外泄的氢气，并引入系统和钢瓶内，导致钢瓶爆炸。

案例 5-6 1988 年 10 月 28 日，辽阳石油化纤公司化工四厂己二酸车间安全员开放采暖系统投入使用。在工作过程中突然回水罐爆裂，造成一人被严重击、烫伤，抢救无效死亡。事故主要原因是：由于焊接内应力及使用过程中振动疲劳应力，使熔合线处产生裂纹，有效承载面积减小，在外力的作用下焊缝在焊肉中截面积最小处沿焊渣发生断裂，致焊口金属结构内部存在疲劳腐蚀，使疏水器失灵，蒸汽泄漏，导致回水罐超压爆裂。

案例 5-7 1985 年 4 月，山东省德州某化工厂液氯钢瓶在灌装时发生爆炸，造成 3 人死亡。事故的主要原因是：爆炸的钢瓶是 1984 年从天津某厂购进的旧钢瓶。所购进的旧钢瓶未经认真检验就送入包装岗位，经包装岗位检查已发现 3 瓶有异物（瓶嘴有芳香泡沫），但只在台账上注明而未去现场采取措施，致使这 3 瓶仍与待装钢瓶混在一起，当被推上包装台灌装时又未抽空、未验瓶，刚一装液氯即发生爆炸。

案例 5-8 1984 年 6 月，安庆石化总厂机械厂金工车间东大门外的简易氨瓶砖棚内，有只液氨气瓶突然发生爆炸。事故的主要原因是：液氨气瓶充装过量 20％，随着气瓶周围

的气温升高，瓶内液态氨汽化膨胀，使气瓶内的压力急剧升高而造成气瓶爆炸。

案例 5-9 1985 年 2 月 24 日，辽阳石油化纤公司化工一厂裂解车间发生了一起 3 台急冷锅炉损坏及 1# 裂解炉油线焊缝撕裂的重大设备事故。事故的主要原因是：操作工技术素质较差，缺乏对锅炉严重泄漏的判断经验，不知急冷锅炉因水质不良和排污不当已腐蚀损坏，给腐蚀的锅炉继续加水，加剧锅炉的损坏。

复习思考题

1. 什么叫压力容器？如何分类？
2. 如何进行压力容器的安全管理？
3. 压力容器有哪些安全附件？有何作用？
4. 如何安全使用气瓶？
5. 锅炉运行中安全要点有哪些？
6. 锅炉运行中在什么情况下必须停炉？

CHAPTER 6

第六章

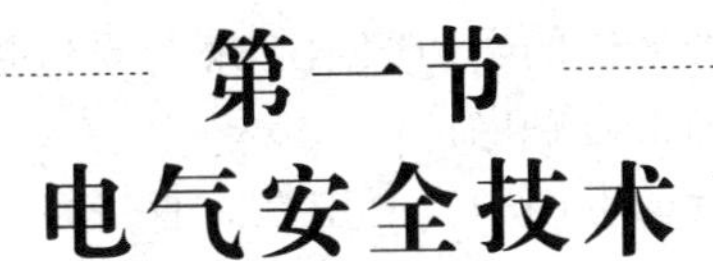

一、电气安全基本知识

1. 电流对人体的伤害

当人体接触带电体时，电流会对人体造成程度不同的伤害，即发生触电事故。触电事故可分为两种类型：电击和电伤。

（1）电击　所谓电击是指电流通过人体时所造成的身体内部伤害，它会破坏人的心脏、呼吸及神经系统的正常工作，使人出现痉挛、窒息、心颤、心脏骤停等症状，甚至危及生命。在低压系统通电电流不大、通电时间不长的情况下，电流引起人体的心室颤动是电击致死的主要原因；在通电电流较小但通电时间较长的情况下，电流会造成人体窒息而导致死亡。

绝大部分触电死亡事故都是由电击造成的。通常所说的触电事故基本上是指电击事故。电击后通常会留下较明显的特征：电标、电纹、电流斑。电标是指在电流出入口处所产生的炭化标记；电纹是指电流通过皮肤表面，在其出入口间产生的树枝状不规则发红线条；电流斑是指电流在皮肤出入口处所产生的大小溃疡。

电击又可分为直接电击和间接电击。直接电击是指人体直接触及正常运行的带电体所发生的电击；间接电击则是指电气设备发生故障后，人体触及意外带电部位所发生的电击。故直接电击也称为正常情况下的电击，间接电击也称为故障情况下的电击。

直接电击多数发生在误触相线、闸刀或其他设备带电部分。间接电击大多发生在以下几种情况：大风刮断架空线或接户线后，搭落在金属物或广播线上；相线和电杆拉线搭连；电动机等用电设备的线圈绝缘损坏而引起外壳带电等情况。在触电事故中，直接电击和间接电击都占有相当比例，因此采取安全措施时要全面考虑。

（2）电伤　所谓电伤是指由电流的热效应、化学效应或机械效应对人体造成的伤害。电伤可伤及人体内部，但多见于人体表面，且常会在人体上留下伤痕。电伤可分为以下几种情况。

① 电弧烧伤　又称为电灼伤，是电伤中最常见也最严重的一种。多由电流的热效应引起，但与一般的水、火烫伤性质不同。具体症状是皮肤发红、起泡，甚至皮肉组织破坏或被烧焦。通常发生在：低压系统带负荷拉开裸露的闸刀开关时；线路发生短路或误操作引起短路时；开启式熔断器熔断时炽热的金属微粒飞溅出来时；高压系统因误操作产生强烈电弧时

（可导致严重烧伤）；人体过分接近带电体（间距小于安全距离或放电距离）而产生的强烈电弧时（可造成严重烧伤而致死）。

② 电烙印　它是指电流通过人体后，在接触部位留下的斑痕。斑痕处皮肤变硬，失去原有弹性和色泽，表层坏死，失去知觉。

③皮肤金属化　它是指由于电流或电弧作用产生的金属微粒渗入人体皮肤造成的，受伤部位变得粗糙坚硬并呈特殊颜色（多为青黑色或褐红色）。需要说明的是，皮肤金属化多在弧光放电时发生，而且一般都伤在人体裸露的部位，与电弧烧伤相比，皮肤金属化并不是主要伤害。

④ 电光眼　表现为角膜炎或结膜炎。在弧光放电时，紫外线、可见光、红外线均可能损伤眼睛。对于短暂的照射，紫外线是引起电光眼的主要原因。

2. 引起触电的三种情形

发生触电事故的情况是多种多样的，但归纳起来主要包括以下三种情形：单相触电，两相触电，跨步电压、接触电压和雷击触电。

（1）单相触电　在电力系统的电网中，有中性点直接接地单相触电和中性点不接地单相触电两种情况。

① 中性点直接接地电网中的单相触电如图 6-1 所示。当人体接触导线时，人体承受相电压。电流经人体、大地和中性点接地装置形成闭合回路。触电电流的大小决定于相电压和回路电阻。

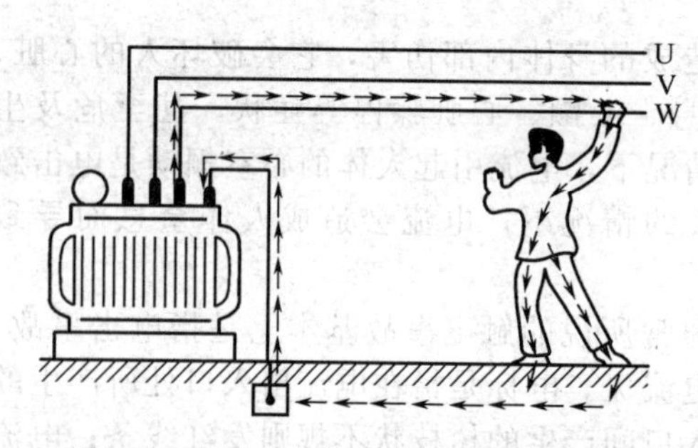

图 6-1　中性点直接接地系统的单相触电

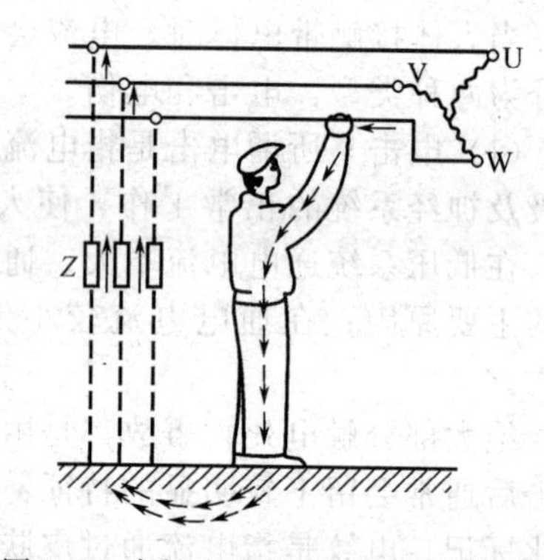

图 6-2　中性点不接地系统的单相触电

② 中性点不接地电网中的单相触电如图 6-2 所示。因为中性点不接地，所以有两个回路的电流通过人体：一个是从 W 相导线出发，经人体、大地、线路对地阻抗 Z 到 U 相导线，另一个是同样路径到 V 相导线。触电电流的数值决定于线电压、人体电阻和线路的对地阻抗。

（2）两相触电　人体同时与两相导线接触时，电流就由一相导线经人体至另一相导线，这种触电方式称为两相触电，如图 6-3 所示。两相触电最危险，因施加于人体的电压为全部工作电压（即线电压），且此时电流将不经过大地，直接从 V 相经人体到 W 相，而构成了闭合回路。故不论中性点接地与否、人体对地是否绝缘，都会使人触电。

（3）跨步电压、接触电压和雷击触电　当一根带电导线断落地上时，落地点的电位就是导线所具有的电位，电流会从落地点直接流入大地。离落地点越远，电流越分散，地面电位也就越低。对地电位的分布曲线如图 6-4 所示。以电线落地点为圆心可画出若干同心圆，它们表示落地点周围的电位分布。离落地点越近，地面电位越高。人的两脚若站在离落地点远近不同的位置上，两脚之间就存在电位差，这个电位差就称为跨步电压。落地电线的电压越高，距落地点同样距离处的跨步电压就越大。跨步电压触电如图 6-5 所示。此时由于电流通过人的两腿而较少通过心脏，故危险性较小。但若两脚发生抽筋而跌到时，触电的危险性就显著增大。此时应赶快将双脚并拢或用单脚着地跳出危险区。

图 6-3 两相触电

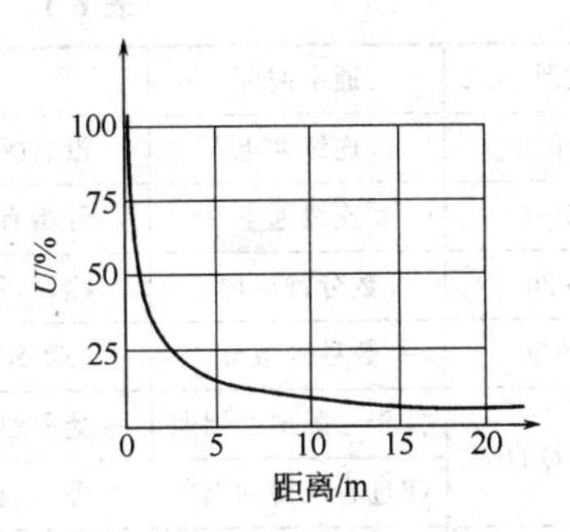

图 6-4 对地电位的分布曲线

图 6-5 跨步电压触电

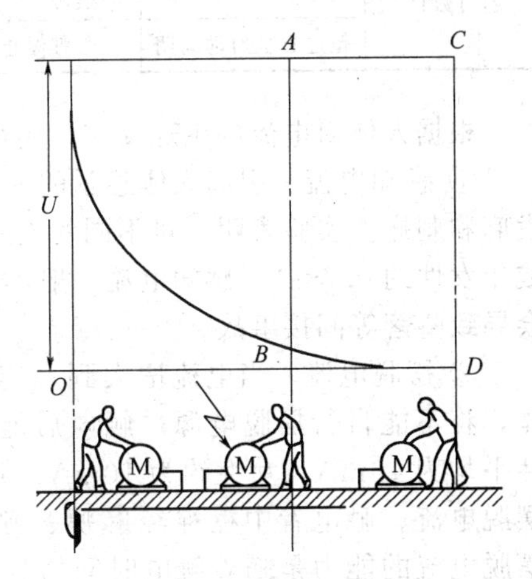

图 6-6 接触电压触电

导线断落地面后，不但会引起跨步电压触电，还容易产生接触电压触电，如图 6-6 所示。图 6-6 中当一台电动机的绕组绝缘损坏并碰外壳接地时，因三台电动机的接地线连在一起，故它们的外壳都会带电且都为相电压，但地面电位分布却不同。左边人体承受的电压是电动机外壳与地面之间的电位差，即等于零。右边人体所承受的电压却大不相同，因为他站在离接地体较远的地方用手摸电动机的外壳，而该处地面电位几乎为零，故他所承受的电压实际上就是电动机外壳的对地电压即相电压，显然就会使人触电，这种触电称为接触电压触电，他对人体有相当严重的危害。所以，实用中每台电动机都要实行单独的保护接地。

此外，雷电时发生的触电现象称为雷击触电。人和牲畜也有可能由于跨步电压或接触电压而导致触电。

3. 影响触电伤害程度的因素

触电所造成的各种伤害，都是由于电流对人体的作用而引起的。它是指电流通过人体内部时，对人体造成的种种有害作用。如电流通过人体时，会引起针刺感、压迫感、打击感、痉挛、疼痛、血压升高、心律不齐、昏迷，甚至心室颤动等症状。

电流对人体的伤害程度，亦即影响触电后果的因素主要包括：通过人体的电流大小、电流通过人体的持续时间与具体途径、电流的种类与频率高低、人体的健康状况等。其中，以通过人体的电流大小和触电时间的长短最主要。

（1）伤害程度与电流大小的关系　通过人体的电流越大，人体的生理反应越明显，感觉

越强烈，引起心室颤动所需的时间越短，致命的危险性就越大。对于常用的工频交流电，按照通过人体的电流大小，将会呈现出不同的人体生理反应，详见表 6-1。

表 6-1　工频电流所引起的人体生理反应

电流范围/mA	通电时间	人体生理反应
0～0.5	连续通电	没有感觉
0.5～5	连续通电	开始有感觉，手指、手腕等处有痛感，没有痉挛，可以摆脱带电体
5～30	数分钟以内	痉挛，不能摆脱带电体，呼吸困难，血压升高，是可以忍受的极限
30～50	数秒到数分	心脏跳动不规则，昏迷，血压升高，强烈痉挛，时间过长可引起心室颤动
50～数百	低于心脏搏动周期	受强烈冲击，但未发生心室颤动
	超过心脏搏动周期	昏迷，心室颤动，接触部位留有电流通过的痕迹
超过数百	低于心脏搏动周期	在心脏搏动周期特定相位触电时，发生心室搏动，昏迷，接触部位留有电流通过的痕迹
	超过心脏搏动周期	心脏停止跳动，昏迷，可能致命的电灼伤

根据人体对电流的生理反应，还可将电流划分为以下三级。

① 感知电流　引起人体感觉的最小电流称感知电流。人体对电流最初的感觉是轻微的发麻和刺痛。实验表明，对不同的人感知电流也不同：成年男性的平均感知电流约 1.1mA，成年女性约 0.7mA。感知电流一般不会造成伤害，但若增大时，感觉增强反应加大，可能会导致坠落等间接事故。

② 摆脱电流　当电流增大到一定程度，触电者将因肌肉收缩、发生痉挛而紧抓带电体，将不能自行摆脱电源。触电后能自主摆脱电源的最大电流称为摆脱电流。对一般男性平均为 16mA，女性约为 10mA；儿童的摆脱电流较成人小。实例表明，当电流略大于摆脱电流、触电者中枢神经麻痹、呼吸停止时，若立即切断电源则可恢复呼吸。可见，摆脱电流的能力是随着触电时间的延长而减弱的。故一旦触电若不能及时摆脱电源，其后果将十分严重。

③ 致命电流　在较短时间内会危及生命的电流称致命电流。电击致死的主要原因大多是由于电流引起心室颤动而造成的。因此，通常也将引起心室颤动的电流称为致命电流。

正常情况下心脏有节奏地收缩与扩张，不断把新鲜血液送到肺部、大脑及全身，及时提供生命所需的氧气。而电流通过心脏时，心脏原有的节律将受到破坏，可能引起每分钟达数百次的“颤动”，并极易引起心力衰竭、血液循环终止、大脑缺氧而导致死亡。

（2）伤害程度与通电时间的关系　引起心室颤动的电流与通电时间的长短有关。显然，通电时间越长，便越容易引起心室颤动，触电的危险性也就越大。电流对人体作用与通电时间的关系可参考图 6-7。图 6-7 中 a 以左的Ⅰ区是没有感觉的区域，a 是人体有感觉的起点；a 与 b 之间的Ⅱ区是开始有感觉但一般没有病理伤害的区域；b 和 c 之间的Ⅲ区是有感觉但一般不引起心室颤动的区域；c 与 d 之间的Ⅳ区是有心室颤动危险的区域；d 以右的Ⅴ区是心室颤动危险很大的区域。

（3）伤害程度与电流途径的关系　人体受伤害程度主要取决于通过心脏、肺及中枢神经的电流大小。电流通过大脑是最危险的，会立即引起死亡，但这种触电事故极为罕见。绝大多数场合是由于电流刺激人体心脏引起心室纤维性颤动致死。因此大多数情况下，触电的危险程度是取决于通过心脏的电流大小。由试验得知，电流在通过人体的各种途径中，流经心脏的电流占人体总电流的百分数如表 6-2 所示。

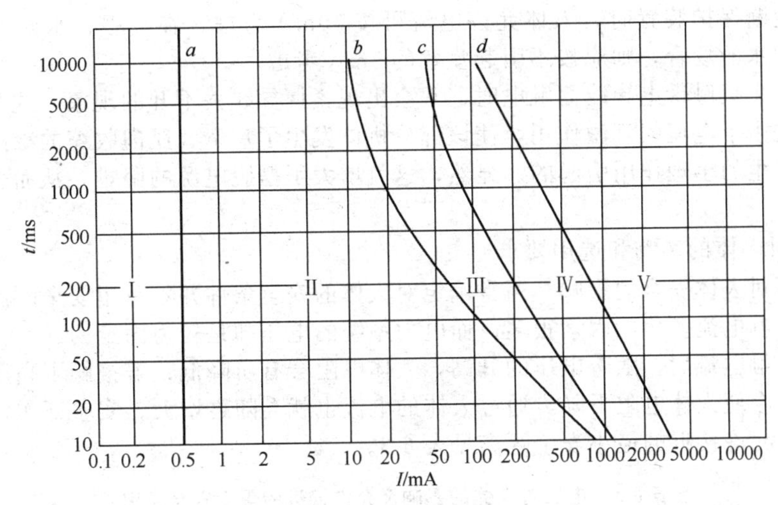

图 6-7 电流对人体作用区域划分图

表 6-2 不同途径流经心脏电流的比例

电流通过人体的途径	通过心脏的电流占通过人体总电流的比例/%
从一只手到另一只手	3.3
从左手到脚	3.7
从右手到脚	6.7
从一只脚到另一只脚	0.4

可见，当电流从手到脚及从一只手到另一只手时，触电的伤害最为严重。电流纵向通过人体，比横向通过人体时更易发生心室颤动，故危险性更大；电流通过脊髓时，很可能使人截瘫；若通过中枢神经，会引起中枢神经系统强烈失调，造成窒息而导致死亡。

(4) 伤害程度与电流频率高低的关系　触电的伤害程度还与电流的频率高低有关。直流电由于不交变，其频率为零，而工频交流电则为50Hz。由实验得知，频率为30～300Hz的交流电最易引起人体心室颤动。工频交流电正处于这一频率范围，故触电时也最危险。在此范围之外，频率越高或越低，对人体的危害程度反而会相对小一些，但并不是说就没有危险性。

4. 人体电阻和人体允许电流

(1) 人体电阻　当电压一定时，人体电阻越小，通过人体的电流就越大，触电的危险性也就越大。电流通过人体的具体路径为：皮肤→血液→皮肤。

人体电阻包括内部组织电阻（简称体电阻）和皮肤电阻两部分。体内电阻较稳定，一般不低于500Ω。皮肤电阻主要由角质层（厚0.05～0.2mm）决定。角质层越厚，电阻就越大。角质层电阻为1000～1500Ω。因此人体电阻一般为1500～2000Ω（保险起见，通常取800～1000Ω）。如果角质层有损坏，则人体电阻将大为降低。

影响人体电阻的因素很多。除皮肤厚薄外，皮肤潮湿、多汗、有损伤、带有导电粉尘等都会降低人体电阻。清洁、干燥、完好的皮肤电阻值就较高，接触面积加大、通电时间加长、发热出汗会降低人体电阻；接触电压增高，会击穿角质层并增加机体电解，也可导致人体电阻降低；人体电阻值也与电流频率有关，一般随频率的增大而有所降低。此外，人体与带电体的接触面积增大、压力加大，电阻就越小，触电的危险性也就越大。

(2) 人体允许电流　由实验得知，在摆脱电流范围内，人若被电击后一般多能自主地摆脱带电体，从而摆脱触电危险。因此，通常便把摆脱电流看作是人体允许电流。如前所述，成年男性的允许电流约为16mA；成年女性的允许电流约为10mA。在线路及设备装有防止

触电的电流速断保护装置时，人体允许电流可按 30mA 考虑；在空中、水面等可能因电击导致坠落、溺水的场合，则应按不引起痉挛的 5mA 考虑。

若发生人手接触带电导线而触电时，常会出现紧握导线丢不开的现象。这并不是因为电有吸力，而是由于电流的刺激作用，使该部分机体发生了痉挛、肌肉收缩的缘故，是电流通过人手时所产生的生理作用引起的。显然，这就增大了摆脱电源的困难，从而也就会加重触电的后果。

5. 电压对人体的影响和选用要求

(1) 电压对人体安全的影响　通常确定对人体的安全条件并不采用安全电流而是用安全电压。因为影响电流变化的因素很多，而电力系统的电压却是较为固定的。

当人体接触电流后，随着电压的升高，人体电阻会有所降低；若接触了高压电，则因皮肤受损破裂而会使人体电阻下降，通过人体的电流也就会随之增大。实验证实，电压高低对人体的影响及允许接近的最小安全距离见表 6-3。

表 6-3　电压对人体的影响及允许接近的最小安全距离

接触时的情况		允许接近的距离	
电压/V	对人体的影响	电压/kV	设备不停电时的安全距离/m
10	全身在水中时跨步电压界限为 10V/m	10	0.7
20	为湿手的安全界限	20～35	1.0
30	为干燥手的安全界限	44	1.2
50	对人的生命没有危险的界限	60～110	1.5
100～200	危险性急剧增大	154	2.0
＞200	危及人的生命	220	3.0
3000	被带电体吸引	330	4.0
≥10000	有被弹开而脱离危险的可能	500	5.0

(2) 不同场所对使用电压的要求　不同类型的场所（建筑物），在电气设备或设施的安装、维护、使用以及检修等方面，也都有不同的要求。按照触电的危险程度，可将它们分成以下三类。

① 无高度触电危险的建筑物　它是指干燥（湿度不大于 75%）、温暖、无导电粉尘的建筑物。室内地板由干木板或沥青、瓷砖等非导电性材料制成，且室内仅属性构建与制品不多，金属占有系数（金属制品所占面积与建筑物总面积之比）小于 20%。属于这类建筑物的有：住宅、公共场所、生活建筑物、实验室等。

② 有高度触电危险的建筑物　它是指地板、天花板和四周墙壁经常处于潮湿、室内炎热高温（气温高于 30℃）和有导电粉尘的建筑物。一般金属占有系数大于 20%。室内地坪由泥土、砖块、湿木板、水泥和金属等制成。属于这类建筑物的有：金工车间、锻工车间、拉丝车间、电炉车间、泵房、变（配）电所、压缩机房等。

③ 有特别触电危险的建筑物　它是指特别潮湿、有腐蚀性液体及蒸气、煤气或游离性气体的建筑物。属于这类建筑物的有：化工车间、铸工车间、锅炉房、酸洗车间、染料车间、漂洗间、电镀车间等。

不同场所里，各种携带型电气工具要选择不同的使用电压。具体是：无高度触电危险的场所，不应超过交流 220V；有高度触电危险的场所，不应超过交流 36V；有高度触电危险的场所，不应超过交流 12V。

6. 触电事故的规律及其发生原因

触电事故往往发生得很突然，且常常是在刹那间或极短时间内就可能造成严重后果。但触电事故也有一定的规律。掌握这些规律并找出触电原因，对如何适时而恰当地实施相关的安全技术措施、防止触电事故的发生，以及安排正常生产等都具有重要意义。

根据对触电事故的分析，从触电事故的发生频率上看，可发现以下规律。

（1）有明显的季节性　一般每年以二、三季度事故较多，其中6～9月最集中。主要是因为这段时间天气炎热、人体衣着单薄且易出汗，触电危险性较大；还因为这段时间多雨、潮湿，电气设备绝缘性能降低；操作人员常因气温高而不穿戴工作服和绝缘护具。

（2）低压设备触电事故多　国内外统计资料均表明：低压触电事故远高于高压触电事故。主要是因为低压设备远多于高压设备，与人接触的机会多；对于低压设备思想麻痹；与之接触的人员缺乏电气安全知识。因此应把防止触电事故的重点放在低压用电方面。（但对于专业电气操作人员往往有相反的情况，即高压触电事故多于低压触电事故。特别是在低压系统推广了漏电保护器之后，低压触电事故大为降低。）

（3）携带式和移动式设备触电事故多　主要是这些设备因经常移动，工作条件较差，容易发生故障；而且经常在操作人员紧握之下工作。

（4）电气连接部位触电事故多　大量统计资料表明，电气事故点多数发生在分支线、接户线、地爬线、接线端、压线头、焊接头、电线接头、电缆头、灯座、插头、插座、控制器、开关、接触器、熔断器等处。主要是由于这些连接部位机械牢固性较差，电气可靠性也较低，容易出现故障的缘故。

（5）单相触电事故多　据统计，在各类触电方式中，单相触电占触电事故的70%以上。所以，防止触电的技术措施也应重点考虑单相触电的危险。

（6）事故多由两个以上因素构成　统计表明，90%以上的事故是由于两个以上原因引起的。构成事故的四个主要因素是：缺乏电气安全知识；违反操作规程；设备不合格；维修不善。其中，仅一个原因的不到8%，两个原因的占35%，三个原因的占38%，四个原因的占20%。应当指出，由操作者本人过失所造成的触电事故是较多的。

（7）青年、中年以及非电工触电事故多　一方面这些人多数是主要操作者，且大多接触电气设备；另一方面这些人都已有几年工龄，不再如初学时那么小心谨慎，但经验还不足，电气安全知识尚欠缺。

二、电气安全技术措施

如前所述，化工生产中所使用的物料多为易燃易爆、易导电及腐蚀性强的物质，且生产环境条件较差。对安全用电造成较大的威胁。为了防止触电事故，除了在思想上提高对安全用电的认识，树立“安全第一”的思想，严格执行安全操作规程，以及采取必要的组织措施外，还必须依靠一些完善的技术措施。

1. 隔离带电体的防护措施

有效隔离带电体是防止人体遭受直接电击事故的重要措施，通常采用以下几种方式。

（1）绝缘　绝缘是用绝缘物将带电体封闭起来的技术措施。良好的绝缘既是保证设备和线路正常运行的必要条件，也是防止人体触及带电体的基本措施。电气设备的绝缘只有在遭到破坏时才能除去。电工绝缘材料是指体积电阻率在$10^7\Omega\cdot m$以上的材料。

电工绝缘材料的品种很多，通常分为：

① 气体绝缘材料，常用的有空气、氮气、二氧化碳等；

② 液体绝缘材料，常用的有变压器油、开关油、电容器油、电缆油、十二烷基苯、硅油、聚丁二烯等；

③ 固体绝缘材料，常用的有绝缘漆胶、漆布、漆管、绝缘云母制品、聚四氟乙烯、瓷和玻璃制品等。

电气设备的绝缘应符合其相应的电压等级、环境条件和使用条件。电气设备的绝缘应能

长时间耐受电气、机械、化学、热力以及生物等有害因素的作用而不失效。

应当注意，电气设备的喷漆及其他类似涂层尽管可能具有很高的绝缘电阻，但一律不能单独当作防止电击的技术措施。

（2）屏护　屏护是采用屏护装置控制不安全因素，即采用遮拦、护罩、护盖、箱（匣）等将带电体同外界隔绝开来的技术措施。

屏护装置既有永久性装置，如配电装置的遮拦、电气开关的罩盖等；也有临时性屏护装置，如检修工作中使用的临时性屏护装置。既有固定屏护装置，如母线的护网；也有移动屏护装置，如跟随起重机移动的滑触线的屏护装置。

对于高压设备，不论是否有绝缘，均应采取屏护措施或其他防止人体接近的措施。

在带电体附近作业时，可采用能移动的遮拦作为防止触电的重要措施。检修遮拦可用干燥的木材或其他绝缘材料制成，使用时置于过道、入口或工作人员与带电体之间，可保证检修工作的安全。

对于一般固定安装的屏护装置，因其不直接与带电体接触，对所用材料的电气性能没有严格要求，但屏护装置所用材料应有足够的机械强度和良好的耐火性能。

屏护措施是最简单也是很常见的安全装置。为了保证其有效性，屏护装置必须符合以下安全条件。

① 屏护装置应有足够的尺寸。遮拦高度不应低于 1.7m，下部边缘离地面不应超过 0.1m。对于低压设备，网眼遮拦与裸导体距离不宜小于 0.15m；10kV 设备不宜小于 0.35m；20～30kV 设备不宜小于 0.6m。户内栅栏高度不应低于 1.2m，户外不应低于 1.5m。

② 保证足够的安装距离。对于低压设备，栅栏与裸导体距离不宜小于 0.8m，栏条间距离不应超过 0.2m。户外变电装置围墙高度一般不应低于 2.5m。

③ 接地。凡用金属材料制成的屏护装置，为了防止屏护装置意外带电造成触电事故，必须将屏护装置接地（或接零）。

④ 标志。遮拦、栅栏等屏护装置上，应根据被屏护对象挂上“高压危险”、“止步，高压危险”、“禁止攀登，高压危险”等警示牌。

⑤ 信号或联锁装置。应配合采用信号装置和联锁装置。前者一般是用灯光或仪表显示有电；后者是采用专门装置，当人体越过屏护装置可能接近带电体时，被屏护的装置自动断电。屏护装置上锁的钥匙应有专人保管。

（3）间距　间距是将可能触及的带电体置于可能触及的范围之外。为了防止人体及其他物品接触或过分接近带电体、防止火灾、防止过电压放电和各种短路事故及操作方便，在带电体与地面之间、带电体与其他设备设施之间、带电体与带电体之间均须保持一定的安全距离。如架空线路与地面、水面的距离，架空线路与有火灾爆炸危险厂房的距离等。安全距离的大小决定于电压的高低、设备的类型、安装的方式等因素。

2. 采用安全电压

安全电压值取决于人体允许电流和人体电阻的大小。我国规定工频安全电压的上限值，即在任何情况下，两导体间或导体与地之间均不得超过的工频有效值为 50V。这一限制是根据人体允许电流 30mA 和人体电阻 1700Ω 的条件下确定的。国际电工委员会还规定了直流安全电压的上限值为 120V。

我国规定工频有效值 42V、36V、24V、12V、6V 为安全电压的额定值。凡手提照明灯、特别危险环境的携带式电动工具，如无特殊安全结构或安全措施，应采用 42V 或 36V 安全电压；金属容器内、隧道内等工作地点狭窄、行动不便以及周围有大面积接地体的环境，应采用 24V 或 12V 安全电压。

3. 保护接地

保护接地就是把在正常情况下不带电、在故障情况下可能呈现危险的对地电压的金属部分同大地紧密地连接起来，把设备上的故障电压限制在安全范围内的安全措施（见图 6-8）。保护接地常简称为接地。保护接地应用十分广泛，属于防止间接接触电击的安全技术措施。

保护接地的作用原理是利用数值较小的接地装置电阻（低压系统一般应控制在 4Ω 以下）与人体电阻并联，将漏电设备的对地电压大幅度地降低至安全范围内。此外，因人体电阻远大于接地电阻，由于分流作用，通过人体的故障电流将远比流经接地装置的电流要小得多，对人体的危害程度也就极大地减小了。

采用保护接地的电力系统不宜配置中性线，以简化过电流保护和便于寻找故障。

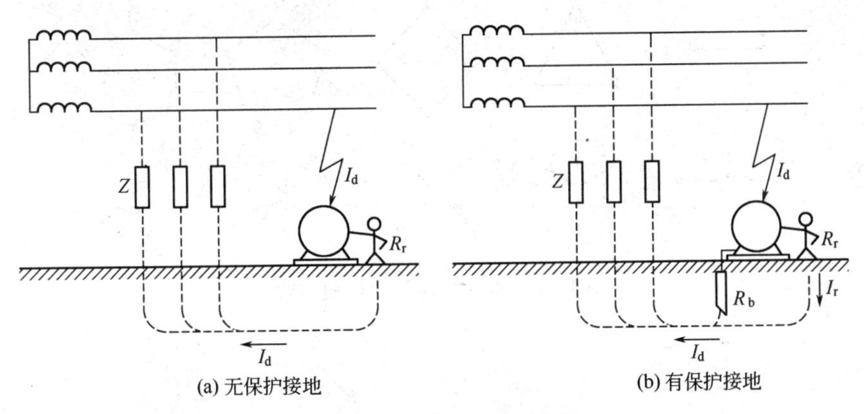

图 6-8　保护接地原理示意图

（1）保护接地应用范围　保护接地适用于各种中性点不接地电网。在这类电网中，凡由于绝缘破坏或其他原因而可能呈现危险电压的金属部分，除另有规定外，均应接地。主要包括：

① 电机、变压器及其他电器的金属底座和外壳；

② 电气设备的传动装置；

③ 室内外配电装置的金属或钢筋混凝土构架以及靠近带电部分的金属遮拦和金属门；

④ 配电、控制、保护用的盘、台、箱的框架；

⑤ 交、直流电力电缆的接线盒、终端盒的金属外壳和电缆的金属护层、穿线的钢管；

⑥ 电缆支架；

⑦ 装有避雷针的电力线路杆塔；

⑧ 在非沥青地面的居民区内，无避雷针的小接地电流架空电力线路的金属杆塔和钢筋混凝土杆塔；

⑨ 装在配电线路杆上的电力设备。

此外，对所有高压电气设备，一般都是实行保护接地。

（2）接地装置　接地装置是接地体和接地线的总称。运行中电气设备的接地装置应始终保持在良好状态。

① 接地体　接地体有自然接地体和人工接地体两种类型。

自然接地体是指用于其他目的但与土壤保持紧密接触的金属导体。如埋设在地下的金属管道（有可燃或爆炸介质的管道除外）、与大地有可靠连接的建（构）筑物的金属结构等自然导体均可用作自然接地体。利用自然接地体不但可以节约钢材、节省施工经费，还可以降低接地电阻。因此，如果有条件应当首先考虑利用自然接地体。自然接地体至少应有两根导体自不同地点与接地网相连（线路杆塔除外）。

人工接地体可采用钢管、圆钢、角钢、扁钢或废钢铁制成。人工接地体宜垂直埋设；多岩石地区可水平埋设。垂直埋设的接地体可采用直径 40～50mm 的钢管或 40mm×40mm×4mm～50mm×50mm×5mm 的角钢。垂直接地体的长度以 2.5m 左右为宜。垂直接地体一般由两根以上的钢管或角钢组成，可以成排布置，也可做环形布置。相邻钢管或角钢之间的距离以不超过 3～5m 为宜。钢管或角钢上端用扁钢或圆钢联结成一个整体。垂直接地体几种典型布置如图 6-9 所示。水平埋设的接地体可采用 40mm×4mm 的扁钢或直径 16mm 的圆钢。水平接地体多呈放射状布置，也可成排布置或环状布置。水平接地体几种典型布置如图 6-10 所示。

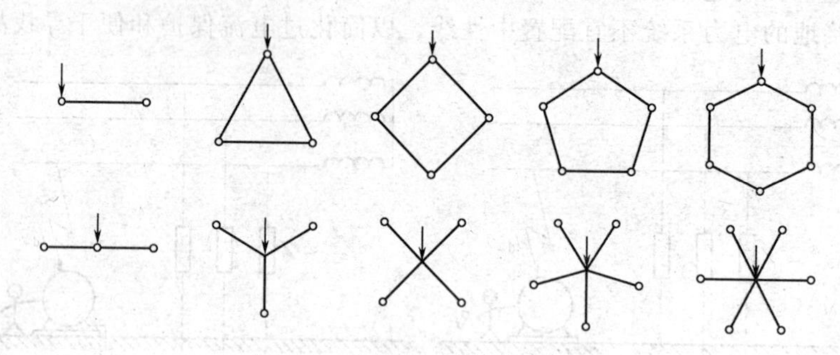

图 6-9　垂直接地体的典型布置

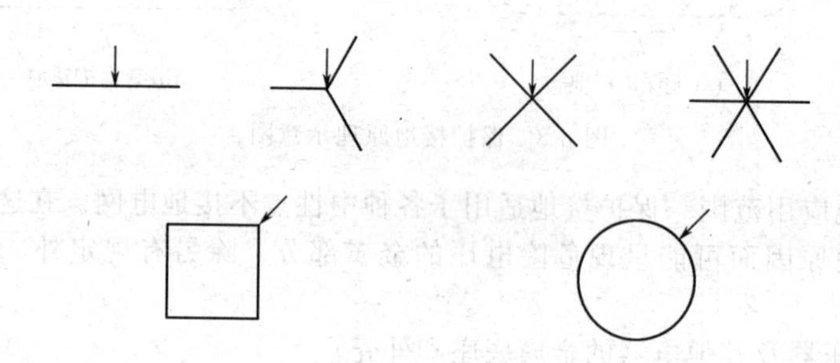

图 6-10　水平接地体的典型布置

② 接地线　接地线即连接接地体与电气设备应接地部分的金属导体。有自然接地线与人工接地线之分，及接地干线与接地支线之分。交流电气设备应优先利用自然导体作接地线。如建筑物的金属结构及设计规定的混凝土结构内部的钢筋、生产用的金属结构、配线的钢管等均可用作接地线。对于低压电气系统，还可以利用不流经可燃液体或气体的金属管道作接地线。在非爆炸危险场所，如自然接地线有足够的截面积，可不再另行敷设人工接地线。

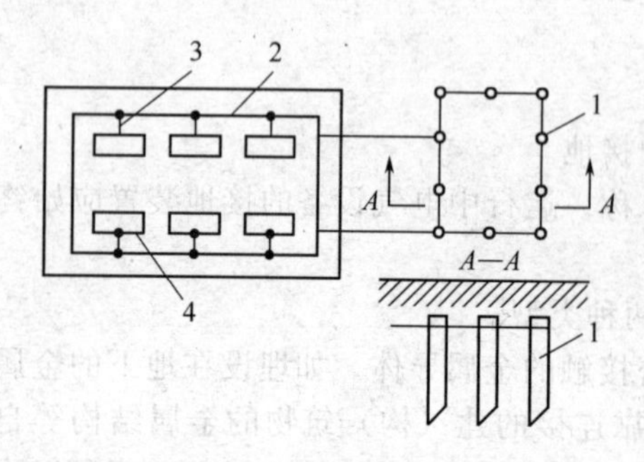

图 6-11　接地装置示意图

1—接地体；2—接地干线；
3—接地支线；4—电气设备

如果生产现场电气设备较多，应敷设接地干线，如图 6-11 所示。必须指出，各电气设备外壳应分别与接地干线连接（各设备的接地支线不能串联），接地干线应经两条连接线与接地体连接。

③ 接地装置的安装与连接　接地体宜避开人行道和建筑物出入口附近；如不能避开腐蚀性较强的地带，应采取防腐措施。为了提高接地的可靠性，电气设备的接地支线应单独与接地干线或接地体相连，而不允许串联连接。接地干线应有两处与接地体相连接，以提高可靠性。除接地体外，接地体的引出线亦应作防腐处理。

接地体与建筑物的距离不应小于 1.5m，与独立避雷针的接地体之间的距离不应小于 3m。为了减小自然因素对接地电阻的影响，接地体上端的埋入深度一般不应小于 0.6m，并应在冻土层以下。

接地线位置应便于检查，并不应妨碍设备的拆卸和检修。

接地线的涂色和标志应符合国家标准。不经允许，接地线不得作其他电气回路使用。

必须保证电气设备至接地体之间导电的连续性，不得有虚接和脱落现象。接地体与接地线的连接应采用焊接，且不得有虚焊；接地线与管道的连接可采用螺丝连接，但必须防止锈蚀，在有震动的地方，应采取防松措施。

④ 保护接地的局限性　在中性点接地的低压配电网络中，假如电气设备发生了单相碰壳漏电故障，若实行了保护接地，由于电源电压为 220V，如按工作接地电阻为 4Ω、保护接地电阻为 4Ω 计算，则故障回路将产生 27.5A 的电流。为保证使熔丝熔断或自动开关跳闸，一般规定故障电流必须分别大于熔丝或开关额定电流的 2.5 倍或 1.25 倍。因此，故障电流便只能保证使额定电流为 11A 的熔丝或 22A 的开关动作；若电气设备容量较大，所选用的熔丝与开关的额定电流超过了上述数值，则此时便不能保证切断电源，进而也就无法保障人身安全了。所以，接地保护方式存在一定的局限性。

4. 保护接零

保护接零时将电气设备在正常情况下不带电的金属部分用导线与低压配电系统的零线相连接的技术防护措施（见图 6-12）。常简称为接零。与保护接地相比，保护接零能在更多的情况下保证人身的安全，防止触电事故。

在实施上述保护接零的低压系统中，如果电气设备一旦发生单相碰壳漏电故障，便形成一个单相短路回路。因该回路内不包含工作接地电阻与保护接地电阻，整个回路的阻抗就很小，因此故障电流必将很大（远远超出 27.5A），就足以能保证在最短的时间内使熔丝熔断、保护装置或自动开关跳闸，从而切断电源，保障了人身安全。

保护接零适用于中性点直接接地的 380V/220V 三相四线制电网。

(1) 采用保护接零的基本要求　在低压配电系统内采用接零保护方式时，应注意如下要求。

① 三相四线制低压电源的中性点必须接地良好，工作接地电阻应符合要求。

② 采用接零保护方式时，必须装设足够数量的重复接地装置。

③ 统一低压电网中（指同一台配电变压器的供电范围内），在采用保护接零方式后，便不允许再采用保护接地方式。

如果同时采用接地与接零两种保护方式，如图 6-13 所示，当实行保护接地的设备 M_2 发生碰壳故障，则零线的对地电压将会升高到电源相电压的一半或更高。这时，实行保护接零的所有设备（如 M_1）都会带有同样高的电位，使设备外壳等金属部分呈现较高的对地电压，从而危及操作人员的安全。

④ 零线上不准装设开关和熔断器。零线的敷设要求与相线的一样，以免出现零线断线故障。

⑤ 零线截面应保证在低压电网内任何一处短路时，能够承受大于熔断器额定电流 2.5～4 倍及自动开关额定电流 1.25～2.5 倍的短路电流。

⑥ 所有电气设备的保护接零线，应以“并联”方式连接到零干线上。

必须指出，在实行保护接零的低压配电系统中，电气设备的金属外壳在其正常情况下有时也会带电。产生这种情况的原因有以下三种。

① 三相负载不均衡时，在零线阻抗过大（线径过小）或断线的情况下，零线上便可能会产生一个有麻电感觉的接触电压。

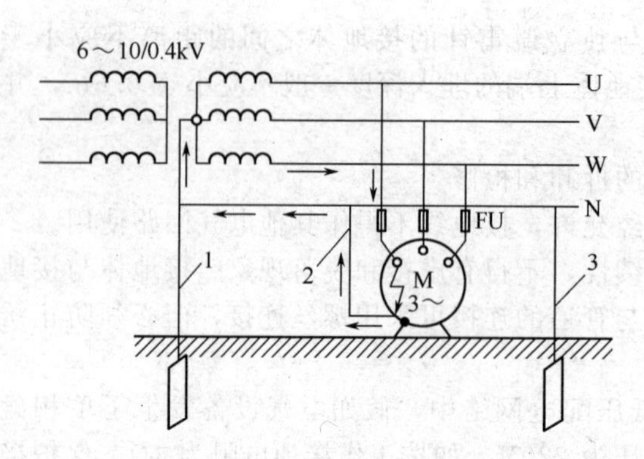

图 6-12 保护接零、工作接地、重复接地示意图

1—工作接地；2—保护接零；3—重复接地

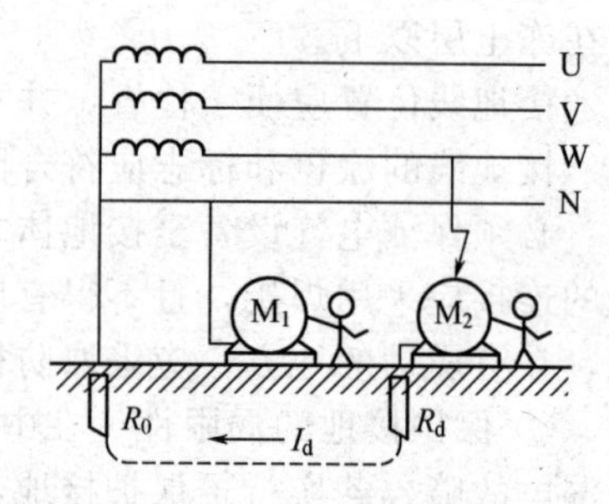

图 6-13 同一配电系统内保护接地与接零混用

② 保护接零系统中有部分设备采用保护接地时，若接地设备发生单相碰壳故障，则接零设备的外壳便会因零线电位的升高而产生接触电压。

③ 当零线断线又同时发生零线断开点之后的电气设备单相碰壳，这时，零线断开点后的所有接零电气设备都会带有较高的接触电压。

(2) 保护接地与保护接零的比较　详见表 6-4。

表 6-4　保护接地与保护接零的比较

种　类	保护接地	保护接零
含　义	用电设备的外壳接接地装置	用电设备的外壳接电网的零干线
适用范围	中性点不接地电网	中性点接地的三相四线制电网
目　的	起安全保护作用	起安全保护作用
作用原理	平时保持零电位不显作用；当发生碰壳或短路故障时能降低对地电压，从而防止触电事故	平时保持零干线电位不显作用，且与相线绝缘；当发生碰壳或短路时能促使保护装置速动以切断电源
注意事项	必须克服接地线、零线并不重要的错误认识，而要树立零线、地线对于保证电气安全比相线更具重要意义的科学观念	
	确保接地可靠。在中性点接地系统，条件许可时要尽可能采用保护接零方式，在同一电源的低压配电网范围内，严禁混用接地与接零保护方式	禁止在零线上装设各种保护装置和开关等；采用保护接零时必须有重复接地才能保证人身安全，严禁出现零线断线的情况

5. 采用漏电保护器

漏电保护器主要用于防止单相触电事故，也可用于防止有漏电引起的火灾，有的漏电保护器还具有过载保护、过电压和欠电压保护、缺相保护等功能。主要应用于 1000V 以下的低压系统和移动电动设备的保护，也可用于高压系统的漏电检测。漏电保护器按动作原理可分为电流型和电压型两大类。目前以电流型漏电保护器的应用为主。

电流型漏电保护器的主要参数为动作电流和动作时间。

动作电流可分为 0.006A、0.01A、0.015A、0.03A、0.05A、0.075A、0.1A、0.2A、0.5A、1A、3A、5A、10A、20A 等 15 个等级。其中，30mA 以下（包括 30mA）的属于高灵敏度，主要用于防止各种人身触电事故；30mA 以上及 1000mA 以下（包括 1000mA）的属于中灵敏度，用于防止触电事故和漏电火灾事故；1000mA 以上的属于低灵敏度，用于防止漏电火灾和监视一相接地事故。为了避免误动作，保护装置的不动作电流不得低于额定动作电流的一半。

漏电保护器的动作时间是指动作时的最大分段时间。应根据保护要求确定，有快速型、定时限型和延时型之分。快速型和定时限型漏电保护器的动作时间应符合表 6-5 的要求。延时型只能用于动作电流 30mA 以上的漏电保护器，其动作时间可选为 0.2s、0.4s、0.8s、1s、1.5s 及 2s。防止触电的漏电保护，宜采用高灵敏度、快速型漏电保护器，其动作电流与动作时间的乘积不应超过 30mA·s。

表 6-5 漏电保护器的动作时间

额定动作电流 I/mA	额定电流 /A	动作时间		
		I	$2I$	$5I$
≤30	任意值	0.2	0.1	—
>30	任意值	0.2	0.1	0.04
	≥40①	0.2	—	0.15①

① 适用于组合型漏电保护器。

6. 正确使用防护用具

为了防止操作人员发生触电事故，必须正确使用相应的电气安全用具。常用电气安全用具主要有如下种类。

(1) 绝缘杆　绝缘杆是一种主要的基本安全用具，又称绝缘棒或操作杆，其结构如图 6-14 所示。绝缘杆在变配电所里主要用于闭合或断开高压隔离开关、安装或拆除携带型接地线以及进行电气测量和试验等工作。在带电作业中，则是使用各种专用的绝缘杆。使用绝缘杆时应注意手拿握手部分不能超出护环，且要戴上绝缘手套、穿绝缘靴（鞋）；绝缘杆每年要进行一次定期试验。

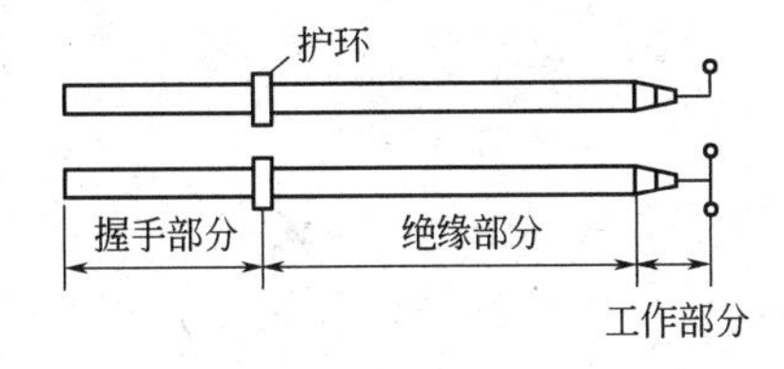

图 6-14 绝缘杆

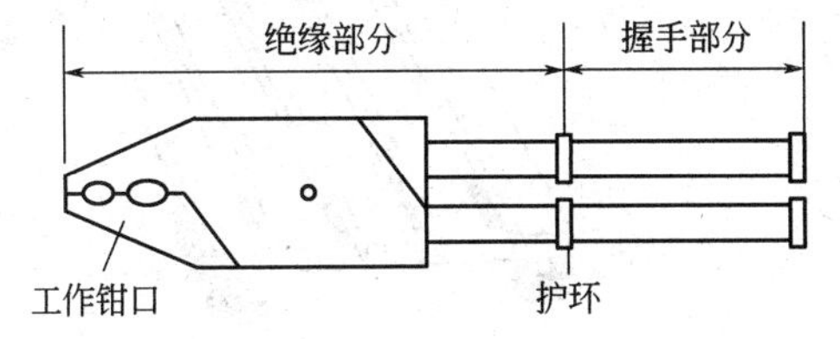

图 6-15 绝缘夹钳

(2) 绝缘夹钳　绝缘夹钳的结构如图 6-15 所示。绝缘夹钳只允许在 35kV 及以下的设备中使用。使用绝缘夹钳夹熔断器时，工作人员的头部不可超过握手部分，并应戴护目镜、绝缘手套，穿绝缘靴（鞋）或站在绝缘台（垫）上；绝缘夹钳的定期试验为每年一次。

(3) 绝缘手套　绝缘手套是在电气设备上进行实际操作时的辅助安全用具，也是在低压设备的带电部分上工作时的基本安全用具。绝缘手套一般分为 12kV 和 5kV 的两种，这都是以试验电压值命名的。

使用绝缘手套应注意以下事项。

① 使用前检查时可将手套朝手指方向卷曲，检查有无漏气或裂口等现象。

② 戴手套时应将外衣袖放入手套的伸长部分。

③ 绝缘手套使用后必须擦干净，并且要与其他工具分开放置。

④ 绝缘手套每半年应检查一次。

(4) 绝缘靴（鞋）　绝缘靴（鞋）是在任何等级的电气设备上工作时，用来与地面保持绝缘的辅助安全用具，也是防跨步电压的基本安全用具。

使用绝缘靴（鞋）应注意以下事项：

① 绝缘靴（鞋）要存放在柜子里，并应与其他工具分开放置；

② 绝缘靴（鞋）使用期限，制造厂规定以大底磨光为止，即当大底露出黄色面胶（绝

缘层）时就不适合在电气作业中使用了；

③ 绝缘靴（鞋）每半年试验一次。

（5）绝缘垫　绝缘垫是在任何等级的电气设备上带电工作时，用来与地面保持绝缘的辅助安全用具。使用电压在1000V及以上时，可作为辅助安全用具；1000V以下时可作为基本安全用具。绝缘垫的规格：厚度有4mm、6mm、8mm、10mm、12mm等5种，宽度为1m，长度为5m。

使用绝缘垫时应注意以下事项。

① 注意防止与酸、碱、盐类及其他化学品和各种油类接触，以免受腐蚀后老化、龟裂或变黏，降低绝缘性能。

② 避免与热源直接接触使用；应在空气温度为20～40℃的环境中使用。

③ 绝缘垫定期每两年试验一次。

（6）绝缘台　绝缘台是在任何等级的电气设备上带电工作时的辅助安全用具。他的台面用干燥的、漆过绝缘漆的木板或木条做成，四角用绝缘瓷瓶作台角，如图6-16所示。绝缘台面的最小尺寸为800mm×800mm。为便于移动、清扫和检查，台面不宜做得太大，一般不超过1500mm×1000mm。绝缘台必须放在干燥的地方。绝缘台的定期试验为每三年一次。

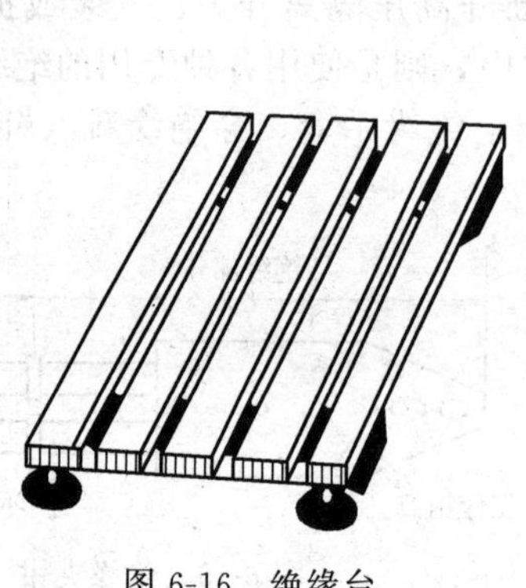
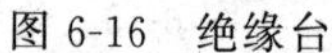

图6-16　绝缘台

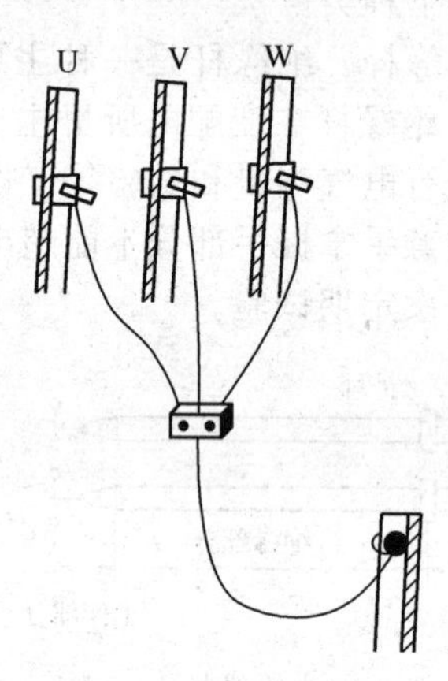

图6-17　携带型接地线

（7）携带型接地线　携带型接地线可用来防止设备因突然来电如错误合闸送电而带电、消除临近感应电压或放尽已断开电源的电气设备上的剩余电荷，其结构如图6-17所示。短路软导线与接地软导线应采用多股裸软铜线，其截面不应小于25mm²。

使用携带型接地线应注意以下事项。

① 电气设备上需安装接地线时，应安装在导电部分的规定位置，并保证接触良好。

② 装设携带型接地线必须两人进行。装设时应先接接地端，后接导体端。拆接地线的顺序与此相反。装设时应使用绝缘杆并戴绝缘手套。

③ 凡是可能送电至停电设备，或停电设备上有感应电压时，都应装设接地线；检修设备若分散在电气连接的几个部分时，则应分别验电并装设接地线。

④ 接地线和工作设备之间不允许连接刀闸或熔断器，以防它们断开时设备失去接地，使检修人员触电。

⑤ 装设时严禁用缠绕的方法进行接地或短路。这是由于缠绕接触不良，通过短路电流时容易产生过热而烧坏，同时还会产生较大的电压降作用于停电设备上。

⑥ 禁止用普通导线作为接地线或短路线。

⑦ 为了保存和使用好接地线，所有接地线都应编号，放置的处所亦应编号，以便对号存放。每次使用要做记录，交接班时要交接清楚。

（8）验电笔　验电笔有高压验电笔和低压验电笔两类。它们都是用来检验设备是否带电的工具。当设备断开电源、装设携带型接地线之前，必须用验电笔验明设备是否确已无电。

高压验电笔：是一个用绝缘材料制成的空心管，管上装有金属制成的工作触头，触头里装有氖光灯和电容器。绝缘部分和握柄用胶木或硬橡胶制成，其结构如图 6-18 所示。

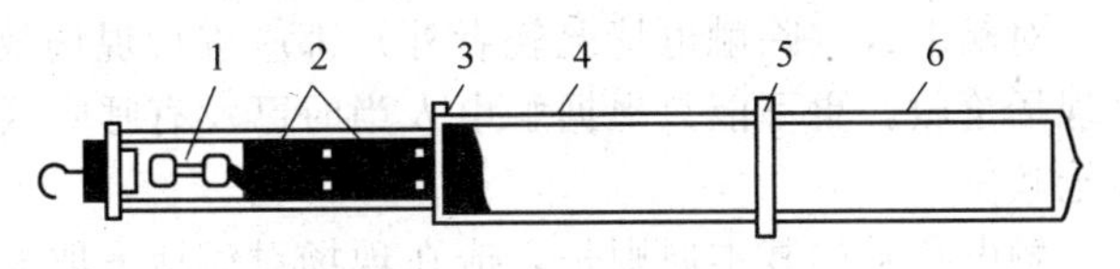

图 6-18　高压验电笔

1—氖光灯；2—电容器；3—接地螺丝；4—绝缘部分；5—护环；6—握柄

使用高压验电笔应注意以下事项。

① 必须使用额定电压和被检验设备电压等级一致的合格验电笔。验电前应将验电笔在带电的设备上验电，证实验电笔良好时，再在设备进出线两侧逐相进行验电（不能只验一相，因在实际工作中曾发生过开关故障跳闸后某一相仍然有电压的情况）。验明无电后再把验电笔在带电设备上复核它是否良好。上述操作顺序称为“验电三步骤”。

② 反复验证验电笔的目的，是防止使用中验电笔突然失灵而把有电设备判断为无电设备，以致发生触电事故。

③ 在没有验电笔的情况下，可用合格的绝缘杆进行验电。验电时要将绝缘杆缓慢地接近导体（但不准接触），以形成间隙放电并根据有无放电火花和“噼啪”声判断有无电压。

④ 在高压设备上进行验电工作时，工作人员必须戴绝缘手套。

⑤ 高压验电笔每六个月要定期试验一次。

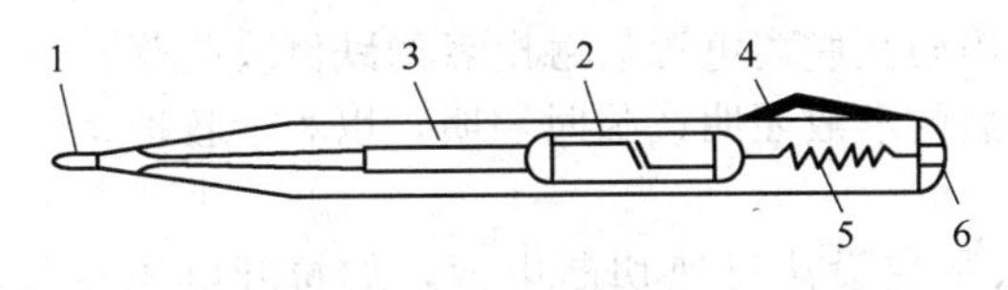

图 6-19　低压验电笔

1—工作触头；2—氖灯；3—炭精电阻；4—金属夹；5—弹簧；6—中心螺钉

低压验电笔：是用来检查低压设备是否有电、以及区别火线（相线）与地线（中性线）的一种验电工具。其外形通常为钢笔式或旋凿式，前端有金属探头，后端有金属挂钩（使用时，手必须接触金属挂钩），内部有发光氖泡、降压电阻及弹簧，其结构如图 6-19所示。

使用低压验电笔应注意以下事项。

① 测试前应先在确认的带电体上试验以证明是否良好，防止因氖泡损坏而造成误判断。

② 日常工作中要养成使用验电笔的良好习惯；使用验电笔时一般应穿绝缘鞋（俗称电工鞋）。

③ 在明亮光线下测试时，往往不容易看清楚氖泡的辉光。此时，应采用避光观察并注意仔细测试。

④ 有些设备特别是测试仪表，其外壳常会因感应而带电，验电时氖泡也会发亮，但不一定构成触电危险。此时，可用万用表测量等其他方法以判断是否真正带电。

三、触电急救

1. 触电急救的要点与原则

触电急救的要点是抢救迅速与救护得法。发现有人触电后，首先要尽快使其脱离电源；然后根据触电者的具体情况，迅速对症救护。现场常用的主要救护方法是心肺复苏法，它包括口对口人工呼吸和胸外心脏按压法。

人触电后会出现神经麻痹、呼吸中断、心脏停止跳动等症状，外表呈现昏迷不醒状态，即“假死状态”，有触电者经过 4h 甚至更长时间的连续抢救而获得成功的先例。据资料统计，从触电后 1min 开始救治的约 90%有良好效果；从触电后 6min 开始救治的约 10%有良

好效果；从触电后 12min 开始救治的，则救活的可能性就很小了。所以，抢救及时并坚持救护是非常重要的。

对触电人（除触电情况轻者外）都应进行现场救治。在医务人员接替救治前，切不能放弃现场抢救，更不能只根据触电人当时已没有呼吸或心跳，便擅自判定伤员为死亡，继而放弃抢救。

触电急救的基本原则是，应在现场对症地采取积极措施保护触电者生命，并使其能减轻伤情、减少痛苦。具体而言就是应遵循：迅速（脱离电源）、就地（进行抢救）、准确（姿势）、坚持（抢救）的“八字原则”。同时应根据伤情的需要，迅速联系医疗部门救治。尤其对于触电后果严重的人员，急救成功的必要条件是动作迅速、操作正确。任何迟疑拖延和操作错误都会导致触电者伤情加重或造成死亡。此外，急救过程中要认真观察触电者的全身情况，以防止伤情恶化。

2. 解救触电者脱离电源的方法

使触电者脱离电源，就是要把触电者接触的那一部分带电设备的开关或其他断路设备断开；或设法将触电者与带电设备脱离接触。

(1) 使触电者脱离电源的安全注意事项

① 救护人员不得采用金属和其他潮湿的物品作为救护工具。

② 在未采取任何绝缘措施前，救护人员不得直接触及触电者的皮肤和潮湿衣服。

③ 在使触电者脱离电源的过程中，救护人员最好用一只手操作，以防再次发生触电事故。

④ 当触电者站立或位于高处时，应采取措施防止脱离电源后触电者的跌倒或坠落。

⑤ 夜晚发生触电事故时，应考虑切断电源后的事故照明或临时照明，以利于救护。

(2) 使触电者脱离电源的具体方法

① 触电者若是触及低压带电设备，救护人员应设法迅速切断电源，如拉开电源开关，拔出电源插头等；或使用绝缘工具、干燥的木棒、绳索等不导电的物品解脱触电者；也可抓住触电者干燥而不贴身的衣服将其脱开（切记要避免碰到金属物体和触电者的裸露身躯）；也可戴绝缘手套或将手用干燥衣物等包起来去拉触电者，或者站在绝缘垫等绝缘物体上拉触电者使其脱离电源。

② 低压触电时，如果电流通过触电者入地，且触电者紧握电线，可设法用干木板塞进其身下，使触电者与地面隔开；也可用干木把斧子或有绝缘柄的钳子等将电线剪断（剪电线时要一根一根地剪，并尽可能站在绝缘物或干木板上）。

③ 触电者若是触及高压带电设备，救护人员应迅速切断电源；或用适合该电压等级的绝缘工具（戴绝缘手套、穿绝缘靴并用绝缘棒）去解脱触电者（抢救过程中应注意保持自身与周围带电部分必要的安全距离）。

④ 如果触电发生在杆塔上，若是低压线路，凡能切断电源的应迅速切断电源；不能立即切断时，救护人员应立即登杆（系好安全带），用戴绝缘胶柄的钢丝钳或其他绝缘物使触电者脱离电源。如是高压线路且又不可能迅速切断电源时，可用抛铁丝等办法使线路短路，从而导致电源开关跳闸。抛挂前要先将短路线固定在接地体上，另一段系重物（抛掷时应注意防止电弧伤人或因其断线危及人员安全）。

⑤ 不论是高压或低压线路上发生的触电，救护人员在使触电者脱离电源时，均要预先注意防止发生高处坠落和再次触及其他有电线路的可能。

⑥ 若触电者触及断落在地面上的带电高压线，在未确认线路无电或未做好安全措施（如穿绝缘靴等）之前，救护人员不得接近断线落地点 8～12m 范围内，以防止跨步电压伤人（但可临时将双脚并拢蹦跳地接近触电者）。在使触电者脱离带电导线后，亦应迅速将其

带至 8～12m 外并立即开始紧急救护。只有在确认线路已经无电的情况下，方可在触电者倒地现场就地立即进行对症救护。

3. 脱离电源后的现场救护

抢救触电者使其脱离电源后，应立即就近移至干燥与通风场所，且勿慌乱和围观，首先应进行情况判别，再根据不同情况进行对症救护。

(1) 情况判别

① 触电者若出现闭目不语、神志不清情况，应让其就地仰卧平躺，且确保气道通畅。可迅速呼叫其名字或轻拍其肩部（时间不超过 5s），以判断触电者是否丧失意识，但禁止摇动触电者头部进行呼叫。

② 触电者若神志昏迷、意识丧失，应立即检查是否有呼吸、心跳，具体可用“看、听、试”的方法尽快（不超过 10s）进行判定：所谓看即仔细观看触电者的胸部和腹部是否还有起伏动作；所谓听即用耳朵贴近触电者的口鼻与心房处，细听有无微弱呼吸声和心跳音；所谓试即用手指或小纸条测试触电者口鼻处有无呼吸气流，再用手指轻按触电者左侧或右侧喉结凹陷处的颈动脉有无搏动，以判定是否还有心跳。

(2) 对症救护　触电者除出现明显的死亡症状外，一般均可按以下三种情况分别进行对症处理。

① 伤势不重、神志清醒但有点心慌、四肢发麻、全身无力；或触电过程中曾一度昏迷、但已清醒过来。此时应让触电者安静休息，不要走动，并严密观察。也可请医生前来诊治，或必要时送往医院。

② 伤势较重、已失去知觉，但心脏跳动和呼吸存在，应使触电者舒适、安静地平卧。不要围观，让空气流通，同时解开其衣服包括领口与裤带以利于呼吸。若天气寒冷则还应注意保暖，并速请医生诊治或送往医院。若出现呼吸停止或心跳停止，应随即分别施行口对口人工呼吸法或胸外心脏按压法进行抢救。

③ 伤势严重、呼吸或心跳停止，甚至都已停止，即处于所谓“假死状态”，则应立即施行口对口人工呼吸及胸外心脏按压进行抢救，同时速请医生或送往医院。应特别注意，急救要尽早进行，切不能消极地等待医生到来；在送往医院途中，也不应停止抢救。

4. 心肺复苏法简介

心肺复苏法包括人工呼吸法与胸外按压法两种急救方法。对于抢救触电者生命来说，既至关重要又相辅相成。所以，一般情况下该两法要同时施行。因为心跳和呼吸相互联系，心跳停止，呼吸很快就会停止；呼吸停止，心脏跳动也维持不了多久。所以，呼吸和心脏跳动是人体存活的基本特征。

采用心肺复苏法进行抢救，以维持触电者生命的三项基本措施是：通畅气道、口对口人工呼吸和胸外心脏按压。

(1) 通畅气道　触电者呼吸停止时，最主要的是先要始终确保其气道通畅；若发现触电者口内有异物，则应清理口腔阻塞。即将其身体及头部同时侧转，并迅速用一个或两个手指从口角处插入以取出异物。操作中要防止将异物推向咽喉深处。

采用使触电者鼻孔朝天头后仰的“仰头抬颌法”（见图 6-20）通畅气道。具体做法是用一只手放在触电者前额，另一只手的手指将触电者下颌骨向上抬起，两手协同将头部推向后仰，此时舌根随之抬起，气道即可通畅（见图 6-21）。禁止用枕头或其他物品垫在触电者头下，因为头部太高更会加重气道阻塞，且使胸外按压时流向脑部的血流减少。

(2) 口对口人工呼吸　正常的呼吸是由呼吸中枢神经支配的，由于肺的扩张与缩小，排出二氧化碳，维持人体的正常生理功能。一旦呼吸停止，集体不能建立正常的气体交换，最后便导致人的死亡。口对口人工呼吸就是采用人工机械的强制作用维持气体交换，并使其逐

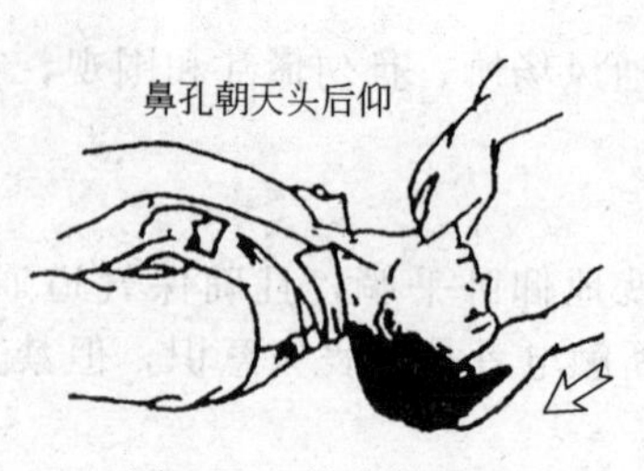

图 6-20 仰头抬颌法

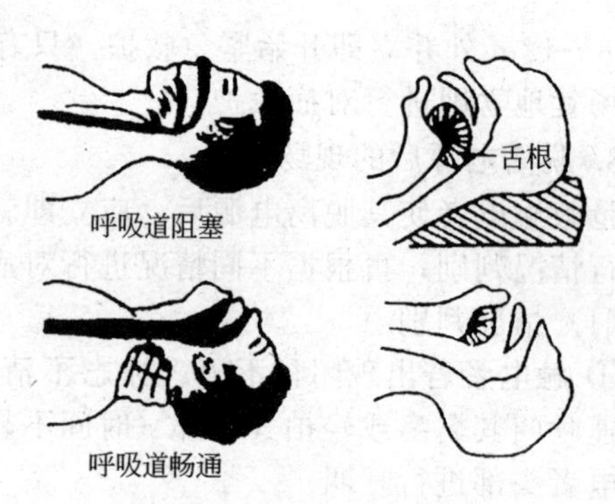

图 6-21 气道阻塞与通畅

步地恢复正常呼吸。具体操作方法如下。

① 在保持气道畅通的同时，救护人员在用放在触电者额上那只手捏住其鼻翼，深深地吸足气后，与触电者口对口接合并贴近吹气，然后放松换气，如此反复进行（见图 6-22)。开始时（均在不漏气情况下）可先快速连续而大口地吹气 4 次（每次用 1～1.5s)。经 4 次吹气后观察触电者胸部有无起伏状，同时测试其颈动脉，若仍无搏动，便可判断为心跳已停止，此时应立即同时施行胸外按压。

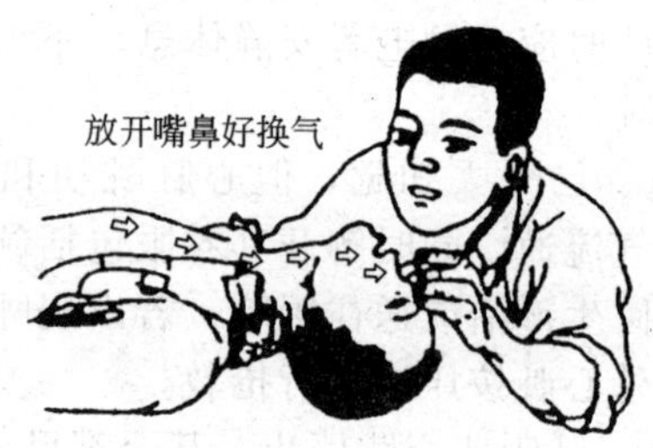

图 6-22 口对口人工呼吸法

② 除开始实行时的 4 次大口吹气外。此后正常的口对口吹气量均不需过大（但应达 800～1200mL)，以免引起胃膨胀。施行速率约每分钟 12～16 次；对儿童为每分钟 20 次。吹气和放松时，应注意触电者胸部要有起伏状呼吸动作。吹气中如遇有较大阻力，便可能是头部后仰不够，气道不畅，要及时纠正。

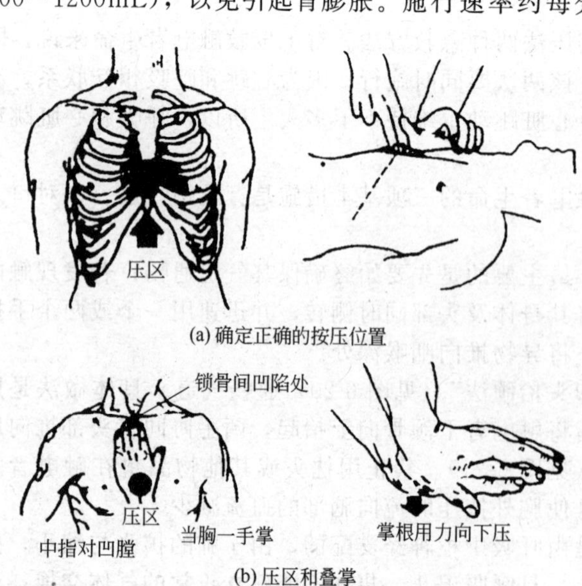

图 6-23 胸外按压的准备工作

③ 触电者如牙关紧闭且无法弄开时，可改为口对鼻人工呼吸。口对鼻人工呼吸时，要将触电者嘴唇紧闭以防止漏气。

(3) 胸外心脏按压（人工循环） 心脏是血液循环的“发动机”。正常的心脏跳动是一种自主行为，同时受交感神经、副交感神经及体液的调节。由于心脏的收缩与舒张，把氧气和养料输送给机体，并把机体的二氧化碳和废料带回。一旦心脏停止跳动，机体因血液循环中止，将缺乏供氧和养料而丧失正常功能，最后导致死亡。胸外心脏按压法就是采用人工机械的强制作用维持血液循环，并使其逐步过渡到正常的心脏跳动。

正确的按压位置（称“压区”）是保证胸外按压效果的重要前提。确定正确按压位置的步骤如下［见图 6-23(a)］：

① 右手食指和中指沿触电者右侧肋弓下缘向上，找到肋骨和胸骨结合处的中点：

② 两手指并齐，中指放在切迹中点（剑突底部），食指平放在胸骨下部；

③ 另一手的掌根紧挨食指上缘，置于胸骨上，此处即为正确的按压位置。

正确的按压姿势是达到胸外按压效果的基本保证。正确的按压姿势如下。

① 使触电者仰面躺在平硬的地方，救护人员立或跪在伤员一侧肩旁，两肩位于伤员胸骨正上方，两臂伸直，肘关节固定不屈，两手掌根相叠［见图 6-23(b)］。此时，贴胸手掌的中指尖刚好抵在触电者两锁骨间的凹陷处，然后再将手指翘起，不触及触电者胸壁，或者采用两手指交叉抬起法（见图 6-24）。

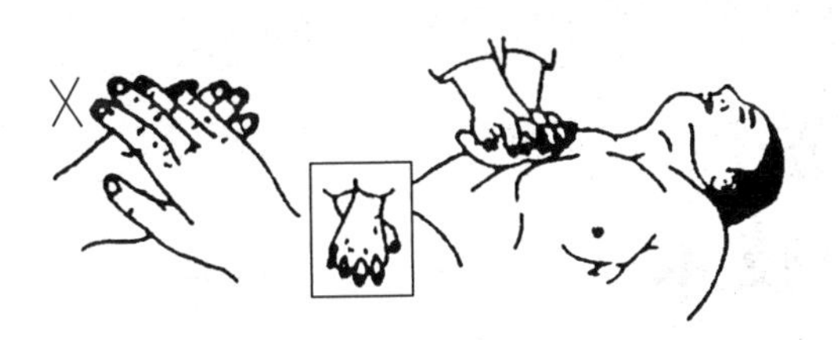

图 6-24　两手指交叉抬起法

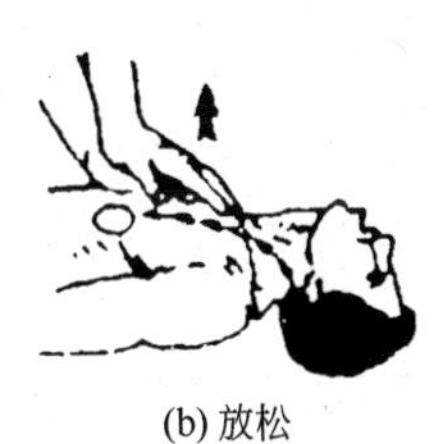

(a) 下压　(b) 放松

图 6-25　胸外心脏按压法

② 以髋关节为支点，利用上身的重力，垂直地将成人的胸骨压陷 4～5cm（儿童和瘦弱者酌减，为 2.5～4cm，对婴儿则为 1.5～2.5cm）。

③ 按压至要求程度后，要立即全部放松，但放松时救护人员的掌根不应离开胸壁，以免改变正确的按压位置（见图 6-25）。

按压时正确地操作是关键。尤应注意，抢救者双臂应绷直，双肩在患者胸骨上方正中，垂直向下用力按压。按压时应利用上半身的体重和肩、臂部肌肉力量（见图 6-26），避免不正确的按压（见图 6-27）。

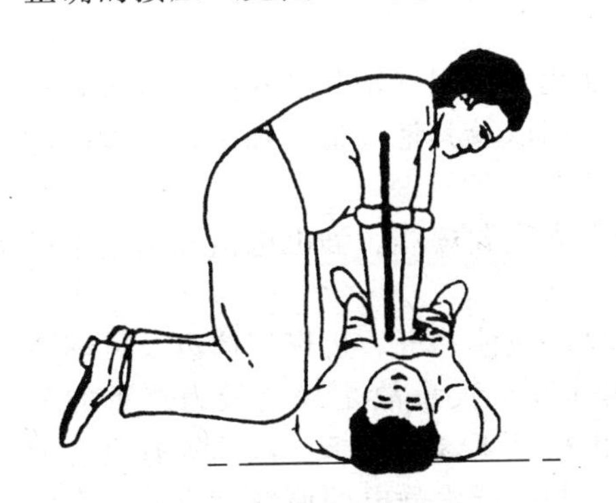

图 6-26　正确的按压姿势

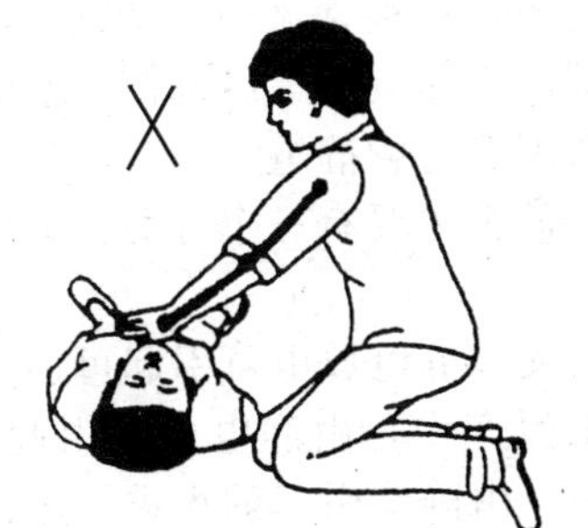

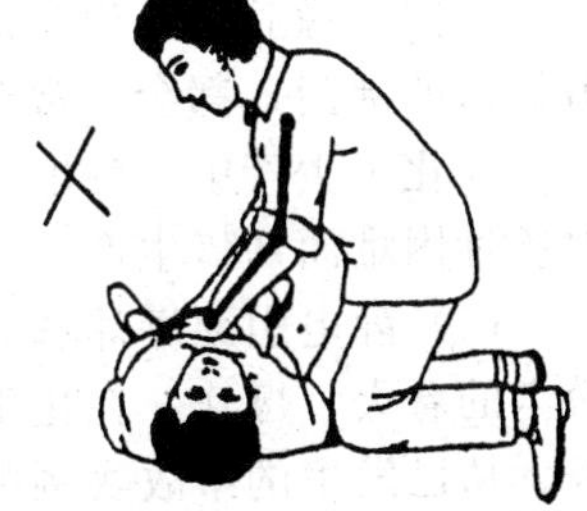

图 6-27　不正确的按压姿势

按压救护是否有效的标志，是在施行按压急救过程中再次测试触电者的颈动脉，看其有无搏动。由于颈动脉位置靠近心脏，容易反映心跳的情况。此外，因颈部暴露，便于迅速触摸，且易于学会与记牢。

胸外按压的频率如下。

① 胸外按压的动作要平稳，不能冲击式地猛压。而应以均匀速率有规律地进行，每分钟 80～100 次，每次按压和放松的时间要相等（各用约 0.4s）。

② 胸外按压与口对口人工呼吸两法同时进行时，其节奏为：单人抢救时，按压 15 次，吹气 2 次，如此反复进行；双人抢救时，每按压 5 次，由另一人吹气 1 次，可轮流反复进行（见图 6-28）。

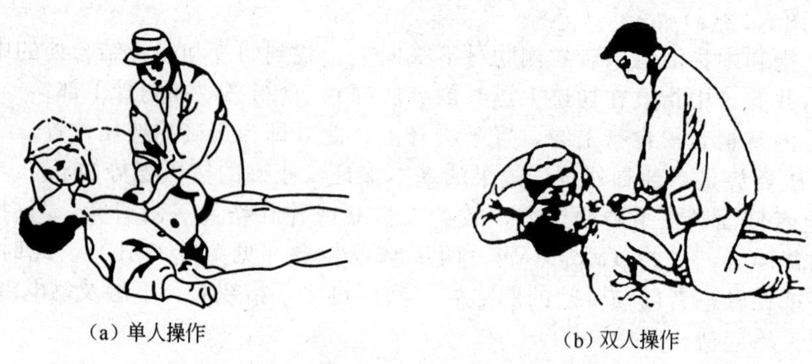

(a) 单人操作　　(b) 双人操作

图 6-28　胸外按压与口对口人工呼吸同时进行

第二节　静电防护技术

一、静电危害及特性

1. 静电的产生与危害

静电通常是指静止的电荷，它是由物体间的相互摩擦或感应而产生的。静电现象是一种常见的带电现象。在干燥的天气中用塑料梳子梳头，可以听到清晰的噼啪声；夜晚脱衣服时，还能够看见明亮的蓝色小火花；冬、春季节的北方或西北地区，有时在会在客人握手寒暄之际，出现双方骤然缩手或几乎跳起的喜剧场面。这是由于客人在干燥的地毯或木质地板上走动，电荷积累又无法泄漏，握手时发生了轻微电击的缘故。这些生活中的静电现象，一般由于电量有限，尚不致造成多大危害。

在工业生产中，静电现象也是很常见的。特别是石油化工部门，塑料、化纤等合成材料生产部门，橡胶制品生产部门，印刷和造纸部门，纺织部门以及其他制造、加工、运输高电阻材料的部门，都会经常遇到有害的静电。

在化工生产中，静电的危害主要有三个方面，即引起火灾和爆炸、静电电击和引起生产中各种困难而妨碍生产。

(1) 静电引起爆炸和火灾　静电放电可引起可燃、易燃液体蒸气、可燃气体以及可燃性粉尘的着火、爆炸。在化工生产中，由静电火花引起爆炸和火灾事故是静电最为严重的危害。从已发生的事故实例中，由静电引起的火灾、爆炸事故见于苯、甲苯、汽油等有机溶剂的运输；见于易燃液体的灌注、取样、过滤过程，见于一些可产生静电的原料、成品、半成品的包装、称重过程；见于物料泄漏喷出、摩擦搅拌、液体及粉体物料的输送、橡胶和塑料制品的剥离等。

在化工操作过程中，操作人员在活动时，穿的衣服、鞋以及携带的工具与其他物体摩擦时，就可能产生静电。当携带静电荷的人走近金属管道和其他金属物体时，人的手指或脚趾会释放出电火花，往往酿成静电灾害。

(2) 静电电击　橡胶和塑料制品等高分子材料与金属摩擦时，产生的静电荷往往不易泄漏。当人体接近这些带电体时，就会受到意外的电击。这种电击是由于从带电体向人体发生放电，电流流向人体而产生的。同样，当人体带有较多静电电荷时，电流流向接地体，也会发生电击现象。

静电电击不是电流持续通过人体的电击，而是由静电放电造成的瞬间冲击性电击。这种瞬间冲击性电击不至于直接使人死亡，人大多数只是产生痛感和震颤。但是，在生产现场却可造成指尖负伤，或因为屡遭电击后产生恐惧心理，从而使工作效率下降。

上海某轮胎厂的卧式裁断机上，测得橡胶布静电的电位是 20～28kV，当操作人员接近橡胶布时，头发会竖立起来。当手靠近时，会受到强烈的电击。人体受到静电电击时的反应见表 6-6。

表 6-6 静电电击时人体的反应

静电电压/kV	人体反应	备注
1.0	无任何感觉	
2.0	手指外侧有感觉但不痛	发生微弱的放电响声
2.5	放电部分有针刺感，有些微颤样的感觉，但不痛	
3.0	有像针刺样的痛感	可看到放电时的发光
4.0	手指有微痛感，好像用针深深地刺一下的痛感	
5.0	手掌至前腕有电击痛感	由指尖延伸放电的发光
6.0	感到手指强烈疼痛，受电击后手腕有沉重感	
7.0	手指、手掌感到强烈疼痛，有麻木感	
8.0	手掌至前腕有麻木感	
9.0	手腕感到强烈疼痛，手麻木而沉重	
10.0	全手感到疼痛和电流流过感	
11.0	手指感到剧烈麻木，全手有强烈的触电感	
12.0	有较强的触电感，全手有被狠打的感觉	

（3）静电妨碍生产　静电对化工生产的影响，主要表现在粉料加工、塑料、橡胶和感光胶片加工工艺过程中。

① 在粉体筛分时，由于静电电场力的作用，筛网吸附了细微的粉末，使筛孔变小降低了生产效率。在气流输送工序，管道的某些部位由于静电作用，积存一些被输送物料，减小了管道的流通面积，使输送效率降低。在球磨工序里，因为钢球带电而吸附了一层粉末，这不但会降低球磨的粉碎效果，而且这一层粉末脱落下来混进产品中，会影响产品细度，降低产品质量。在计量粉体时，由于计量器具吸附粉体，造成计量误差，影响投料或包装重量的正确性。粉体装袋时，因为静电斥力的作用，使粉体四散飞扬，既损失了物料，又污染了环境。

② 在塑料和橡胶行业，由于制品与辊轴的摩擦或制品的挤压或拉伸，会产生较多的静电。因为静电不能迅速消失，会吸附大量灰尘，而为了清扫灰尘要花费很多时间，浪费了工时。塑料薄膜还会因静电作用而缠卷不紧。

③ 在感光胶片行业，由于胶片与辊轴的高速摩擦，胶片静电电压可高达数千至数万伏。如果在暗室发生静电放电，胶片将因感光而报废；同时，静电使胶卷基片吸附灰尘或纤维，降低了胶片质量，还会造成涂膜不均匀等。

随着科学技术的现代化，化工生产普遍采用电子计算机，由于静电的存在可能会影响到电子计算机的正常运行，致使系统发生误动作而影响生产。

但静电也有其可被利用的一面。静电技术作为一项先进技术，在工业生产中已得到了越来越广泛的应用。如静电除尘、静电喷漆、静电植绒、静电选矿、静电复印等都是利用静电的特点来进行工作的。他们是利用外加能源来产生高压静电场，与生产工艺过程中产生的有害静电不尽相同。

2. 静电的特性

(1) 化工生产过程中产生的静电电量都很小，但电压却很高，其放电火花的能量大大超过某些物质的最小点火能，所以易引起着火爆炸，因此是很危险的。

(2) 在绝缘体上静电泄漏很慢，这样就使带电体保留危险状态的时间也长，危险程度相应增加。

(3) 绝缘的静电导体所带的电荷平时无法导走，一有放电机会，全部自由电荷将一次经放电点放掉，因此带有相同数量静电荷和表观电压的绝缘导体要比非导体危险性大。

(4) 远端放电即静电于远处放电。厂房中一条管道或部件产生了静电，其周围与地绝缘和金属设备就会在感应下将静电扩散到远处，并可在预想不到的地方放电，或使人受到电击，它的放电是发生在与地绝缘的导体上，自由电荷可一次全部放掉，因此危害性很大。

(5) 尖端放电，静电电荷密度随表面曲率增大而升高，因此在导体尖端部分电荷密度最大，电场最强，能够产生尖端放电。尖端放电可导致火灾、爆炸事故的发生，还可使产品质量受损。

(6) 静电屏蔽，静电场可以用导体的金属元件加以屏蔽。可以用接地的金属网、容器以及面层等将带静电的物体屏蔽起来，不使外界遭受静电危害。相反，使被屏蔽的物体不受外电场感应起点，也是一种“静电屏蔽”。静电屏蔽在安全生产上被广为利用。

二、静电防护技术

防止静电引起火灾爆炸事故是化工静电安全的主要内容。为防止静电引起火灾爆炸所采取的安全防护措施，对防止其他静电危害也同样有效。

静电引起燃烧爆炸的基本条件有四个：一是有产生静电的来源；二是静电得以积累，并达到足以引起火花放电的静电电压；三是静电放电的火花能量达到爆炸性混合物的最小点燃能量；四是静电火花周围有可燃性气体、蒸气和空气形成的可燃性气体混合物。因此，当采取适当的措施，消除以上四个基本条件中的任何一个，就能防止静电引起的火灾爆炸。

防止静电危害主要有以下七个措施。

1. 场所危险程度的控制

为了防止静电危害，可以采取减轻或消除所在场所周围环境火灾、爆炸危险性的间接措施。如用不燃介质代替易燃介质、通风、惰性气体保护、负压操作等。在工艺允许的情况下，采用较大颗粒的粉体代替较小颗粒粉体，也是减轻场所危险性的一个措施。

2. 工艺控制

工艺控制是从工艺上采取措施，以限制和避免静电的产生和积累，是消除静电危害的主要手段之一。

(1) 应控制流速输送物料以限制静电的产生　输送液体物料时允许流速与液体电阻率有着十分密切的关系，当电阻率小于 $10^7\Omega\cdot cm$ 时，允许流速不超过 10m/s；当电阻率为 $10^7\sim10^{11}\Omega\cdot cm$ 时，允许流速不超过 5m/s；当电阻率大于 $10^{11}\Omega\cdot cm$ 时，允许流速取决于液体的性质、管道直径和管道内壁光滑程度等条件。例如，烃类燃料油在管内输送，管道直径为 50mm 时，流速不得超过 3.6m/s；直径为 100mm 时，流速不得超过 2.5m/s。但是，当燃料油带有水分时，必须将流速限制在 1m/s 以下。输送管道应尽量减少转弯和变径。操作人员必须严格执行工艺规定的流速，不能图快而擅自提高流速。

(2) 选用合适的材料　一种材料与不同种类的其他材料摩擦时，所带的静电的电荷数量和极性随其材料的不同而不同。可以根据静电起电序列选用适当的材料匹配，使生产过程中产生的静电互相抵消，从而达到减少或消除静电危险的目的。如氧化铝粉经过不锈钢漏斗时，静电电压为－100V，经过虫胶漆漏斗时，静电电压为＋500V。采用适当选配，由这两

种材料制成的漏斗，静电电压可以降低为零。

同样，在工艺允许的前提下，适当安排加料顺序，也可降低静电的危险性。例如，某搅拌作业中，最后加入汽油时，液浆表面的静电电压高达 11～13kV。后来改变加料顺序，先加入部分汽油，后加入氧化锌和氧化铁，进行搅拌后加入石棉等填料及剩余少量的汽油，能使液浆表面降至 400V 以下。这一类措施的关键，在于确定了加料顺序或器具使用的顺序后，操作人员不可任意改动，否则，会适得其反，静电电位不仅不会降低，相反还会增加。

（3）增加静止时间　化工生产中将苯、二硫化碳等液体注入容器、储罐时，都会产生一定的静电荷。液体内的电荷将向器壁及液面集中，并可慢慢泄漏消散，完成这个过程需要一定的时间。如向燃料罐注入重柴油，装到 90％时停泵，液面静电位的峰值常常出现在停泵以后的 5～10s 内，然后电荷就很快衰减掉，这个过程持续时间为 70～80s。由此可知，刚停泵就进行检测或采样是危险的，容易发生事故。应该静止一定的时间，待静电基本消散后再进行有关的操作。操作人员懂得这个道理后，就应自觉遵守安全规定，千万不能操之过急。

静止时间应根据物料的电阻率、槽罐容积、气象条件等具体情况决定，也可参考表 6-7 的经验数据。

表 6-7　静电消散静止时间　　单位：min

物料电阻率/Ω·cm		10^{8}～10^{12}	10^{12}～10^{14}	＞10^{14}
物料容积	＜$10m^{3}$	2	4	10
	10～$50m^{3}$	3	5	15

（4）改变灌注方式　为了减少从储罐顶部灌注液体时的冲击而产生的静电，要改变灌注管头的形状和灌注方式。经验表明，T 形、锥形、45°斜口形和人字形注管头，有利于降低储罐液面的最高静电电位。为了避免液体的冲击、喷射和溅射，应将进液管延伸至近底部位。

3. 接地

接地是消除静电危害最常见的措施。在化工生产中，以下工艺设备应采取接地措施。

（1）凡用来加工、输送、储存各种易燃液体、气体和粉体的设备必须接地。如过滤器、升华器、吸附器、反应、储槽、储罐、传送胶带、液体和气体等物料管道、取样器、检尺棒等应该接地。输送可燃物料的管道要连成一个整体，并予以接地。管道的两端和每隔 200～300m 处，均应接地。平行管道相距 10cm 以内时，每隔 20m 应用连接线连接起来；管道与管道、管道与其他金属构件交叉时，若间距小于 10cm，也应互相连接起来。

（2）倾注溶剂漏斗、浮动罐顶、工作站台、磅秤等辅助设备，均应接地。

（3）在装卸汽车槽车之前，应与储存设备跨接并接地；装卸完毕，应先拆除装卸管道，静置一段时间后，然后拆除跨接线和接地线。

油轮的船壳应与水保持良好的导电性连接，装卸油时也要遵循先接地后接油管、先拆油管后拆接地线的原则。

（4）可能产生和积累静电的固体和粉体作业设备，如压延机、上光机、砂磨机、球磨机、筛分机、捏和机等，均应接地。

静电接地的连接线应保证足够的机械强度和化学稳定性，连接应当可靠，操作人员在巡回检查中，经常检查接地系统是否良好，不得有中断处。接地电阻不超过规定值（现行有关规定为 100Ω）。

4. 增湿

存在静电危险的场所，在工艺条件许可时，宜采用安装空调设备、喷雾器等办法，以提高场所环境相对湿度，消除静电危害。用增湿法消除静电危害的效果显著。例如，某粉体筛选过程中，相对湿度低于 50％时，测得容器内静电电压为 40kV；相对湿度为 60％～70％时

静电电压为 18kV；相对湿度为 80%时静电电压为 11kV。从消除静电危害的角度考虑，相对湿度在 70%以上较为适宜。

5. 抗静电剂

抗静电剂具有较好的导电性能或较强的吸湿性。因此，在易产生静电的高绝缘材料中，加入抗静电剂，使材料的电阻率下降，加快静电泄漏，消除静电危险。

抗静电剂的种类很多，有无机盐类，如氯化钾、硝酸钾等；有表面活性剂类，如脂肪族磺酸盐、季铵盐、聚乙二醇等；有无机半导体类，如亚铜、银、铝等的卤化物；有高分子聚合物类等。

为了长期保持抗静电性能，不同行业采用不同类型的抗静电剂。比如，塑料行业一般采用表面活性剂类添加剂，橡胶行业一般采用炭黑、金属粉等添加剂，石油行业采用油酸盐、环烷酸盐、合成脂肪酸盐等作为抗静电剂。

6. 静电消除器

静电消除器是一种产生电子或离子的装置，借助于产生的电子或离子中和物体上的静电，从而达到消除静电的目的。静电消除器具有不影响产品质量、使用比较方便等优点。常用的静电消除器有以下几种。

(1) 感应式消除器　这是一种没有外加电源、最简便的静电消除器，可用于石油、化工、橡胶等行业。它由若干只放电针、放电刷或放电线及其支架等附件组成。生产资料上的静电在放电针上感应出极性相反的电荷，针尖附近形成很强的电场，当局部场强超过 30kV/cm 时，空气被电离，产生正负离子，与物料电荷中和，达到消除静电的目的。

(2) 高压静电消除器　这是一种带有高压电源和多支放电针的静电消除器，可用于橡胶、塑料行业。它是利用高电压使放电针尖端附近形成强电场，将空气电离来达到消除静电的目的。使用较多的是交流电压消除器。直流电压消除器由于会产生火花放电，不能用于有爆炸危险的场所。

在使用高压静电消除器时，要十分注意绝缘是否良好，要保持绝缘表面的洁净，定期清扫和维护保养，防止发生触电事故。

(3) 高压离子流静电消除器　这种消除器是在高压电源作用下，将经电离后的空气输送到较远的需要消除静电的场所。它的作用距离大，距放电器 30～100cm 有满意的消电效能，一般取 60cm 比较合适。使用时，空气要经过净化和干燥，不应有可见的灰尘和油雾，相对湿度应控制在 70%以下，放电器的压缩空气进口处的正压不能低于 0.049～0.098MPa。此种静电消除器，采用了防爆型结构，安全性能良好，可用于爆炸危险场所。如果加上挡光装置，还可以用于严格防光的场所。

(4) 放射性辐射消除器　这是利用放射性同位素使空气电离，产生正负离子去中和生产物料上的静电。放射性辐射消除器距离带电体愈近，消电效应就愈好，距离一般取 10～20cm，其中采用 α 射线不应大于 4～5cm；采用 β 射线不宜大于 40～60cm。

放射线辐射消除器结构简单，不要求外接电源，工作时不会产生火花，适用于有火灾和爆炸危险的场所。使用时要有专人负责保养和定期维修，避免撞击，防止射线的危害。

静电消除器的选择，应根据工艺条件和现场环境等具体情况而定。操作人员要做好消除器的有效工作，不能借口生产操作不便而自行拆除或挪动其位置。

7. 人体的防静电措施

人体的防静电主要是防止带电体向人体放电或人体带静电所造成的危害，具体有以下几个措施。

(1) 采用金属网或金属板等导电材料遮蔽带电体，以防止带电体向人体放电操作人员在接触静电带电体时，宜戴用金属线和导电性纤维混纺的手套、穿防静电工作服。

(2) 穿防静电工作鞋。防静电工作鞋的电阻为 $10^5 \sim 10^7\Omega$，穿着后人体所带静电荷可通过防静电动作鞋及时泄漏掉。

(3) 在易燃场所入口处，安装硬铝或铜等导电金属的接地走道，操作人员从走道经过后，可以消除人体静电。同时，入口门的扶手也可以采用金属结构并接地，当手触门扶手时可导除静电。

(4) 采用导电性地面是一种接地措施，不但能导走设备上的静电，而且有利于导除积累在人体上的静电。导电性地面是指用电阻率 $10^6\Omega \cdot cm$ 以下的材料制成的地面。

第三节 防雷技术

一、雷电的形成、分类及危害

1. 雷电的形成

地面蒸发的水蒸气在上升过程中遇到上部冷空气凝成小水滴而形成积云，此外，水平移动的冷气团或热气团在其前锋交界面上也会形成积云。云中水滴受强气流吹袭时，通常会分成较小和较大的部分，在此过程中发生了电荷的转移，形成带相反电荷的雷云。随着电荷的增加，雷云的电位逐渐升高。当带有不同电荷的雷云或雷云与大地凸出物相互接近到一定程度时，将会发生激烈的放电，同时出现强烈闪光。由于放电时温度可高达 20000℃，空气受热急剧膨胀，随之发生爆炸的轰鸣声，这就是电闪与雷鸣。

2. 雷电的分类

如前所述，雷电实质上就是大气中的放电现象，最常见的是线形雷，有时也能见到片形雷，个别情况下还会出现球形雷。

雷电通常可分为直击雷和感应雷两种。

(1) 直击雷　大气中带有电荷的雷云对地电压可高达几十万千伏。当雷云同地面凸出物之间的电场强度达到该空间的击穿强度时所产生的放电现象，就是通常所说的雷击。这种对地面凸出物直接的雷击称为直击雷。雷云接近地面时，地面感应出异性电荷，两者组成巨大的电容器。雷云中的电荷分布很不均匀，地面又是起伏不平的，故其间的电场强度也是很不均匀的。当电场强度达到 25～30kV/cm 时，即发生由雷云向大地发展的跳跃式“先驱放电”，到达大地时，便发生大地向雷云发展的极明亮的“主放电”，其放电电流可达数十至数百千安，放电时间仅 50～100μs，放电速率为 $(6 \sim 10) \times 10^4$km/s；主放电再向上发展，到达云端即告结束。主放电结束后继续有微弱的余光，大约 50%的直击雷具有重复放电性质，平均每次雷击含 3～4 个冲击。全部放电时间一般不超过 0.5s。

(2) 感应雷　也称雷电感应，分为静电感应和电磁感应两种。静电感应是在雷云接近地面，在架空线路或其他凸出物顶部感应出大量电荷引起的。在雷云与其他部位放电后，架空线路或凸出物顶部的电荷失去束缚，以雷电波的形式，沿线路或凸出物极快地传播。电磁感应是由雷击后伴随的巨大雷电流在周围空间产生迅速变化的强磁场引起的。这种磁场能使附近金属导体或金属结构感应出很高的电压。

3. 雷电的危害

雷击时，雷电流很大，其值可达数十至数百千安，由于放电时间极短，故放电陡度甚高，每微秒达 50kA；同时雷电压也极高。因此雷电有很大的破坏力，它会造成设备或设施的损坏，造成大面积停电及生命财产损失。其危害主要有以下几个方面。

（1）电性质破坏　雷电放电产生极高的冲击电压，可击穿电气设备的绝缘，损坏电气设备和线路，造成大面积停电。由于绝缘损坏还会引起短路，导致火灾或爆炸事故。绝缘的损坏为高压窜入低压、设备漏电创造了危险条件，并可能造成严重的触电事故。巨大的雷电流流入地下，会在雷击点及其连接的金属部分产生极大地对地电压，也可直接导致因接触电压或跨步电压而产生的触电事故。

（2）热性质破坏　强大雷电流通过导体时，在极短的时间将转换为大量热量，产生的高温会造成易燃物燃烧，或金属熔化飞溅，而引起火灾、爆炸。

（3）机械性质破坏　由于热效应使雷电通道中木材纤维缝隙或其他结构中缝隙里的空气剧烈膨胀，同时使水分及其他物质分解为气体，因而在被雷击物体内部出现强大的机械压力，使被击物体遭受严重破坏或造成爆裂。

（4）电磁感应　雷电的强大电流所产生的强大交变电磁场会使导体感应出较大的电动势，并且还会在构成闭合回路的金属物中感应出电流，这时如果回路中有的地方接触电阻较大，就会发生局部发热或发生火花放电，这对于存放易燃、易爆物品的场所是非常危险的。

（5）雷电波入侵　雷电在架空线路、金属管道上会产生冲击电压，使雷电波沿线路或管道迅速传播。若侵入建筑物内，可造成配电装置和电气线路绝缘层击穿，产生短路，或使建筑物内易燃易爆品燃烧和爆炸。

（6）防雷装置上的高电压对建筑物的反击作用　当防雷装置收雷击时，在接闪器引下线和接地体上不均具有很高的电压。如果防雷装置与建筑物内、外的电气设备、电气线路或其他金属管道的相隔距离很近，它们之间就会产生放电，这种现象称为反击。反击可能引起电气设备绝缘破坏，金属管道烧穿，甚至造成易燃、易爆品着火和爆炸。

（7）雷电对人的危害　雷击电流若迅速通过人体，可立即使人的呼吸中枢麻痹，心室颤动、心搏骤停，以致使脑组织及一些主要脏器受到严重损坏，出现休克甚至突然死亡。雷击时产生的火花、电弧，还会使人遭到不同程度的灼伤。

二、常用防雷装置的种类与作用

常用防雷装置主要包括避雷针、避雷线、避雷网、避雷带、保护间隙及避雷器。完整的防雷装置包括接闪器、引下线和接地装置。而上述避雷针、避雷线、避雷网、避雷带及避雷器实际上都只是接闪器。除避雷器外，它们都是利用其高出被保护物的突出地位，把雷电引向自身，然后通过引下线和接地装置把雷电流泄入大地，使被保护物免受雷击。

各种防雷装置的具体作用如下。

1. 避雷针

避雷针主要用来保护露天变配电设备及比较高大的建（构）筑物。它是利用尖端放电原理，避免设置处所遭受直接雷击。

2. 避雷线

避雷线主要用来保护输电线路，线路上的避雷线也称为架空地线。避雷线可以限制沿线路侵入变电所的雷电冲击波幅值及陡度。

3. 避雷网

避雷网主要用来保护建（构）筑物。分为明装避雷网和笼式避雷网两大类。沿建筑物上部明装金属网格作为接闪器，沿外墙装引下线接到接地装置上，称为明装避雷网，一般建筑物中常采用这种方法。而把整个建筑物中的钢筋结构连成一体，构成一个大型金属网笼，称为笼式避雷网。笼式避雷网又分为全部明装避雷网、全部暗装避雷网和部分明装部分暗装避雷网等几种。如高层建筑中都用现浇的大模板和预制装配式壁板，结构中钢筋较多，把它们从上到下与室内的上下水管、热力管网、煤气管道、电气管道、电气设备及变压器中性点等均连接起来，形成一个等电位的整体，叫作笼式暗装避雷网。

4. 避雷带

避雷带主要用来保护建（构）筑物。该装置包括沿建筑物屋顶四周易受雷击部位明设的金属带、沿外墙安装的引下线及接地装置构成。多用在民用建筑，特别是山区的建筑。

一般而言，使用避雷带或避雷网的保护性能比避雷针的要好。

5. 保护间隙

保护间隙是一种最简单的避雷器。将它与被保护的设备并联，当雷电波袭来时，间隙先行被击穿，把雷电流引入大地，从而避免被保护设备因高幅值的过电压而被击穿。保护间隙的原理结构如图 6-29 所示。

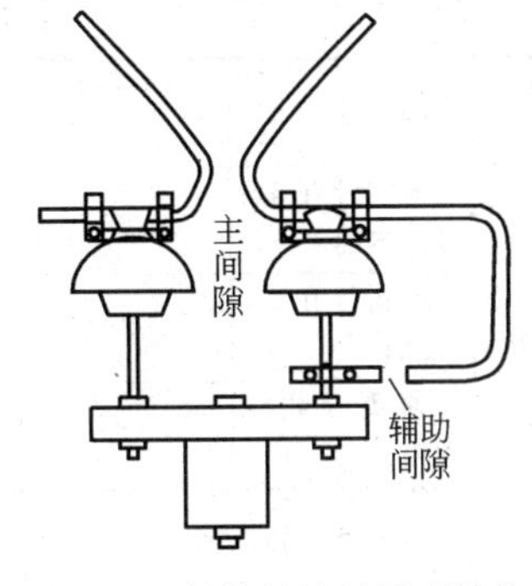

图 6-29　保护间隙的原理结构

保护间隙的击穿电压应低于被保护设备所能承受的最高电压。

保护间隙的灭弧能力有限，主要用于缺乏其他避雷器的场合。

6. 避雷器

避雷器主要用来保护电力设备，它是一种专用的防雷设备、分为管形和阀形两类。它可进一步防止沿线路侵入变电所或变压器的雷电冲击波对电气设备的破坏。

防雷电波的接地电阻一般不得大于 5～30Ω，其中阀形避雷器的接地电阻不得大于 5～10Ω。

三、建（构）筑物、化工设备及人体的防雷

1. 建（构）筑物的防雷

建（构）筑物的防雷保护按各类建（构）筑物对防雷的不同要求，可将它们分为三类。

（1）第一类建筑物及其防雷保护　凡在建筑物中存放爆炸物品或正常情况下能形成爆炸性混合物，因电火花而会发生爆炸，致使房屋毁坏和造成人身伤亡者，这类建筑物应装设独立避雷针防止直击雷；对非金属屋面应敷设避雷网，室内一切金属设备和管道，均应良好接地并不得有开口环路，以防止感应过电压；采用低压避雷器和电缆进线，以防雷击时高电压沿低压架空线侵入建筑物内。采用低压电缆与避雷器防止高电位侵入时，电缆首端设低压 FS 型阀形避雷器，与电缆外皮及绝缘子铁脚共同接地；电缆末端外皮一般须与建筑物防感应雷接地电阻相连。当高电位到达电缆首端时，避雷器击穿，电缆外皮与电缆芯连通，由于集肤效应及芯线与外皮的互感作用，便限制了芯线上的电流通过。当电缆长度在 50m 以上、接地电阻不超过 10Ω 的，绝大部分电流将经电缆外皮及首端接地电阻入地。残余电流经电缆末端电阻入地，其上压降即为侵入建筑物的电位，通常已可降低到原值的 1%～2%以下。

（2）第二类建筑物及其防雷保护　划分条件同第一类，但在因电火花而发生爆炸时，不致引起巨大破坏或人身事故，或政治、经济及文化艺术上具有重大意义的建筑物。这类建筑物可在建筑物上装避雷针或采用避雷针和避雷带混合保护，以防直击雷。室内一切金属设备和管道，均应良好接地并不得有开口环路，以防感应雷；采用低压避雷器和架空进线，以防高电位沿低压架空线侵入建筑物内。采用低压避雷器与架空进线防止高电位侵入时，必须将 150m 内进线段所有电杆上的绝缘子铁脚都接地；低压避雷器装在入户墙上。当高电位沿架空线侵入时，由于绝缘子表面发生闪络及避雷器击穿，便降低了架空线上的高电位，限制了高电位的侵入。

（3）第三类建筑物及其防雷保护　凡不属第一、二类建筑物但需实施防雷保护者。这类

建筑物防止直击雷可在建筑物最易遭受雷击的部位（如屋脊、屋角、山墙等）装设避雷带或避雷针，进行重点保护。若为钢筋混凝土屋面，则可利用其钢筋作为防雷装置；为防止高电位侵入，可在进户线上安装放电间隙或将其绝缘子铁脚接地。

对建（构）筑物防雷装置的要求如下。

(1) 建（构）筑物接地的导体截面不应小于表 6-8 中所列数值。

表 6-8 建（构）筑物防雷接地装置的导体截面

防雷装置		钢管直径/mm	钢管直径/mm	扁钢截面/mm^2	角钢厚度/mm	钢绞线面/mm	备注
接闪器	避雷针在1m及以下时	$\phi12$	Gg20				镀锌或涂漆，在腐蚀性较大的场所，应增大一级或采取其他防腐蚀措施
	避雷针在1～2m时	$\phi16$	Gg25				
	避雷针装在烟囱顶端	$\phi20$					
	避雷带(网)	$\phi8$		48，厚4mm			
	避雷带装在烟囱顶端	$\phi12$		100，厚4mm			
	避雷网					35	
引下线	明设	$\phi8$		48，厚4mm			镀锌或涂漆，在腐蚀性较大的场所，应增大一级或采取其他防腐蚀措施
	暗设	$\phi10$		60，厚5mm			
	装在烟囱上时	$\phi12$		100，厚4mm			
接地线	水平埋设	$\phi12$		100，厚4mm			在腐蚀性土壤中应镀锌或加大截面
	垂直埋设		$\phi50$ 壁厚3.5		4.0		

(2) 引下线要沿建筑物外墙以最短路径敷设，不应构成环套或锐角，引下线的一般弯曲点为软弯，且不小于 90°；弯曲过大时，必须 $D\geqslant L/10$ 的要求。D 指弯曲时开口点的垂直长度（m）；L 为弯曲部分的实际长度（m）。若因建筑艺术有专门要求时，也可采取暗敷设方式，但其截面要加大一级。

(3) 建（构）筑物的金属构件（如消防梯）等可作为引下线，但所有金属部件之间均应连接成良好的电气通路。

(4) 采取多根引下线时，为便于检查接地电阻及检查引下线与接地线的连接状况，宜在各引下线距地面 1.8m 处设置断续卡。

(5) 易受机械损伤的地方，在地面上约 1.7m 至地下 0.3m 的一段应加保护管。保护管可为竹管、角钢或塑料管。如用钢管则应顺其长度方向开一豁口，以免高频雷电流产生的磁场在其中引起涡流而导致电感量增大，加大了接地阻抗，不利于雷电流入地。

(6) 建（构）筑物过电压保护的接地电阻值应能符合要求，具体规定可见表 6-9。

(7) 对垂直接地体的长度、极间距离等要求，与接地或接零中的要求相同，而防止跨步电压的具体措施，则和对独立避雷针时的要求一样。

2. 化工设备的防雷

(1) 当罐顶钢板厚度大于 4mm，且装有呼吸阀时，可不装设防雷装置。但油罐体应做良好的接地，接地点不少于两处，间距不大于 30m，其接地装置的冲击接地电阻不大于 30Ω。

表 6-9 建（构）筑物过电压保护的接地电阻值

建(构)筑物类型		直击雷冲击接地电阻/Ω	感应雷工频接地电阻/Ω	利用基地钢筋工频接地电阻/Ω	电气设备与避雷器的共用工频接地电阻/Ω	架空引入线间隙及金属管道的冲击接地电阻/Ω
工业建筑	第一类	≤10	≤10		≤10	≤20
	第二类	≤10	与直击雷共同接地≤10		≤5	入户处 10 第一根杆 10 第二根杆 20 架空管道 10
	第三类	20～30		≤5		≤30
	烟囱	20～30				
	水塔	≤30				
民用建筑	第一类	5～10		1～5	≤10	第一根杆 10 第二根杆 30
	第二类	20～30		≤5	20～30	≤30

(2) 当罐顶钢板厚度小于 4mm 时，虽装有呼吸阀，也应在罐顶装设避雷针，且避雷针与呼吸阀的水平距离不应小于 3m，保护范围高出呼吸阀不应小于 2m。

(3) 浮顶油罐（包括内浮顶油罐）可不设防雷装置，但浮顶与罐体应有可靠的电气连接。

(4) 非金属易燃液体的储罐应采用独立的避雷针，以防止直接雷击。同时还应有感应雷措施。避雷针冲击接地电阻不大于 30Ω。

(5) 覆土厚度大于 0.5m 的地下油罐，可不考虑防雷措施，但呼吸阀、量油孔、采气孔应做良好接地。接地点不少于两处，冲击接地电阻不大于 10Ω。

(6) 易燃液体的敞开储罐应设独立避雷针，其冲击接地电阻不大于 5Ω。

(7) 户外架空管道的防雷

① 户外输送可燃气体、易燃或可燃体的管道，可在管道的始端、终端、分支处、转角处以及直线部分每隔 100m 处接地，每处接地电阻不大于 30Ω。

② 当上述管道与爆炸危险厂房平行敷设而间距小于 10m 时，在接近厂房的一段，其两端及每隔 30～40m 应接地，接地电阻不大于 20Ω。

③ 当上述管道连接点（弯头、阀门、法兰盘等），不能保持良好的电气接触时，应用金属线跨接。

④ 接地引下线可利用金属支架，若是活动金属支架，在管道与支持物之间必须增设跨接线；若是非金属支架，必须另做引下线。

⑤ 接地装置可利用电气设备保护接地的装置。

3. 人体的防雷

雷电活动时，由于雷云直接对人体放电，产生对地电压或二次反击放电，都可能对人造成电击。因此，应注意必要的安全要求。

(1) 雷电活动时，非工作需要，应尽量少在户外或旷野逗留；在户外或野外处最好穿塑料等不浸水的雨衣；如有条件，可进入有宽大金属构架或有防雷设施的建筑物、汽车或船只内；如依靠建筑物屏蔽的街道或高大树木屏蔽的街道躲避时，要注意离开墙壁和树干距离 8m 以上。

(2) 雷电活动时，应尽量离开小山、小丘或隆起的小道，应尽量离开海滨、湖滨、河边、池旁，应尽量离开铁丝网、金属晒衣绳以及旗杆、烟囱、高塔、孤独的树木附近，还应尽量离开没有防雷保护的小建筑物或其他设施。

(3) 雷电活动时，在户内应注意雷电侵入波的危险，应离开照明线、动力线、电话线、广播线、收音机电源线、收音机和电视机天线，以及与其相连的各种设备，以防止这些线路或设备对人体的二次放电。调查资料说明，户内70%以上的人体二次放电事故发生在相距1m以内的场合，相距1.5m以上的尚未发现死亡事故。由此可见，在发生雷暴时，人体最好离开可能传来雷电侵入波的线路和设备1.5m以上。应当注意，仅仅拉开开关防止雷击是不起作用的。雷电活动时，还应注意关闭门窗，防止球形雷进入室内造成危害。

(4) 防雷装置在接受雷击时，雷电流通过会产生很高电位，可引起人身伤亡事故。为防止反击发生，应使防雷装置与建筑物金属导体间的绝缘介质网络电压大于反击电压，并划出一定的危险区，人员不得接近。

(5) 当雷电流经地面雷击点的接地体流入周围土壤时，会在它周围形成很高的电位，如有人站在接地体附近，就会受到雷电流所造成的跨步电压的危害。

(6) 当雷电流经引下线接地装置时，由于引下线本身和接地装置都有阻抗，因而会产生较高的电压降，这时人如接触，就会受接触电压危害，均应引起人们注意。

(7) 为了防止跨步电压伤人，防直击雷接地装置距建筑物、构筑物出入口和人行道的距离不应少于3m。当小于3m时，应采取接地体局部深埋、隔以沥青绝缘层、敷设地下均压条等安全措施。

4. 防雷装置的检查

为了使防雷装置具有可靠的保护效果，不仅要有合理的设计和正确的施工，还要建立必要的维护保养制度，进行定期和特殊情况下的检查。

(1) 对于重要设施，应在每年雷雨季节以前做定期检查。对于一般性设施，应每两、三年在雷雨季节前做定期检查。如有特殊情况，还要做临时性的检查。

(2) 检查是否由于维修建筑物或建筑物本身变形，使防雷装置的保护情况发生变化。

(3) 检查各处明装导体有无因锈蚀或机械损伤而折断的情况，如发现锈蚀在30%以上，则必须及时更换。

(4) 检查接闪器有无因遭受雷击后而发生熔化或折断，避雷器瓷套有无裂纹、碰伤的情况，并应定期进行预防性试验。

(5) 检查接地线在距地面2m至地下0.3m的保护处有无被破坏的情况。

(6) 检查接地装置周围的土壤有无沉陷现象。

(7) 测量全部接地装置的接地电阻，如发现接地电阻有很大变化，应对接地系统进行全面检查，必要时设法降低接地电阻。

(8) 检查有无因施工挖土、敷设其他管道或种植树木而损坏接地装置的情况。

事故案例

案例 6-1　1981年4月，河北省某油漆厂发生火灾事故，重伤7人，轻伤3人。事故的原因是，对输送苯、汽油等易燃物品的设备和管道在设计时没有考虑静电接地装置，以致物料流动摩擦产生的静电不能及时导出积累，形成很高的电位，放电火花导致油漆稀料着火。

案例 6-2　1982年7月，吉林省某有机化工厂从国外引进的乙醇装置中，乙烯压缩机的公称直径为150mm的二段缸出口管道上，因设计时考虑不周，在离机体2.1m处焊有一根公称直径为25mm的立管，在长284mm的端部焊有一个质量为18.5kg的截止阀，在试车时由于压缩机开车震动，导致焊缝开裂，管内压力高达0.75MPa，使含量为80%的乙烯气体冲出，由于高速气流产生静电引起火灾。

案例 6-3 1986 年 3 月，北京某电石厂溶解乙炔装置，乙炔压缩机设计时没有把安全阀的引出口接至室外，当压缩机超压时安全阀动作，乙炔排放在室内，形成爆炸性混合气，遇点火源发生爆炸。经分析，点火源可能是乙炔排放时产生的静电火花，或是现场非防爆电机产生的电火花。

案例 6-4 1985 年 12 月，江苏省某化工厂聚氯乙烯车间共聚工段 11 号聚合釜（$7m^3$）在升温过程中超温、超压，致使人孔垫片破裂，氯乙烯外泄，导致氯乙烯在车间空间爆炸。使 $860m^2$ 两层（局部三层）混合结构的厂房粉碎性倒塌，当场死亡 5 人，重伤 1 人，轻伤 6 人（其中 1 人中毒）。造成全厂停产，直接损失 12.15 万元。

现场勘察证明，此次爆炸是 11 号釜人孔铰链部位的密封垫片冲开 65mm 和 75mm，氯乙烯大量泄漏而引起的。升温过程中，看釜工未在岗位监护，以致漏气后误判断为 10 号釜漏气，导致处理失误。漏气时因摩擦产生静电而构成这次爆炸的点火源。该装置安装在旧厂房，厂房为砖木混合结构，不符合防爆要求，大部分伤亡者是因建筑物倒塌砸伤所致。

复习思考题

1. 简述电流对人体的作用。
2. 化工生产中应采用哪些防触电措施？
3. 化工企业职工应如何进行触电急救？
4. 静电具有哪些特性？
5. 在化工生产中的静电危害主要发生在哪些环节？
6. 防止静电危害可采取哪些措施？
7. 雷电有哪些危害？
8. 化工生产中应采取哪些防雷措施？

CHAPTER 7

第七章 化工装置安全检修

化工装置在长周期运行中，由于外部负荷、内部应力和磨损、腐蚀等因素影响，使个别部件或整体改变原有尺寸、形状，力学性能下降、强度降低，造成隐患和缺陷，威胁安全生产。为了实现安全生产，提高设备效率，降低能耗，保证产品质量，要对装置、设备定期进行计划检修，及时消除缺陷和隐患，使生产装置能够“安、稳、长、满、优”运行。

第一节 概 述

一、化工装置检修的分类与特点

1. 化工装置检修的分类

化工装置和设备检修，可分为计划检修和非计划检修。

计划检修是指企业根据设备管理、使用的经验以及设备状况，制定设备检修计划，对设备进行有组织、有准备、有安排的检修。计划检修又可分为大修、中修、小修。由于化工装置为设备、机器、公用工程的综合体，因此化工装置检修比单台设备（或机器）检修要复杂得多。

非计划检修是指因突发性的故障或事故而造成设备或装置临时性停车进行的抢修。计划外检修事先无法预料，无法安排计划，而且要求检修时间短，检修质量高，检修的环境及工况复杂，故难度较大。

2. 化工装置检修的特点

化工生产装置检修与其他行业的检修相比，具有复杂、危险性大的特点。

由于化工生产装置中使用的设备如炉、塔、釜、器、机、泵及罐槽、池等大多是非定型设备，种类繁多，规格不一，要求从事检修作业的人员具有丰富的知识和技术，熟悉掌握不同设备的结构、性能和特点；化工装置检修因内容多、工期紧、工种多、上下作业、设备内外同时并进、多数设备处于露天或半露天布置，检修作业受到环境和气候等条件的制约，加之外来工、农民工等临时人员进入检修现场机会多，对作业现场环境又不熟悉，从而决定化工装置检修的复杂性。

由于化工生产的危险性大，决定了生产装置检修的危险性亦大。加之化工生产装置和设备复杂，设备和管道中的易燃、易爆、有毒物质，尽管在检修前做过充分的吹扫置换，但是易燃、易爆、有毒物质仍有可能存在，检修作业又离不开动火、动土、限定空间等作业，客观上具备了发生火灾、爆炸、中毒、化学灼伤、高处坠落、物体打击等事故的条件。实践证明，生产装置在停车、检修施工、复工过程中最容易发生事故。据统计，在中石化总公司发生的重大事故中，装置检修过程的事故占事故总起数的42.63%。由于化工装置检修作业复杂、安全教育难度较大，很难保证进入检修作业现场的人员都具备比较高的安全知识和技能，也很难使安全技术措施自觉到位，因此化工装置检修具有危险性大的特点，同时也决定了装置检修安全监管的重要地位。为此，我国原化工部专门制定了《厂区设备检修作业安全规程》（HG 23018），以规范设备检修的安全工作。

二、化工装置停车检修前的准备工作

化工装置停车检修前的准备工作是保证装置停好、修好、开好的主要前提条件，必须做到集中领导、统筹规划、统一安排，并做好“四定”（定项目、定质量、定进度、定人员）和“八落实”（组织、思想、任务、物资包括材料与备品备件、劳动力、工器具、施工方案、安全措施落实）工作。除此以外，准备工作还应做到以下几点。

1. 设置检修指挥部

为了加强停车检修工作的集中领导和统一计划、统一指挥，形成一个信息畅通、决策迅速的指挥核心，以确保停车检修的安全顺利进行。检修前要成立以厂长（经理）为总指挥，主管设备、生产技术、人事保卫、物资供应及后勤服务等的副厂长（副经理）为副总指挥和机动、生产、劳资、供应、安全、环保、后勤等部门参加的指挥部。检修指挥部下设施工检修组、质量验收组、停开车组、物资供应组、安全保卫组、政工宣传组、后勤服务组。针对装置检修项目及特点，明确分工，分片包干，各司其职；各负其责。

2. 制定安全检修方案

装置停车检修必须制定停车、检修、开车方案及其安全措施。安全检修方案由检修单位的机械员或施工技术员负责编制。

安全检修方案，按设备检修任务书中的规定格式认真填写齐全，其主要内容应包括：检修时间、设备名称、检修内容、质量标准、工作程序、施工方法、起重方案、采取的安全技术措施，并明确施工负责人、检修项目安全员、安全措施的落实人等。方案中还应包括设备的置换、吹洗，盲板流程示意图。尤其要制定合理工期，以确保检修质量。

方案编制后，编制人经检查确认无误并签字，经检修单位的设备主任审查并签字，然后送机动、生产、调度、消防队和安技部门，逐级审批，经补充修改使方案进一步完善。重大项目或危险性较大项目的检修方案、安全措施，由主管厂长或总工程师批准，书面公布，严格执行。

3. 制定检修安全措施

除了已制定的动火、动土、罐内空间作业、登高、电气、起重等安全措施外，应针对检修作业的内容、范围，制定相应的安全措施；安全部门还应制定教育、检查、奖罚的管理办法。

4. 进行技术交底，做好安全教育

检修前，安全检修方案的编制人负责向参加检修的全体人员进行检修方案技术交底，使其明确检修内容、步骤、方法、质量标准、人员分工、注意事项、存在的危险因素和由此而采取的安全技术措施等，达到分工明确、责任到人。同时还要组织检修人员到检修现场，了解和熟悉现场环境，进一步核实安全措施的可靠性。技术交底工作结束后，由检修单位的安全负责人或安全员，根据本次检修的难易程度、存在的危险因素、可能出现的问题和工作中容易疏忽的地方，结合典型事故案例，进行系统全面的安全技术和安全思想教育，以提高执行各种规章制度的自觉性和落实安全技术措施重要性的认识，从思想上、劳动组织上、规章制度上、安全技术措施上进一步落实，从而为安全检修创造必要的条件。对参加关键部位或特殊技术要求的项目检修人员，还要进行专门的安全技术教育和考核，身体检查合格后方可

参加装置检修工作。

5. 全面检查，消除隐患

装置停车检修前，应由检修指挥部统一组织，分组对停车前的准备工作进行一次全面细致的检查。

检修工作中，使用的各种工具、器具、设备，特别是起重工具、脚手架、登高用具、通风设备、照明设备、气体防护器具和消防器材，要有专人进行准备和检查。检查人员要将检查结果认真登记，并签字存档。

第二节 化工装置停车的安全处理

一、停车操作注意事项

停车方案一经确定，应严格按照停车方案确定的时间、停车步骤、工艺变化幅度，以及确认的停车操作顺序图表，有秩序地进行。停车操作应注意下列问题。

(1) 降温降压的速率应严格按工艺规定进行。高温部位要防止设备因温度变化梯度过大使设备产生泄漏。化工装置，多为易燃、易爆、有毒、腐蚀性介质，这些介质漏出会造成火灾爆炸、中毒窒息、腐蚀、灼伤事故。

(2) 停车阶段执行的各种操作应准确无误，关键操作采取监护制度。必要时，应重复指令内容，克服麻痹思想。执行每一种操作时都要注意观察是否符合操作意图。例如：开关阀门动作要缓慢等。

(3) 装置停车时，所有的机、泵、设备、管线中的物料要处理干净，各种油品、液化石油气、有毒和腐蚀性介质严禁就地排放，以免污染环境或发生事故。可燃、有毒物料应排至火炬烧掉，对残留物料排放时，应采取相应的安全措施。停车操作期间，装置周围应杜绝一切火源。

(4) 主要设备停车操作

① 制定停车和物料处理方案，并经车间主管领导批准认可，停车操作前，要向操作人员进行技术交底，告之注意事项和应采取的防范措施；

② 停车操作时，车间技术负责人要在现场监视指挥，有条不紊，忙而不乱，严防误操作；

③ 停车过程中，对发生的异常情况和处理方法，要随时做好记录；

④ 对关键性操作，要采取监护制度。

二、吹扫与置换

化工设备、管线的抽净、吹扫、排空作业的好坏，是关系到检修工作能否顺利进行和人身、设备安全的重要条件之一。当吹扫仍不能彻底清除物料时，则需进行蒸汽吹扫或用氮气等惰性气体置换。

1. 吹扫作业注意事项

(1) 吹扫时要注意选择吹扫介质。炼油装置的瓦斯线、高温管线以及闪点低于130℃的油管线和装置内物料爆炸下限低的设备、管线，不得用压缩空气吹扫。因为空气容易与这类物料混合形成爆炸性混合物并达到爆炸浓度，吹扫过程中易产生静电火花或其他明火，导致发生爆炸事故。

（2）吹扫时阀门开度应小（一般为2扣）。稍停片刻，使吹扫介质少量通过，注意观察畅通情况。采用蒸汽作为吹扫介质时，有时需用胶皮软管，胶皮软管要绑牢，同时要检查胶皮软管承受压力情况，禁止这类临时性吹扫作业使用的胶管用于中压蒸汽。

（3）设有流量计的管线，为防止吹扫蒸汽流速过大及管内带有铁渣、锈、垢，损坏计量仪表内部构件，一般经由副线吹扫。

（4）机泵出口管线上的压力表阀门要全部关闭，防止吹扫时发生水击把压力表震坏。压缩机系统倒空置换原则，以低压到中压再到高压的次序进行，先倒净一段，如未达到目的而压力不足时，可由二、三段补压倒空，然后依次倒空，最后将高压气体排入火炬。

（5）管壳式换热器、冷凝器在用蒸汽吹扫时，必须分段处理，并要放空泄压，防止液体汽化，造成设备超压损坏。

（6）吹扫时，要按系统逐次进行，再把所有管线（包括支路）都吹扫到，不能留有死角。吹扫完应先关闭吹扫管线阀门，后停汽，防止被吹扫介质倒流。

（7）精馏塔系统倒空吹扫，应先从塔顶回流罐、回流泵倒液、关阀，然后倒塔釜、再沸器、中间再沸器液体，保持塔压一段时间，待盘板积存的液体全部流净后，由塔釜再次倒空放压。塔、容器及冷换设备吹扫之后，还要通过蒸汽在最低点排空，直到蒸汽中不带油为止，最后停汽，打开低点放空阀排空，要保证设备打开后无油、无瓦斯，确保检修动火安全。

（8）对低温生产装置，考虑到复工开车系统内对露点指标控制很严格，所以不采用蒸汽吹扫，而要有氮气分片集中吹扫，最好用干燥后的氮气进行吹扫置换。

（9）吹扫采用本装置自产蒸汽，应首先检查蒸汽中是否带油。装置内油、汽、水等有互窜的可能，一旦发现互窜，蒸汽就不能用来灭火或吹扫。

一般来说，较大的设备和容器在物料退出后，都应进行蒸煮水洗，如炼化厂塔、容器、油品储罐等。乙烯装置、分离热区脱丙烷塔、脱丁烷塔，由于物料中含有较高的双烯烃、炔烃，塔釜、再沸器提馏段物料极易聚合，并且有重烃类难挥发油，最好也采用蒸煮方法。蒸煮前必须采取防烫措施。处理时间视设备容积的大小、附着易燃、有毒介质残渣或油垢多少、清除难易、通风换气快慢而定，通常为8～24h。

2．特殊置换

（1）存放酸碱介质的设备、管线，应先予以中和或加水冲洗。例如硫酸储罐（铁质）用水冲洗，残留的浓硫酸变成强腐蚀性的稀硫酸，与铁作用，生成氢气与硫酸亚铁。

氢气遇明火会发生着火爆炸。所以硫酸储罐用水冲洗以后，还应用氮气吹扫，氮气保留在设备内，对着火爆炸起抑制作用。如果人进入作业，则必须再用空气置换。

（2）丁二烯生产系统，停车后不宜用氮气吹扫，因氮气中有氧的成分，容易生成丁二烯自聚物。丁二烯自聚物很不稳定，遇明火和氧、受热、受撞击可迅速自行分解爆炸。检修这类设备前，必须认真确认是否有丁二烯过氧化自聚物存在，要采取特殊措施破坏丁二烯过氧化自聚物。目前多采用氢氧化钠水溶液处理法直接破坏丁二烯过氧化自聚物。

三、装置环境安全标准

通过各种处理工作，生产车间在设备交付检修前，必须对装置环境进行分析，达到下列标准：

① 在设备内检修、动火时，氧含量应为19%～21%，燃烧爆炸物质浓度应低于安全值，有毒物质浓度应低于职业接触限值；

② 设备外壁检修、动火时，设备内部的可燃气体含量应低于安全值；

③ 检修场地水井、沟，应清理干净，加盖砂封，设备管道内无余压、无灼烫物、无沉淀物；

④ 设备、管道物料排空后，加水冲洗，再用氮气、空气置换至设备内可燃物含量合格，氧含量在19%～21%。

四、抽堵盲板

化工生产装置之间、装置与储罐之间、厂际之间，有许多管线相互连通输送物料，因此生产装置停车检修，在装置退料进行蒸煮水洗置换后，需要在检修的设备和运行系统管线相接的法兰接头之间插入盲板，以切断物料窜进检修装置的可能。我国原化工部在总结抽堵盲板作业中发生事故的经验教训基础上，制定了《厂区盲板抽堵作业安全规程》（HG 23013—1999）以规范此项工作。

抽堵盲板应注意以下几点：

① 抽堵盲板工作应由专人负责，根据工艺技术部门审查批复的工艺流程盲板图，进行抽堵盲板作业，统一编号，做好抽堵记录；

② 负责盲板抽堵的人员要相对稳定，一般情况下，谁堵谁抽；

③ 抽加盲板的作业人员，要进行安全教育及防护训练，落实安全技术措施；

④ 登高作业要考虑防坠落、防中毒、防火、防滑等措施；

⑤ 拆除法兰螺栓时要逐步缓慢松开，防止管道内余压或残余物料喷出；发生意外事故，加盲板的位置应在来料阀的后部法兰处，盲板两侧均应加垫片，并用螺栓紧固，做到无泄漏；

⑥ 盲板应具有一定的强度，其材质、厚度要符合技术要求，原则上盲板厚度不得低于管壁厚度，留有把柄，并于明显处挂牌标记。

根据《厂区盲板抽堵作业安全规程》（HG 23013—1999）的要求，在盲板抽堵作业前，必须办理《盲板抽堵安全作业证》，没有《盲板抽堵安全作业证》不准进行盲板抽堵作业。《盲板抽堵安全作业证》的格式见表7-1。

表7-1 《盲板抽堵安全作业证》的格式

<table>
<tr><td rowspan="2">设备管线名称</td><td rowspan="2">介质</td><td rowspan="2">温度</td><td rowspan="2">压力</td><td colspan="3">盲 板</td><td colspan="2">时 间</td><td colspan="2">负责人</td></tr>
<tr><td>材质</td><td>规格</td><td>编号</td><td>装</td><td>拆</td><td>装</td><td>拆</td></tr>
<tr><td></td><td></td><td></td><td></td><td></td><td></td><td></td><td></td><td></td><td></td><td></td></tr>
<tr><td colspan="11">盲板位置图：</td></tr>
<tr><td colspan="11">安全措施：
生产单位负责人：</td></tr>
<tr><td colspan="11">施工单位意见：
施工单位负责人：</td></tr>
<tr><td colspan="5">审核意见：
安全防火部门：</td><td colspan="6">审批意见：
主管厂长或总工程师：</td></tr>
<tr><td></td><td></td><td></td><td></td><td></td><td></td><td></td><td></td><td></td><td></td><td></td></tr>
</table>

第三节 化工装置的安全检修

一、检修许可证制度

化工生产装置停车检修，尽管经过全面吹扫、蒸煮水洗、置换、抽加盲板等工作，但检修前仍须对装置系统内部进行取样分析、测爆，进一步核实空气中可燃或有毒物质是否符合安全标准，认真执行安全检修票证制度。

二、检修作业安全要求

为保证检修安全工作顺利进行，应做好以下几个方面的工作：

① 参加检修的一切人员都应严格遵守检修指挥部颁布的《检修安全规定》；

② 开好检修班前会，向参加检修的人员进行“五交”，即交施工任务、交安全措施、交安全检修方法、交安全注意事项、交遵守有关安全规定，认真检查施工现场，落实安全技术措施；

③ 严禁使用汽油等易挥发性物质擦洗设备或零部件；

④ 进入检修现场人员必须按要求着装；

⑤ 认真检查各种检修工器具，发现缺陷，立即消除，不能凑合使用，避免发生事故；

⑥ 消防井、栓周围 5m 以内禁止堆放废旧设备、管线、材料等物件，确保消防、救护车辆的通行；

⑦ 检修施工现场，不许存放可燃、易燃物品；

⑧ 严格贯彻谁主管谁负责检修原则和安全监察制度。

三、动火作业

在化工装置中，凡是动用明火或可能产生火种的作业都属于动火作业。例如：电焊、气焊、切割、熬沥青、烘砂、喷灯等明火作业；凿水泥基础、打墙眼、电气设备的耐压试验、电烙铁锡焊等易产生火花或高温的作业。因此凡检修动火部位和地区，必须按《厂区动火作业安全规程》（HG 23011—1999）的要求，采取措施，办理审批手续。

1. 动火安全要点

（1）审证　在禁火区内动火应办理动火证的申请、审核和批准手续，明确动火地点、时间、动火方案、安全措施、现场监护人等。审批动火应考虑两个问题：一是动火设备本身，二是动火的周围环境。要做到“三不动火”，即：没有动火证不动火，防火措施不落实不动火，监护人不在现场不动火。

（2）联系　动火前要和生产车间、工段联系，明确动火的设备、位置。事先由专人负责做好动火设备的置换、清洗、吹扫、隔离等解除危险因素的工作，并落实其他安全措施。

（3）隔离　动火设备应与其他生产系统可靠隔离，防止运行中设备、管道内的物料泄漏到动火设备中来；将动火地区与其他区域采取临时隔火墙等措施加以隔开，防止火星飞溅而引起事故。

（4）移去可燃物　将动火周围 10m 范围以内的一切可燃物，如溶剂、润滑油、回丝、未清洗的盛放过易燃液体的空桶、木框等移到安全场所。

（5）灭火措施　动火期间动火地点附近的水源要保证充分，不能中断；动火场所准备好

足够数量的灭火器具；在危险性大的重要地段动火，消防车和消防人员要到现场，做好充分准备。

(6) 检查与监护　上述工作准备就绪后，根据动火制度的规定，厂、车间或安全、保卫部门的负责人应到现场检查，对照动火方案中提出的安全措施检查是否落实，并再次明确和落实现场监护人和动火现场指挥，交待安全注意事项。

(7) 动火分析　动火分析不宜过早，一般不要早于动火前的0.5h。如果动火中断0.5h以上，应重做动火分析。分析试样要保留到动火之后，分析数据应做记录，分析人员应在分析化验报告单上签字。

(8) 动火　动火应由经安全考核合格的人员担任，压力容器的焊补工作应由锅炉压力容器考试合格的工人担任。无合格证者不得独自从事焊接工作。动火作业出现异常时，监护人员或动火指挥应果断命令停止动火，待恢复正常、重新分析合格并经批准部门同意后，方可重新动火。高处动火作业应戴安全帽、系安全带，遵守高处作业的安全规定。氧气瓶和移动式乙炔瓶发生器不得有泄漏，应距明火10m以上，氧气瓶和乙炔发生器的间距不得小于5m，有五级以上大风时不宜高处动火。电焊机应放在指定的地方，火线和接地线应完整无损、牢靠，禁止用铁棒等物代替接地线和固定接地点。电焊机的接地线应接在被焊设备上，接地点应靠近焊接处，不准采用远距离接地回路。

(9) 善后处理　动火结束后应清理现场，熄灭余火，做到不遗漏任何火种，切断动火作业所用电源。

2. 动火作业安全要求

(1) 油罐带油动火　油罐带油动火除了检修动火应做到安全要点外，还应注意：在油面以上不准动火；补焊前应进行壁厚测定，根据测定的壁厚确定合适的焊接方法；动火前用铅或石棉绳等将裂缝塞严，外面用钢板补焊。罐内带油油面下动火补焊作业危险性很大，只在万不得已的情况下才采用，作业时要求稳、准、快，现场监护和补救措施比一般检修动火更应该加强。

(2) 油管带油动火　油管带油动火处理的原则与油罐带油动火相同，只是在油管破裂、生产无法进行的情况下，抢修堵漏才用。带油管路动火应注意：测定焊补处管壁厚度，决定焊接电流和焊接方案，防止烧穿；清理周围现场，移去一切可燃物；准备好消防器材，并利用难燃或不燃挡板严格控制火星飞溅方向；降低管内油压，但需保持管内油品的不停流动；对泄漏处周围的空气要进行分析，符合动火安全要求才能进行；若是高压油管，要降压后再打卡子焊补；动火前与生产部门联系，在动火期间不得卸放易燃物资。

(3) 带压不置换动火　带压不置换动火指可燃气体设备、管道在一定的条件下未经置换直接动火补焊。带压不置换动火的危险性极大，一般情况下不主张采用。必须采用带压不置换动火，应注意：整个动火作业必须保持稳定的正压；必须保证系统内的含氧量低于安全标准（除环氧乙烷外一般规定可燃气体中含氧量不得超过1%）；焊前应测定壁厚，保证焊时不烧穿才能工作；动火焊补前应对泄漏处周围的空气进行分析，防止动火时发生爆炸和中毒；作业人员进入作业地点前穿戴好防护用品，作业时作业人员应选择合适位置，防止火焰外喷烧伤。整个作业过程中，监护人、扑救人员、医务人员及现场指挥都不得离开，直至工作结束。

四、检修用电

检修使用的电气设施有两种：一是照明电源；二是检修施工机具电源（卷扬机、空压机、电焊机）。以上电气设施的接线工作，须由电工操作，其他工种不得私自乱接。

电气设施要求线路绝缘良好，没有破皮漏电现象。线路敷设整齐不乱，埋地或架高敷设均不能影响施工作业、行人和车辆通过。线路不能与热源、火源接近。移动或局部式照明灯要有铁网罩保护。光线阴暗、设备内以及夜间作业要有足够的照明，临时照明灯具悬吊时，不能使导线承受张力，必须用附属的吊具来悬吊。行灯应用导线预先接地。检修装置现场禁用闸刀开关板。正确选用熔断丝，不准超载使用。

电气设备，如电钻、电焊机等手拿电动机具，在正常情况下，外壳没有电，当内部线圈年久失修，腐蚀或机械损伤，其绝缘遭到破坏时，它的金属外壳就会带电，如果人站在地上、设备上、手接触到带电的电气工具外壳或人体接触到带电导体上，人体与脚之间产生了电位差，并超过40V，就会发生触电事故。因此使用电气工具，其外壳应可靠接地，并安装触电保护器，避免触电事故发生。国外某工厂检修一台直径1m的溶解锅，检修人员在锅内作业使用220V电源，功率仅0.37kW的电动砂轮机打磨焊缝表面，因砂轮机绝缘层破损漏电，背脊碰到锅壁，触电死亡。

电气设备着火、触电，应首先切断电源。不能用水灭电气火灾，宜用干粉机扑救；如触电，用木棍将电线挑开，当触电人停止呼吸时，进行人工呼吸，送医院急救。

电气设备检修时，应先切断电源，并挂上“有人工作，严禁合闸”的警告牌。停电作业应履行停、复用电手续。停用电源时，应在开关箱上加锁或取下熔断器。

在生产装置运行过程中，临时抢修用电时，应办理用电审批手续。电源开关要采用防爆型，电线绝缘要良好，宜空中架设，远离传动设备、热源、酸碱等。抢修现场使用临时照明灯具宜为防爆型，严禁使用无防护罩的行灯，不得使用220V电源，手持电动工具应使用安全电压。

五、动土作业

化工厂区的地下生产设施复杂隐蔽，如地下敷设电缆，其中有动力电缆、信号、通讯电缆，另外还有敷设的生产管线。凡是影响到地下电缆、管道等设施安全的地上作业都包括在动土作业的范围内。如：挖土、打桩埋设接地极等入地超过一定深度的作业；用推土机、压路机等施工机械的作业。随意开挖厂区土方，有可能损坏电缆或管线，造成装置停工，甚至人员伤亡。因此，必须按照《厂区动土作业安全规程》（HG 23017—1999）的要求加强动土作业的安全管理。

1. 审证

根据企业地下设施的具体情况，划定各区域动土作业级别，按分级审批的规定办理审批手续。申请动土作业时，需写明作业的时间、地点、内容、范围、施工方法、挖土堆放场所和参加作业人员、安全负责人及安全措施。一般由基建、设备动力、仪表和工厂资料室的有关人员根据地下设施布置总图对照申请书中的作业情况仔细核对，逐一提出意见，然后按动土作业规定交有关部门或厂领导批准，根据基建等部门的意见，提出补充安全要求。办妥上述手续的动土作业许可证方才有效。

2. 安全注意事项

防止损坏地下设施和地面建筑，施工时必须小心。防止坍塌，挖掘时应自上而下进行，禁止采用挖空底角的方法挖掘；同时应根据挖掘深度装设支撑；在铁塔、电杆、地下埋设物及铁道附近挖土时，必须在周围加固后，方可进行施工。防止机器工具伤害。夜间作业必须有足够的照明，防止坠落；挖掘的沟、坑、池等应在周围设置围栏和警告标志，夜间设红灯警示。

此外，在可能出现煤气等有毒有害气体的地点工作时，应预先告知工作人员，并做好防毒准备。在挖土作业时如突然发现煤气等有毒气体或可疑现象，应立即停止工作，撤离全部工作人员并报告有关部门处理，在有毒有害气体未彻底清除前不准恢复工作。在禁火区内进

行动土作业还应遵守禁火的有关安全规定。动土作业完成后，现场的沟、坑应及时填平。

六、高处作业

凡在坠落高度基准面 2m 以上（含 2m）有可能坠落的高处进行作业，均称为高处作业。在化工企业，作业虽在 2m 以下，但属下列作业的，仍视为高处作业：虽有护栏的框架结构装置，但进行的是非经常性工作，有可能发生意外的工作；在无平台、无护栏的塔、釜、炉、罐等化工设备和架空管道上的作业；在高大独自化工设备容器内进行的登高作业；作业地段的斜坡（坡度大于 45°）下面或附近有坑、井和风雪袭击、机械震动以及有机械转动或堆放物易伤人的地方作业等。

一般情况下，高处作业按作业高度可分为四个等级。作业高度在 2～5m 时，称为一级高处作业；作业高度在 5～15m 时，称为二级高处作业；作业高度在 15～30m 时，称为三级高处作业；作业高度在 30m 以上时，称为特级高处作业。

化工装置多数为多层布局，高处作业的机会比较多。如设备、管线拆装，阀门检修更换，仪表校对，电缆架空敷设等。高处作业，事故发生率高，伤亡率也高。发生高处坠落事故的原因主要是：洞、坑无盖板或检修中移去盖板；平台、扶梯的栏杆不符合安全要求，临时拆除栏杆后没有防护措施，不设警告标志；高处作业不挂安全带、不戴安全帽、不挂安全网；梯子使用不当或梯子不符合安全要求；不采取任何安全措施，在石棉瓦之类不坚固的结构上作业；脚手架有缺陷；高处作业用力不当、重心失稳；工器具失灵，配合不好，危险物料伤害坠落；作业附近对电网设防不妥触电坠落等。

一名体重为 60kg 的工人，从 5m 高处滑下坠落地面，经计算可产生 300kg 冲击力，会致人死亡。

1. 高处作业的一般安全要求

（1）作业人员　患有精神病等职业禁忌症的人员不准参加高处作业。检修人员饮酒、精神不振时禁止登高作业。作业人员必须持有作业票。

（2）作业条件　高处作业必须戴安全帽、系安全带。作业高度 2m 以上应设置安全网，并根据位置的升高随时调整。高度超 15m 时，应在作业位置垂直下方 4m 处，架设一层安全网，且安全网数不得少于 3 层。

（3）现场管理　高处作业现场应设有围栏或其他明显的安全界标，除有关人员外，不准其他人在作业点的下面通行或逗留。

（4）防止工具材料坠落　高处作业应一律使用工具袋。较粗、重工具用绳拴牢在坚固的构件上，不准随便乱放；在格栅式平台上工作，为防止物件坠落，应铺设木板；递送工具、材料不准上下投掷，应用绳系牢后上下吊送；上下层同时进行作业时，中间必须搭设严密牢固的防护隔板、罩棚或其他隔离设施；工作过程中除指定的、已采取防护围栏处或落料管槽可以倾倒废料外，任何作业人员严禁向下抛掷物料。

（5）防止触电和中毒　脚手架搭设时应避开高压电线，无法避开时，作业人员在脚手架上活动范围及其所携带的工具、材料等与带电导线的最短距离要大于安全距离（电压等级≤110kV，安全距离为 2m；220kV 为 3m；330kV 为 4m）。高处作业地点靠近放空管时，事先与生产车间联系，保证高处作业期间生产装置不向外排放有毒有害物质，并事先向高处作业的全体人员交待明白，万一有毒有害物质排放时，应迅速采取撤离现场等安全措施。

（6）气象条件　六级以上大风、暴雨、打雷、大雾等恶劣天气，应停止露天高处作业。

（7）注意结构的牢固性和可靠性：在槽顶、罐顶、屋顶等设备或建筑物、构筑物上作业时，除了临空一面应装安全网或栏杆等防护措施外，事先应检查其牢固可靠程度，防止失稳或破裂等可能出现的危险；严禁直接站在油毛毡、石棉瓦等易碎裂材料的结构上作业。为防止误登，应在这类结构的醒目处挂上警示牌；登高作业人员不准穿塑料底等易滑的或硬性厚底的鞋子；冬季严寒作业应采取防冻防滑措施或轮流进行作业。

2. 脚手架的安全要求

高处作业使用的脚手架和吊架必须能够承受站在上面的人员、材料等的重量。禁止在脚手架和脚手板上放置超过计算荷重的材料。一般脚手架的荷重量不得超过 $270kg/m^2$。脚手架使用前，应经有关人员检查验收，认可后方可使用。

(1) 脚手架材料　脚手架的杆柱可采用竹、木或金属管，木杆应采用剥皮杉木或其他坚韧的硬木，禁止使用杨木、柳木、桦木、油松和其他腐朽、折裂、枯节等易折断的木料；竹竿应采用坚固无伤的毛竹；金属管应无腐蚀，各根管子的连接部分应完整无损，不得使用弯曲、压扁或者有裂缝的管子。木质脚手架踏脚板的厚度不应小于 4cm。

(2) 脚手架的连接与固定　脚手架要与建筑物连接牢固。禁止将脚手架直接搭靠在楼板的木楞上及未经计算荷重的构件上，也不得将脚手架和脚手架板固定在栏杆、管子等不十分牢固的结构上；立杆或支杆的底端宜埋入地下。遇松土或者无法挖坑时，必须绑设地杆子。

金属管脚手架的立竿应垂直地稳放在垫板上，垫板安置前需把地面夯实、整平。立竿应套上由支柱底板及焊在底板上管子组成的柱座，连接各个构件间的铰链螺栓一定要拧紧。

(3) 脚手板、斜道板和梯子　脚手板和脚手架应连接牢固；脚手板的两头都应放在横杆上，固定牢固，不准在跨度间有接头；脚手板与金属脚手架则应固定在其横梁上。

斜道板要满铺在架子的横杆上；斜道两边、斜道拐弯处和脚手架工作面的外侧应设 1.2m 高的栏杆，并在其下部加设 18cm 高的挡脚板；通行手推车的斜道坡度不应大于 1：7，其宽度单方向通行应大于 1m，双方向通行大于 1.5m；斜道板厚度应大于 5cm。

脚手架一般应装有牢固的梯子，以便作业人员上下和运送材料。使用起重装置吊重物时，不准将起重装置和脚手架的结构相连接。

(4) 临时照明　脚手架上禁止乱拉电线。必须装设临时照明时，木、竹脚手架应加绝缘子，金属脚手架应另设横担。

(5) 冬季、雨季防滑　冬季、雨季施工应及时清除脚手架上的冰雪、积水，并要撒上砂子、锯末、炉灰或铺上草垫。

(6) 拆除　脚手架拆除前，应在其周围设围栏，通向拆除区域的路段挂警示牌；高层脚手架拆除时应有专人负责监护；敷设在脚手架上的电线和水管先切断电源、水源，然后拆除，电线拆除由电工承担；拆除工作应由上而下分层进行，拆下来的配件用绳索捆牢，并用起重设备或绳子吊下，不准随手抛掷；不准用整个推倒的办法或先拆下层主柱的方法来拆除；栏杆和扶梯不应先拆掉，而要与脚手架的拆除工作同时配合进行；在电力线附近拆除应停电作业，若不能停电，应采取防触电和防碰坏电路的措施。

(7) 悬吊式脚手架和吊篮　悬吊式脚手架和吊篮应经过设计和验收，所用的钢丝绳及大绳的直径要由计算决定。计算时安全系数：吊物用不小于 6，吊人用不小于 14；钢丝绳和其他绳索事前应做 1.5 倍静荷重试验，吊篮还需做动荷重试验。动荷重试验的荷重为 1.1 倍工作荷重，做等速升降，记录试验结果；每天使用前应由作业负责人进行挂钩，并对所有绳索进行检查；悬吊式脚手架之间严禁用跳板跨接使用；拉吊篮的钢丝绳和大绳，应不与吊篮边沿、房檐等棱角相摩擦；升降吊篮的人力卷扬机应有安全制动装置，以防止因操作人员失误使吊篮落下；卷扬机应固定在牢固的地锚或建筑物上，固定处的耐拉力必须大于吊篮设计荷重的 5 倍；升降吊篮由专人负责指挥。使用吊篮作业时应系安全带，安全带拴在建筑物的可靠处。

根据《厂区高处作业安全规程》（HG 23014—1999）的要求，高处作业前，必须办理《高处安全作业证》，持证作业。

七、限定空间作业或罐内作业

凡进入塔、釜、槽、罐、炉、器、机、筒仓、地坑或其他限定空间内进行检修、清理，称为限定空间内作业。化工装置限定空间作业频繁，危险因素多，是容易发生事故的作业。人在氧含量为19%～21%的空气中表现正常；假如降到13%～16%人会突然晕倒；降到13%以下，会死亡。限定空间内不能用纯氧通风换气，因为氧是助燃物质，万一作业时有火星，会着火伤人。限定空间作业还会受到爆炸、中毒的威胁。可见限定空间作业，缺氧与富氧，毒害物质超过安全浓度，都会造成事故。因此，必须办理许可证。

凡是用过惰性气体（氮气）置换的设备，进入限定空间前必须用空气置换，并对空气中的氧含量进行分析。如系限定空间内动火作业，除了空气中的可燃物含量符合规定外，氧含量应在19%～21%范围内。若限定空间内具有毒性，还应分析空气中有毒物质含量，保证在允许浓度以下。

值得注意的是动火分析合格，不等于不会发生中毒事故。例如限定空间内丙烯腈含量为0.2%，符合动火规定，当氧含量为21%时，虽为合格，但却不符合卫生规定。车间空气中丙烯腈最高允许浓度为2mg/m^3，经过换算，0.2%（体积分数）为最高允许浓度的2167.5倍。进入丙烯腈含量为0.2%的限定空间内作业，虽不会发生火灾、爆炸，但会发生中毒事故。

进入酸、碱储罐作业时，要在储罐外准备大量清水。人体接触浓硫酸，须先用布、棉花擦净，然后迅速用大量清水冲洗，并送医院处理。如果先用清水冲洗，后用布类擦净，则浓硫酸将变成稀硫酸，而稀硫酸则会造成更严重的灼伤。

进入限定空间内作业，与电气设施接触频繁，照明灯具、电动工具如漏电，都有可能导致人员触电伤亡，所以照明电源应为36V，潮湿部位应是12V。检修带有搅拌机械的设备，作业前应把传动皮带卸下，切除电源，如取下保险丝、拉下闸刀等，并上锁，使机械装置不能启动，再在电源处挂上“有人检修、禁止合闸”的警示牌。上述措施采取后，还应有人检查确认。

限定空间内作业时，一般应指派两人以上作罐外监护。监护人应了解介质的各种性质，应位于能经常看见罐内全部操作人员的位置，眼光不能离开操作人员，更不准擅离岗位。发现罐内有异常时，应立即召集急救人员，设法将罐内受害人救出，监护人员应从事罐外的急救工作。如果没有监护人，即使在非常时候，监护人也不得自己进入罐内。凡是进入罐内抢救的人员，必须根据现场情况穿戴防毒面具或氧气呼吸器、安全防护带等防护用具，决不允许不采取任何个人防护而冒险入罐救人。

为确保进入限定空间作业安全，必须严格按照《厂区设备内作业安全规程》办理设备内安全作业证，持证作业。

八、起重作业

重大起重吊装作业，必须进行施工设计，施工单位技术负责人审批后送生产单位批准。对吊装人员进行技术交底，学习讨论吊装方案。

吊装作业前起重工应对所有起重机具进行检查，对设备性能、新旧程度、最大负荷要了解清楚。使用旧工具、设备，应按新旧程度折扣计算最大荷重。

起重设备应严格根据核定负荷使用，严禁超载，吊运重物时应先进行试吊，离地20～30cm，停下来检查设备、钢丝绳、滑轮等，经确认安全可靠后再继续起吊。二次起吊上升速率不超过8m/min，平移速率不超过5m/min。起吊中应保持平稳，禁止猛走猛停，避免引起冲击、碰撞、脱落等事故。起吊物在空中不应长时间滞留，并严格禁止在重物下方行走或停留。长、大物件起吊时，应设有“溜绳”，控制被吊物件平稳上升，以防物件在空中摇摆。起吊现场应设置警戒线，并有“禁止入内”等警示牌。

起重吊运不应随意使用厂房梁架、管线、设备基础，防止损坏基础和建筑物。

起重作业必须做到“五好”和“十不吊”。“五好”是：思想集中好；上下联系好；机器检查好；扎紧提放好；统一指挥好。“十不吊”是：无人指挥或者信号不明不吊；斜吊和斜拉不吊；物件有尖锐棱角与钢绳未垫好不吊；重量不明或超负荷不吊；起重机械有缺陷或安全装置失灵不吊；吊杆下方及其转动范围内站人不吊；光线阴暗，视物不清不吊；吊杆与高压电线没有保持应有的安全距离不吊；吊挂不当不吊；人站在起吊物上或起吊物下方有人不吊。

各种起重机都离不开钢丝绳、链条、吊钩、吊环和滚筒等附件，这些机件必须安全可靠，若发生问题，都会给起重作业带来严重事故。

钢丝绳在启用时，必须了解其规格、结构（股数、钢丝直径、每股钢丝数、绳芯种类等)、用途和性能、拉力强度的试验结果等。起重机钢丝绳应符合《起重机械用钢丝绳检验和报废实用规范》(GB 5972—86)“圆股钢丝绳”标准。选用的钢丝绳应具有合格证，没有合格证，使用前可截去1～1.5m长的钢丝绳进行强度试验。未经过试验的钢丝绳禁止使用。

起重用钢丝绳安全系数，应根据机构的工作级别以及作业环境等其他技术条件决定。

起重作业时，应严格按照《厂区吊装作业安全规程》(HG 23015) 的要求，规范此项工作。

九、运输与检修

化工企业生产、生活物资运输任务繁重，运输机具与检修现场工作关系密切，检修中机运事故也时有发生。如机动车违章进入检修现场，发动车辆时排烟管火星引燃装置泄漏物料，发生火灾事故；电瓶车运送检修材料，装载不合乎规范，司机视线不良，轧死行人事故；检修时车身落架，检修人员被压死事故等。

为做好运输与检修安全工作，必须加强辅助部门人员的安全技术教育工作，以提高职工安全意识。机动车辆进入化工装置前，给排烟管装上火星扑灭器；装置出现跑料时，生产车间对装置周围马路实行封闭，熄灭一切火源。执行监护任务的消防、救护车应选择上风处停放。在正常情况下厂区行驶车速不得大于15km/h，铁路机车过交叉口要鸣笛减速。液化石油气罐、站操作人员必须经过培训考试，取得合格证。罐车状况，要符合设计标准，定期检验合格。

第四节 装置检修后开车

一、装置开车前安全检查

生产装置经过停工检修后，在开车运行前要进行一次全面的安全检查验收。目的是检查检修项目是否全部完工，质量全部合格，职业安全卫生设施是否全部恢复完善，设备、容器、管道内部是否全部吹扫干净、封闭，盲板是否按要求抽加完毕，确保无遗漏，检修现场是否工完、料尽、场地清，检修人员、工具是否撤出现场，达到了安全开工条件。

检修质量检查和验收工作，必须安排责任心强、有丰富实践经验的设备、工艺管理人员和一线生产人员进行。这项工作，既是评价检修施工效果，又是为安全生产奠定基础，一定

要消除各种隐患，未经验收的设备不能开车投产。

1. 焊接检验

凡化工装置使用易燃、易爆、剧毒介质以及特殊工艺条件的设备、管线及经过动火检修的部位，都应按《压力容器安全技术监察规程》等的要求进行X射线拍片检验和残余应力处理。如发现焊缝有问题，必须重焊，直到验收合格，否则将导致严重后果。如某厂焊接气分装置脱丙烯塔与重沸器之间一条直径80mm丙烷抽出管线，因焊接质量问题，开车后断裂跑料，发生重大爆炸事故。事故的直接原因是焊接质量低劣，有严重的夹渣和未焊透现象，断裂处整个焊缝有三个气孔，其中一个气孔直径达2mm，有的焊肉厚度仅为1～2mm。

2. 试压和气密试验

任何设备、管线在检修复位后，为检验施工质量，应严格按有关规定进行试压和气密试验，防止生产时跑、冒、滴、漏，造成各种事故。

一般来说，压力容器和管线试压用水作介质，不得采用有危险的液体，也不准用工业气体或氮气做耐压试验。气压试验危险性比水压试验大得多，曾有用气压代替水压试验而发生事故的教训。

安全检查要点如下。

(1) 检查设备、管线上的压力表、温度计、液面计、流量计、热电偶、安全阀是否调校安装完毕，灵敏好用。

(2) 试压前所有的安全阀、压力表应关闭根部阀，有关仪表应隔离或拆除，防止起跳或超程损坏。

(3) 对被试压的设备、管线要反复检查，流程是否正确，防止系统与系统之间相互串通，必须采取可靠的隔离措施。

(4) 试压时，试压介质、压力、稳定时间都要符合设计要求，并严格按有关规程执行。

(5) 对于大型、重要设备和中、高压及超高压设备、管道，在试压前应编制试压方案，制定可靠的安全措施。

(6) 情况特殊，采用气压试验时，试压现场应加设围栏或警示牌，管线的输入端应装安全阀。

(7) 带压设备、管线，在试验过程中严禁强烈机械冲撞或外来气串入，升压和降压应缓慢进行。

(8) 在检查受压设备和管线时，法兰、法兰盖的侧面和对面都不能站人。

(9) 在试压过程中，受压设备、管线如有异常响声，如压力下降、表面油漆剥落、压力表指针不动或来回不停摆动，应立即停止试压，并卸压查明原因，视具体情况再决定是否继续试压。

(10) 登高检查时应设平台围栏，系好安全带，试压过程中发现泄漏，不得带压紧固螺栓、补焊或修理。

3. 吹扫、清洗

在检修装置开工前，应对全部管线和设备彻底清洗，把施工过程中遗留在管线和设备内的焊渣、泥沙、锈皮等杂质清除掉，使所有管线都贯通。如吹扫、清洗不彻底，杂物易堵塞阀门、管线和设备，对泵体、叶轮产生磨损，严重时还会堵塞泵过滤网。如不及时检查，将使泵抽空，造成泵或电机损坏的设备事故。

一般处理液体管线用水冲洗，处理气体管线用空气或氮气吹扫，蒸汽等特殊管线除外。如仪表风管线应用净化风吹扫，蒸汽管线按压力等级不同使用相应的蒸汽吹扫等。吹扫、清洗中应拆除易堵卡物件（如孔板、调节阀、阻火器、过滤网等），安全阀加盲板隔离，关闭压力表手阀及液位计联通阀，严格按方案执行；吹扫、清洗要严，按系统、介质的种类、压力等级分别进行，并应符合现行规范要求；在吹扫过程中，要有防止噪声和静电产生的措施，冬季用水清洗应有防冻结措施，以防阀门、管线、设备冻坏；放空口要设置在安全的地方或有专人监视；操作人员应配齐个人防护用具，与吹扫无关的部位要关闭或加盲板隔绝；用蒸汽吹扫管线时，要先慢慢暖管，并将冷凝水引到安全位置排放干净，以防水击，并有防止检查人烫伤的安全措施；对低点排凝、高点放空，要顺吹扫方向逐个打开和关闭，待吹扫达到规定时间要求时，先关阀后停汽；吹扫后要用氮气或空气吹干，防止蒸汽冷凝液造成真空而损坏管线；输送气体管线如用液体清洗时，核对支撑物强度能否满足要求；清洗过程要用最大安全体积和流量。

4. 烘炉

各种反应炉在检修后开车前，应按烘炉规程要求进行烘炉。

（1）编制烘炉方案，并经有关部门审查批准。组织操作人员学习，掌握其操作程序和应注意的事项。

（2）烘炉操作应在车间主管生产的负责人指导下进行。

（3）烘炉前，有关的报警信号、生产联锁应调校合格，并投入使用。

（4）点火前，要分析燃料气中的氧含量和炉膛可燃气体含量，符合要求后方能点火。点火时应遵守“先火后气”的原则。点火时要采取防止喷火烧伤的安全措施以及灭火的设施。炉子熄灭后重新点火前，必须再进行置换，合格后再点火。

5. 传动设备试车

化工生产装置中机、泵起着输送液体、气体、固体介质的作用，由于操作环境复杂，一旦单机发生故障，就会影响全局。因此要通过试车，对机、泵检修后能否保证安全投料、一次开车成功进行考核。

（1）编制试车方案，并经有关部门审查批准。

（2）专人负责进行全面仔细的检查，使其符合要求，安全设施和装置要齐全完好。

（3）试车工作应由车间主管生产的负责人统一指挥。

（4）冷却水、润滑油、电机通风、温度计、压力表、安全阀、报警信号、联锁装置等，要灵敏可靠，运行正常。

（5）查明阀门的开关情况，使其处于规定的状态。

（6）试车现场要整洁干净，并有明显的警戒线。

6. 联动试车

装置检修后的联动试车，重点要注意做好以下几个方面的工作。

（1）编制联动试车方案，并经有关领导审查批准。

（2）指定专人对装置进行全面认真地检查，查出的缺陷要及时消除。检修资料要齐全，安全设施要完好。

（3）专人检查系统内盲板的抽加情况，登记建档，签字认可，严防遗漏。

（4）装置的自保系统和安全联锁装置，调校合格，正常运行灵敏可靠，专业负责人要签字认可。

（5）供水、供汽、供电等辅助系统要运行正常，符合工艺要求。整个装置要具备开车条件。

（6）在厂部或车间领导统一指挥下进行联动试车工作。

二、装置开车

装置开车要在开车指挥部的领导下，统一安排，并由装置所属的车间领导负责指挥开车。岗位操作工人要严格按工艺卡片的要求和操作规程操作。

1. 贯通流程

用蒸汽、氮气通入装置系统，一方面扫去装置检修时可能残留部分的焊渣、焊条头、铁屑、氧化皮、破布等，防止这些杂物堵塞管线，另一方面验证流程是否贯通。这时应按工艺流程逐个检查，确认无误，做到开车时不窜料、不憋压。按规定用蒸汽、氮气对装置系统置换，分析系统氧含量达到安全值以下的标准。

2. 装置进料

进料前，在升温、预冷等工艺调整操作中，检修工与操作工配合做好螺栓紧固部位的热把、冷把工作，防止物料泄漏。岗位应备有防毒面具。油系统要加强脱水操作，深冷系统要加强干燥操作，为投料奠定基础。

装置进料前要关闭所有的放空、排污、倒淋等阀门，然后按规定流程，经操作工、班长、车间值班领导检查无误，启动机泵进料。进料过程中，操作工沿管线进行检查，防止物料泄漏或物料走错流程；装置开车过程中，严禁乱排乱放各种物料。装置升温、升压、加量，按规定缓慢进行；操作调整阶段，应注意检查阀门开度是否合适，逐步提高处理量，使达到正常生产为止。

事故案例

案例 7-1 1992 年 3 月，齐鲁石化公司二化肥合成氨装置按计划进行年度大修。氧化锌槽于当日降温，氮气置换合格后准备更换催化剂。操作时，因催化剂结块严重，卸催化剂受阻，办理进塔罐许可证后进入疏通。连续作业几天后，开始装填催化剂。一助理工程师在没办理进塔罐许可证的情况下，攀软梯而下，突然从 5m 高处掉入槽底。事故的主要原因是：该助理工程师进行罐内作业时未办理许可证。

案例 7-2 1989 年 7 月，扬子石油化工公司检修公司运输队在聚乙烯车间安电机。工作时，班长用钢丝绳拴绑 4 只 5t 滑轮并一只 16t 液化千斤顶及两根钢丝绳，然后打手势给吊车司机起吊。当吊车做抬高吊臂的操作时，一只 5t 的滑轮突然滑落，砸在吊车下的班长头上，经抢救无效死亡。事故的主要原因是：班长在指挥起吊工作前，未按起重安全规程要求对起吊工具进行安全可靠性检查，并且违反“起吊重物下严禁过人”的安全规定。

案例 7-3 1993 年 6 月，抚顺石化公司石油二厂发生一起多人伤亡事故。事故的主要原因是：起重班违反脚手架搭设标准，立杆间距达 2. 3m，小横杆间距达 2. 4m，属违章施工作业。且在脚手架搭设完毕后，没有进行质量和安全检查。工作人员高处作业时没有系安全带。

案例 7-4 1989 年 2 月，抚顺石化公司石油一厂建筑安装工程公司的工人在油库车间清扫火车汽油槽车时，发生窒息死亡。施工的主要原因是：清洗槽车时未戴防毒面具，一人进车作业，作业时无人监护。

案例 7-5 1990 年 12 月，茂名石化公司炼油厂氧化沥青装置的氧化釜进油开工中，发生突沸冒釜事故，漏出渣油 12t。事故的主要原因是：开工前，未能对该氧化釜入口阀进行认真检查，隐患未及时发现和消除。

案例 7-6 1985 年 8 月，荆门炼油厂维修车间一名技术人员在加氢裂化装置新压缩机厂房楼上清扫压缩机基础时，一脚踩空，从吊装孔掉到楼下，抢救无效死亡。事故的主要原因是：当事人在交叉作业、施工现场复杂的情况下，安全警惕性不高。吊装孔虽采取安全措施，但吊装孔仍留有 0. 5m 的空隙，措施落实不得力。

案例 7-7 1978 年 2 月，河南省某市电石厂乙酸车间发生一起浓乙醛储槽爆炸事故，造成 2 人死亡，1 人重伤。事故的主要原因是：该车间检修一台氮气压缩机，停机后没有将此机氮气入口阀门切断，也不上盲板。停车检修时，空气被大量吸入氮气系统，另一台正在工作的氮气压缩机把混有大量空气的氮气送入浓乙醛储槽，引起强烈氧化反应，发生化学爆炸。

案例 7-8 1994 年 9 月，吉林省某化工厂季戊四醇车间发生一起爆炸事故，造成 3 人死亡，2 人受伤。事故的主要原因是：甲醇中间罐泄漏，检修后必须用水试压，恰逢全厂水管大修，工人违章用氮气进行带压试漏，因罐内超压，罐体发生爆炸。

案例 7-9 1990 年 6 月，燕山石化公司合成橡胶厂抽提车间发生一起氮气窒息死人事故。事故的主要原因是：抽提车间在实施隔离措施时，忽视了该塔煮塔蒸汽线在重沸器恢复后应及时追加盲板，致使氮气串入塔内，导致工人进塔工作窒息死亡。

案例 7-10 1988 年 5 月，燕山石化公司炼油厂水净化车间安装第一污水处理场隔油池上“油气集中排放脱臭”设施的排气管道时，气焊火花由未堵好的孔洞落入密封的油池内，发生爆燃。事故的主要原因是：严重违反用火管理制度。安全部门审批签发的火票等级不同。未亲临现场检查防火措施的可靠性。施工单位未认真执行用火管理制度，动火地点与火票上的地点不符。

复习思考题

1. 化工装置的检修特点有哪些？
2. 停车检修有哪些安全要求？
3. 动火作业的安全要点有哪些？
4. 如何防止化工装置检修过程中的窒息事故？
5. 如何保证检修后安全开车？

CHAPTER 8

第八章 职业危害防护技术

在化工生产过程中，存在许多威胁职工健康、使劳动者发生慢性病或职业中毒的因素，因此在生产过程中必须加强职业危害防护。从事化工生产的职工，应该掌握相关的职业危害知识及其防护技术，自觉地避免或减少在生产环境中受到伤害。

第一节 灼伤及其防护

一、灼伤及其分类

机体受热源或化学物质的作用，引起局部组织损伤，并进一步导致病理和生理改变的过程称为灼伤。按发生原因的不同分为化学灼伤、热力灼伤和复合性灼伤。

1. 化学灼伤

凡由于化学物质直接接触皮肤所造成的损伤，均属于化学灼伤。导致化学灼伤的物质形态有固体（如氢氧化钠、氢氧化钾、硫酸酐等）、液体（如硫酸、硝酸、高氯酸、过氧化氢等）和气体（如氟化氢、氮氧化合物等）。化学物质与皮肤或黏膜接触后产生化学反应并具有渗透性，对细胞组织产生吸水、溶解组织蛋白质和皂化脂肪组织的作用，从而破坏细胞组织的生理机能而使皮肤组织致伤。

2. 热力灼伤

由于接触炙热物体、火焰、高温表面、过热蒸汽等所造成的损伤称为热力灼伤。此外，在化工生产中还会发生由于液化气体、干冰接触皮肤后迅速蒸发或升华，大量吸收热量，以致引起皮肤表面冻伤。

3. 复合性灼伤

由化学灼伤和热力灼伤同时造成的伤害，或化学灼伤兼有的中毒反应等都属于复合性灼伤。如磷落在皮肤上引起的灼伤就为复合性灼伤。由于磷的燃烧造成热力灼伤，而磷燃烧后生成的磷酸会造成化学灼伤，当磷通过灼伤部位侵入血液和肝脏时，会引起全身磷中毒。

化学灼伤的症状与病情和热力灼伤大致相同。但对化学灼伤的中毒反应特性应给予特别的重视。在化工生产中，经常发生由于化学物料的泄漏、外喷、溅落引起接触性外伤，主要原因有：由于管道、设备及容器的腐蚀、开裂和泄漏引起化学物质外喷或流泄；由火灾爆炸事故而形成的次生伤害；没有安全操作规程或操作规程不完善；违章操作；没有穿戴必需的个人防护用具或穿戴不完全；操作人员误操作或疏忽大意，如在未解除压力之前开启设备。

二、化学灼伤的现场急救

发生化学灼伤，由于化学物质的腐蚀作用，如不及时将其除掉，就会继续腐蚀下去，从而加剧灼伤的严重程度，某些化学物质如氢氟酸的灼伤初期无明显的疼痛，往往不受重视而贻误处理时机，加剧了灼伤程度。及时进行现场急救和处理，是减少伤害、避免严重后果的重要环节。

化学灼伤程度同化学物质的物理、化学性质有关。酸性物质引起的灼伤，其腐蚀作用只在当时发生，经急救处理，伤势往往不再加重。碱性物质引起的灼伤会逐渐向周围和深部组织蔓延。因此现场急救应首先判明化学致伤物质的种类、侵害途径、致伤面积及深度，采取有效的急救措施。某些化学致伤，可以从被致伤皮肤的颜色加以判断，如苛性钠和石炭酸的致伤表现为白色，硝酸致伤表现为黄色，氯磺酸致伤表现为灰白色，硫酸致伤表现为黑色，磷致伤局部皮肤呈现特殊气味，有时在暗处可看到磷光。

化学致伤的程度也同化学物质与人体组织接触时间的长短有密切关系，接触时间越长，所造成的伤就会越严重。因此，当化学物质接触人体组织时，应迅速脱去衣服，立即用大量清水冲洗创面，不应延误，冲洗时间不得小于15min，以利于将渗入毛孔或黏膜内的物质清洗出去。清洗时要遍及各受害部位，尤其要注意眼、耳、鼻、口腔等处。对眼睛的冲洗一般用生理盐水或用清洁的自来水，冲洗时水流不宜正对角膜方向，不要揉搓眼睛，也可将面部浸入在清洁的水盆里，用手把上下眼皮撑开，用力睁大两眼，头部在水中左右摆动。其他部位的灼伤，先用大量水冲洗，然后用中和剂洗涤或湿敷，用中和剂时间不宜过长，并且必须再用清水冲洗掉，然后视病情予以适当处理。常见的化学灼伤急救处理方法见表8-1。

表8-1　常见化学灼伤急救处理方法

灼伤物质名称	急救处理方法
碱类：氢氧化钠、氢氧化钾、氨、碳酸钠、碳酸钾、氧化钙	立即用大量水冲洗，然后用2%乙酸溶液洗涤中和，也可用2%以上的硼酸水湿敷。氧化钙灼伤时，可用植物油洗涤
酸类：硫酸、盐酸、硝酸、高氯酸、磷酸、乙酸、蚁酸、草酸、苦味酸	立即用大量水冲洗，再用5%碳酸氢钠水溶液洗涤中和，然后用净水冲洗
碱金属、氰化物、氰氢酸	用大量的水冲洗后，0.1%高锰酸钾溶液冲洗后再用5%硫化铵溶液冲洗
溴	应迅速用大量流动清水持续冲洗创面，再以10%硫代硫酸钠溶液洗涤，然后涂碳酸氢钠糊剂
铬酸	先用大量的水冲洗，然后用5%硫代硫酸钠溶液或1%硫酸钠溶液洗涤
氢氟酸	立即用大量水冲洗，直至伤口表面发红，再用5%碳酸氢钠溶液洗涤，再涂以甘油与氧化镁（2∶1）悬浮剂，或调上如意金黄散，然后用消毒纱布包扎
磷	如有磷颗粒附着在皮肤上，应将局部浸入水中，用刷子清除，不可将创面暴露在空气中或用油脂涂抹。再用1%～2%硫酸铜溶液冲洗数分钟，然后以5%碳酸氢钠溶液洗去残留的硫酸铜，最后用生理盐水湿敷，用绷带扎好
苯酚	用大量水冲洗，或用4体积乙醇（7%）与1体积氯化铁（1/3mol/L）混合液洗涤，再用5%碳酸氢钠溶液湿敷
氯化锌、硝酸银	用水冲洗，再用5%碳酸氢钠溶液洗涤，涂油膏即磺胺粉
三氯化砷	用大量水冲洗，再用2.5%氯化铵溶液湿敷，然后涂上2%二巯基丙醇软膏
焦油、沥青（热烫伤）	以棉花蘸乙醚或二甲苯，消除粘在皮肤上的焦油或沥青，然后涂上羊毛脂

抢救时必须考虑现场具体情况，在有严重危险的情况下，应首先使伤员脱离现场，到空气新鲜和流通处，迅速脱除污染的衣着及佩戴的防护用品等。

小面积化学灼伤创面经冲洗后，如确实致伤物已消除，可根据灼伤部位及灼伤深度采取包扎疗法或暴露疗法。

中、大面积化学灼伤，经现场抢救处理后应送往医院处理。

三、化学灼伤的预防措施

化学灼伤常常是伴随生产中的事故或由于设备发生腐蚀、开裂、泄漏等造成的，与安全管理、操作、工艺和设备等因素有密切关系。因此，为避免发生化学灼伤，必须采取综合性管理和技术措施，防患于未然。

制定完善的安全操作规程。对生产中所使用的原料、中间体和成品的物理化学性质，它们与人体接触时可造成的伤害作用及处理方法都应明确说明并做出规定，使所有作业人员都了解和掌握并严格执行。

设置可靠的预防设施。在使用危险物品的作用场所，必须采取有效的技术措施和设施，这些措施和设施主要包括以下几个方面。

1. 采取有效的防腐措施

在化工生产中，由于强腐蚀介质的作用及生产过程中高温、高压、高流速等条件对机器设备会造成腐蚀，加强防腐，杜绝“跑、冒、滴、漏”也是预防灼伤的重要措施。

2. 改革工艺和设备结构

在使用具有化学灼伤危险物质的生产场所，在设计时就应预先考虑防止物料外喷或飞溅的合理工艺流程、设备布局、材质选择及必要的控制、疏导和防护装置。

（1）物料输送实现机械化、管道化。

（2）储槽、储罐等容器采用安全溢流装置。

（3）改革危险物质的使用和处理方法，如用蒸汽溶解氢氧化钠代替机械粉碎，用片状物代替块状物。

（4）保持工作场所与通道有足够的活动余量。

（5）使用液面控制装置或仪表，实行自动控制。

（6）装设各种形式的安全联锁装置，如保证未卸压前不能打开设备的联锁装置等。

3. 加强安全性预测检查

如使用超声波测厚仪、磁粉与超声探伤仪、X 射线仪等定期对设备进行检查，或采用将设备开启进行检查的方法，以便及时发现并正确判断设备的损伤部位与损坏程度，及时消除隐患。

4. 加强安全防护措施

（1）所有储槽上部敞开部分应高于车间地面 1m 以上，若储槽与地面等高时，其周围应设护栏并加盖，以防工人跌入槽内。

（2）为使腐蚀性液体不流洒在地面上，应修建地槽并加盖。

（3）所有酸储槽和酸泵下部应修筑耐酸基础。

（4）禁止将危险液体盛入非专用的和没有标志的桶内。

（5）搬运储槽时要两人抬，不得单人背负运送。

5. 加强个人防护

在处理有灼伤危险的物质时，必须穿戴工作服和防护用具，如眼镜、面罩、手套、毛巾、工作帽等。

第二节 工业噪声及其控制

凡是使人烦躁不安的声音都属于噪声。在生产过程中各种设备运转时所发出的噪声叫工业噪声。噪声能对人体造成不同程度的危害，应加以控制或消除，以减轻对人的危害作用。

一、噪声的强度

声音的强度主要是音调的高低和声响的强弱。表示音调高低的是声音的频率即声频，表示声响强弱的有声压、声强、声功率和响度。人耳感受声音的大小，主要与声压及声频有关。

1. 声压及声压级

由声波引起的大气压强的变化量叫声压。正常人刚刚能听到的最低声压叫听阈声压。对于频率 1kHz 的声音，听阈声压为 2×10^{-3}Pa，当声压增大至 20Pa 时，使人感到震耳欲聋，称为痛阈声压。从听阈声压到痛阈声压的绝对值相差 10^6 倍，因此用声压绝对值来衡量声音的强弱是很不方便的。为此，通常采用按对数方式分等级的办法作为计量声音大小的单位，这就是常用的声压级，单位为分贝（dB），其数学表达式为：

$$L_p=20\lg\frac{P}{P_0} \tag{8-1}$$

式中 L_p——声压级，dB；

P——声压值，Pa；

P_0——基准声压（2×10^{-3}Pa），Pa。

用声压级代替声压可把相差 10^6 倍的声压变化，简化为 0～120dB 的变化，这给测量和计算都带来了极大的便利。

2. 声频

声频指的是声源振动的频率，人耳能听到的声频范围一般在 $20\sim20\times10^4$ Hz 之间。声频不同，人耳的感受也不一样，中高频（500～6000Hz）声音比低频（低于 500Hz）声音响些。

二、工业噪声的分类

1. 按声源产生的方式分

（1）空气动力性噪声　由气体振动产生。当气体中存在涡流，或发生压力突变时引起的气体扰动。如通风机、鼓风机、空压机、高压气体放空时所产生的噪声。

（2）机械性噪声　由机械撞击、摩擦、转动而产生。如破碎机、球磨机、电锯、机床等发出的噪声。

（3）电磁性噪声　由于磁场脉动、电源频率脉动引起电器部件震动而产生。如发电机、变压器、继电器产生的噪声。

2. 按噪声性质分

（1）稳态噪声　在观察时间内，采用声级计“慢挡”动态特性测量时，声级波动＜3dB（A）的噪声。

（2）非稳态噪声　在观察时间内，采用声级计“慢挡”动态特性测量时，声级波动≥3dB（A）的噪声。

(3) 脉冲噪声　噪声突然爆发又很快消失，持续时间≤0.5s，间隔时间>1s，声压有效值变化≥40dB (A) 的噪声。

三、噪声对人的危害

1. 影响休息和工作

人们休息时，要求环境噪声小于45dB，若大于63.8dB，就很难入睡。噪声分散人的注意力，容易疲劳，反应迟钝，影响工作效率，还会使工作出差错。

2. 对听觉器官的损伤

人听觉器官的适应性是有一定限度的，长期在强噪声下工作，会引起听觉疲劳，听力下降。若长年累月在强噪声的反复作用下，耳器官会发生器质性病变，出现噪声性耳聋。

3. 引起心血管系统病症

噪声可以使交感神经紧张，表现为心跳加快，心律不齐，血压波动，心电图测试阳性增高。

4. 噪声对神经系统的影响

噪声引起神经衰弱症候群：如头痛、头晕、失眠、多梦、记忆力减退等。神经衰弱的阳性检出率随噪声强度的增高而增加。

此外噪声还能引起胃功能紊乱，视力降低。当噪声超过生产控制系统报警信号的声音时，淹没报警音响信号，容易导致事故。

四、工业噪声职业接触限值

《工作场所有害因素职业接触限值　第2部分：物理因素》(GBZ 2.2—2007) 规定了生产车间和作业场所的噪声职业接触限值标准：每周工作5d，每天工作8h，稳态噪声限值为85dB (A)，非稳态噪声等效声级的限值为85dB (A)，如表8-2所示。

表8-2　工作场所噪声职业接触限值

接触时间	接触限值/dB(A)	备　注
5d/w，=8h/d	85	非稳态噪声计算8h等效声级
5d/w，≠8h/d	85	计算8h等效声级
≠5d/w	85	计算40h等效声级

注：非稳态噪声即在观察时间内，采用声级计“慢挡”动态特性测量时，声级波动≥3dB (A) 的噪声；稳态噪声即在观察时间内，采用声级计“慢挡”动态特性测量时，声级波动<3dB (A) 的噪声。

噪声超过职业接触限值标准对人体就会产生危害，必须采取措施将噪声控制在标准以下。

五、工业噪声的控制

1. 噪声的控制程序

理想的噪声控制工作应当在工厂、车间、机组修建或安装之前先进行预测，根据预测的结果和允许标准确定减噪量，再根据减噪效果、投资多少及对工人操作和设备正常工作影响等三方面来选择合理的控制措施，在基建的同时进行施工。完工后，做减噪量测定和验收，达到预期效果，即可投入使用。

2. 噪声源的控制

(1) 减小声源强度　用无声的或低噪声的工艺和设备代替高噪声的工艺和设备，提高设备的加工精度和安装技术，使发声体变为不发声体等，这是控制噪声的根本途径。例如选用低噪声的风机、电机、压缩机、冷冻机、纺织机、机泵等。无声钢板敲打起来无声无息，如果机械设备部件用无声钢板制造，将会大大降低声源强度。

（2）合理布局 把高噪声的设备和低噪声的设备分开；把操作室、休息间、办公室与嘈杂的生产环境分开；把生活区与厂区分开，使噪声随着距离的增加自然衰减。城市绿化对控制噪声也有一定作用，40m 宽的树林就可以降低噪声 10～15dB。

但是，在许多情况下，由于技术上或经济上的原因，直接从声源上控制噪声往往是不可能的。因此，还需要采用吸声、隔声、消声、隔振等技术措施来配合。

3. 声音传播途径的控制

（1）吸声 如果室内有一个声源，这个声源发出的声波将从墙面、顶棚、地面以及其他物体表面进行多次反射。反射结果，将使室内声源的噪声级比同样声源在露天的噪声级高 10～15dB。如果用吸声材料装饰在房间的表面上，或者在空间悬挂吸声体，那么房间噪声就会降低，这种控制噪声的方法叫作吸声。

吸声材料大多比较松软或多孔，表面积很大。常用的吸声材料有玻璃棉、泡沫塑料、毛毯、聚酰胺纤维、矿渣棉、吸声砖、加气混凝土、木丝板、甘蔗板等。

吸声系数（α_0）等于被材料吸收的声能量（正吸）与入射到材料上的总能量（正总）之比，即：

$$\alpha_0=\frac{\text{吸收能量}}{\text{总声能量}}=\frac{E_{\text{吸}}}{E_{\text{总}}} \tag{8-2}$$

吸声系数是表示吸声材料吸声性能的量，吸声系数越大，表明材料的吸声效果越好。如超细玻璃棉、矿渣棉厚度在 4cm 以上时，高频吸声系数在 0.85 以上，都是良好的吸声材料。

吸声材料对于高频噪声是很有用的，对于低频噪声就不太有效了。对于低频噪声常采用共振吸声结构。在金属薄板或薄木板上穿一些孔，在它后面设置空腔，这便是最简单的共振吸声结构。穿孔板吸声结构既省钱又简便，它的缺点是具有较强的频率选择性，吸声频带比较窄。为了克服这个缺点，近年来研究出一种微穿孔板吸声结构，它能在较宽的频率范围内有较好的吸声效果。通过吸声，一般可以降低噪声 6～10dB。

（2）隔声 把发声的机器或需要安静的场所，封闭在一个小的空间内，使它与周围的环境隔离起来，这种方法叫隔声。典型的隔声设备有隔声罩、隔声间和隔声屏。隔声要选用传声损失（平均隔声量）大的隔声材料，重而密实的材料（如钢板、砖墙、混凝土等）是好的隔声材料。采用中间夹层可以减弱振动的传递，如果在夹层中间填充吸声材料效果更佳。

隔声罩由隔声材料、阻尼涂料和吸声层构成。如用 2mm 厚的钢板加 5cm 厚的吸声材料，可以降低噪声 10～30dB。

隔声间分固定隔声间与活动隔声间两种。固定隔声间是砖墙结构，活动隔声间是装配式的。隔声间不仅需要有一个理想的隔声墙，而且还要考虑门窗的隔声以及是否有孔隙漏声。

门应制成双层中间充填吸声材料的隔声门。隔声窗最好做成双层不平行不等厚结构。门窗要用橡皮、毛毡等弹性材料进行密封。较好的隔声间减噪量可达 25～30dB。

隔声屏主要用在大车间内以直达声为主的地方。隔声屏对降低电机、电锯的高频噪声是很有效的，可减噪 5～15dB。

（3）消声 消声是运用消声器来削弱声能的过程。消声器是一种允许气流通过而阻止或减弱声音传播的装置，是降低空气动力性噪声的主要技术措施，一般消声器安装在风机进口和排气管道上。目前采用的消声器有四种类型：阻性消声器，抗性消声器，阻抗复合消声器和微孔板消声器。

① 阻性消声器 阻性消声器是利用附贴在气流通道的内管壁上的吸声材料来吸收声能。

当声波进入消声器时，激起管壁上的吸声材料中的空气分子振动，由于摩擦阻力和黏滞阻力，使声能变为热能达到消声的作用。其作用类似于电路中的电阻，故称之为阻性消声器。阻性消声器的特点是对中高频噪声有显著的消声作用，制作简单，性能稳定。其缺点是在高温、水蒸气以及对吸声材料有腐蚀作用的气体中使用寿命短，对低频噪声效果差。

② 抗性消声器　抗性消声器是根据声学滤波原理制造出来的，可以显著地消除某些频段的噪声。扩张式消声器、共振消声器、干涉消声器以及穿孔消声器，都是常见的抗性消声器。抗性消声器的优点是具有良好的低、中频消声性能，结构简单，耐高温，耐气体腐蚀。其缺点是消声频带窄，对高频消声效果差。

③ 阻抗复合消声器　此种消声器既有吸声材料吸声，又有扩张室、穿孔屏等滤波元件组成。实际上是将阻性消声器和抗性消声器联合为一体，集中其优点，消声效果比较好，适用频率范围宽，高、中、低频都能用。

④ 微孔板消声器　这种消声器的结构是将金属薄板按2.5%～3.5%的穿孔率进行钻孔，孔径为0.5～1mm，作为消声器的贴衬材料。并根据噪声源的强度、频率范围及空气动力性能的要求，选择适当的单层或双层微孔板构件来作为消声器的吸声材料。微孔板消声器适用于各种场合消音，压力降比较小，如高压风机、空调机、轴流式与离心式风机、柴油机以及含有水蒸气和腐蚀性气体的场所。重量轻、体积小、不怕水和油的污染。

(4) 隔振与阻尼　为了防止机器通过基础将振动传给其他建筑物，而将机器噪声辐射出去，通常采用的办法是防止机器与基础及其他结构件的刚性连接，此种方法称为隔振。它有以下三种形式：①在机器和基础之间安装减振器，如橡胶、弹簧或空气减振器等；②在机器和其他结构之间铺设具有一定弹性的衬里材料，如橡胶板、软木、毛毡、纤维板、石棉板等；③在机器周围挖一条深沟，内填锯末，膨胀珍珠岩等。

阻尼，是在用金属板制成的机罩、风管、风筒上涂一层阻尼材料，防止因振动的传递导致板材剧烈地振动而辐射较强的噪声。目前采用的阻尼材料有J70-1防振隔热阻尼浆、沥青石棉绒阻尼浆、软木防热隔振阻尼浆等。大多用在汽车和各种机器设备上。

4. 个人防护

由于技术和经济上的原因，在用以上方法难以解决的高噪声场合，佩戴个人防护用品，则是保护工人听觉器官不受损害的重要措施。理想的防噪声用品应具有隔声值高、佩戴舒适、对皮肤没有损害作用的特点。此外，最好不影响语言交谈。常用的防噪声用品有软橡胶（或软塑料）耳塞、防声棉耳塞、耳罩和头盔等，可根据实际情况进行选用。

第三节 电磁辐射及其防护

随着科学技术的不断发展，在化工生产中越来越多地接触和应用各种电磁辐射能和原子能。如金属的热处理、介质的热加工、无线电探测、利用放射性进行辐射监测聚合、辐射交联等，此外在化工过程的测量和控制、无损探伤、制作永久性发光涂料以及在疾病的诊断、治疗和科研方面，射线、放射线同位素、射频电磁场和微波都得到广泛的应用。

由电磁波和放射性物质所产生的辐射，由于其能量的不同，即对原子或分子是否形成电离效应而分成两大类，电离辐射和非电离辐射。不能使原子或分子形成电离的辐射称为非电离辐射，如紫外线、射频电磁场、微波等属于非电离辐射；电离辐射是指由α粒子、β粒子、γ射线、X射线和中子等对原子和分子产生电离的辐射。无论是电离辐射还是非电离辐射都会污染环境，危害人体健康。因此必须正确了解各类辐射的危害及其预防，以避免作业人员受到辐射的伤害。

一、电离辐射的卫生防护

1. 电离辐射的基本概念

（1）常用的辐射量和单位

① 照射量（X）　它是指 X 射线或 γ 射线的光子在单位质量空气中释放出来的全部电子完全被空气阻止时在空气中产生同一种符号离子总电荷的绝对值。单位：C/kg。

② 吸收剂量（D）　它是指电离辐射进入人体单位质量所吸收的放射能量。其单位是Gy，1Gy＝1J/kg。

③ 剂量当量（H）　一定吸收剂量的生物效应，取决于辐射的品质和照射条件，故不同类型辐射其吸收剂量相同而所产生的生物效应的严重程度或发生概率可能不同。在辐射防护领域，采用辐射的品质因数（Q）来表示对效应的影响。对吸收剂量加权，使得加权后的吸收剂量能够较好地表达发生生物效应的概率或生物效应的严重程度。这种加权的吸收剂量就称为剂量当量。其单位是 Sv，1Sv＝1J/kg。

简而言之，剂量当量是指考虑辐射品质及照射条件对生物效应的影响而加权修正后的吸收剂量。

$$H=DQN \tag{8-3}$$

式中　D——该点的吸收剂量；

Q——品质因数；

N——照射条件的修正因素（一般情况下 $N=1$）。

④ 有效剂量当量（H_E）　在辐射防护标准中所规定的剂量当量限值是以全身均匀照射为依据的，而实际情况是，辐射几乎总是涉及不止一个组织的非均匀性照射。为了计算在非均匀照射情况下，所有受到照射的组织带来的总危险度，与辐射防护标准相比较，对辐射的随机性效应引进了有效剂量当量。

有效剂量当量 H_E 定义为加权平均器官剂量当量的和，其公式为：

$$H_T=\sum_T H_T W_T \tag{8-4}$$

式中　H_T——组织 T 受照射的剂量当量，Sv；

W_T——组织 T 相对危险度权重因子。

⑤ 放射性活度：表示放射性物质的蜕变速率。其单位是 Bq，$1Bq=1s^{-1}$。

（2）电离辐射的肯定效应和随机效应

① 肯定（非随机性）效应　肯定效应是指对身体特殊组织（如眼晶状体、造血系统、性细胞等）的损伤。其伤害的严重程度，取决于所受剂量的大小，剂量越大，伤害越重，小于阈值，则不会见到损伤。

② 随机效应　主要指造成各种癌症和遗传性疾病。它是无阈值的，个体危险的严重程度与所受的剂量大小无关，但其发生率则取决于剂量。

2. 电离辐射对人体的危害

电离辐射对人体的危害是由超过剂量限值的放射线作用于机体而发生的，分为体外危害和体内危害。其主要危害是阻碍和损伤细胞的活动机能及导致细胞死亡。

（1）急性放射性伤害　在短期内接受超过一定剂量的照射，称为急性照射，可引起急性放射性伤害。

急性照射低于 1Gy 时，少数人出现头晕、乏力、食欲下降等症状。当剂量达 1～10Gy时出现造血系统损伤为主的急性放射病。2Gy 以上即可引起死亡。人的 ID_{50} 为 3～5Gy。10～50Gy 出现以消化道症状为主的肠型急性放射症，在 2 周内 100％死亡。50Gy 以上出现

以脑扭伤症状为主的脑型急性放射病，可在 2 天内死亡。在不考虑辐射品质因素（Q）时，1Gy 等于 1Sv。

（2）慢性放射性伤害　在较长时间内分散接受一定剂量的照射，称慢性照射。长期接受超剂量限值的慢性照射，可引起慢性放射性伤害。如白细胞减少、慢性皮肤损伤、造血障碍、生育能力受损、白内障等。

（3）胚胎和胎儿的辐射损伤　胚胎和胎儿对辐射比较敏感。在胚胎植入前期受照，可使出生前死亡率升高；在器官形成期受照，可使畸形率升高，新生儿死亡率也相应升高。另外，胎儿期受照的儿童中，白血病和癌症发生率较一般高。

（4）辐射致癌。在长期受照射的人群中有白血病、肺癌、甲状腺癌、乳腺癌、骨癌等发生。

（5）遗传效应。辐射能使生殖细胞的基因突变和染色体畸变，形成有害的遗传效应，使受照者后代的各种遗传病的发生率增高。

3. 放射工作人员的剂量限值

（1）非随机性效应限值　任一器官或组织所受的年剂量当量不得超过下列限值。眼晶状体为 150mSv，其他单个器官或组织为 500mSv。

（2）随机效应年剂量限值　受到全身均匀照射时，有效剂量当量不应超过 50mSv；当受到不均匀照射时，有效剂量当量应满足下列不等式：

$$\sum_{T} H_{T} W_{T} \leqslant 50\text{mSv} \tag{8-5}$$

式中　H_T——组织（或器官）T 的年剂量当量，mSv；

　　　W_T——组织（或器官）T 的相对危险度权重因子。

4. 电离辐射的防护措施

（1）管理措施

① 从事生产、使用或储运电离辐射装置的单位都应设有专（兼）职的防护管理机构和管理人员，建立有关电离辐射的卫生防护制度和操作规程。

② 对工作场所进行分区管理。根据工作场所的辐射强弱，通常分为三个区域。

a. 控制区：在其中工作的人员受到的辐射照射可能超过年剂量限值的 3/10 的区域。

b. 监督区：受辐射为年剂量限值的 1/10～3/10 的区域。

c. 非限制区：辐射量不超过年剂量限值的 1/10 的区域。

在控制区应设有明显标志，必要时应附有说明。严格控制进入控制区的人员，尽量减少进入监督区的人员。不在控制区和监督区设置办公室、进食、饮水或吸烟。

③ 从事生产、使用、销售辐射装置前，必须向省、自治区、直辖市的卫生部门申办许可证并向同级公安部门登记，领取许可登记证后方可从事许可登记范围内的放射性工作。

④ 从事辐射工作人员必须经过辐射防护知识培训和有关法规、标准的教育。

⑤ 对辐射工作人员实行剂量监督和医学监督。就业前应进行体格检查，就业后要定期进行职业医学检查。建立个人剂量档案和健康档案。

⑥ 辐射源要指定专人负责保管，储存、领取、使用、归还等都必须登记，做到账物相符，定期检查，防止泄漏或丢失。

（2）技术措施

① 控制辐射源的质量，是减少身体内、外照射剂量的治本方法。应尽量减少辐射源的用量，选用毒性低、比活度小的辐射源。

② 设置永久的或临时的防护屏蔽。屏蔽的材质和厚度取决于辐射源的性质和强度。例如：放射性同位素仪表的辐射源，都放在铅罐内，仪表不工作时都有塞子或挡片盖住，仪表工作时只有一束射线射到被测物上，一般在距放射源 1m 以外的四周，设置屏蔽防护板，工

作人员在其后面每天工作 8h 也无伤害。

③ 缩短接触时间。人体接受体外照射的累计剂量与接触时间成正比，所以应尽量缩短接触时间，禁止在有辐射的场所做不必要的停留。

④ 加大操作距离或实行遥控。辐射源的辐射强度与距离的平方成反比，因此采取加大距离或遥控操作可以达到防护的目的。例如：在拆装同位素料位计的辐射源（探测器）时，可使用长臂夹钳，使人体离辐射源尽可能远。

⑤ 加强个人防护，佩戴口罩、手套、工作服、保护鞋等，放射污染严重的场所要使用防护面具或气衣。应禁止一切能使放射性核素侵入人体的行为。

（3）X 射线探伤作业的防护措施　探伤作业是利用 X 或 γ 射线对物质具有强大的穿透力来检查金属铸件、焊缝等内部缺陷的作业，使用的是 X（或 γ）辐射源。在探伤作业中会受到射线的外照射，因此必须做好探伤作业的卫生防护。

① 探伤室必须设在单独的单层建筑物内，应由透射间、操纵间、暗室和办公室等组成。其墙壁应有一定的防护厚度。

② 透照间应有通风装置。

③ 充分做好探伤前的准备，探伤机工作时，工作人员不得靠近，应使用“定向防护罩”。不进行探伤作业的人员必须在安全距离之外。

④ 对探伤室的操纵间、暗室、办公室、周围环境以及个人剂量都应定期进行监测。

⑤ 探伤作业也应遵循上述防护措施。

二、非电离辐射的卫生防护

不能使生物组织发生电离作用的辐射叫非电离辐射。如红外线、紫外线、射频电磁波等。

1. 射频电磁波（高频电磁场与微波）

射频电磁波是电磁辐射中波长最长的频段（1mm～3km），人们在以下场合中有接触的可能。

① 高频感应加热：高频热处理、焊接、冶炼、半导体材料加工等。

② 高温介质加热：塑料热合、橡胶硫化、木材及棉纱烘干等。

③ 微波应用：微波通讯、雷达、射电天文学。

④ 微波加热：用于木材、纸张、食物、皮革以及某些粉料的干燥。

（1）对人体的影响　对人体影响强度较大的射频电磁波对人体的主要作用是引起中枢神经的机能障碍和以迷走神经占优势的植物神经功能紊乱。临床症状为神经衰弱症候群，如头痛、头昏、乏力、记忆力减退、心悸等。上述表现，高频电磁场与微波没有本质上的区别，只有程度上的不同。

微波接触者，除神经衰弱症状较明显、时间较长外，还会造成眼晶状体“老化”、冠心病发病率上升、暂时性不育等。

（2）预防措施

① 高频电磁场的预防

a. 场源的屏蔽：通常采用屏蔽罩或小室的形式，可选用铜、铝和铁为屏蔽材料。

b. 远距离操作：对一时难以屏蔽的场源，可采取自动或半自动的远距离操作。

c. 合理的车间布局：高频车间要比一般车间宽敞，高频机之间需要有一定距离，并且要尽可能远离操作岗位和休息地点。

② 微波预防

a. 屏蔽辐射源：将磁控管放在机壳内，波导管不许敞开。

b. 安装功率吸收器（如等效天线）吸收微波能量：屏蔽室四周上下各面均应敷设高微波吸收材料。

③ 合理配置工作位置　根据微波发射有方向性的特点，工作点应安置在辐射强度最小部位。

④ 穿戴个体防护用品　一时难以采取其他有效防护措施，短时间作业时可穿戴防微波专用的防护衣、防护帽和防护眼镜。

⑤ 健康体查　每1～2年进行1次。重点观察眼晶状体变化，其次是心血管系统、外周血象及男性生殖功能。

2. 红外线辐射

红外辐射即红外线，也称热射线，波长0.7pm～1mm。凡是温度在－273℃以上的物体，都能发射红外线。物体的温度愈高，辐射强度愈大，其红外线成分愈多。如某物体的温度为1000℃，则波长短于1.5μm的红外线为5％，当温度升至1500℃和2000℃时，波长短于1.5μm的红外线成分分别上升到20％和40％。

（1）对机体的影响

① 对皮肤的作用　较大强度的红外线短时间照射，皮肤局部温度升高、血管扩张，出现红斑反应，停止接触后红斑消失。反复照射局部可出现色素沉着。过量照射，除发生皮肤急性灼伤外，短波红外线还能透入皮下组织，使血液及深部组织加热。如照射面积较大、时间过久，可出现全身症状，重则发生中暑。

② 对眼睛的作用

a. 对角膜的损害：过度接触波长为3μm～1mm的红外线，能完全破坏角膜表皮细胞，蛋白质变性不透明。

b. 红外线可引起白内障：多发生在工龄长的工人，患者视力明显减退，仅能分辨明暗。

c. 视网膜灼伤：波长小于1μm的红外线可达到视网膜，损伤的程度决定于照射部分的强度，主要伤害黄斑区，多发生于使用弧光灯、电焊、氧乙炔焊等作业。

（2）预防措施　严禁裸眼观看强光源。司炉工、电气焊工可佩戴绿色玻璃片防护镜，镜片中需含氧化亚铁或其他有效的防护成分（如钴等）。必要时穿戴防护手套和面罩，以防止皮肤灼伤。

3. 紫外线辐射

紫外线波长为7.6～400nm。凡是物体温度达到1200℃以上时，辐射光谱中即可出现紫外线，物体温度越高，紫外线的波长越短，强度也越大。紫外线辐射按其生物学作用可分为三个波段：长波紫外线，波长320～400nm，又称晒黑线，生物学作用很弱；中波紫外线，波长275～320nm，又称红斑线，可引起皮肤强烈刺激；短波紫外线，波长180～275nm，又称杀菌线，作用于组织蛋白及类脂质。生产环境中常见的紫外线波长为220～290nm。

（1）对机体的影响

① 皮肤伤害　波长在220nm以下的紫外线几乎可全被角化层吸收，波长为220～330nm可被真皮和深部组织吸收，数小时或数天后形成红斑。当紫外线与某些化学物质（如沥青）同时作用于皮肤，可引起严重的光感性皮炎，出现红斑及水肿。

② 眼睛伤害　眼睛暴露于短波紫外线时，能引起结膜炎和角膜溃疡，即电光性眼炎；强烈的紫外线短时间照射可致眼病，出现怕光、流泪、刺痛、视觉模糊、眼睑和球结膜充血、水肿等症状；长期小剂量紫外线照射，可发生慢性结膜炎。

（2）预防措施　佩戴能吸收或反射紫外线的防护面罩或眼镜（如黄绿色镜片或涂以金属薄膜）；在紫外线发生源附近设立屏障，在室内墙壁及屏障上涂以黑色，能吸收部分紫外线并减少反射作用。

复习思考题

1. 皮肤或眼睛被化学物质灼伤后应如何急救？
2. 噪声对人体的危害表现在哪几个方面？如何控制？
3. 简述电离辐射对肌体的损伤效应及电离辐射的防护措施。

CHAPTER 9

第九章 安全生产管理制度

第一节 化工企业安全生产管理制度及禁令

化工企业要做好安全生产工作，首先要建立、健全安全生产管理制度，并在生产过程中严格执行。此外，还要严格执行原化学工业部颁布的安全生产禁令。

一、安全生产责任制

《中华人民共和国安全生产法》第四条明确规定：“生产经营单位必须遵守本法和其他有关安全生产的法律、法规，加强安全生产管理，建立、健全安全生产责任制度，完善安全生产条件，确保安全生产”。

安全生产责任制是企业中最基本的一项安全制度，是企业安全生产管理规章制度的核心。企业内各级各类部门、岗位均要制定安全生产责任制，做到职责明确，责任到人。具体内容详见本章第二节。

二、安全教育

《中华人民共和国安全生产法》第二十一条规定：生产经营单位应当对从业人员进行安全生产教育和培训，保证从业人员具备必要的安全生产知识，熟悉有关的安全生产规章制度和安全操作规程，掌握本岗位的安全操作技能。未经安全生产教育和培训合格的从业人员，不得上岗作业。第二十二条规定：生产经营单位采用新工艺、新技术、新材料或者使用新设备，必须了解、掌握其安全技术特性，采取有效的安全防护措施，并对从业人员进行专门的安全生产教育和培训。第五十条规定：从业人员应当接受安全生产教育和培训，掌握本职工作所需的安全生产知识，提高安全生产技能，增强事故预防和应急处理能力。

目前我国化工企业中开展的安全教育的主要形式包括入厂教育（三级安全教育）、日常教育和特殊教育三种形式。

1. 入厂教育

新入厂人员（包括新工人、合同工、临时工、外包工和受训、实习人员、外单位调入本厂人员等），均须经过厂、车间（科）班组（工段）三级安全教育。

（1）厂级教育（一级） 由劳资部门组织，安全技术、工业卫生与防火（保卫）部门负责，教育内容包括：党和国家有关安全生产的方针、政策、法规、制度及安全生产重要意义，一般安全知识，本厂生产特点，重大事故案例，厂规厂纪以及入厂后的安全注意事项，工业卫生和职业病预防等知识，并经考试合格，方准分配车间及单位。

（2）车间级教育（二级） 由车间主任负责，教育内容包括：车间生产特点、工艺及流程、主要设备的性能、安全技术规程和制度、事故教训、防尘防毒设施的使用及安全注意事项等，并经考试合格，方准分配到工段、班组。

（3）班级（工段）级教育（三级） 由班级（工段）长负责，教育内容包括：岗位生产任务、特点、主要设备结构原理、操作注意事项、岗位责任制、岗位安全技术规程、事故安全及预防措施、安全装置和工（器）具、个人防护用品、防护器具和消防器材的使用方法等。

每一级的教育时间，均应按原化学工业部颁发的《关于加强对新入厂职工进行三级安全教育的要求》中的规定执行。厂内调动（包括车间内调动）及脱岗半年以上的职工，必须对其再进行二级或三级安全教育，其后进行岗位培训，考试合格，成绩记入“安全作业证”内，方准上岗作业。

2. 日常教育即经常性的安全教育

安全教育不能一劳永逸，必须经常不断地进行。各级领导和各部门要对职工进行经常性的安全思想、安全技术和遵章守纪教育，增强职工的安全意识和法制观念。定期研究职工安全教育中的有关问题。

企业内的经常性安全教育可按下列形式实施。

（1）可通过举办安全技术和工业卫生学习班，充分利用安全教育室，采用展览、宣传画、安全专栏、报章杂志等多种形式，以及先进的电化教育手段，开展对职工的安全和工业卫生教育。

（2）企业应定期开展安全活动，班组安全活动确保每周一次。

（3）在大修或重点项目检修，以及重大危险性作业（含重点施工项目）时，安全技术部门应督促指导各检修（施工）单位进行检修（施工）前的安全教育。

（4）总结发生事故的规律，有针对性地进行安全教育。

（5）对于违章及重大事故责任者和工伤复工人员，应由所属单位领导或安全技术部门进行安全教育。

3. 特种作业人员的教育

特种作业即对操作者本人、他人和周围设施的安全有重大危害的作业。直接从事特种作业者，称为特种作业人员。特种作业范围包括：电工作业，锅炉司炉，压力容器操作，起重机械作业，爆破作业，金属焊接（气割）作业，煤矿井下瓦斯检验，机动车辆驾驶，机动船舶驾驶、轮机操作，建筑登高架设作业以及符合特种作业基本定义的其他作业。

标准规定从事特种作业的人员，必须进行安全教育和安全技术培训。经安全技术培训后，必须进行考核；经考核合格取得操作证者，方准独立作业。特种作业人员在进行作业时，必须随身携带“特种作业人员操作证”。

对特种作业人员，按各业务主管部门的有关规定的期限组织复审。取得操作证的特种作业人员，必须定期进行复审。复审期限按国家有关规定执行。

三、安全检查

安全检查是搞好企业安全生产的重要手段，其基本任务是：发现和查明各种危险的隐患，督促整改；监督各项安全规章制度的实施；制止违章指挥、违章作业。

《中华人民共和国安全生产法》对安全检查工作提出了明确要求和基本原则，其中第三

十八条规定：生产经营单位的安全生产管理人员应当根据本单位的生产经营特点，对安全生产状况进行经常性检查；对检查中发现的安全问题，应当立即处理；不能处理的，应当及时报告本单位有关负责人。检查及处理情况应当记录在案。

因此必须建立由企业领导负责和有关职能人员参加的安全检查组织，做到边检查、边整改，及时总结和推广先进经验。

1. 安全检查的形式与内容

安全检查应贯彻领导与群众相结合的原则，除进行经常性的检查外，每年还应进行群众性的综合检查、专业检查、季节性检查和日常检查。

(1) 综合检查分厂、车间、班组三级，分别由主管厂长、车间主任、班组长组织有关科室、车间以及班组人员进行以查思想、查领导、查纪律、查制度、查隐患为中心内容的检查。厂级（包括节假日检查）每年不少于四次；车间级每月不少于一次；班组（工段）级每周一次。

(2) 专业检查应分别由各专业部门的主管领导组织本系统人员进行，每年至少进行两次，内容主要是对锅炉及压力容器、危险物品、电气装置、机械设备、厂房建筑、运输车辆、安全装置以及防火防爆、防尘防毒等进行专业检查。

(3) 季节性检查分别由各业务部门的主管领导，根据当地的地理和气候特点组织本系统人员对防火防爆、防雨防洪、防雷电、防暑降温、防风及防冻保暖工作等，进行预防性季节检查。

(4) 日常检查分岗位工人检查和管理人员巡回检查。生产工人上岗应认真履行岗位安全生产责任制、进行交接班检查和班中巡回检查；各级管理人员应在各自的业务范围内进行检查。

各种安全检查均应编制相应的安全检查表，并按检查表的内容逐项检查。

2. 安全检查后的整改

(1) 各级检查组织和人员，对查出的隐患都要逐项分析研究，并落实整改措施。

(2) 对严重威胁安全生产但有整改条件的隐患项目，应下达《隐患整改通知书》，做到“三定”、“四不推”（即定项目、定时间、定人员和凡班组能整改的不推给工段、凡工段能整改的不推给车间、凡车间能整改的不推给厂部、凡厂部能整改的不推给上级主管部门），限期整改。

(3) 企业无力解决的重大事故隐患，除采取有效防范措施外，应书面向企业隶属的直接主管部门和当地政府报告，并抄报上一级行业主管部门。

(4) 对物质技术条件暂时不具备整改的重大隐患，必须采取应急的防范措施，并纳入计划，限期解决或停产。

(5) 各级检查组织和人员都应将检查出的隐患和整改情况报告上一级主管部门，重大隐患及整改情况应由安全技术部门汇总并存档。

四、安全技术措施计划

1. 编制安全技术措施计划的依据

(1) 国家发布有关劳动保护方面的法律、法规和行业主管部门发布的劳动保护制度及标准。

(2) 影响安全生产的重大隐患。

(3) 预防火灾、爆炸、工伤、职业病及职业中毒需采取的技术措施。

(4) 发展生产所需采取的安全技术措施，以及职工提出的有利安全生产的合理化建议。

2. 编制安全技术措施计划的原则

编制安全技术措施计划是应进行可行性分析论证，编制时应从以下几个方面考虑：

（1）当前的科学技术水平；

（2）本单位生产技术、设备及发展远景；

（3）本单位人力、物力、财力；

（4）安全技术措施产生的安全效果和经济效益。

3. 安全技术措施计划的范围

安全技术措施计划的范围主要包括：

（1）以防止火灾、爆炸、工伤事故为目的的一切安全技术措施；

（2）以改善劳动条件、预防职业病和职业中毒为目的的一切工业卫生技术措施；

（3）安全宣传教育计划及费用，如购置和编印安全图书资料、录像资料和教材，举办安全技术训练班，布置安全技术展览室等所需经费；

（4）安全科学技术研究与试验、安全卫生检测等。

4. 安全技术措施计划的资金来源及物资供应

企业应在当年留用的设备更新改造资金中提取20％以上的费用用于安全技术措施项目，不敷需要的可从税后留利或利润留成等自有资金中补充，亦可向银行申请贷款解决。综合利用的产品，可按照国家有关规定，向上级有关部门，申请减免税。

对不符合安全要求的生产设备进行改装或重大修复而不增加固定资产的费用，由大修理费开支。

凡不增加固定资产的安全技术措施，由生产维修费开支，摊入生产成本。

安全技术措施项目所需设备、材料，统一由供应（设备动力）部门按计划供应。

5. 安全技术措施计划编制及审批

由车间或职能部门提出车间年度安全技术措施项目，指定专人编制计划，方案报安全技术部门审查汇总。

安全技术部门负责编制企业年度安全技术措施计划，报总工程师或主管厂长审核。

主管安全生产的厂长或经理（总工程师），应召开工会、有关部门及车间负责人会议，研究确定以下事项：

（1）年度安全技术措施项目；

（2）各个项目的资金来源；

（3）设计单位及负责人；

（4）施工单位及负责人；

（5）竣工或投产使用日期。

经审核批准的安全技术措施项目，由生产计划部门在下达年度计划时一并下达。

车间每年应在第三季度开始着手编制出下一年度的安全技术措施计划，报企业上级主管部门审核。

6. 安全技术措施项目的验收

安全技术措施项目竣工后，经试运行三个月，正常后，在生产厂长或总工程师领导下，由计划、技术、设备、安全、防火、工业卫生、工会等部门会同所在车间或部门，按设计要求组织验收，并报告上级主管部门，必要时，邀请上级有关部门参加验收。

使用单位应对安全技术措施项目的运行情况写出技术总结报告，对其安全技术及其经济技术效果和存在问题做出评价。

安全技术措施项目经验收合格投入使用后，应纳入正常管理。

五、生产安全事故的调查与处理

1. 生产安全事故的等级划分

根据《生产安全事故报告和调查处理条例》（中华人民共和国国务院令第 493 号，自 2007 年 6 月 1 日起施行），生产安全事故一般分为以下等级：

（1）特别重大事故，是指造成 30 人以上死亡，或者 100 人以上重伤（包括急性工业中毒，下同），或者 1 亿元以上直接经济损失的事故；

（2）重大事故，是指造成 10 人以上 30 人以下死亡，或者 50 人以上 100 人以下重伤，或者 5000 万元以上 1 亿元以下直接经济损失的事故；

（3）较大事故，是指造成 3 人以上 10 人以下死亡，或者 10 人以上 50 人以下重伤，或者 1000 万元以上 5000 万元以下直接经济损失的事故；

（4）一般事故，是指造成 3 人以下死亡，或者 10 人以下重伤，或者 1000 万元以下直接经济损失的事故。

上述分级中所称的“以上”包括本数，所称的“以下”不包括本数。

2. 事故报告

事故发生后，事故现场有关人员应当立即向本单位负责人报告；单位负责人接到报告后，应当于 1h 内向事故发生地县级以上人民政府安全生产监督管理部门和负有安全生产监督管理职责的有关部门报告。

情况紧急时，事故现场有关人员可以直接向事故发生地县级以上人民政府安全生产监督管理部门和负有安全生产监督管理职责的有关部门报告。

事故报告应当及时、准确、完整，任何单位和个人对事故不得迟报、漏报、谎报或者瞒报。

3. 事故现场处理

事故发生后，有关单位和人员应当妥善保护事故现场以及相关证据，任何单位和个人不得破坏事故现场、毁灭相关证据。

因抢救人员、防止事故扩大以及疏通交通等原因，需要移动事故现场物件的，应当做出标志，绘制现场简图并做出书面记录，妥善保存现场重要痕迹、物证。

4. 事故报告与调查处理的相关法律责任

根据《生产安全事故报告和调查处理条例》第三十六条的规定：事故发生单位及其有关人员有下列行为之一的，对事故发生单位处 100 万元以上 500 万元以下的罚款；对主要负责人、直接负责的主管人员和其他直接责任人员处上一年年收入 60%～100%的罚款；属于国家工作人员的，并依法给予处分；构成违反治安管理行为的，由公安机关依法给予治安管理处罚；构成犯罪的，依法追究刑事责任。

（1）谎报或者瞒报事故的；

（2）伪造或者故意破坏事故现场的；

（3）转移、隐匿资金、财产，或者销毁有关证据、资料的；

（4）拒绝接受调查或者拒绝提供有关情况和资料的；

（5）在事故调查中做伪证或者指使他人做伪证的；

（6）事故发生后逃匿的。

六、化工企业安全生产禁令

1. 生产厂区十四个不准

（1）加强明火管理，厂区内不准吸烟。

(2) 生产区内，不准未成年人进入。
(3) 上班时间，不准睡觉、干私活、离岗和干与生产无关的事。
(4) 在班前、班上不准喝酒。
(5) 不准使用汽油等易燃液体擦洗设备、用具和衣物。
(6) 不按规定穿戴劳动保护用品，不准进入生产岗位。
(7) 安全装置不齐全的设备不准使用。
(8) 不是自己分管的设备、工具不准动用。
(9) 检修设备时安全措施不落实，不准开始检修。
(10) 停机检修后的设备，未经彻底检查，不准启用。
(11) 未办高处作业证，不系安全带，脚手架、跳板不牢，不准登高作业。
(12) 不准违规使用压力容器等特种设备。
(13) 未安装触电保安器的移动式电动工具，不准使用。
(14) 未取得安全作业证的职工，不准独立作业；特殊工种职工，未经取证，不准作业。

2. 操作工的六严格

(1) 严格执行交接班制。
(2) 严格进行巡回检查。
(3) 严格控制工艺指标。
(4) 严格执行操作法（票）。
(5) 严格遵守劳动纪律。
(6) 严格执行安全规定。

3. 动火作业六大禁令

(1) 动火证未经批准，禁止动火。
(2) 不与生产系统可靠隔绝，禁止动火。
(3) 不清洗，置换不合格，禁止动火。
(4) 不消除周围易燃物，禁止动火。
(5) 不按时做动火分析，禁止动火。
(6) 没有消防措施，禁止动火。

4. 进入容器、设备的八个必须

(1) 必须申请、办证，并取得批准。
(2) 必须进行安全隔绝。
(3) 必须切断动力电，并使用安全灯具。
(4) 必须进行置换、通风。
(5) 必须按时间要求进行安全分析。
(6) 必须佩戴规定的防护用具。
(7) 必须有人在器外监护，并坚守岗位。
(8) 必须有抢救后备措施。

5. 机动车辆七大禁令

(1) 严禁无证、无令开车。
(2) 严禁酒后开车。
(3) 严禁超速行车和空挡溜车。
(4) 严禁带病行车。
(5) 严禁人货混载行车。
(6) 严禁超标装载行车。

（7）严禁无阻火器车辆进入禁火区。

第二节 安全生产责任制

为实施安全对策，必须首先明确由谁来实施的问题。在我国推行全员安全管理的同时，实行安全生产责任制。所谓安全生产责任制就是各级领导应对本单位安全工作担负总的领导责任，以及各级工程技术人员、职能科室和生产工人在各自的职责范围内，对安全工作应担负的责任。

安全生产责任是根据“管生产的必须管安全”的原则，对企业各级领导和各类人员明确地规定在生产中应担负的安全责任。这是企业岗位责任制的一个组成部分，是企业中最基本的一项安全制度，是安全管理规章制度的核心。

一、企业各级领导的责任

企业安全生产责任制的核心是实现安全生产的“五同时”。企业管理生产的同时，必须负责管理安全工作。在计划、布置、检查、总结、评比生产的时候，同时计划、布置、检查、总结、评比安全工作。安全工作必须行政第一把手负责，厂、车间、班、工段、小组的各级第一把手都应担负第一位责任。各级的副职根据各自分管业务工作范围担负相应的责任。他们的任务是贯彻执行国家有关安全生产的法令、制度和保持管辖范围内职工的安全和健康。凡是严格认真地贯彻执行“五同时”，就是尽到责任，反之就是失职。如果因此而造成事故，那就要视事故后果的严重程度和失职程度，由行政机关进行行政处理，以至司法机关追究法律责任。

1. 厂长的安全生产职责

厂长是企业安全生产的第一责任者，对本单位的安全生产担负总的责任，即要支持分管安全工作的副厂长做好分管范围的安全工作。

（1）贯彻执行安全生产方针、政策、法规和标准；审定、颁发本单位的安全生产管理制度；提出本单位安全生产目标并组织实施；定期或不定期召开会议，研究、部署安全生产工作。

（2）牢固树立“安全第一”的思想，在计划、布置、检查、总结、评比生产时，同时计划、布置、检查、总结、评比安全工作；对重要的经济技术决策，负责确定保证职工安全、健康的措施。

（3）审定本单位改善劳动条件的规划和年度安全技术措施计划，及时解决重大隐患，对本单位无力解决的重大隐患，应按规定权限向上级有关部门提出报告。

（4）在安排和审批生产建设计划时，将安全技术、劳动保护措施纳入计划，按规定提取和使用劳动保护措施经费；审定新的建设项目（包括挖潜、革新、改造项目）时，遵守和执行安全卫生设施与主体工程同时设计、同时施工和同时验收投产的“三同时”规定。

（5）组织对重大伤亡事故的调查分析，按“四不放过”，即事故原因分析不清不放过、事故责任者和群众没有受到教育不放过、没有制定出防范措施不放过、事故责任者没有受到处理不放过的原则严肃处理；并对所发生的伤亡事故调查、登记、统计和报告的正确性、及时性负责。

（6）组织有关部门对职工进行安全技术培训和考核。坚持新工人入厂后的厂、车间、班组三级安全教育和特种作业人员持证上岗作业。

（7）组织开展安全生产竞赛、评比活动，对安全生产的先进集体和先进个人予以表彰或奖励。

（8）接到劳动行政部门发生的《劳动保护监察指令书》后，在限期内妥善解决问题。

（9）有权拒绝和停止执行上级违反安全生产法规、政策的指令，并及时提出不能执行的理由和意见。

（10）主持召开安全生产例会，定期向职工代表大会报告安全生产工作情况，认真听取意见和建议，接受职工群众监督。

（11）搞好女工和未成年工的特殊保护工作，抓好职工个人防护用品的使用和管理。

2. 分管生产、安全工作的副厂长的安全生产职责

（1）协助厂长做好本单位安全工作，对分管范围内的安全工作负直接领导责任；支持安全技术部门开展工作。

（2）组织干部学习安全生产法规、标准及有关文件，结合本单位安全生产情况，制定保证安全生产的具体方案，并组织实施。

（3）协助厂长召开安全生产例会，对例会决定的事项负责组织贯彻落实。主持召开生产调度会，同时部署安全生产的有关事项。

（4）主持编制、审查年度安全技术措施计划，并组织实施。

（5）组织车间和有关部门定期开展专业性安全生产检查、季节性安全检查、安全操作检查。对重大隐患，组织有关人员到现场确定解决，或按规定权限向上级有关部门提出报告。在上报的同时，应制定可靠的临时安全措施。

（6）主持制定安全生产管理制度和安全技术操作规程，并组织实施，定期检查执行情况；负责推广安全生产先进经验。

（7）发生重伤及死亡事故后，应迅速察看现场，及时准确地向上级报告。同时主持事故调查，确定事故责任，提出对事故责任者的处理意见。

3. 其他工作的副厂长的安全生产职责

分管计划、财务、设备、福利等工作的副厂长应对分管范围内的安全工作负直接领导责任。

（1）督促所管辖部门的负责人落实安全生产职责。

（2）主持分管部门会议，确定、解决安全生产方面存在的问题。

（3）参加分管部门重伤及死亡事故的调查处理。

4. 总工程师的安全生产职责

总工程师负责具体领导本单位的安全技术工作，对本单位的安全生产负技术领导责任。副总工程师在总工程师领导下，对其分管工作范围内的安全生产工作负责。

（1）贯彻上级有关安全生产方针、政策、法令和规章制度，负责组织制定本单位安全技术规程并认真执行。

（2）定期主持召开车间、科室领导干部会议，分析本单位的安全生产形势，研究解决安全技术问题。

（3）在采用新技术、新工艺时，研究和采取安全防护措施；设计、制造新的生产设备，要有符合要求的安全防护措施；新建工程项目，要做到安全措施与主体工程同时设计、同时施工、同时验收投产，把好设计审查和竣工验收关。

（4）督促技术部门对新产品、新材料的使用、储存、运输等环节提出安全技术要求；组织有关部门研究解决生产过程中出现的安全技术问题。

（5）定期布置和检查安技部门的工作。协助厂长组织安全大检查，对检查中发现的重大隐患，负责制定整改计划，组织有关部门实施。

（6）参加重大事故调查，并做出技术鉴定。

（7）对职工进行经常性的安全技术教育。

（8）有权拒绝执行上级安排的严重危及安全生产的指令和意见。

5. 车间主任的安全生产职责

车间主任负责领导和组织本车间的安全工作，对本车间的安全生产负总的责任。

（1）在组织管理本车间生产过程中，具体贯彻执行安全生产方针、政策、法令和本单位的规章制度。切实贯彻安全生产“五同时”，对本车间职工在生产中的安全健康负全面责任。

（2）在总工程师领导下，制定各工种安全操作规程；检查安全规章制度的执行情况，保证工艺文件、技术资料和工具等符合安全方面要求。

（3）在进行生产、施工作业前、制定和贯彻作业规程、操作规程的安全措施，并经常检查执行情况。组织制定临时任务和大、中、小修的安全措施，经主管部门审查后执行，并负责现场指挥。

（4）经常检查车间内生产建筑物、设备、工具和安全设施，组织整理工作场所，及时排除隐患，发现危及人身安全的紧急情况，立即下令停止作业，撤出人员。

（5）经常向职工进行劳动纪律、规章制度和安全知识、操作技术教育。对特种作业人员要经考试合格，领取操作证后，方准独立操作；对新工人、调换工种人员在其上岗工作之前进行安全教育。

（6）发生重伤、死亡事故，立即报告厂长，组织抢救，保护现场，参加事故调查。对轻伤事故，负责查清原因和制定改进措施。

（7）召开安全生产例会，对所提出的问题应及时解决，或按规定权限向有关领导和部门提出报告。组织班组安全活动，支持车间安全员工作。

（8）做好女工和未成年工特殊保护的具体工作。

（9）教育职工正确使用个人劳动防护用品。

6. 工段长的安全生产职责

（1）认真执行上级有关安全技术、工业卫生工作的各项规定，对本工段工人的安全、健康负责。

（2）把安全工作贯穿到生产的每个具体环节中去，保证在安全的条件下进行生产。

（3）组织工人学习安全操作规程，检查执行情况，对严格遵守安全规章制度、避免事故者，提出奖励意见；对违章蛮干造成事故的，提出惩罚意见。

（4）领导本工段班组开展安全活动，经常对工人进行安全生产教育，推广安全生产经验。

（5）发生重伤、死亡事故后，保护现场，立即上报，积极组织抢救，参加事故调查，提出防范措施。

（6）监督检查工人正确使用个体防护用品情况。

7. 班组长的安全生产职责

（1）认真执行有关安全生产的各项规定，模范遵守安全操作规程，对本班组工人在生产中的安全和健康负责。

（2）根据生产任务、生产环境和工人思想状况等特点，开展安全工作。对新调入的工人进行岗位安全教育，并在熟悉工作前指定专人负责其安全。

（3）组织本班组工人学习安全生产规程，检查执行情况，教育工人在任何情况下不违章蛮干。发现违章作业，立即制止。

（4）经常进行安全检查，发现问题及时解决。对不能根本解决的问题，要采取临时控制措施，并及时上报。

（5）认真执行交接班制度。遇有不安全问题，在未排除之前或责任未分清之前不交接。

（6）发生工伤事故，要保护现场，立即上报，详细记录，并组织全班组工人认真分析，吸取教训，提出防范措施。

（7）对安全工作中的好人好事及时表扬。

二、各业务部门的职责

企业单位中的生产、技术、设计、供销、运输、教育、卫生、基建、机动、情报、科研、质量检查、劳动工资、环保、人事组织、宣传、外办、企业管理、财务等有关专职机构，都应在各自工作业务范围内，对实现安全生产的要求负责。

1. 安全技术部门的安全生产职责

安全技术部门是企业领导在安全工作方面的助手，负责组织、推动和检查督促本企业安全生产工作的开展。

（1）监督检查本企业贯彻执行安全生产政策、法规、制度和开展安全工作的情况，定期研究分析伤亡事故、职业危害趋势和重大事故隐患，提出改进安全工作的意见。

（2）制定本企业安全生产目标管理计划和安全生产目标值。安全生产目标值包括：千人重伤率，千人死亡率，尘、毒合格率，噪声合格率等。

（3）了解现场安全情况，定期进行安全生产检查，提出整改意见，督促有关部门及时解决不安全问题，有权制止违章指挥、违章作业。

（4）督促有关部门制定和贯彻安全技术规程和安全管理制度，检查各级干部、工程技术人员和工人对安全技术规程的熟悉情况。

（5）参与审查和汇总安全技术措施计划，监督检查安全技术措施经费使用和安全措施项目完成情况。

（6）参与审查新建、改建、扩建工程的设计、工程的验收和试运转工作。发现不符合安全规定的问题有权要求解决；有权提请安全监察机构和主管部门制止其施工和生产。

（7）组织安全生产竞赛，总结、推广安全生产经验，树立安全生产典型。

（8）组织三级安全教育和职工安全教育。配合安全监察机构进行特种作业人员的安全技术培训、考核、发证工作。

（9）制定年、季、月安全工作计划，并负责贯彻实施。

（10）负责伤亡事故统计、分析，参加事故调查，对造成伤亡事故的责任者提出处理意见。

（11）督促有关部门做好女职工和未成年工的劳动保护工作；对防护用品的质量和使用进行监督检查。

（12）组织开展科学研究，总结、推广安全生产科研成果和先进经验。

（13）在业务上接受地方劳动行政部门和上级安全机构的指导。在向行政领导报告工作的同时，向当地劳动行政部门和上级劳动机构如实反映情况。

2. 生产计划部门的安全生产职责

（1）组织生产调度人员学习安全生产法规和安全生产管理制度。在召开生产调度会以及组织经济活动分析等项工作中，应同时研究安全生产问题。

（2）编制生产计划的同时，编制安全技术措施计划。在实施、检查生产计划时，应同时实施、检查安全技术措施计划完成情况。

（3）安排生产任务时，要考虑生产设备的承受能力，有节奏地均衡生产，控制加班加点。

（4）做好企业领导交办的有关安全生产工作。

3. 技术部门的安全生产职责

（1）负责安全技术措施的设计。

（2）在推广新技术、新材料、新工艺时，考虑可能出现的不安全因素和尘、毒、物理因素危害等问题；在组织试验过程中，制定相应的安全操作规程；在正式投入生产前，做出安全技术鉴定。

（3）在产品设计、工艺布置、工艺规程、工艺装备设计时，严格执行有关的安全标准和规程，充分考虑到操作人员的安全和健康。

（4）负责编制、审查安全技术规程、作业规程和操作规程，并监督检查实施情况。

（5）承担劳动安全科研任务，提供安全技术信息、资料，审查和采纳安全生产技术方面的合理化建议。

（6）协同有关部门加强对职工的技术教育与考核，推广安全技术方面的先进经验。

（7）参加重大伤亡事故的调查分析，从技术方面找出事故原因和防范措施。

4. 设备动力部门的安全生产职责

设备动力部门是企业领导在设备安全运行工作方面的参谋和助手，对全企业设备安全运行负有具体指导、检查责任。

（1）负责本企业各种机械、起重、压力容器、锅炉、电气和动力等设备的管理，加强设备检查和定期保养，使之保持良好状态。

（2）制定有关设备维修、保养的安全管理制度及安全操作规程，并负责贯彻实施。

（3）执行上级部门有关自制、改造设备的规定，对自制和改造设备的安全性能负责。

（4）确保机器设备的安全防护装置齐全、灵敏、有效。凡安装、改装、修理、搬迁机器设备时，安全防护装置必须完整有效，方可移交运行。

（5）负责安全技术措施项目所需的设备制造和安装。列入固定资产的设备，应按固定设备进行管理。

（6）参与重大伤亡事故的调查、分析、做出因设备缺陷或故障而造成事故的鉴定意见。

5. 劳动工资部门的安全生产职责

（1）把安全技术作为对职工考核的内容之一，列入职工上岗、转正、定级、评奖、晋升的考核条件。在工资和奖金分配方案中，包含安全生产方面的要求。

（2）做好特种作业人员的选拔及人员调动工作。

（3）参与重大伤亡事故调查，参加因工丧失劳动能力的人员的医务鉴定工作。

（4）关心职工身心健康，注意劳逸结合，严格审批加班加点。

（5）组织新录用职工进行体格检查；通知安全技术部门教育新职工，经“三级”安全教育后，方可分配上岗。

三、生产操作人员的安全生产职责

（1）遵守劳动纪律，执行安全规章制度和安全操作规程，听从指挥，和一切违章作业的现象做斗争。

（2）保证本岗位工作地点和设备、工具的安全、整洁，不随便拆除安全防护装置，不使用自己不该使用的机械和设备，正确使用保护用品。

（3）学习安全知识，提高操作技术水平，积极开展技术革新，提合理化建议，改善作业环境和劳动条件。

（4）及时反映、处理不安全问题，积极参加事故抢救工作。

（5）有权拒绝接受违章指挥，并对上级单位和领导人忽视工人安全、健康的错误决定和行为提出批评或控告。

复习思考题

1. 如何理解建立与完善化工企业各项安全生产管理制度的重要性？
2. 如何理解安全生产责任制的内涵？

CHAPTER 10

第十章 环境保护与化工污染概述

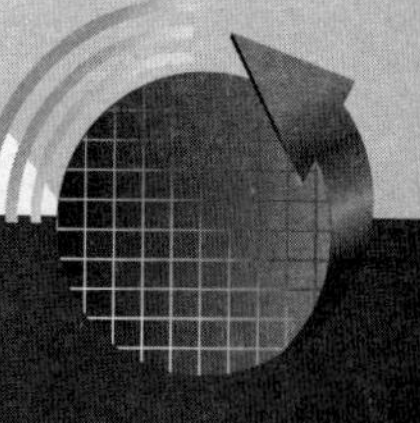

第一节 环境问题与化工污染概述

一、环境问题概述

1. 环境的定义及范围

环境是以人类社会为主体的外部世界的总体，主要指人类已经认识到的直接或间接影响人类生存和社会发展的周围世界。《中华人民共和国环境保护法》对环境的定义为影响人类生存和发展的各种天然的和经过人工改造的自然因素的总体，包括大气、水、海洋、土地、矿藏、森林、草原、野生生物、自然遗迹、人文遗迹、自然保护区、风景名胜区、城市和乡村等。这是对环境的经典和权威性的定义。环境的中心事物是人类的生存及活动。

2. 环境问题

环境是以人为中心的、以人类为主体的外部世界的总体，为人类提供生产和生活所需的各种物质、能量和信息等。环境是人类生存和发展的基础，也是人类开发利用的对象。但同时，环境也会反作用于人类，当人类活动强度超过环境的极限时，环境就会遭到破坏，出现环境问题。比如说20世纪90年代全球气候变暖现象就显示出环境的反作用。

环境问题主要是由于人类活动作用于周围环境所产生的环境质量变化，以及这种变化反过来对人类的生产、生活和健康产生影响的问题。人类对环境问题的认识始于环境污染与资源破坏。

根据引起环境问题的根源不同，可以将环境问题分为以下两类：一是原生环境问题，又称第一环境问题，是由自然力引起的，如地震、海啸、火山活动、崩塌、滑坡、泥石流、洪涝、干旱、台风等自然灾害和因环境中元素自然分布不均引起的地方病等；二是次生环境问题，又称第二环境问题，是由人类活动引起的。这种环境问题可分为两类：①不合理地开发利用自然资源，超出环境承载力，使生态环境质量恶化和自然资源枯竭的现象，如森林破坏、草原退化、沙漠化、盐渍化、水土流失、物种灭绝等；②人口激增、城市化和工农业高速发展引起的环境污染和破坏；以工业“三废”为主，放射性、噪声、振动、热、光、电磁辐射等为辅的污染物大量排放，污染和破坏环境，危害健康。

按照环境问题的影响和作用大小来划分，有全球性环境问题、区域性环境问题和局部性环境问题。

3. 全球性环境问题

全球性的环境问题具有综合性、广泛性、复杂性和跨国性等特点。到目前为止已经威胁人类生存并已被人类认识到的全球性环境问题主要有：全球变暖、臭氧层破坏、酸雨、淡水资源危机、森林资源锐减、土地荒漠化、水土流失、物种加速灭绝、垃圾成灾、有毒化学品污染等众多方面。

（1）全球气候变暖　由于人口的增加和人类生产活动的规模越来越大，向大气释放的二氧化碳（CO_2）、甲烷（CH_4）、一氧化二氮（N_2O）、氯氟烃（CFCs）、四氯化碳（CCl_4）、一氧化碳（CO）等温室气体不断增加，导致大气的组成发生变化。大气质量受到影响，气候有逐渐变暖的趋势。全球气候变暖可使极地冰川融化，导致海平面升高。全球变暖也可能影响到降雨和大气环流的变化，使气候反常，易造成旱涝灾害。

（2）臭氧层的耗损与破坏　在离地球表面10～50km的大气平流层中集中了地球上90%的臭氧气体，在地面25km处臭氧浓度最大，称为臭氧层。臭氧能吸收太阳的紫外线，以保护地球上的生命免遭过量紫外线的伤害，并将能量储存在上层大气，起到调节气候的作用。但臭氧层是一个很脆弱的大气层，如果进入一些破坏臭氧的气体，它们就会和臭氧发生化学作用，臭氧层就会遭到破坏。臭氧层被破坏，将使地面受到紫外线辐射的强度增加，给地球上的生命带来很大的危害。如使人类皮肤癌发病率增高；导致白内障而使眼睛失明；抑制植物如大豆、瓜类、蔬菜等的生长；穿透10m深的水层，杀死浮游生物和微生物，从而危及水中生物的食物链和自由氧的来源，影响生态平衡和水体的自净能力。

（3）酸雨蔓延　酸雨是指大气降水中酸碱度（pH值）低于5.6的雨、雪或其他形式的降水。这是大气污染的一种表现。酸雨对人类环境的影响是多方面的。酸雨降落到河流、湖泊中，会妨碍水中鱼、虾的成长，以致鱼虾减少或绝迹；酸雨还导致土壤酸化，破坏土壤的营养，使土壤贫瘠化，危害植物的生长，造成作物减产，危害森林的生长。此外，酸雨还腐蚀建筑材料，有关资料说明，近十几年来，酸雨地区的一些古迹特别是石刻、石雕或铜塑像的损坏超过以往百年以上，甚至千年以上。

（4）淡水危机　据统计，世界上有43个国家和地区严重缺水，占全球陆地面积的60%，80多个国家处于水危机状态，约有20亿人用水紧张，10亿人得不到良好的饮用水。全世界每年约有超过4200亿立方米的污水排入江河湖海，污染5500亿立方米的淡水，约占全球径流量14%以上，因此水体污染是造成水资源危机的重要原因之一。人口急增、工农业生产将导致用水量持续增长而水资源严重短缺，这将成为许多国家经济发展的障碍。

（5）森林锐减　森林是地球的绿色屏障，是构成人类生存环境的重要组成部分。人类赖以生存的食物和生存资料大量来自森林。森林孕育了极为丰富的生物多样性。此外，森林还是涵养水源、水土保持、防风固沙、调节气候、保障农业生产的重要因素。而现在，我们的绿色屏障——森林正以平均每年4000km^{2}的速率消失。森林的减少使其涵养水源的功能受到破坏，造成了物种的减少和水土流失，对二氧化碳的吸收减少进而又加剧了温室效应。

（6）土地荒漠化　土地荒漠化指土地退化，也叫“沙漠化”，是指由于气候变化和人类不合理的经济活动等因素，使干旱、半干旱和具有干旱灾害的半湿润地区的土地发生了退化。全球陆地面积占60%，其中沙漠和沙漠化面积29%。每年有600万公顷的土地变成沙漠。经济损失每年423亿美元。全球共有干旱、半干旱土地50亿公顷，其中33亿遭到荒漠化威胁。致使每年有600万公顷的农田、900万公顷的牧区失去生产力。

（7）生物多样性减少　生物多样性“是指所有来源的形形色色的生物体，这些来源包括陆地、海洋和其他水生生态系统及其所构成的生态综合体；它包括物种内部、物种之间和生态系统的多样性。”在漫长的生物进化过程中会产生一些新的物种，同时，随着生态环境条件的变化，也会使一些物种消失。所以说，生物多样性是在不断变化的。近百年来，由于人口的急剧增加和人类对资源的不合理开发，加之环境污染等原因，地球上的各种生物及其生态系统受到了极大的冲击，生物多样性也受到了很大的损害。

（8）垃圾与危险性废物成灾　危险性废物是指除放射性废物以外，具有化学活性或毒性、爆炸性、腐蚀性和其他对人类生存环境存在有害特性的废物。目前全世界排放废渣超过30亿吨，可谓垃圾如山。垃圾种类繁多，成分复杂。发达国家因废物越来越多、污染越来越严重，纷纷向发展中国家转嫁。世界绿色和平组织的一份调查表明，发达国家每年以5000万吨的规模向发展中国家转嫁危险废物，仅美国1995年就向海外输出了近1000万吨垃圾。有害物的转移，造成全球环境的更广泛污染。

（9）有毒化学物的污染问题　有毒化学物主要来自工厂废物、废气和废水的排放以及大量使用化学品、化肥和农药等。据统计，目前市场上有（7～8）万种化学品，其中对人体健康和生态环境有危害的约有3.5万种，而具有致癌、致畸、致基因突变的“三致”作用的有500余种。化学污染通常通过水和空气扩散，波及面大到一个地区、一个国家甚至全球，成为全球性的环境问题。

二、化工生产污染概述

化学工业泛指生产过程中化学方法占主要地位的过程工业。包括基本化学工业和塑料、合成纤维、石油、橡胶、药剂、染料工业等。是利用化学反应改变物质结构、成分、形态等生产化学产品的部门。如无机酸、碱、盐、稀有元素、合成纤维、塑料、合成橡胶、染料、油漆、化肥、农药等。

化学工业由于其生产特点决定了化学工业是环境污染较为严重的行业。化工生产的废物从化学组成上讲是多样化的，而且数量也相当大。这些废物含量在一定浓度时大多是有害的，有的还是剧毒物质，进入环境就会造成污染。有些化工产品在使用过程中又会引起一些污染，甚至比生产本身所造成的污染更为严重、更为广泛。

化工环境污染，是化学工业发展过程中急需解决的一个重大问题，若不能妥善解决，势必会限制化学工业的可持续发展，全社会应引起高度重视，积极开展化工环境污染的防治工作。

化学工业污染防治的重点是：水污染的防治以节水和实现水资源化为中心；大气污染的防治以节能和综合利用为中心；固体废物的污染防治以实现废物减量化和资源化为中心。新建项目要采用先进的无废少废工艺，所有的化工企业都要做到达标排放和符合当地污染总量控制的要求。

1. 化工污染分类及来源

化工污染物按其性质可分为无机化工污染和有机化工污染；按污染物的形态可分为废水、废气和废渣等；按照污染物产生的原因和进入环境的途径又可进一步细分。化工污染分类见表10-1。

表10-1　化工污染分类

分类依据	化工污染分类
污染物的性质	无机化工污染、有机化工污染
污染物的形态	废水、废气、废渣
产生的原因	化学反应的不完全所致的废物、副反应产生的废物、燃烧过程中产生的废气、冷却水、设备和管道的泄漏、其他化工生产中排出的废弃物

2. 化工污染的特点

化工生产排出的废物对水和大气都会造成污染，尤其对水的污染更为突出。化工废水分为生产废水和生产污水。生产废水较为清洁，不经处理即可排放或回收，如冷凝水。生产污水是指那些污染较为严重、须经处理后方可排放的废水。

(1) 废水污染的特点

① 有毒性和刺激性。化工废水中有些含有如氰、酚、砷、汞、镉或铅等有毒或剧毒的物质，在一定的浓度下，对生物和微生物产生毒性影响。另外也含有无机酸、碱类等刺激性、腐蚀性的物质。

② 有机物浓度高。特别是石油化工废水中各种有机酸、醇、醛、酮和环氧化物等有机物的浓度较高，在水中会进一步氧化分解，消耗水中大量的溶解氧，影响生物的生存。

③ pH 不稳定。化工排放的废水时而强酸性、时而强碱性的现象是常有的，对生物、构筑物及农作物都有极大的危害。

④ 营养化物质较多。含磷、氮量过高的废水会造成水体富营养化，使水中藻类和微生物大量繁殖，严重时会造成“赤潮”或“水华”，影响鱼类生长。

⑤ 恢复比较困难。受到有害物质污染的水域要恢复到水域的原始状态是相当困难的。尤其被生物所富集的重金属物质，停止排放后其危害仍难以消除。

(2) 废气污染的特点

① 易燃、易爆气体较多。如低沸点的酮、醛，易聚合的不饱和烃等大量易燃、易爆气体，如不采取适当措施，容易引起火灾、爆炸事故，危害很大。

② 排放物大多都有刺激性或腐蚀性。如二氧化硫、氮氧化物、氯气、氟化氢等气体都有刺激性或腐蚀性，尤以二氧化硫排放量最大。二氧化硫气体直接损害人体健康，腐蚀金属、建筑物和器物的表面，还易氧化成硫酸盐降落地面，污染土壤、森林、河流和湖泊。

③ 废气中浮游粒子种类多、危害大。化工生产排出的浮游粒子包括粉尘、烟气和酸雾等，种类繁多，对环境的危害较大。特别当浮游粒子与有害气体同时存在时能产生协同作用，对人的危害更为严重。

(3) 废渣污染的特点　化学工业生产排出的废渣主要有硫铁矿烧渣、碱渣、塑料废渣等。对环境的污染表现在以下方面。

① 直接污染土壤。存放废渣占用场地，在风化作用下到处流散既会使土壤受到污染，又会导致农作物受到影响。土壤受到污染后很难得到恢复，甚至变为不毛之地。

② 间接污染水域。废渣通过人为投入、被风吹入、雨水带入等途径进入地面水或渗入地下而对水域产生污染，破坏水质。

③ 间接污染大气。在一定温度下，由于水分的作用会使废渣中某些有机物发生分解，产生有害气体扩散到大气中，造成大气污染。加重油渣及沥青块，在自然条件下产生的多环芳烃气体是致癌物质。

3. 化工污染防治的发展

化学工业是我国国民经济中的支柱产业，对工农业生产的发展，国防现代化建设，人民群众物质文化生活水平的提高，发挥着重要作用。

(1) 加强环境法律制度的完善　多年来，化工行业一直实行以“预防为主、防治结合、以管促治”的方针，指导着各地化工企业的环境保护工作。先后开展了“污染物排放总量控制管理办法”、“创建化工清洁文明工厂”活动，建立环保规章制度，强化环境管理与监督，对污染严重的企业限期治理，直至关停并转，严格执行“三同时”制度，有效地控制了新的污染源的产生，在全行业大抓改革工艺技术、设备和三废综合利用工作，对化工污染的防治起了重要的作用。

(2) 末端治理向生产全过程控制转变　在化工行业认真贯彻执行可持续发展战略思想，把污染防治由末端治理转向生产全过程控制，坚持以企业为主体，着眼于生产过程中将污染物的产生量尽可能地减少，最大限度地降低需要进行末端处理的污染物数量和毒性，从而在减少污染的同时，提高企业的生产效率，实现环境效益与经济效益相统一，促进化学工业走

上良性循环的轨道。

(3) 大力推行清洁生产　清洁生产是以减少污染物产生量、提高资源利用效率为目标，实行生产全过程控制，既有环境效益，又有经济效益。把推行清洁生产与产品结构调整，技术改造、节能降耗提高效益紧密结合起来，使环保提出的清洁生产融入经济综合部门和企业追求的生产发展的目标中去，使清洁生产成为生产发展主题的要求。

(4) 大力发展循环经济　大力发展化工行业的循环经济，按照“减量化、再利用、资源化”的原则，努力提高能源、资源利用率，减少污染物的产生和排放，以尽可能少的资源消耗和尽可能小的环境代价，取得最大的经济产出。

第二节　清洁生产与循环经济

化学工业是我国国民经济中的支柱产业，对工农业产生的发展，国防现代化建设，人民群众物质文化生活水平的提高，发挥着重要作用。然而化学工业也是一个污染较为严重的行业，造成化学工业污染的原因主要产生于原材料的选择和工业生产过程中，所以不仅在污染的预防、而且在污染的末端治理都是很困难的。

化工污染的防治应该立足于从源头消除污染。从规划设计、施工、生产、消费、回收等各个环节全面考虑、全程监控、逐点落实。最理想的状况是在生产和消费的全过程不产生污染，即“零污染”；任何时候都可达到的目标应该是尽可能减少污染，防治结合，做到“零排放”。最低要求也应该做到“达标排放”，而这个“标”也是会随着人们的认识和科技水平的提高而不断提高的。即使在不得不选择末端治理方案时，也要尽可能做到“资源化”，充分利用一切物料和能量。这就是当前全球大力提倡的清洁生产和循环经济。

一、清洁生产

1. 清洁生产的定义和内容

清洁生产的概念，最早由 1976 年 11～12 月间欧洲共同体在巴黎举行的“无废工艺和无废生产的国际研究会”提出并进行了讨论交流。其后，不断被各国环保工作者不断扩展和深化。

清洁生产在不同的地区和国家有许多不同的但相近的提法，欧洲的有关国家有时又称“少废无废工艺”、“无废生产”，日本多称“无公害工艺”，美国则定义为“废料最少化”、“污染预防”、“削废技术”。此外，一些学者还有“绿色工艺”、“生态工艺”、“环境完美工艺”、“与环境相容（友善）工艺”、“环境工艺”、“过程与环境一体化工艺”、“再循环工艺”、“源削减”、“污染削减”、“再循环”等提法。这些不同的提法实际上描述了清洁生产概念的不同方面。

我国的《中华人民共和国清洁生产促进法》中对清洁生产的定义为：不断采取改进设计、使用清洁的能源和原料，采用先进的工艺技术与设备、改善管理、综合利用等措施，从源头削减污染，提高资源利用率，减少或者避免生产、服务和产品使用过程中污染的产生和排放，以减轻或者消除对人类健康和环境的危害。

根据清洁生产的定义，清洁生产的主要内容包括以下三方面。

(1) 生产清洁的产品　产品应尽可能节约原料和能源，少用昂贵和稀缺原料，多利用二次资源作原料；产品在使用过程中以及使用后不含有危害人体健康和生态环境的因素；易于回收、复用和再生；合理包装；具有合理的使用功能（含节能、节水、降低噪声功能）和合理的使用寿命；产品报废后易处理、易降解等。

(2) 采用清洁的生产过程　尽量不用、少用有毒有害的原料、材料以及中间产品；消除或减少生产过程的各种危险性因素，如高温、高压、低温、易燃、易爆、强噪声、强震动等；选用无废、少废的工艺；高效的设备；物料的再循环（厂内、厂外）；简便、可靠的操作和控制；完善的管理等。

(3) 使用清洁能源　包括常规能源的清洁利用和节约能源，如采用洁净煤技术、逐步提高液体燃料、天然气的使用比例，回收利用生产过程的各种余热，逐级使用热能等以降低能耗对环境的污染。还包括大力开发利用可再生能源，如水力能、太阳能、生物质能、风能、潮汐能等。

2. 清洁生产的发展

1992 年 6 月在联合国环境与发展大会上，正式将清洁生产定为实现可持续发展的先决条件，同时也是工业界达到改善和保持竞争力和可盈利性的核心手段之一，并将清洁生产纳入《二十一世纪议程》中。随后，根据环发大会的精神，联合国环境规划署调整了清洁生产计划，建立示范项目及清洁生产中心，以加强各地区的清洁生产能力。自从清洁生产提出以来，每两年举行一次研讨会，研究和实施清洁生产，为未来的工业化指明了发展方向。

清洁生产一直受到各国各界的重视。美国国会于 1984 年通过了《资源保护与恢复法——固体及有害废物修正案》明确规定废物最少化是美国的一项国策。这些法案要求产生有毒有害废弃物的单位应制定废物最少化的规划。1990 年秋季美国国会又通过了污染预防法案，明确美国环境政策必须是在污染的产生源预防和削减污染的产生；无法预防的污染物应当以环境安全的方式转化利用；污染物的处置或向环境中排放只能作为最后的手段，并且应当以环境安全的方式进行。目前，美国已有 26 个州相继通过了要求实行污染预防或废物减量的法规，13 个州的立法要求工业设施呈报污染预防计划，并将废物减量计划作为发放废物处理、处置、运输许可证的必要条件。污染预防已经形成一套完整的法规、政策和实施体系。

在欧洲，欧洲联盟委员会从 1993 年起把环境保护政策纳入工业制造、能源、交通、农业和旅游等领域的生产活动中，2001 年进一步扩展到气候变化、自然和动物的多样性、环境与健康、自然资源与废弃物等生产、生活活动中。

荷兰、丹麦、英国和比利时等国家还开展了清洁工艺和清洁产品的示范项目，例如，在荷兰技术评价组织（NOTA）的倡导和组织下，主持开展了荷兰工业公司预防工业排放物和废物产生示范项目，并取得了较大成功。示范项目证实了把预防污染付诸实践不仅大大减少污染物的排放，而且会给公司带来很大的经济效益。丹麦政府和环保局颁布了环境法，对促进清洁生产提出具体规定，并制定了环境和发展行动计划，自 1986 年以来，已开展了 250 多个清洁工艺项目；丹麦政府还拨出专款用于支持工业企业进行清洁生产的示范工程。

我国从 20 世纪 80 年代开始研究推广清洁生产工艺，已陆续研究开发了许多清洁生产技术，为清洁生产的实施打下了基础。2002 年 6 月颁布《中华人民共和国清洁生产促进法》后，专门成立了中国国家清洁生产中心、化工清洁生产中心及部分省市的清洁生产指导中心，逐步建立和健全了企业清洁生产审计制度，并在联合国环境规划署的帮助下进行了数十家企业的清洁生产审计，取得了良好效果。建设（改扩）项目的环境影响评价工作也以此为立项审批的重要依据。

3. 实现化工清洁生产的途径

开发实施化工清洁生产是十分复杂的综合过程，且因各化工生产过程的特点各不相同，故没有一个万能的方案可沿袭。但根据清洁生产的原理以及近年来应用清洁生产技术的实践经验，可以归纳如下一些实现化工清洁生产的途径。

(1) 革新产品体系，正确规划产品方案及选择原料路线　清洁生产的产品和原料均应是对环境和人类无害无毒的，因此必须首先对产品方案进行正确的规划，并选择合理的原料路线。采取安全无害的产品和原料代替有毒有害的产品和原料，采用精料代替粗料。

(2) 实现资源和能源充分、综合利用　我国一般工业生产中原料费用约占产品成本的70%，按照国际能源总署的统计，2010 年我国单位国内生产总值能耗是世界平均水平的 2.2 倍。这说明我国的工业生产模式是以大量消耗资源为前提的，生产过程中对资源的浪费很惊人。对原料和能源的充分综合利用，可以显著降低产品的生产成本，同时可以减少污染物的排放，降低“三废”处理的成本。

(3) 采用高效设备和少废、无废的工艺　改革工艺和设备以实现清洁生产的做法有：①简化工艺流程，减少工序和设备；②实现过程的连续操作，自动控制，减少因不稳定运行而造成的物料损耗；③改革工艺条件，实现优化操作，使反应更趋完全，以提高物料利用率并减少污染物的产生；④采用高效设备，提高生产能力，减少设备的泄漏率。

(4) 组织物料和能源循环使用系统　工业生产中贯穿着物料流和能量流两大系统。传统的工业生产采用的大多是一次通过的顺序式物料流和能量流。而清洁生产工艺要求物料流和能量流应采用循环使用系统，如将流失的物料回收后作为原料返回流程，将废料适当处理后也作为原料返回生产流程。这里所指的物料循环使用系统可以在不同工厂之间执行，即组织区域范围内的清洁生产。

(5) 加强管理，提高操作人员的素质　强化管理与其他措施相比，是花费最小或不花钱就可以得到较大收益的措施，包括：①安装必要的监测仪表，加强计量监督；②建立环境审计制度、考核制度，对各岗位明确环境责任制；③加强设备日常维修，减少跑、冒、滴、漏；④妥善存放原料和产品，防止损耗流失；⑤采取奖惩制度及经济手段组织清洁生产。

(6) 采取必要的末端“三废”处理　采用清洁生产工艺后，不等于完全不产生污染物，所以必要的末端“三废”处理对实现清洁生产是非常必要的。

这些途径可以单独实施，也可以相互组合，一切要根据实际情况来确定。

二、循环经济

1. 可持续发展与循环经济

可持续发展是指既满足现代人的需求、又不损害后代人需求的发展。换句话说，就是指经济、社会、资源和环境保护协调发展，它们是一个密不可分的系统，既要达到发展经济的目的，又要保护好人类赖以生存的大气、淡水、海洋、土地和森林等自然资源和环境，使子孙后代能够永续发展和安居乐业。可持续发展战略的核心是经济发展与保护资源、保护生态环境的协调一致。就化学工业而言，可持续发展的含义应该是尽可能降低工业本身对自然和社会环境的影响。

为了解决人类经济活动与生态系统之间在资源供求和环境容量问题上的矛盾，促进人与自然的协调，使经济可持续发展，通过对传统现代工业掠夺式方式的深刻反思，循环经济应运而生。

循环经济是一种以资源的高效利用和循环利用为核心，以“减量化、再利用、资源化”为原则，以低消耗、低排放、高效率为基本特征，符合可持续发展理念的经济增长模式，是对“大量生产、大量消费、大量废弃”的传统增长模式的根本变革。

循环经济的内涵大致可做如下表述。循环经济是围绕资源的高效利用和循环利用所进行的社会生产和再生产活动，形成“资源-产品-再生资源”的物质反馈过程，以尽可能少的资源环境代价获得最大的发展效益。循环经济遵循减量化、再利用、资源化的 3R（Reduce，Reuse，Recycle）原则。减量化，是指减少资源消耗和废弃物排放，改变单纯依赖外延发展，走内涵发展道路，不断提高资源利用效率，降低消耗，减少污染，提高经济增长的质量和效益。再利用，是指产品多次循环使用或修复、翻新后继续使用，以延长产品的生命周期，防止产品过早地成为废品，以节约生产这些产品的各种要素资源的投入。资源化，是指将废弃物最大限度地变成资源，变废为宝、化害为利，既可减少原生资源的消耗，又可减少污染物的最终处理。

2. 循环经济与清洁生产

循环经济与清洁生产内容有许多重叠之处，如都强调 3R 原则。实际上，清洁生产主要是从环境保护的角度强调了单个企业内部生产的全过程控制，通过提高资源利用效率来削减污染物排放，而这正是在企业层面循环经济的主要实现形式。其不同点在于，清洁生产主要在单个企业实施，而循环经济则可以在更大的空间范围内有效地配置资源和能源，实现大范围的清洁生产：通过延长产业链，将上游产业的废物变成下游产业的原料，以梯级式利用能源，变废为宝，化害为利，保护生态环境。

由于物质的多样性，在大多数情况下，在一个企业内部要想将所有涉及的物料、能量加以合理利用，往往是很难的。按以上相同思路，如果将有物流关系的相关企业群建在一个工业区内，按生态经济原理和知识经济规律进行有机锻合，通过工业区内物流和能源的正确设计模拟自然生态系统，形成企业间的共生网络，而每个企业均实现清洁生产，就形成了生态工业园。这是一种范围更大的循环经济，实施起来往往更合理、更科学。

如果把这种思路扩展到整个国民经济的高度和广度，即以生态规律为指导，通过生态经济综合规划、设计社会经济活动，使不同区域、不同行业的企业间形成共享资源和互换副产品的生产共生组合，达到产业之间资源的最优化配置，使规划区域内的物质和能源在经济循环内得到高效、永续利用，从而实现产品绿色化、生产过程清洁化、资源可持续利用的环境和谐经济，就是循环经济的最高境界。

3. 循环经济实施实例

（1）上海化学工业园区　上海化学工业园区位于杭州湾北岸，是第一个由国家发改委批准的以石油化工和精细化工为主的专业开发区，也是“十五”期间中国投资规模最大的工业项目之一，规划面积为 29.4km^2，化工园区建成后工业产值可达 1000 亿元。该开发区开发建设中引入了世界级大型化工园区的“一体化”先进理念，通过对园区内产品项目、公用辅助、物流传输、环境保护和管理服务的整合，实现物质闭路循环、能量多级利用的模式，如图 10-1 所示。坚持按产品链进行招商，英国石油化工（BP）、德国巴斯夫等跨国公司以及

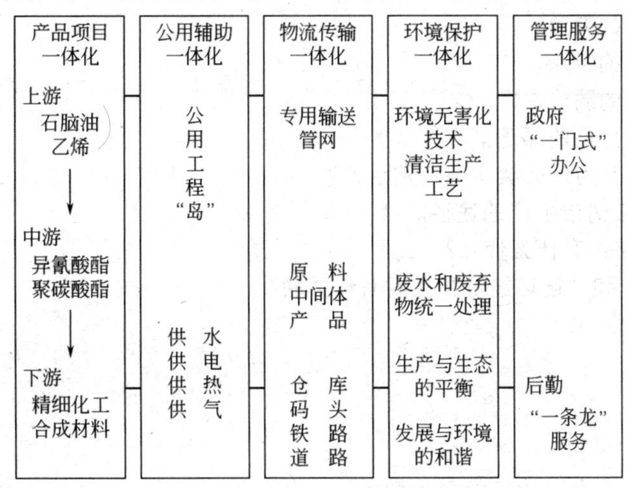

图 10-1　上海化工园区“一体化”理念联合生产模式发展循环经济示意图

法国苏伊士集团（SUEZ）、荷兰孚宝（Vopak）等世界著名公用工程公司已落户园区内。园区内每平方公里吸引的投资高达1318亿美元；园区内万元产值能耗只有112t标准煤，水消耗量只有33t，只占同行业平均水平的1/2和1/5，与企业自建公用工程相比，投资成本降低近半，能耗下降约30％。循环的有机链推动能源消耗产业向资源集约目标转型，传统污染企业向绿色环保方向转变，建立了产业循环经济体系，确保可持续发展。

（2）四川泸州“西部化工城” 四川泸州“西部化工城”借助其丰富的煤、硫铁矿、天然气等资源和已具备的化工产业优势，向煤化工、天然气化工、精细化工、油脂化工基地等方向发展。

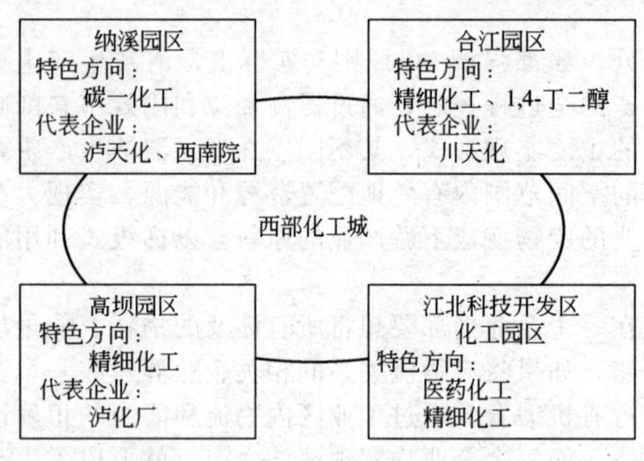

图10-2 西部化工城联合组团模式发展循环经济示意图

西部化工城总规划面积为1215km²，分布在长江沿线超过60km的江岸线上，共分为4个园区，如图10-2所示。纳溪园区规划6km²，主要发展碳一化工，有泸天化集团有限责任公司（简称泸天化）、西南化工研究设计院（简称西南院）等企业；合江园区，规划215km²，以精细化工、1,4-丁二醇为方向，现有四川天化股份有限公司（简称川天化）等骨干企业；高坝园区，规划面积2km²，以泸州化工厂为主发展精细化工。江北科技开发区内的化工园区，规划面积2km²，在引进基础上发展医药化工和精细化工。4个园区均组建了管委会，统一建设基础设施。这是联合组团发展循环经济的实例。

复习思考题

1. 《环境保护法》中对环境是如何定义的？环境如何分类？
2. 什么是环境问题？环境问题的产生原因有哪些？
3. 当前主要的全球性的环境问题有哪些？
4. 简述环境污染源的分类情况。
5. 简述化工污染的来源。
6. 简述化工污染的特点。
7. 简述化工污染的防治途径。
8. 简述化工清洁生产的原理。
9. 何谓清洁生产？为什么要实现清洁生产？
10. 简述实现化工清洁生产的途径。
11. 何谓循环经济？有什么优点？
12. “清洁生产”和“循环经济”之间有何关联？

CHAPTER 11

第十一章 化工废气治理

第一节 化工废气概况

各种化工产品在生产过程中或多或少都会产生并排出废气，其中氮肥、磷肥、无机盐、氯碱、有机原料及合成材料、农药、染料、涂料、炼焦等行业的废气排放量大、组成复杂，对大气环境造成较严重的污染。

大气中的污染物对环境和人体都会产生很大的影响，历史上曾发生过多起大气污染事件，世界上的八大公害事件中有五大公害属于大气污染事件，如日本的四日市哮喘病事件、英国的伦敦烟雾事件、美国洛杉矶光化学烟雾事件等。大气污染不仅影响其周围环境，而且对全球环境也带来影响，如温室气体效应、酸雨、南极臭氧空洞等，其结果对全球的气候、生态、农业、森林产生一系列的影响。

大气污染物可以通过各种途径降到水体、土壤和作物中影响环境，并通过呼吸、皮肤接触、食物、饮用水等进入人体，引起对人体健康和生态环境造成近期或远期的危害。

一、化工废气中的大气污染物及其分类

按照 ISO 定义，空气污染物系指由于人类活动或自然过程排入大气并对人或环境产生有害影响的那些物质。

目前我国空气质量不良的主要污染物为悬浮颗粒，悬浮颗粒部分来自燃烧不完全所形成的碳粒和排放气体凝结而成。尤其是化工产品或有机化合物的燃烧，释放出的气体中有许多剧毒物质飘散在空中，损害人们的健康；如许多塑料制品都含有氯的成分，经过完全或不完全燃烧之后会排放出像氯化氢、二噁英之类的致癌化合物。氯化氢气体有强烈的腐蚀性，如果人体大量吸入该种气体，将严重灼伤呼吸道。而二噁英进入人体能够导致严重的皮肤损伤性疾病，具有强烈的致癌、致畸作用，同时还具有生殖毒性、免疫毒性和内分泌毒性。

根据大气污染物的存在状态，可将其概括地分为两大类：气溶胶状态污染物和气体状态污染物。

（1）气溶胶态污染物　气溶胶是指悬浮在气体介质中的固态或液态颗粒所组成的气体分散体系。从大气污染控制的角度，按照气溶胶颗粒的物理性质，可将其分为粉尘、烟尘、雾等。

粉尘指固体物质的破碎、分级、研磨等机械过程或土壤、岩石风化等形成的悬浮小固体粒子。小于 1μm 的粉尘颗粒又称为亚微粉尘。

烟尘通常指物质燃烧过程产生的固体微粒。

雾泛指小液滴的悬浮体，是由液体蒸气凝结、液体雾化和化学反应等过程形成的，如水雾、酸雾、碱雾等。

此外，在环保工作中，还常使用降尘、飘尘和总悬浮微粒（TSP）的概念。降尘是指空气中粒径大于 10μm 的固体粒子，靠重力作用能在较短时间内沉降到地面。由于粒径小于 10μm 的固体粒子不易沉降而能长期飘浮在空气中，故称飘尘。总悬浮物（TSP）系指空气中粒径小于 100μm 的固体粒子。

（2）气体状态污染物　气体状态污染物包括无机物和有机物两类。无机气态污染物有硫化物（SO_2、SO_3、H_2S 等）、含氮化合物（NO、NO_2、NH_3 等）、卤化物（Cl_2、HCl、HF、SiF_4 等）、碳的氧化物（CO、CO_2）以及臭氧、过氧化物等。有机气态污染物则有碳氢化合物（烃、芳烃、稠环芳烃等）、含氧有机物（醛、酮、酚等）、含氮有机物（芳香胺类化合物、腈等）、含硫有机物（硫醇、噻吩、二硫化碳等）、含氯有机物（氯代烃、氯醇、有机氯农药等）等。

直接从污染源排出的污染物称为一次污染物，一次污染物与空气中原有成分或几种污染物之间发生一系列化学或光化学反应而生成的与一次污染物性质不同的新污染物，称为二次污染物。在大气污染中受到普遍重视的二次污染物主要有硫酸烟雾、光化学烟雾和酸雨。

硫酸烟雾是空气中的二氧化硫等含硫化合物在有雾、重金属飘尘或氮氧化物存在时，发生一系列化学反应而生成的硫酸雾和硫酸盐气溶胶。光化学烟雾则是在太阳光照射下，空气中的氮氧化物、碳氢化合物和氧化剂之间发生一系列光化学反应而生成的淡蓝色烟雾；其主要成分是臭氧、过氧乙酰基硝酸酯（PAN）、醛类及酮类等。

二、化工废气的来源及特点

各种化工产品在各个生产环节都会产生并排出废气，造成化境的污染。其来源有以下几个方面：

① 化学反应中产生的副产品和反应进行不完全所产生的废气；

② 产品加工和使用过程中产生的废气，以及破碎、筛分及包装过程中产生的粉尘等；

③ 生产技术路线及设备陈旧落后，造成反应不完全、生产过程不稳定，产生不合格的产品或造成的物料跑、冒、滴、漏；

④ 因操作失误、指挥不当、管理不善造成的废气的排放；

⑤ 化工生产中排放的某些气体，在光或雨的作用下产生的有害气体。

化工废气，按所含的污染物性质可以分为三类：第一类为含有无机污染物的化工废气，这类废气主要来自氮肥、磷肥、无机盐等行业；第二类为含有有机污染物的废气，主要来自有机原料及合成材料、农药、染料、涂料等行业；第三类为既有无机污染又含有有机污染物的废气，主要来自氯碱、炼焦等行业。各化学行业废气来源及主要污染物见表 11-1。

表 11-1　化学工业主要行业废气来源及主要污染物

行业	主要化工产品/工艺	废气中主要污染物
氮肥	合成氨、尿素、碳酸氢铵、硝酸铵、硝酸	NO_x、尿酸粉尘、CO、Ar、NH_3、SO_2、CH_4、粉尘
磷肥	磷矿加工、普通过磷酸钙、钙镁磷肥、重过磷酸钾、磷酸铵类氮磷复合肥、磷酸、硫酸	氟化物、粉尘、SO_2、酸雾、NH_3
无机盐	铬盐、二硫化碳、钡盐、过氧化氢、黄磷	SO_2、P_2O_5、HCl、H_2S、CO、CS_2、As、F、S、重芳烃
氯碱	烧碱、氯气、氯产品	Cl_2、HCl、氯乙烯、汞、乙炔
有机原料及合成原料	烯类、苯类、含氧化合物、含氮化合物、卤化物、含硫化合物、芳香烃衍生物、合成树脂	SO_2、Cl_2、HCl、H_2S、NH_3、NO_x、CO、有机气体、烟尘、烃类化合物

续表

行业	主要化工产品/工艺	废气中主要污染物
农药	有机磷类、氨基甲酸酯类、聚酯类、有机氯类	Cl_2、HCl、氯乙烷、氯甲烷、有机气体、H_2S、光气、硫醇、三甲醇、二硫醇、氨
染料	染料中间体、原染料、商品染料	H_2S、SO_2、NO_x、Cl_2、HCl、有机气体苯、苯类、醇类、醛类、烷烃、硫酸雾、SO_3
涂料	涂料：树脂类、油脂类 无机颜料：钛白粉、立德粉、铬黄、氧化锌、氧化铁、红丹、黄丹、金属粉	芳烃
炼焦	炼焦、煤气净化及化学产品加工	CO、SO_2、NO_x、H_2S、芳烃、尘、苯并芘

化工生产排放的气体，通常含有易燃、易爆、有毒、有刺激性和有臭味的物质。污染大气的主要有害物质有：碳氢化合物、硫的氧化物、氮的氧化物、碳的氧化物、氯和氯化合物、氟化物、恶臭物质和浮游粒子等。化工废气通常具有以下特点。

(1) 易燃易爆气体多　这类气体主要是酮、醛、易聚合不饱和烃等。这些气体如采取的措施不当，易引起火灾、爆炸事故。

(2) 排放物大多有刺激性和腐蚀性　化工企业排放刺激性和腐蚀性的气体主要有：二氧化硫、氮氧化物、氯化氢和氟化氢等。其中二氧化硫和氮氧化物的排放量最大。

(3) 浮游粒子种类多、危害大　化工企业在生产过程中，排放的浮游粒子包括：粉尘、烟气和酸雾等，种类繁多。各种燃烧设备排放的大量烟气和化工生产中排放的各种酸雾对环境危害较大。

为了减少化工业废气污染。除了采取必要的环境治理措施，有效管理污染物的排放和治理外，根本的措施是采用无污染或少污染的先进生产工艺；改进设备，提高机泵设备和管道设备的密闭性；积极开展废气的回收和综合利用。

第二节 废气治理技术

一、气溶胶状态污染物治理技术

关于气溶胶状态污染物的控制与防治工作，可以从不同的角度进行，也就是由不同的专业领域进行这方面的工作。目前有以下 4 个工程技术领域。

① 防尘规划与管理　防尘规则与管理的主要内容包括园林绿化的规划管理，以及对有粉状物料加工过程和生产中产生粉尘的过程，实现密封化和自动化。由于园林绿化带具有阻滞粉尘和收集粉尘的作用，因此，合理地对生产粉尘的单位尽量用园林绿化带包围起来或隔开，使粉尘向外扩散减少到最低限度；此外，对于在生产过程中需要对物料进行破碎、研磨等工序时，要使生产过程在采用密闭技术及自动化技术的装置中进行。

② 通风技术　通风技术是指对工作场所引进清洁空气，以替换含尘浓度较高的污染空气。通风技术分为人工通风与自然通风两大类。人工通风又包括单纯换气技术及带有气体净化措施的换气技术。

③ 除尘技术　包括对原来悬浮在气体中的粉尘进行捕集分离，以及对已落到地面或物体表面上的粉尘进行清除。前者可采用干式除尘与湿式除尘等不同方法；后者是采用各种定型的除（吸）尘设备进行处理。

④ 防护罩具技术　包括个人使用的防尘面罩，及整个车间设置的防护设施。

上述 4 个方面的技术领域中，以除尘技术进展较快，也最为主要。

1. 除尘装置的技术性能指标

除尘装置的主要技术性能有除尘效率和压力损失等。

(1) 除尘效率　除尘装置的效率是表示装置捕集粉尘效果的重要指标，也是选择、评价装置最主要的参数。

① 除尘装置的总效率（除尘效率）　除尘装置的总效率是指在同一时间内，由除尘装置整体除下的粉尘量与进入除尘装置的粉尘量的百分比，常用符号 η 表示。总效率所反映的实际上是装置净化程度的平均值，它是评定装置性能的重要技术指标。

② 除尘装置的分级效率　分级效率是指装置对某一粒径 d 为中心、粒径宽度为 Δd 范围的烟尘除尘效率，具体数值用同一时间内除尘装置除下的该粒径范围内的烟尘量占进入装置的该粒径范围内的烟尘量的百分比来表示，符号用 η_d。分级效率反映了除尘装置对不同粒径范围粉尘的分离能力。

(2) 压力损失　除尘器压力损失是指除尘器气体进、出口压强差，其单位通常用帕（Pa）表示。一般为几百至几千帕。这个值越小，则动力消耗就越小。

2. 除尘装置

(1) 分类　根据作用原理，可以将除尘装置分为四大类：机械除尘器、湿式除尘器、电除尘器和过滤式除尘器（如袋式除尘器）。此外，声波除尘器亦是依靠机械原理进行除尘，但是，由于它还利用了声波的作用使粉尘凝集，故有时将声波除尘器另分为一类。

机械除尘器，通常又分为三类，即：

机械除尘器 {
- 重力除尘器——沉降室
- 惯性力除尘器——挡板式除尘器
- 离心力除尘器——旋风式除尘器

(2) 除尘器的除尘机理及使用范围　目前常用的除尘器的除尘机理及其使用范围见表 11-2。

表 11-2　常用的除尘器的除尘机理及其使用范围

除尘装置	除尘机理	使用范围
沉降室	沉降作用	烟气除尘、磷酸盐、石膏、氧化铝、石油精制催化剂回收
挡板式除尘器	碰撞、折流、凝集作用	
旋风式分离器	离心、碰撞、凝集作用	
湿式除尘器	碰撞、离心、折流、凝集作用	硫铁矿焙烧、硫酸、磷酸、硝酸生产等
电除尘器	静电作用	除酸雾、石油裂化催化剂回收、氧化铝加工等
过滤式除尘器	过滤、碰撞、折流、凝集作用	喷雾干燥、炭黑生产
声波除尘器	声波吸引、碰撞、折流、凝集作用	尚未普及应用

(3) 除尘装置的选择和组合　作为除尘器的性能指标，通常有以下几项指标：除尘器的除尘效率、除尘器的处理气体量、除尘器的压力损失、设备基建投资与运转管理费用、使用寿命、占地面积或占用空间体积。

以上 6 项性能指标中，前 3 项属于技术性能指标，后 3 项属于经济指标。这些项目是互相关联、相互制约的。其中压力损失与除尘效率是一对主要矛盾，前者代表除尘器所消耗的能量，后者是表示除尘器所给出的效果。从除尘器的除尘技术角度看，总是希望所消耗的能量最少，而达到最高的除尘效率。然而要使上面 6 项指标都能面面俱到，实际上是不可能的。所以在选用除尘器时，要根据气体污染源的具体情况和要求，通过分析比较来确定除尘方案和选定除尘装置。

现将各种主要除尘设备的优缺点和性能情况分别列于表 11-3 及表 11-4 中，便于比较和选择。

表 11-3　各种主要除尘设备优缺点比较

除尘器	原理	适用粒径/μm	除尘效率η/%	优点	缺点
沉降室	重力	100～50	40～60	造价低，结构简单，压力损失小，磨损小，维修容易，节省运转费	不能除小颗粒粉尘，效率低
挡板式（百叶窗）除尘器	惯性力	100～10	50～70	造价低，结构简单，处理高温气体，几乎不用运转费	不能除小颗粒粉尘，效率低
旋风式分离器	离心式	5 以下	50～80	设施较便宜，占地小，处理高温气体，效率较高，适用于高浓度烟气	压力损失大，不使用于湿、黏气体，不适用于腐蚀性气体
		3 以下	10～40		
湿式除尘器（文丘里洗涤器）	湿式	1 左右	80～99	除尘效率高，设备便宜、不受湿，温度影响	压力损失大，运转费用高；用水量大，有污水需处理；容易堵塞
过滤式除尘器（袋式除尘器）	过滤	20～0.1	90～99	效率高，使用方便，低浓度气体适用	容易堵塞，滤布需替换；操作费高
电除尘器	静电	20～0.05	80～99	效率高，处理高温气体，压力损失小，低浓度气体也适用	设备费高；粉尘黏附在电极上时对除尘有影响，效率降低；需要维修费用

表 11-4　常用除尘装置的性能

除尘装置名称	捕集粒子的能力/%			压力损失/Pa	设备费	运行费	装置的类别
	粒径≥50μm	粒径≥5μm	粒径≥1μm				
沉降室	—	—	—	100～150	低	低	机械
窗除尘器	95	16	3	300～700	低	低	机械
旋风式除尘器	96	73	27	500～1500	中	中	机械
文丘里除尘器	100	99	98	3000～10000	中	高	湿式
静电除尘器	99	98	92	100～200	高	低～中	静电
袋式除尘器	100	99	99	1000～2000	较高	较高	过滤
声波除尘器	—	—	—	600～1000	较高	中	声波

根据含尘气体的特征，可以从以下几方面考虑除尘装置的选择和组合。

① 若尘粒粒径较小，几微米以下粒径占多数时，应选用湿式、过滤式或电除尘等方式；粒径较大，以 10μm 以上粒径占多数时，可用机械除尘器。

② 若气体含尘浓度高时，可用机械除尘；若含尘浓度低时可采用文丘里洗涤器（因为其喉管的摩擦损耗不能太大，所以只适用进口含尘浓度小于 $10g/m^3$ 的气体除尘；过滤式除尘器也是适用低浓度含尘气体的处理）；若气体的进口含尘浓度较高，而又要求气体出口的含尘浓度低时，则可采用多级除尘器串联的组合方式除尘，先用机械式除去较大的尘粒，再用电除尘或过滤式除尘器等，去除较小粒径的尘粒。

③ 对于黏附性强的尘粒，最好采用湿式除尘器，不宜采用袋式除尘器（因为易造成滤布堵塞），同时也不宜采用静电除尘器（因为尘粒黏附在电极表面上将使电除尘器的效率降低）。

④ 如采用电除尘器，尘粒的电阻率应在$10^4 \sim 10^{11}\Omega \cdot cm$范围内，一般可以预先通过温度、湿度调节或用添加化学药品的方法，满足此要求。如果不能达到这一范围要求时，则不宜采用电除尘器进行气体的除尘处理。

⑤ 气体的温度增高，黏性将增大，流动时的压力损失增加，除尘效率也会下降。但温度太低，低于露点温度时，即使是采用过滤除尘器，也会有水分凝出，使尘粒易黏附于滤布上造成堵塞，故一般应在比露点温度高20℃的条件下进行除尘。

⑥ 气体的成分中，如含有易燃、易爆的气体时，如CO等，应先将CO氧化为CO_2，再进行除尘。

总之，只有充分了解所处理含尘气体的特性，又能充分掌握各种除尘装置的性能，才能合理地选择出既经济又有效的除尘装置。

二、气体状态污染物治理技术

化学工业所排放到空气中的主要污染物质有二氧化硫、氮氧化物、氟化物、氯化物、碳化物及各种有机气体等。近年来，由于石油化工的迅速发展和大量利用含硫燃料作为能源，使得二氧化硫和氮氧化物对大气造成的污染更为严重。本书将在第三节中着重介绍二氧化硫和氮氧化物治理技术。

目前处理气态污染物的方法，主要有吸收、吸附、催化转化、燃烧、冷凝和生物法等方法。处理方法的选择取决于废气的化学物理性质、含量、排放量、排放标准，以及回收的经济价值。

1. 吸收法

吸收法是采用适当的液体作为吸收剂，使含有有害物质的废气与吸收剂接触，废气中的有害物质被吸收于吸收剂中，使气体得到净化的方法。在吸收过程中，依据吸收质与吸收剂是否发生化学反应，可将吸收分为物理吸收与化学吸收。在处理气量大、有害组分浓度低为特点的各种废气时，化学吸收的效果要比单纯物理吸收好得多，因此在用吸收法治理气态污染物时，多采用化学吸收法进行。

吸收法具有设备简单、捕集效率高、应用范围广、一次性投资低等特点。但由于吸收是将气体中的有害物质转移到了液体中，因此对吸收液必须进行处理。否则容易引起二次污染。此外，由于吸收温度越低吸收效果越好，因此在处理高温烟气时，必须对排气进行降温预处理。

在控制化工废气有机污染方面，化学吸收法采用较多，例如用水吸收以萘或邻二甲苯为原料生成苯酐时产生含有苯酐、苯甲酸、萘醌等废气；用碱液循环法吸收磺化法苯酚生产中的含酚废气，再用酸化吸收液回收苯酚用水吸收；用水吸收合成树脂厂含甲醛尾气等。

2. 吸附法

吸附法治理废气，即使废气与大表面、多孔性固体物质相接触，将废气中的有害组分吸附在团体表项上，使其与气体混合物分离，达到净化目的。具有吸附作用的固体物质称为吸附剂，被吸附的气体组分称为吸附质。

当吸附进行到一定程度时，为了回收吸附质以及恢复吸附剂的吸附能力，需采用一定的方法使吸附质从吸附剂上解脱下来，称为吸附剂的再生。吸附法治理气态污染物应包括吸附及吸附剂再生的全部过程。

吸附净化法的净化效率高，特别是对低浓度气体具有很强的净化能力。吸附法特别适用于排放标准要求严格或有害物浓度低，用其他方法达不到净化要求的气体净化。因此，常作为深度净化手段或联合应用几种净化方法时的最终控制手段。吸附效率高的吸附剂如活性炭、分子筛等，价格一般都比较昂贵，必须对失效吸附剂进行再生，重复使用吸附剂，以降低吸附的费用。常用的再生方法有升温脱附、减压脱附、吹扫脱附等。再生的操作比较麻烦，这一点限制了吸附方法的应用。另外由于一般吸附剂的吸附容量有限，对高浓度废气的净化，不宜采用吸附法。

吸附法可应用与净化涂料、塑料、橡胶等化工生产排出的含溶剂或有机物废气，通常用活性炭作吸收剂。活性炭吸附法常见的是净化氯乙烯和四氟化碳生产中的尾气。

3. 催化转化法

催化转化法净化气态污染物是利用催化剂的催化作用，使废气中的有害组分发生化学反应并转化为无害物或易于去除物质的一种方法。

催化转化法净化效率较高，净化效率受废气中污染物浓度影响较小，而且在治理过程中，无需将污染物与主气流分离，可直接将主气流中的有害物转化为无害物，避免了二次污染。但所用催化剂价格较贵，操作方面要求较高，废气中的有害物质很难作为有用物质进行回收等是该法存在的缺点。

4. 燃烧法

燃烧净化法是对含有可燃有害组分的混合气体进行氧化燃烧或高温分解，从而使这些有害组分转化为无害物质的方法。燃烧法主要应用于碳氢化合物、一氧化碳、恶臭、沥青烟、黑烟等有害物质的净化治理。实用中的燃烧净化方法有 3 种，即直接燃烧、热力燃烧与催化燃烧。

① 直接燃烧法　它是把废气中的可燃有害组分当作燃料直接烧掉，因此只适用于净化含可燃组分浓度高或有害组分燃烧时热值较高的废气。直接燃烧是有火焰的燃烧，燃烧温度高（>1100℃），一般的窑、炉均可作为直接燃烧的设备。

② 热力燃烧　它是利用辅助燃料燃烧放出的热量将混合气体加热到要求的温度，使可燃的有害物质进行高温分解变为无害物质。热力燃烧一般用于可燃的有机物含量较低的废气或燃烧热值低的废气治理。热力燃烧为无火焰燃烧，燃烧温度较低（760～820℃），燃烧设备为热力燃烧炉，在一定条件下也可用一般锅炉进行。直接燃烧与热力燃烧的最终产物均为二氧化碳和水。

燃烧法工艺比较简单，操作方便，可回收燃烧后的热量；但不能回收有用物质，并容易造成二次污染。

5. 冷凝法

冷凝法是采用降低废气温度或提高废气压力的方法，使一些易于凝结的有害气体或蒸气态的污染物冷凝成液体并从废气中分离出来的方法。

冷凝法只适于处理高浓度的有机废气，常用作吸附、燃烧等方法净化高浓度废气的前处理，以减轻这些方法的负荷。冷凝法的设备简单，操作方便，并可回收到纯度较高的产物。例如氧化沥青废气先冷凝回收馏出油及大量水分，再送去燃烧净化。

6. 生物法

废气的生物法净化是利用微生物的生命活动把废气中的气态污染物转化成少害甚至无害物质的净化法。生物净化与其他治理方法相比，具有处理效果好、投资运行费用低、设备简单、易于管理的优点。它最早应用于污水和固体废物处理，现已逐渐应用于废气治理与控制中，特别是微生物降解挥发性有机物、除臭、煤炭脱硫控制燃烧产生的 SO_2 量等方面取得了可喜的进展。日本、德国、荷兰等国家成功地将生物法治理含挥发性有机废气的技术，用于工业生产有机废气的控制中，其控制效率达 90%以上，具有对污染物浓度变化适应性强、低能耗并已避免了污染物交叉介质的转移等优点。但目前生物法还只使用于组成较简单的工业废气。

第三节 典型化工废气治理

一、二氧化硫净化技术

目前，治理二氧化硫污染的主要方法有：①将二氧化硫转化为硫化氢，再从气体中除去硫化氢；②将二氧化硫转化为三氧化硫，再得到硫酸，使气体净化；③将二氧化硫转化为硫，再将硫脱除；④用固体吸附剂直接吸收二氧化硫；⑤用液体吸收剂直接吸收二氧化硫；⑥利用高烟囱排放，将含有二氧化硫的废气排放到高空中，由空气充分稀释，不致在地面空间形成过高的二氧化硫浓度；⑦改进燃料，采用低硫燃料，或将燃料先行脱硫，以减少燃料在燃烧过程中产生二氧化硫的数量。

在上述的各种方法中，以吸收法和吸附法研究得最多，使用也最为普遍。下面着重介绍吸收和吸附脱除废气中的二氧化硫的方法。

1. 吸收法净化生产工艺含硫废气

生产工艺含硫尾气与锅炉烟气相比，主要特点是 SO_2 浓度高、粉尘等杂质较少，故含硫尾气经处理后均可回收硫资源。处理硫酸厂尾气、冶炼烟气、钢厂尾气、造纸、纺织工业典型生产工艺含硫尾气，常用的吸收法有：钠吸收法、氨-酸法、碱性硫酸铝-石膏法、氧化锌、稀硫酸法等，详见表 11-5。现介绍几种主要运用的方法。

表 11-5　几种污染装置和行业常用的脱硫方法

火电厂烟气	燃煤锅炉	硫酸厂	冶炼厂	钢厂	造纸、防治、食品
钠吸收法 石灰/石灰石-石膏法 氧化镁法 活性炭吸附法	双碱法 氨-石膏法 石灰/石灰石-石膏法	钠吸收法 亚硫酸钠、硫酸钠法 二段氨-酸法、亚铵法 稀硫酸催化氧化法 活性炭吸附法	亚硫酸钠、硫酸钠法 氨-酸法，二段氨-酸法、 亚胺法	碱性硫酸铝-石膏法 氨-石膏法	钠碱吸收法 氨-酸法，氨-亚硫酸铵法 石灰-亚硫酸钙法 钠盐-酸分解法 氧化锌法、氧化锰法等

（1）亚硫酸钾（钠）吸收法（WL 法）　此法是英国威尔曼-洛德动力气体公司于 1966 年开发的，是以亚硫酸钾或亚硫酸钠为吸收剂，二氧化硫的脱除率可达 90%以上。吸收母液经冷却、结晶、分离出亚硫酸氢钾（钠），再用蒸汽将其加热分解，生成亚硫酸钾（钠）及 SO_2。亚硫酸钾（钠）又可以循环使用，SO_2 回收可以送去制造硫酸。

WL 法可分为 WL-K 法（钾法）和 WL-Na（钠法）两种。

WL-K 法的反应为：

$$K_2SO_3 + SO_2 + H_2O \longrightarrow 2KHSO_3\text{（吸收过程产物）}$$

$$2KHSO_3 \longrightarrow K_2SO_3 + SO_2\uparrow + H_2O\uparrow\text{（分解过程产物）}$$

WL-Na 法的反应为：

$$Na_2SO_3 + SO_2 + H_2O \longrightarrow 2NaHSO_3\text{（吸收过程产物）}$$

$$2NaHSO_3 \longrightarrow Na_2SO_3 + SO_2\uparrow + H_2O\uparrow\text{（分解过程产物）}$$

WL-K 法和 WL-Na 法的流程分别如图 11-1 及图 11-2 所示。

WL-K 法的二氧化硫吸收率高，但分解过程需要的热量也多，故通常采用 WL-Na 法。吸收母液中，亚硫酸氢钾（钠）经加热分解后所得到的 SO_2，由于其仅含有水，并无其他组分，故用其生产的硫酸纯度很高。对于制造过程中未反应的 SO_2，还可以重返回 WL 法的吸收塔再被吸收，因此对制酸的转化装置要求不高，不需装二次转化装置等，使操作方便，设备结构也简单。制酸过程反应为：

$$SO_2 \xrightarrow[V_2O_5]{O_2} SO_3 \xrightarrow{H_2O} H_2SO_4$$

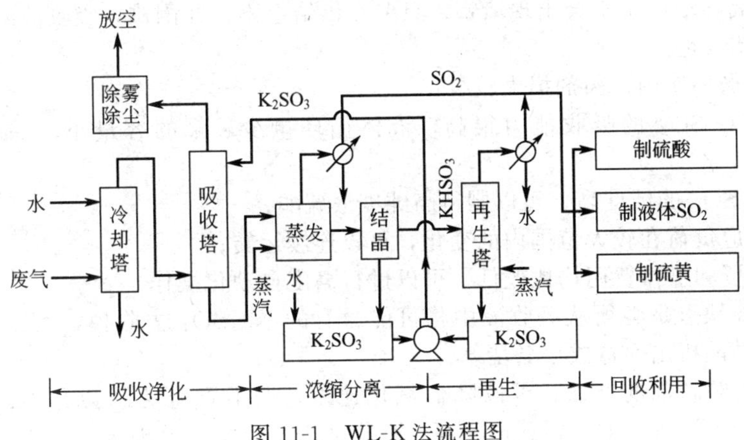

图 11-1 WL-K 法流程图

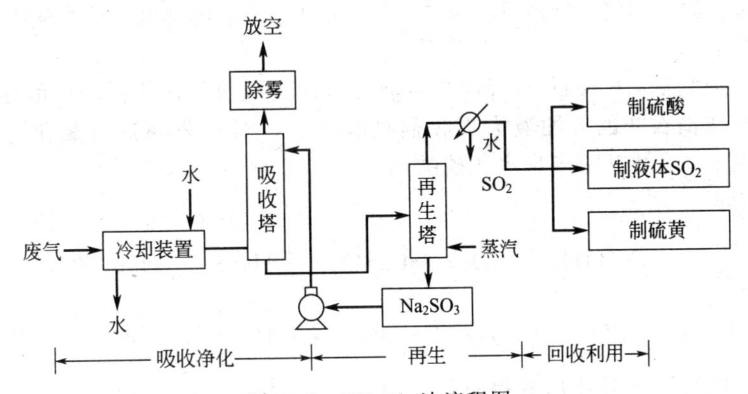

图 11-2 WL-Na 法流程图

此外，处理亚硫酸氢钾（钠）还可以采用其他方法，例如与碱作用可以将其直接转化为亚硫酸钾（钠），而重新循环使用。其反应过程为：

$$NaHSO_3 + NaOH \longrightarrow Na_2SO_3 + H_2O$$

另外也还可以用 $NaHSO_3$ 制取石膏，如：

$$2NaHSO_3 + Ca(OH)_2 \longrightarrow CaSO_3 \cdot \frac{1}{2}H_2O + Na_2SO_3 + \frac{3}{2}H_2O$$

或：

$$2NaHSO_3 + CaCO_3 \longrightarrow CaSO_3 \cdot \frac{1}{2}H_2O + Na_2SO_3 + CO_2 + \frac{1}{2}H_2O$$

产品中 Na_2SO_3，可以返回 WL 法吸收塔中循环使用，而 $CaSO_3 \cdot \frac{1}{2}H_2O$ 进一步氧化即可生成石膏，即：

$$2CaSO_3 \cdot \frac{1}{2}H_2O + O_2 + 3H_2O \longrightarrow 2CaSO_4 \cdot 2H_2O$$

在前面提到的，亚硫酸氢钠（钾）经加热分解后，放出 SO_2 和 H_2O（汽），其中 H_2O（汽）可以采用冷凝方法分离出来，使得 SO_2 的纯度很高，一般可以达到 95%。所以除了用 SO_2 来制造硫酸外，还可以用它来制取液体 SO_2 及硫黄。

经过吸收塔吸收，在塔顶出口处废气中含 SO_2 的浓度，是由吸收液的 pH 值所决定的。若使 SO_2 浓度保持在 $2cm^3/m^3$ 以下，pH 值必须保持在 6.5 以上。一般，塔底的吸收液 pH 值通常保持在 5.5～6.0 之间。对于脱除常保持在 5.5～6.0 之间。对于脱除 SO_2 来说，吸收液的浓度越高越好。由于 Na_2SO_3 吸收 SO_2 后变为 $NaHSO_3$，其溶解度很大，所以即使吸收液浓度很高，塔内也不会出现堵塞。只要在供给上不存在困难，吸收液浓度应尽量高。

WL 法的特点是：

① 吸收液循环使用，药剂损失较少；

② 吸收液对 SO_2 的吸收能力很高，液体循环量少，泵的容量小，一般脱硫率可达 90%～95%；

③ 副产品 SO_2 的纯度高，可以制得高纯度浓硫酸；

④ 能够适应负荷在较大范围内的变化，可以连续运转；

⑤ 基建投资和操作费用均比较低，可以进行高度自动化操作。

此法的主要缺点是必须从吸收液中将可能含有的 Na_2SO_4 去除掉，否则会降低吸收效率，以及会有结晶析出而造成设备堵塞。

用加入氧化抑制剂的办法，可以降低氧化速率，但不可避免总会有 Na_2SO_4 生成。当 Na_2SO_4 含量达到 5%左右时，需放掉一部分吸收液进行更新。处理含 Na_2SO_4 的吸收液，可以采用冷冻方法，就是利用在低温下（0～5℃）Na_2SO_4 溶解度降低，使之从吸收液中分离出。

（2）碱液吸收

① 石灰石-石膏法　石灰石-石膏法是目前发展比较成熟，运用比较广的脱硫法。此法用石灰石、生石灰或消石灰的乳浊液为吸收剂吸收 SO_2，对吸收液进行氧化可副产石膏，通过控制吸收液的 pH，可以副产半水亚硫酸钙。

其反应式为：

$$Ca(OH)_2 + SO_2 \longrightarrow CaSO_3 \cdot \frac{1}{2}H_2O + \frac{1}{2}H_2O$$

$$CaCO_3 + SO_2 + \frac{1}{2}H_2O \longrightarrow CaSO_3 \cdot \frac{1}{2}H_2O + CO_2 \uparrow$$

生成的亚硫酸钙，经氧化后制得石膏，即：

$$2CaSO_3 \cdot \frac{1}{2}H_2O + O_2 + 3H_2O \longrightarrow 2CaSO_4 \cdot 2H_2O$$

该法所用吸收剂价廉易得，吸收效率高，回收的产物石膏可用作建筑材料，而半水亚硫酸钙是一种钙塑材料，用途广泛，因此成为目前吸收脱硫应用最多的方法。但该法存在的最主要问题是吸收系统容易结垢、堵塞；另外，由于石灰乳循环量大，使设备体积增大，操作费用增高。

为了克服传统石灰石-石膏法容易结垢、造成吸收系统堵塞的缺点，人们尝试用易溶的吸收剂代替石灰石或石灰，由此发展了间接石灰石-石灰法。典型的方法有双碱法等。

② 双碱法　此法是以苛性钠（NaOH）或纯碱（Na_2CO_3）溶液作为吸收剂，吸收 SO_2 后制得亚硫酸钠。在日本目前有 60%的脱硫过程是采用这种方法，回收无水亚硫酸钠的方法又称为吴羽法。

采用苛性钠作吸收剂的反应过程如下：

$$\left.\begin{array}{l} 2NaOH + SO_2 \longrightarrow Na_2SO_3 + H_2O \\ Na_2SO_3 + SO_2 + H_2O \longrightarrow 2NaHSO_3 \end{array}\right\} \text{吸收}$$

$$NaHSO_3 + NaOH \longrightarrow Na_2SO_4 + H_2O$$

含 SO_2 的废气经过除尘、冷却之后进入吸收塔，在吸收塔内 SO_2 被 NaOH 溶液所吸收。其流程如图 11-3 所示。

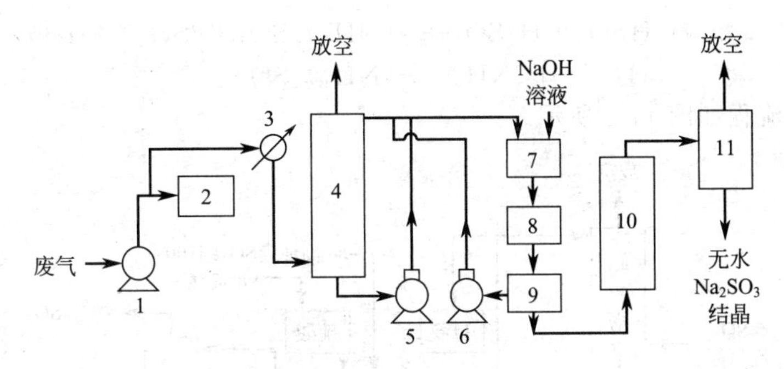

图 11-3 吴羽法脱硫流程

1—风机；2—除尘器；3—冷却器；4—吸收塔；5,6—泵；7—中和结晶槽；8—浓缩器；9—分离机；10—干燥塔；11—旋风式分离器

废气先经过除尘可以防止吸收塔堵塞。冷却的目的是可以提高吸收效率。

用 NaOH 溶液在吸收塔内吸收 SO_2，待溶液的 pH 值达 5.6～6.0 后，将溶液送至中和结晶槽。在中和结晶槽内加入 50%的 NaOH 溶液调到 pH 值等于 7.0，加入适量硫化钠溶液，以除去铁和重金属离子，随后再用 NaOH 将 pH 值调整到 12。进行蒸发结晶后，用离子分离机将亚硫酸钠结晶分离出来。亚硫酸钠结晶经过干燥塔进行干燥之后，再经过旋风分离器即可得到无水亚硫酸钠产品。

当废气中含氧量较高时，会发生亚硫酸钠被氧化为硫酸钠的副反应，对整个系统操作不利，此时可以加入少量的阻氧化剂（如对苯二胺）以抑制副反应的进行。

采用此法，SO_2 的吸收率可达 95%以上，设备简单，操作方便。但是由于苛性钠供应紧张，亚硫酸钠的销路有限，故此种方法仅适用于小规模的生产，即 SO_2 废气量一般不超过 $10^5 m^3/h$。

采用纯碱（Na_2CO_3）溶液作为吸收剂的化学反应式为：

$$2Na_2CO_3 + SO_2 + H_2O \longrightarrow 2NaHCO_3 + Na_2SO_3$$

$$2NaHCO_3 + SO_2 \longrightarrow Na_2SO_3 + 2CO_2\uparrow + H_2O$$

$$Na_2SO_3 + SO_2 + H_2O \longrightarrow 2NaHSO_3$$

同样，产生的 $NaHSO_3$ 可以用石灰石或石灰的浆液再生成 Na_2SO_3 并可制取石膏，即反应式为：

$$2NaHSO_3 + CaCO_3 \longrightarrow Na_2SO_3 + CaSO_3 \cdot \frac{1}{2}H_2O + CO_2\uparrow + \frac{1}{2}H_2O$$

$$2NaHSO_3 + Ca(OH)_2 \longrightarrow Na_2SO_3 + CaSO_3 \cdot \frac{1}{2}H_2O + \frac{3}{2}H_2O$$

$$2CaSO_3 \cdot \frac{1}{2}H_2O + O_2 + 3H_2O \longrightarrow 2CaSO_3 \cdot 2H_2O$$

Na_2CO_3 或 NaOH 溶液（第一碱）用来吸收废气中的 SO_2，再用石灰石或石灰浆液（第二碱）再生，并制得石膏，再生后的溶液可继续循环使用。

（3）氨法　此法是采用氨水或液态氨为吸收剂，吸收 SO_2 后生成亚硫酸铵和亚硫酸氢铵。目前采用比较多的有以下两种方法。

① 氨-硫酸铵法　此法是从吸收液中回收硫酸铵的方法。具体又可以分为两种方法，即酸分解法和空气氧化法。

酸分解法又称氨-酸法，吸收液是用过量硫酸进行分解，再用氨进行中和以获得硫酸铵，同时制得浓的 SO_2 气体。其反应式如下：

$$(NH_4)_2SO_3 + H_2SO_4 \longrightarrow (NH_4)_2SO_4 + SO_2 + H_2O$$

$$2NH_4HSO_3 + H_2SO_4 \longrightarrow (NH_4)_2SO_4 + 2SO_2 + 2H_2O$$
$$H_2SO_4 + 2NH_3 \longrightarrow (NH_4)_2SO_4$$

此法的工艺流程如图 11-4 所示。

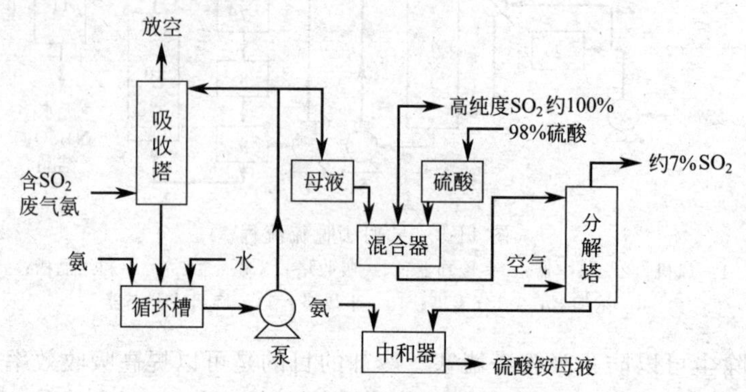

图 11-4　氨-酸法脱硫流程

在吸收塔内吸收液是循环使用的，随着吸收的 SO_2 含量增加，要在循环槽内补充适量的氨水，使吸收液部分再生，同时要引出一部分吸收液至混合器内，用硫酸使亚硫酸铵转变为硫酸铵。硫酸的用量要比理论用量增加 30%～50%。得到高纯度的 SO_2，可以去制造液体 SO_2 混合器中的液体，即硫酸铵溶液送入分解塔，用空气使其解析分解得到浓度为 7%的 SO_2，可以送去制硫酸；分解后的酸性硫酸铵溶液送入中和器，用氨进行中和。硫酸铵母液再经过结晶和离心分离即可得到固体硫酸铵产品。

空气氧化法与氨-酸法的区别是，将引出一部分吸收液至混合器内，不是与浓硫酸混合，而是加入氨，使亚硫酸氢铵全部转变为亚硫酸铵，然后再送入氧化塔，向塔内鼓入 980kPa 压力的空气，将亚硫酸铵氧化为硫酸铵。

② 氨-亚硫酸铵法　此法亦是将吸收液用氨中和，将亚硫酸氢铵转变为亚硫酸铵；与空气氧化法的区别在于此法不再将亚硫酸铵用空气氧化成硫酸铵，而是直接去制取亚硫酸铵的结晶，分离出为亚硫酸铵产品，而不是硫酸铵。

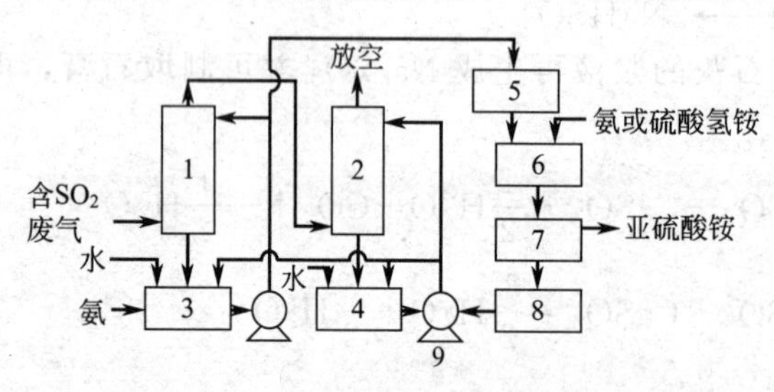

图 11-5　氨-亚硫酸氨法流程

1—第一吸收塔；2—第二吸收塔；3,4—循环槽；5—高位槽；6—中和器；7—离心机；8—吸收液储槽；9—吸收液泵

此法的流程如图 11-5 所示。

此法不必使用硫酸，而且投资少，设备简单。但固体亚硫酸铵的用途尚待开发，目前使用它造纸及作为肥料等。

(4) 稀硫酸-石膏法（千代田法）　这是由日本首创的一种脱硫方法，1972 年正式采用工业规模投产使用。

此方法的原理是以稀硫酸吸收废气中的 SO_2，然后在氧化塔中在催化剂（含 Fe^{3+}）存在的条件下，经空气氧化制成硫酸，一部分硫酸回吸收塔循环使用，另一部分送去与石灰石反应生成石膏。此法吸收氧化总的反应式为：

$$2SO_2 + O_2 + 2H_2O \xrightarrow{Fe^{3+}} 2H_2SO_4$$

生成石膏的反应式为：

$$H_2O + H_2SO_4 + CaCO_3 \longrightarrow CaSO_4 \cdot 2H_2O \downarrow + CO_2 \uparrow$$

或者：
$$H_2SO_4 + Ca(OH)_2 \longrightarrow CaSO_4 \cdot 2H_2O$$

此法的流程如图 11-6 所示。

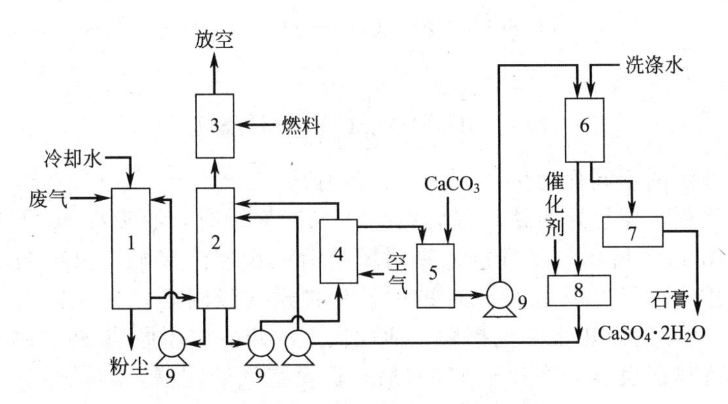

图 11-6　稀硫酸-石膏法脱硫流程

1—冷却塔；2—吸收塔；3—加热器；4—氧化塔；5—结晶槽；
6—离心机；7—输送机；8—吸收液储槽；9—泵

废气先经冷却塔冷却至 45～85℃，同时除尘。冷却后的气体进入吸收塔底，与从氧化塔溢流过来的吸收液逆流接触，SO_2 被吸收。废气经加热器加热至 130～140℃后排放。吸收液从吸收塔流出，一部分送入氧化塔，由空气氧化，依靠氧化催化剂（如硫酸亚铁等铁离子物质）存在，亚硫酸被氧化成硫酸。从氧化塔流出的稀硫酸含量为 2.5%～3%，送入结晶槽，在结晶槽内加入粒度为 200 目以下的石灰石，生成石膏；经过一定时间，石膏结晶长大，用离心机将石膏结晶与吸收液分开后，可以得到石膏；而分离出来的吸收液，流入吸收液储槽中，催化剂得到补充，再返回吸收塔，吸收 SO_2。

此法简单，操作容易，不需特殊设备和控制仪表，能适应操作条件的变化，脱硫率可达 98%，投资和运转费用较低。此法的缺点是稀硫酸腐蚀性较强，必须采用合适的防腐蚀材料。同时，所得稀释酸浓度过低，不便于使用和运输。

WL 法、碱液吸收法、氨法和稀硫酸-石膏法是目前采用较多的吸收脱硫法。此外，还有其他一些吸收方法，也在不断地被推广使用，例如，氧化镁催化剂吸收法等。

综上所述，对含 SO_2 的废气，虽然有比较多的吸收法，但是由于投资和运转费用都比较高，所以对低浓度的二氧化硫的治理，还远远没有达到理想要求，迄今为止工业规模回收二氧化硫的数量与进入大气的数量相比，甚是微小。目前，二氧化硫的污染问题，仍然非常严重。

2. 吸附法净化 SO_2 废气

吸附法脱硫属于干法脱硫的一种。最常用的吸附剂是活性炭。当烟气中有水蒸气和有氧条件下，用活性炭吸附 SO_2 不仅是物理吸附，而且存在着化学吸附。由于活性炭表面具有催化作用，使烟气中的 SO_2 被 O_2 氧化成 SO_3，SO_3 再和水蒸气反应生成硫酸。活性炭吸附的硫酸可通过水洗出，或者加热放出 SO_2，从而使活性炭得到再生。该法的缺点是活性炭的用量很大。一个处理 $15\times10^4\,m^3/h$（标准状态）废气的吸附装置中，一次需装入 100t 以上活性炭。由于活性炭价格高，寿命短，因此该法的推广受到限制，活性炭吸附原理如下。

物理吸附：

$$SO_2 \longrightarrow SO_2^*$$
$$O_2 \longrightarrow O_2^*$$
$$H_2O \longrightarrow H_2O^*$$

化学吸附：

$$2SO_2^* + O_2^* \longrightarrow 2SO_3^*$$
$$SO_3^* + H_2O \longrightarrow H_2SO_4^*$$

$$H_2SO_4^* + nH_2O \longrightarrow H_2SO_4 \cdot nH_2O^*$$

总反应：

$$SO_2 + H_2O + \frac{1}{2}O_2 \longrightarrow H_2SO_4$$

可根据再生方法的不同而分为不同的工艺流程。

(1) 净气法流程　属热再生法，吸附在100～150℃进行，脱吸在400℃进行，用惰性气体吹出。具体如图11-7所示。烟气进入吸附塔与活性炭逆流接触，SO_2 被活性炭吸附后脱除，净化气烟囱排入大气。吸附了 SO_2 的活性炭被送入吸附塔，先在废气热交换器内预热至300℃，再与300℃的过热水蒸气接触，活性炭上的硫酸被还原成 SO_2 放出。脱硫后的活性炭与冷空气进行热交换而被冷却至150℃后，送至空气处理槽，与预热过的空气接触，进一步脱 SO_2，然后送入吸附塔循环使用。从脱附塔产生的 SO_2、CO_2 和水蒸气经过换热器去除水蒸气后，送入硫酸厂，此法脱硫率为85%左右。

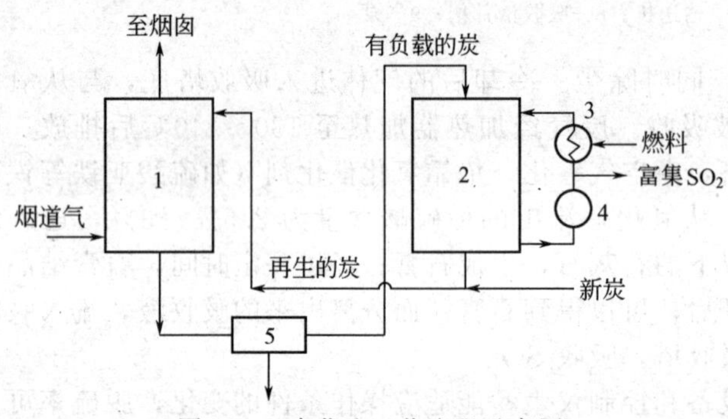

图11-7　净化法工艺流程示意图

1—吸附器；2—脱吸器；3—加热器；4—鼓风器；5—筛

(2) 制酸法流程　德国鲁奇活性炭制酸法采用卧式固定床吸附流程，如图11-8所示。

含 SO_2 尾气先在文丘里洗涤器被来自循环槽的稀硫酸冷却。冷却后的气体进入装有活性炭的固定床吸附器，经活性炭吸附净化后的空气排空。在气流连续流动的情况下，从吸附器顶部间歇喷水，洗去在吸附剂上生成的硫酸，此时得到10%～15%的稀酸。此稀酸在文丘里洗涤器冷却尾气时，被蒸浓到25%～30%，再经浸没式燃烧器等的进一步提浓，最终浓度可达70%，可用来生产化肥，该流程脱硫效率达到90%。如吸附剂采用浸了碘的含碘活性炭，脱硫效率超过90%。

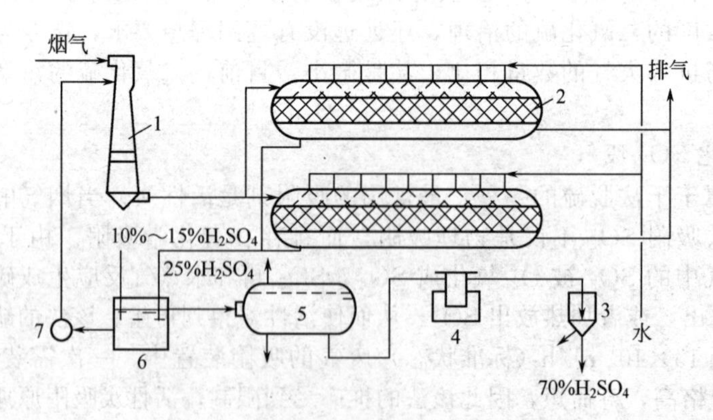

图11-8　活性炭制酸法工艺流程图

1—文丘里洗涤器；2—吸附转化床；3—过滤器；4—冷却器；5—浸没燃烧器；6—循环槽；7—泵

二、氮氧化物净化技术

氮的氧化物种类很多，有氧化亚氮（N_2O）、一氧化氮（NO）、二氧化氮（NO_2）、三氧化二氮（N_2O_3）、四氧化二氮（N_2O_4）及五氧化二氮（N_2O_5）等，总称为氮氧化物

(NO_x)，其中主要为 NO 与 NO_2。

化学工业中如硝酸、塔式硫酸、氮肥、染料、各种硝化过程（如电镀）和己二酸等生产过程中都排放出 NO_x。燃料在高温下燃烧，燃烧完全时，空气中的氮被氧化，从而产生大量的 NO_x。NO_x 的污染对人类及环境危害是非常严重的，所以含 NO_x 废气的治理已经成为环境保护的重要组成部分，也是相关化工企业投资运行的首要条件。

目前，应用脱除化工废气中 NO_x 的方法种类较多，采用比较普遍的有改进燃烧法、吸收法、催化还原法、固体吸附法和生物法等。

我国硝酸尾气治理目前实际采用的方法是氨选择催化还原法和碱吸收法。氨法是目前唯一一个把综合法或全中压法硝酸尾气中 NO_x 排放浓度降到较低水平的方法，但氨消耗量大，经济上不合理。碱吸收法制取亚硝酸盐是唯一有经济效益的方法，但排放的 NO_x 不能达到排放标准。我国综合法和全中压法硝酸尾气的处理多采用氨选择性催化还原法，常压和全低压法硝酸尾气的处理多采用碱液吸收法。

1. 改进燃烧法

燃料燃烧时，既要保证燃料能充分利用，放出最大能量；同时，又要避免大量空气过剩，以防止产生大量的氮氧化物，造成环境污染，故燃烧时还应尽量减少过剩的空气量。据资料报道，采用分段燃烧的方法，即第一阶段采用高温燃烧，第二阶段采用低温燃烧，其过程需吹入二次空气。采用分段燃烧的方法，可以使燃烧废气中 NO_x 的生成量较原来降低30%左右。

2. 吸收法

采用吸收法脱除 NO_x，是化学工业生产过程中比较普遍采用的方法。一般，将吸收法又可以大致归纳为以下几种类型：①水吸收法；②酸吸收法（硫酸法、稀硝酸法等）；③碱性溶液吸收法（烧碱法、纯碱法、氨水法等）；④还原吸收法（氯-氨法、亚硫酸盐法等）；⑤氧化吸收法（次氯酸钠法、高锰酸钾法、臭氧氧化法等）；⑥生成配合物吸收法（硫酸亚铁法等）；⑦分解吸收法（酸性尿素水溶液吸收法等）。

虽然有许多物质可以作为吸收 NO_x 的吸收剂，种类也很繁多，使之对含 NO_x 废气的治理，可以采用多种不同的吸收方法，但是从工艺、投资及操作费用等方面综合考虑，目前采用比较多的还是碱性溶液吸收法及氧化吸收法。

下面重点介绍碱性溶液吸收法。此法的原理是利用碱性物质来中和所生成的硝酸和亚硝酸，使之变为硝酸盐和亚硝酸盐，使用的主要吸收剂有氢氧化钠、碳酸钠和石灰乳等。

① 烧碱法　用 NaOH 溶液来吸收 NO_2 及 NO，其反应为：

$$2NaOH+2NO_2 \longrightarrow NaNO_3+NaNO_2+H_2O$$

$$2NaOH+NO \longrightarrow 2NaNO_2+H_2O$$

只要废气中所含的 NO_x，其中 NO_2∶NO 的摩尔比大于或等于 1 时，NO_2 及 NO 均可被有效吸收，生成的硝酸盐可以作为肥料。

我国北京、上海等一些厂家采用此种方法，结果表明，NO_x 的脱除率可以达 80%～90%，所使用的碱液浓度为 10%左右。

② 纯碱法　采用纯碱法吸收 NO_x 的反应为：

$$Na_2CO_3+2NO_2 \longrightarrow NaNO_3+NaNO_2+CO_2$$

$$Na_2CO_3+NO_2+NO \longrightarrow 2NaNO_2+CO_2$$

因为纯碱的价格比烧碱要便宜，故有逐步取代烧碱法的趋势，但是纯碱法的吸收效果比烧碱法差。据有的厂家实践，采用 28%的纯碱溶液，两塔串联流程，处理硝酸生产尾气，NO_x 的脱除效率为 70%～80%；在碱液中添加适当氧化剂，可以提高效率，但处理费用也有所增加。

③ 氨法　此法是用氨水喷洒含 NO_x 的废气，或者是向废气中通入气态氨，使氮氧化物转变为硝酸铵与亚硝酸铵。其反应为：

$$2NO_2+2NH_3 \longrightarrow NH_4NO_3+N_2+H_2O$$

$$2NO+\frac{1}{2}O_2+2NH_3 \longrightarrow NH_4NO_2+N_2+H_2O$$

$$2NO_2+\frac{1}{2}O_2+2NH_3 \longrightarrow NH_4NO_2+2NO+H_2O$$

由于氨法是气相反应，速率很快，反应于瞬间即可完成，从而可以有效进行连续运转。效率比较高，NO_x 的去除率可达 90%。此方法的缺点是处理后的废气中带有生成的硝铵与亚硝铵，形成雾滴，产生白色的烟雾，扩散到大气中造成二次污染。

目前，又有采用氨法与碱溶液吸收法结合起来的二级处理办法。先用氨吸收，然后用碱液吸收。该法已取得了满意的效果，国内已经在不断地推广应用。

但是在采用氨法的过程中，有亚硝酸铵生成，亚硝酸铵不稳定，在温度较高或者是在酸性介质的条件下，可以进行剧烈的分解反应，可能发生爆炸。因此采用氨法时应尽量满足以下三个条件：即操作温度应低于 35℃；一般溶液不能呈酸性；要控制亚硝铵的浓度不能高于 25%。

④ 还原吸收法　目前，还原吸收法主要有两种：一种是氯-氨法；另一种是亚硫酸盐法。

氯-氨法是利用氯的氧化能力与氨的中和还原能力，进行治理 NO_x 的方法，其反应如下：

$$2NO+Cl_2 \longrightarrow 2NOCl$$

$$NOCl+2NH_3 \longrightarrow NH_4Cl+N_2+H_2O$$

$$2NO_2+2NH_3 \longrightarrow NH_4NO_3+N_2+H_2O$$

此种方法 NO_x 的去除率比较高，可达 80%～90%，产生的 N_2 对环境也不存在污染的问题，但是，由于同时还有氯化铵及硝酸铵产生，呈白色烟雾，需要进行电除尘器分离，处理白色烟雾的二次污染。所以使本方法的推广使用受到限制。

因为氨本身可以看成是还原剂，能使 NO_x 还原为 N_2。所以，也可以将前面介绍的氨法，看成是还原吸收法的一种形式。

此外，利用氨作为还原剂时，还需注意氨极有可能与气体中的氧发生作用，而本身被氧化生成 NO_x。因而还原过程的条件需要加以控制，以便使氨的还原性具有选择性，同时也还需要引入必要的催化剂。

一般是采用铂金（Pt）作为催化剂，其含量约为 0.5%，以 Al_2O_3 为载体，载体可以加工成球状或蜂窝状。为了使氨选择性地与 NO_x 反应，而不与气体中的氧反应，反应温度宜保持在 210～270℃之间。

氨与氮氧化物的反应如下：

$$8NH_3+6NO_2 \longrightarrow 7N_2+12H_2O$$

$$4NH_3+6NO \longrightarrow 5N_2+6H_2O$$

实验结果表明，对含 $3000cm^3/m^3$ 的 NO_x 气体，经氨还原，NO_x 含量可降至 $10cm^3/m^3$。

亚硫酸盐法是关于采用亚硫酸盐水溶液吸收 NO_x 的方法，其原理亦是将 NO_x 吸收并还原为氮气。

其反应式为：

$$2NO+2SO_3^{2-} \longrightarrow N_2+2SO_4^{2-}$$

$$2NO_2+4SO_3^{2-} \longrightarrow N_2+4SO_4^{2-}$$

此外，采用酸性尿素水溶液处理NO废气的方法已在国防科工委工程设计研究院等单位较早开展试验、研究工作，现已逐渐引起人们的重视。

⑤ 氧化吸收法　由于NO很难被吸收，因而提出用氧化剂将NO先氧化成NO_2，然后再用吸收液加以吸收。常用的氧化剂有次氯酸钠、高锰酸钾和臭氧等。日本的NE法是采用碱性高锰酸钾溶液作为吸收剂，NO_x去除率达93%～98%，这类方法的效率较高，但运转费用比较高。

3. 催化还原法

催化还原法是指在催化剂存在下，使用还原剂将NO_x还原为氮气的方法。具体又分为选择性还原法和非选择性还原法两种。在还原吸收法里，曾对选择性还原法做过简单介绍。下面仅介绍非选择性还原法。

非选择性还原法，是将废气中的氧化氮和氧两者不加选择地一并还原。由于氧被还原时会放出大量的热，所以，采用非选择性催化还原法可以回收能量。如果回收合理，几乎在处理废气过程中不必再消耗能量。

非选择催化还原法所用的催化剂，基本上是钯，含催化剂量为0.5%（一般为0.1%～1%）左右，载体多用氧化铝。钯的催化活性较高，起燃温度较低，价格便宜。但是，使用之前对废气需先经过脱硫处理，以免钯被硫毒害。在气体中SO_2含量浓度大于$1cm^3/m^3$时，催化剂钯就会中毒。

非选择性催化还原法，目前多是用甲烷CH_4作为还原剂。CH_4与氮氧化物发生以下反应：

$$CH_4+4NO_2 \longrightarrow 4NO+CO_2+2H_2O \tag{11-1}$$

$$CH_4+2O_2 \longrightarrow CO_2+2H_2O \tag{11-2}$$

$$CH_4+4NO \longrightarrow 2N_2+CO_2+2H_2O \tag{11-3}$$

式(11-1)的反应速率最快，式(11-2)次之，式(11-3)最慢。催化反应需将气先预热至480℃左右，反应结束时以控制温度不超过800℃为宜，因此需要控制废气中的含氧量保持在3%以下。

4. 固体吸附法

固体吸附法包括分子筛法、硅胶法、活性炭法和泥煤法等。

(1) 分子筛法　常用的分子筛有泡沸石、丝光沸石等。它们对NO_2有较高的吸附能力，但是对于NO基本不吸附。然而在氧的条件下，分子筛能够将NO催化氧化，转变为NO_2加以吸附。

沸石分子筛具有较高的吸附NO_2能力，同时又可以耐热及耐酸，因此是一种较有前途的吸附剂。

采用丝光沸石分子筛，吸附处理硝酸尾气，可使尾气中氧化氮的含量由0.3%～0.5%下降到0.0005%以下；但是合成的丝光沸石成本比较高，采用天然沸石还必须经过加工处理，即将原矿石粉碎到粒度为80目左右；在沸腾的稀盐酸溶液中处理，以除去矿石中的可溶性物质。一般每处理1kg NO，需使用17kg沸石。

此方法的缺点是设备体积庞大，成本较高，再生周期比较短。

(2) 硅胶法　此法是以硅胶为吸附剂，硅胶亦是先将NO催化氧化成NO_2加以吸附，再经过加热便可解吸。

当NO_x中的NO_2含量高于0.1%，NO的含量在1%～1.5%之间时，采用硅胶吸附法效果良好。但气体中含固体杂质时，不宜采用此法，因为固体杂质会堵塞吸附剂空隙而使其失效。

(3) 活性炭法　活性炭对NO_x的吸附过程，是伴有化学反应的过程。NO_x被吸附到

活性炭表面后，活性炭对 NO_x 有还原作用，其反应为：

$$2NO+C \longrightarrow N_2+CO_2$$

$$2NO_2+2C \longrightarrow N_2+2CO_2$$

活性炭对 NO_x 的吸附容量较小，仅为吸附二氧化硫的 1/5 左右，因而需要活性炭的数量较大。另外，活性炭的解吸再生较为麻烦，处理不当又会发生二次污染，故实际应用有困难。此外，近年来许多国家正在开展应用活性炭经过特殊处理后作为催化剂，使 NO 氧化成 NO_2 的研究。

5. 生物法

生物法处理含 NO_x 废气的实质是利用微生物的生命活动将 NO_x 转化为无害的无机物及微生物的细胞质。由于该过程难以在气相中进行，所以气态的污染物先经过从气相转移到液相或固相表面的液膜的传质过程，可生物降解的可/微溶性污染物从气相进入滤塔填料表面的生物膜中，并经扩散进入其中的微生物组织，然后，污染物作为微生物代谢所需的营养物，在液相或固相被微生物吸附净化。

生物净化技术对于具有简单分子结构（降解时需要较少能量）、小分子量的气态有机化合物和臭味物质的净化处理研究已比较成熟，在欧美得到了广泛应用，并且特别适用于低污染物浓度、较大气量的废气净化过程。

NO_x 生物处理法目前在美国掀起研究热潮，焦点在于如何有效地捕集 NO_x。生物过滤法处理挥发性有机物或臭味在欧洲和美国已得到广泛的应用，设备及工艺都较为成熟。而在我国这方面的研究还不多。

三、其他气体污染物净化技术

气体污染物种类很多，本节将介绍几种工业废气的净化技术，主要有工业有机废气、含氟废气、酸雾、含重金属废气以及一些有毒有害废气的净化技术。

1. 挥发性有机废气净化技术

有机废气的种类很多，在石油加工、有机合成、炼焦、印染、塑料、喷涂等生产过程都会派出各种有机废气；在涂料、印刷、感光胶片等生产过程大量使用有机溶剂。如苯类、酯类、醇类及汽油等，溶剂的挥发产生了以有机溶剂蒸气为主要污染物的废气。有机废气的净化方法有燃烧净化法、吸附法、吸收法、冷凝法及生物处理法。

① 燃烧净化法　烃类化合物和有机溶剂蒸气均为可燃气体，燃烧后生成二氧化碳和水，产生的热量可利用。燃烧法又分为直接燃烧、焚烧、催化燃烧法等。

② 吸附法　吸附法净化有机蒸气既能防止环境污染，又能有效回收有机物质。常用的吸附剂是活性炭，可从废气中吸收多种有机溶剂，包括汽油或石油醚之类的烃类；甲醇、乙醇、异丁醇、丁醇及其他醇类，二氯乙烷、二氯丙烷，醇类，酮类，醚类，芳香类，苯、甲苯、二甲苯等以及其他许多有机化合物，然后用高温蒸汽解析，活性炭再生后继续吸附。解析出来的有机气体和水分离。在工艺上，普遍应用固定床净化流程。

③ 吸收法　在对有机废气进行治理的方法中，吸收法的应用不如燃烧（催化燃烧）法、吸附法等广泛，影响应用的主要原因是因为有机废气的吸附剂均为物理吸收，其吸收容量有限。

吸收法净化有机废水，最常见的用于净化水溶性有机物。国内已有一些有机废气吸收的实际应用实例，但净化效率都不高。目前，在石油炼制及石油化工的生产及储运中采用吸收法进行烃类气体的回收利用。

④ 冷凝法　冷凝法是脱除和回收挥发性有机废气较好的方法，但是要获得高的回收率，往往需要较低的温度或较高的压力，因而冷凝法常与压缩、吸附、吸收等过程联合使用，以

达到既经济又能获得较高回收率的目的。

⑤ 生物法 生物法控制有机废气污染是近年发展起来的空气污染控制技术，主要是针对既无回收价值又有严重污染环境的工业废气的净化处理而研发开发的。该技术已在德国、荷兰得到规模化应用，有机物去除率大多在90%以上。有机废气生物净化过程的实质是附着在滤料中的微生物在适宜的环境条件下，利用废气中的有机成分作为碳源或能源，维持其生命活动，并将有机物分解为CO_2、H_2O的过程。气相主体中有机污染物首先经历由气相到固、液相的传质过程，然后才在固、液相中被微生物降解。

2. 含氟废气净化技术

含氟废气是指氟化氢、四氟化硅和氟化物粉尘的废气。主要来源于工业生产过程，如：化学工业的黄磷、磷肥生产过程；冶金工业的铝电解、炼钢和含氟矿石的高温煅烧的溶解过程；煤约含氟0.001%～0.048%，在利用中可产生一部分氟化物。另外，玻璃制造、水泥生产、四氟乙烯等含氟塑料、冷冻机氟里昂、火箭喷射剂及某些催化剂和助熔剂等生产，也存在含氟废气的污染问题。

含氟废气的净化处理，一般分为干法、湿法等。

干法净化法是将含氟废气通过装填有固体吸附剂的吸附装置，使氟化氢与吸附剂发生反应，达到除氟的目的。常用氧化铝直接吸附，吸附氟化氢后的含氟氧化铝又可直接用于铝电解生产。

湿法净化处理系统采用液体来洗涤含氟废气，该法既能消除氟污染，又能回收一些产品，故应用较广，所用的吸附剂有水、氢氟酸溶液、氟硅酸溶液、碱性溶液（NaOH、$NH_3 \cdot H_2O$、氟化铵等)、盐溶液（如NaF、K_2SO_4等)。

3. 含汞废气净化技术

汞是银白色液体金属，熔点234.26K，沸点630K，蒸气压0.1733Pa（293K时)，能溶解多种金属，并能与除铁、铂之外的各种金属生成多种汞剂。空气中的汞以蒸气形式存在。室内墙壁、地坪和家具都能吸收汞，但在高温条件下又会向空气中释放汞。含汞废气主要来自冶金、化工仪表等工业生产过程，其他用汞的场合也会有汞蒸气散发。

汞经过呼吸道进入人体内，能引起植物神经功能紊乱，使人易怒、心悸、出汗、肌肉颤抖，颜面痉挛，伤害脑组织。

含汞废气的净化方法有很多种，下面主要介绍吸附法和高锰酸钾吸收法两种流程。

① 吸附法净化含汞废气 直接用活性炭或硅胶吸附汞蒸气，效果较差。若将活性炭用银浸渍过后，活性炭对空气中汞的吸附容量就会增大100倍，浸银活性炭吸附的汞质量可超过活性炭质量的3%，浸渗银量为活性炭质量的5%～50%。

吸附剂吸附汞达到饱和后，用加热法再生，加热再生的温度为300℃，也可以用蒸馏法回收纯汞。

② 高锰酸钾溶液吸收法 高锰酸钾溶液与汞的化学反应式如下：

$$2KMnO_4+3Hg+H_2O \longrightarrow 2KOH+2MnO_2+3HgO$$

$$MnO_2+2Hg \longrightarrow Hg_2MnO_2$$

吸收前应先降温，因此废气先进入冷却塔，降温后再进入吸收塔。在塔内高锰酸钾溶液与汞蒸气发生吸收反应，吸收剂溶液经过多次循环使用后，其中汞含量不断增大，一般用絮凝剂使悬浮物分离。上清液加入高锰酸钾后返回吸收塔进行吸收。沉淀分离出来的汞废渣经处理后回收金属汞。

4. 酸雾净化技术

酸雾主要来源于化工、冶金、轻工、纺织、机械制造业的制酸、酸洗、电镀、电解、酸蓄电池充电及各种酸生产过程。常见的酸雾有硫酸雾、盐酸雾、铬酸雾等。

酸雾的形成一是因为酸溶液的表面蒸发，酸分子进入空气中，吸收水分而凝结成细小酸雾；另一个原因是酸溶液内有化学反应，形成气泡，气泡浮至液面爆破，酸飞溅形成酸雾。

酸雾是液体气溶胶，可以用颗粒状污染物的净化方法来处理。但由于雾滴细，而且密度小，一般除尘技术效果不理想，需要高效分离装置（如静电沉积装置）。由于酸雾有较好的物理、化学活性，因此可以用吸收、吸附等净化方法来处理。一般多用液体吸收或过滤法处理。

① 吸收法　由于一般酸均易溶于水，可以用水吸收，该法简单易行，但耗水量大、效率低。产生的含酸废液浓度低，利用价值小，一般是处理后排掉。

碱溶液吸收是用碱性溶液吸收中和。常用的吸收剂是10%的 Na_2CO_3 溶液，4%～6%的 NaOH 和氨的水溶液。吸收液的 pH 值应保持在 8～9 以上。

酸雾吸收法常用的设备有喷淋塔、填料塔、筛板塔、文丘里洗涤器等。

② 过滤法　若酸雾雾滴较大，可用过滤法来净化。酸雾过滤器的滤层由聚乙烯丝网或氯乙烯板网交错叠置而成，也可用其他填料（如鲍尔环）制作。酸雾在填料层中，因惯性碰撞和拦截等效应被截留，聚集到一定量，受重力作用向下流动进入集酸液槽中被捕集。铬酸雾、硫酸盐雾用过滤法净化效果都很好，铬酸雾的捕集效果可达98%～99%，硫酸烟雾的捕集效果可达90%～98%。

复习思考题

1. 列举化工废气中的主要污染物及其来源。
2. 何为除尘效率与压力损失？除尘装置选择的原则是什么？
3. 氨法脱除二氧化硫的原理是什么？分析主要过程和化学原理。
4. 比较二氧化硫和氮氧化物处理方法中的异同点。

CHAPTER 12

第十二章 化工废水处理

第一节 化工废水概述

纯净的水在经过使用以后，改变了原来的物理或化学性质，成为含有不同种类杂质的废水。这些废水如果不经过任何处理排放到水体中去，会造成水体不同性质和不同程度的污染，从而危害人类的健康，影响工农业生产。

在化工产品生产过程中排放出来的工艺废水、冷却水、废弃洗涤水、设备及场地冲洗水等都称之为化工废水。

一、化工废水来源、分类与特点

1. 化工废水的主要来源

（1）化工生产的原料和产品在生产、包装、运输、堆放的过程中因一部分物料流失，又经雨水或用水冲刷而形成的废水。

（2）化学反应不完全而产生的废料。由于反应条件和原料纯度的影响，任何反应都有一个转化率的问题。一般的反应转化率只能达到70%～80%。未反应的原料虽然可以经分离或提纯后再使用，但在循环使用过程中，由于杂质越积越多，积累到一定程度，就会妨碍反应的正常进行，如发生催化剂中毒现象。这种残余的浓度低且成分不纯的物料常常以废水形式排放出来。

（3）化学反应中副反应生成的废水。化工生产中，在进行主反应的同时，经常伴随着一些副反应产生副产物。这些副产物一般可回收利用。在某些情况下，如数量不大，成分比较复杂，分离比较困难，分离效率也不高，回收经济不合算等，常不回收利用而作为废水排放。

（4）冷却水。化工生产常在高温下进行，因此，需要对成品或半成品进行冷却。采用水冷时，就排放冷却水。若采用冷却水与反应物料直接接触的直接冷却方式，则不可避免地排出含有物料的废水。

（5）一些特定生产过程排放的废水。如：焦炭生产的水力割焦排水，蒸汽喷射泵的排出废水，蒸馏和汽提的排水与高沸残液，酸洗或碱洗过程排放的废水，溶剂处理中排放的废溶剂，机泵冷却水和水封排水等。

2. 化工废水的分类

第一类为含有有机物的废水，主要来自基本有机原料、合成材料（含合成塑料、合成橡胶、合成纤维）、农药、染料等行业排出的废水；

第二类为含无机物的废水，如无机盐、氮肥、磷肥、硫酸、硝酸及纯碱等行业排出的废水；

第三类为既含有有机物又含有无机物的废水，如氯碱、感光材料、涂料等行业。

如果按废水中所含主要污染物分类，则有含氰废水、含酚废水、含硫废水、含氟废水、含铬废水、含有机磷化合物废水、含有机物废水等。

3. 化工废水的特点

(1) 废水排放量大　化工生产中需要进行化学反应，化学反应要在一定的温度、压力及催化剂等条件下进行。因此，在生产过程中工艺用水及冷却水用量很大，故废水排放量大。废水排放量约占全国工业废水总量的30%左右，居各工业系统之首。

(2) 污染物种类多　水体中的烷烃、烯烃、卤代烃、醇、酚、醚、酮及硝基化合物等有机物和无机物，大多是化学工业生产过程中或一些行业应用化工产品的过程中所排放的。

(3) 污染物毒性大，不易生物降解　所排放的许多有机物和无机物中不少是直接危害人体的毒物。许多有机化合物十分稳定，不易被氧化，不易为生物所降解。许多沉淀的无机化合物和金属有机物可通过食物链进入人体，对健康极为有害，甚至在某些生物体内不断富集。

(4) 废水中有害污染物较多　全国化工废水中主要有害污染物年排放总量为215万吨左右，其中主要有害污染物如废水中氰化物的排放量占总氰化物排放量的一半，而汞的排放量则占全国排放总量的2/3。六价铬的排放量占全国总排放量的12%（1986年）。

(5) 化工废水的水量和水质视其原料路线、生产工艺方法及生产规模不同而有很大差异　一种化工产品的生产，随着所用原料的不同，采用生产工艺路线的不同，或生产规模的不同，所排放废水的水量及水质也不相同。以乙醛生产为例，根据生产所采用三种不同原料路线和三种不同生产工艺方法，其排放废水的水质和水量也各异。

(6) 污染范围广　由于化工具有行业多、厂点多、品种多、生产方法多及原料和能源消耗多等特点，造成污染面广。

二、水体污染物与溶解物

1. 无机污染物

无机污染物物包括酸碱度、氮、磷、无机盐以及重金属离子等。

(1) 酸碱污染物　天然水体的pH值在6～9之间，当人为向水体排放酸碱污染物，超出水体正常pH值范围时，会对人、畜造成危害，消灭或抑制水体中生物的生长，妨碍水体自净，尤其是pH值小于6的酸性污水有腐蚀性。若天然水体长期遭受酸、碱污染，使水质逐渐酸化或碱化，从而对正常生态系统产生影响。因此酸碱污染物是造成水体污染物质之一，pH指标也是评价水体污染的重要指标。

(2) 氮及其化合物　氮是形成蛋白质的重要元素，是植物营养物质，在所有动物和植物生命过程中有着重要意义。氮及其化合物主要来源于动植物体内的含氮化合物、$NaNO_3$ 和大气中的 N_2。氮在环境中存在的形态复杂，在废水中最常见和重要的氮的形态是有机氮、氨氮、亚硝酸盐氮与硝酸盐氮。四种含氮化合物的总称为总氮（TN）。

有机氮很不稳定，容易在微生物的作用下，分解为氨氮、亚硝酸盐氮和硝酸盐氮。

氨氮在污水中的存在形式有游离氨（NH_3）与离子状态铵盐（NH_4^+）两种，故氨氮等于两者之和。水体氨氮过高时，会可造成水体的富营养化。

(3) 磷及其化合物　磷在自然界都以各种磷酸盐的形式出现。磷存在于细胞、骨骼和牙齿中，是动植物和人体所必需的重要组成成分，也是生物细胞新陈代谢过程中起能量传递和储存作用的辅酶——三磷酸腺苷（ATP）和二磷酸腺苷（ADP）的重要组分。

在天然水和污水中，磷几乎都以磷酸盐形式存在，水体中的磷可分为有机磷与无机磷两类。有机磷的存在形式主要有：葡萄糖-6-磷酸、2-磷酸甘油酸及磷肌酸等；无机磷都以磷酸盐形式存在，包括正磷酸盐（PO_4^{3-}）、偏磷酸盐（PO_3^-）、磷酸氢盐（HPO_4^{2-}）、磷酸二氢盐（$H_2PO_4^-$）等。

生活污水中有机磷含量约为3mg/L，无机磷含量约为7mg/L。磷也是造成水体富营养化污染的物质之一。

（4）重金属离子　污水中的重金属主要有汞（Hg）、镉（Cd）、铅（Pb）、铬（Cr）、锌（Zn）、铜（Cu）、镍（Ni）、锡（Sn）、铁（Fe）、锰（Mn）等。这些重金属离子主要来源于工业废水如冶金、电镀、陶瓷、玻璃、氯碱、电池、制革等工业废水。

（5）氰化物　污水中的氰化物主要来自电镀、焦化、高炉煤气、制革、塑料、农药以及化纤等工业废水，含氰浓度在20～80mg/L之间。氰化物是剧毒物质，人体摄入致死量是0.05～0.12g。

氰化物在污水中的存在形式是无机氰（如氢氰酸HCN、氰酸盐CN^-）及有机氰化物（称为腈，如丙烯腈）。

2. 有机污染物

有机污染物质主要来自于生活废水和部分工业废水，尽管其种类繁多、成分复杂，但归纳起来主要有蛋白质、碳水化合物和油脂，此外还含有一定量的尿素。

（1）碳水化合物　污水中的碳水化合物包括糖、淀粉、纤维素和木质素等，主要成分是碳、氢、氧。其中淀粉较为稳定，属于可生物降解有机物，对微生物无毒害与抑制作用。

（2）蛋白质和尿素［$CO(NH_2)_2$］　蛋白质由多种氨基酸化合或结合而成，相对分子质量可达2万～2000万，主要成分是碳、氢、氧、氮，其中氮约占16%。蛋白质不稳定，可发生不同形式的分解，属于可生物降解有机物，对微生物无毒害与抑制作用。

蛋白质和尿素是生活污水中氮的主要来源。

（3）脂肪和油类　脂肪和油类是乙醇或甘油与脂肪酸形成的化合物，主要成分是碳、氢、氧。生活污水中的脂肪和油类来源于人类排泄物及餐饮业的洗涤水（含油浓度可达400～600mg/L，甚至高达1200mg/L），包括动物油和植物油。脂肪酸甘油酯在常温时呈液态，称为油；在低温时呈固态，称为脂肪。脂肪比碳水化合物、蛋白质都稳定，属于难生物降解有机物，对微生物无毒害与抑制作用。炼油、石油化工、焦化、煤气发生站等工业废水中含有矿物油即石油，属于难生物降解有机物，并对微生物有毒害或抑制作用。

3. 生物污染物

生活污水、医院废水等均含有肠道病原菌（如痢疾、伤寒、霍乱菌等）、寄生虫卵（蛔虫、蛲虫等）、炭疽杆菌与病毒，如每克粪便中含有10^4～10^5个传染性肝炎病毒。食品、制药和制革废水会产生霉素污染。

三、废水的水质指标

1. 废水的物理指标

污水的物理指标包括其水温、颜色、味道、固体含量等。

（1）水温　城市下水道系统是铺设在地下的，因此城市污水水温具有相对稳定的特征，一般在10～20℃，冬季较气温高，夏季较气温低。城市污水水温的突然变化很可能是工业废水的排放造成的，许多工业排出废水的温度较高，水温升高会影响水体生态，使水质恶化。

（2）颜色　城市污水的正常颜色为灰褐色，但实际上其颜色通常变化不定，这取决于城市下水道的排水条件和排入的工业污水的性质。大的管网系统、维护不好的管网系统由于污

水在下水道中停留时间长，可能会发生厌氧反应，输入到污水厂后的颜色会变暗或黑色。在通常情况下，绿色、蓝色和橙色通常是由于电镀工厂排放污水造成的，而红色、蓝色和黄色则多为印染污水造成，白色则是洗衣污水造成的。

（3）味道　正常的城市污水具有发霉的臭味。城市污水中有气、油、溶剂、香味，可能是有工业污水排入。在大管网系统或维护不好的下水道系统，城市污水将会有臭鸡蛋味，这标志城市污水在下水道中已经厌氧发酵，产生硫化氢和其他产物。对有这类气味的污水，在下井下池进管道操作时应严格按照防毒气安全操作规程进行，避免人员伤亡。

（4）固体含量　废水中的所有残渣的总和称之为总固体（TS），测定方法取定量废水水样，在103～105℃条件下烘干至恒重，所得的含量即为总固体。总固体物质按其化学性质分可分为有机物和无机物，按其物理组成分可分为悬浮物（SS）和溶解性固体（DS）。

悬浮物（SS）是污水物理性质的一项重要指标。包括漂在水面的漂浮物和沉于底部的沉淀物，如砂、泥、石、纸、布、食物屑等。悬浮物测定是将污水过滤，把滞留在过滤材料上的物质，通过烘干、称量测得。

2. 废水的化学指标

据废水中污染物质的性质，一般可用酸碱度（pH）、生化需氧量（BOD）、化学需氧量（COD）、总有机碳（TOC）、总氮（TN）、氨氮（NH_3-N）、总磷（P）、无机盐、重金属含量等化学指标来说明污水的化学污染特性。

（1）pH　城市污水pH呈中性，一般为6.5～7.5。通常工业废水的排放会造成pH的变化，引起水体的污染。

（2）生化需氧量（BOD，biochemical oxygen demand）　由于污水中所含成分十分复杂，很难一一分析确认，因此在污水处理中，常常用生化需氧量BOD这一综合指标反映污水中有机污染物的浓度。生化需氧量是在指定的温度和指定的时间段内，微生物在分解、氧化水中有机物的过程中所需要的氧的数量，生化需氧量的单位一般采用“mg/L”。

完全生化需氧量测定需要历时20d以上，在实际应用时不可行。根据研究观测，微生物的好氧分解速率开始很快，约至5d后其需氧量即达到完全分解需氧量的70%左右，因此在实际操作中常常用5d生化需氧量BOD_5来衡量污水中有机污染物的浓度。城市污水的BOD_5一般在300～400mg/L之间，工业污水的BOD_5则有较大差别，有的高达数千毫克/升。

尽管BOD_5是城市污水处理中常用的有机污染分析指标，但由于存在测定时间长、污水中难以生化降解的污染物含量高时测定误差大。工业废水中往往含有生物抑制物，影响测定结果等缺点。所以在废水水质测定中还可选用化学需氧量水质指标。

（3）化学需氧量（COD，chemical oxygen demand）　COD的测定，是将污水置于酸性条件下，用重铬酸钾强氧化剂氧化水中有机物时所消耗的氧量，单位为mg/L。COD测定时间短，一般几个小时，不受水质限制。但COD测定不像BOD_5测定那样直接反应生化需氧量，另外还有一部分无机物也被氧化，因此也有一些误差，一般在工业废水测定中广泛采用，在城市污水分析时与BOD_5同时应用。

城市污水的COD一般大于BOD_5，两者的差值可反映废水中存在难以被微生物降解的有机物。在城市污水处理分析中，BOD_5/COD的比值来分析污水的可生化性；可生化性好的BOD_5/COD大于等于0.3；小于此值的污水应考虑生物技术以外的污水处理技术，或对生化处理工艺进行试验改革，如传统活性污泥法后发展出来的水解-酸化活性污泥法是一项针对难以深化的城市污水，具有较好的降解效果。

（4）总有机碳TOC　总有机碳的分析目前在国内外日趋增多，主要是解决快速测定和自动控制而发展起来的。总有机碳TOC是用总有机碳仪在900℃高温下将有机物燃烧氧化计算出总含碳量。总有机碳测定仅几分钟，并且数值与 BOD、COD 有着一定的相关关系。但是由于总有机碳仪价格很贵，以前在国内外还不像 BOD_5、COD 那样是一种普及的手段；现在，随着在线监测的普及应用，TOC 仪的普及率也正在不断提高。

（5）总氮 NT、氨氮 NH_3-N 和总磷 TP　氮、磷是污水中的营养物质，在城市污水生化过程中需要一定的氮、磷消耗在微生物的新陈代谢增殖中，但这仅是污水中氨、磷的一小部分，大部分氮、磷仍将随出水排到水体中，从而导致水体中藻类的超量增长，造成富营养化问题。因此，现代城市的污水处理开始注重氮、磷的处理。

总氮是污水中各类有机氮和无机氮的总和。氨氮是无机氮的一种，总磷是污水中各类有机磷与无机磷的总和。

3. 废水的排放标准

根据污水排放去向，即污水受纳水体的不同，需要将污水处理到一定的程度，满足相应的排放标准，以保证自然水体的水质功能不受其影响，保证水资源的可持续利用。

我国现行的用于控制城市污水处理厂出水排放限值的标准是《城镇污水处理厂污染物排放标准》（GB 18918—2002），该标准根据污染物的来源及性质，将污染物控制项目分为基本控制项目和选择控制项目两类。基本控制项目主要包括影响水环境和城镇污水处理厂一般处理工艺可以去除的常规污染物，以及部分一类污染物，共 19 项；选择控制项目包括对环境有较长期影响或毒性较大的污染物，共计 43 项。基本控制项目必须执行；选择控制项目，由地方环境保护行政主管部门根据污水处理厂接纳的工业污染物的类别和水环境质量要求选择控制。其中基本控制项目的常规污染物标准值分为一级标准（又分 A 标准和 B 标准）、二级标准、三级标准；一类重金属污染物和选择控制项目不分级。

表 12-1 和表 12-2 分别列出了 GB 18918—2002 对基本控制项目最高允许排放浓度（日均值）和部分一类污染物最高允许排放浓度（日均值）的要求。

表 12-1　基本控制项目最高允许排放浓度（日均值）　　单位：mg/L

序号	基本控制项目		一级标准		二级标准	三级标准
			A 标准	B 标准		
1	化学需氧量(COD)		50	60	100	120①
2	生化需氧量(BOD_5)		10	20	30	60①
3	悬浮物(SS)		10	20	30	50
4	动植物油		1	3	5	20
5	石油类		1	3	5	15
6	阴离子表面活性剂		0.5	1	2	5
7	总氮(以 N 计)		15	20	—	—
8	氨氮(以 N 计)②		5(8)	8(15)	25(30)	—
9	总磷(以 P 计)	2005 年 12 月 31 日前建设	1	1.5	3	5
		2006 年 1 月 1 日起建设	0.5	1	3	5
10	色度(稀释倍数)		30	30	40	50
11	pH		6～9			
12	粪大肠菌群数/(个/L)		10^3	10^4	10^4	—

① 下列情况下按去除率指标执行：当进水 COD 大于 350mg/L 时，去除率应大于 60%；BOD 大于 160mg/L 时，去除率应大于 50%。

② 括号外数值为水温＞12℃时的控制指标，括号内数值为水温≤12℃时的控制指标。

表 12-2 部分一类污染物最高允许排放浓度（日均值） 单位：mg/L

序 号	项 目	标 准 值
1	总汞	0.01
2	烷基汞	不得检出
3	总镉	0.01
4	总铬	0.1
5	六价铬	0.05
6	总砷	0.1
7	总铅	0.1

一级标准的 A 标准是城镇污水处理厂出水作为回用水的基本要求。当污水处理厂出水引入稀释能力较小的河湖作为城镇景观用水和一般回用水等用途时，执行一级标准的 A 标准。

城镇污水处理厂出水排入 GB 3838 地表水Ⅲ类功能水域（划定的饮用水水源保护区和游泳区除外）、GB 3097 海水二类功能水域和湖、库等封闭或半封闭水域时，执行一级标准的B标准。

城镇污水处理厂出水排入 GB 3838 地表水Ⅳ、Ⅴ类功能水域或 GB 3097 海水三、四类功能海域，执行二级标准。

非重点控制流域和非水源保护区的建制镇的污水处理厂，根据当地经济条件和水污染控制要求，采用一级强化处理工艺时，执行三级标准；但必须预留二级处理设施的位置。

四、废水处理的一般方法

水污染控制技术通常概括为四大类型：物理法、化学法、物理化学法、生物法等。

1. 物理法

利用物理作用来分离污水中的污染物质的方法，称为物理法。主要是分离废水中呈悬浮状态的污染物，在处理过程中不改变物质的化学性质，具体区分为以下几种。

(1) 阻力拦截法　污染物依靠格栅、筛网等器械或介质的阻碍作用而被截留。

(2) 重力沉淀法　又称物理沉淀法，污染物依靠重力作用而沉淀分离。

(3) 上浮法　污染物依靠重力作用而上浮分离。

(4) 过滤法　污染物依靠粒状滤料的吸附、凝聚等作用而被分离。

(5) 离心分离法　污染物依靠施加离心力而分离。

2. 化学法

利用化学作用来分离水中污染物质的方法称为化学法，在处理过程中物质的化学性质发生了改变。

(1) 混凝法　向污水中投加混凝剂，使水中难以自然沉淀的胶体颗粒脱稳而互相聚合，形成沉淀。

(2) 中和法　向污水中投加酸性或碱性物质，将污水 pH 值调至中性范围，称为中和处理。

(3) 化学沉淀法　此法是向污水中投加化学沉淀剂，使之与溶解性污染物生成难溶的沉淀物，然后分离之。

(4) 氧化还原法　向污水中投加氧化剂或还原剂，使之与污染物发生氧化-还原反应，将其转化为无毒害的新物质，包括空气氧化法、臭氧氧化法、药剂氧化还原法、光催化氧化法等。

(5) 电化学法　以电解槽的阳极或阴极作为氧化剂或还原剂，使污染物发生氧化-还原反应。

3. 物理化学法

利用物理化学作用原理来分离污染物质的方法称为物理化学法。

(1) 吸附法 利用多孔性固体吸附剂，使水中污染物被吸附在固体表面而去除的方法，称为吸附法。

(2) 离子交换法 利用离子交换剂中的可交换离子与废水中同性离子的交换反应来去除水中溶解性离子态的污染物质。

(3) 气浮法 向水中通入微小气泡，与细小悬浮污染物互相黏附成浮悬体，并利用气浮的浮升作用，使之浮上水面形成浮渣分离。

(4) 萃取法 利用不溶于水而可溶解于水中某种污染物的溶剂（萃取剂）来分离污染物的方法。

(5) 膜分离 利用薄膜使溶剂（通常是水）与溶质或微粒分离的方法称为膜分离法，具体包括扩散渗析、电渗析、反渗透、超滤等。

(6) 磁分离 通过外加磁场使污水中具有磁性的悬浮颗粒吸出，达到分离的目的。

4. 生物法

通过微生物的作用运用生物化学的原理来分离污染物和净化污水的方法，称为生物法。

(1) 好氧生物法 利用好氧微生物的作用净化污水的方法，称为好氧生物法。主要用于处理城市污水和有机性生产污水。

(2) 厌氧生化法 利用厌氧微生物的作用净化污水的方法，称为厌氧生物法。主要用于处理高浓度有机污水。

在以上各种技术的应用中，往往不是单独采用某种技术，而是联合使用，依靠多种技术的综合效果来达到除污净化的目的。

五、污水处理系统

污水处理的基本方法，就是采用各种技术与手段，将污水中所含的污染物质分离去除、回收利用或将其转化为无害物质，使水得到净化。

化工生产污水中的污染物是多种多样的，往往需要采用几种方法的组合，才能处理不同性质的污染物与污泥，达到净化的目的与排放标准。

现代污水处理技术，按处理程度划分可分为一级、二级和三级处理。

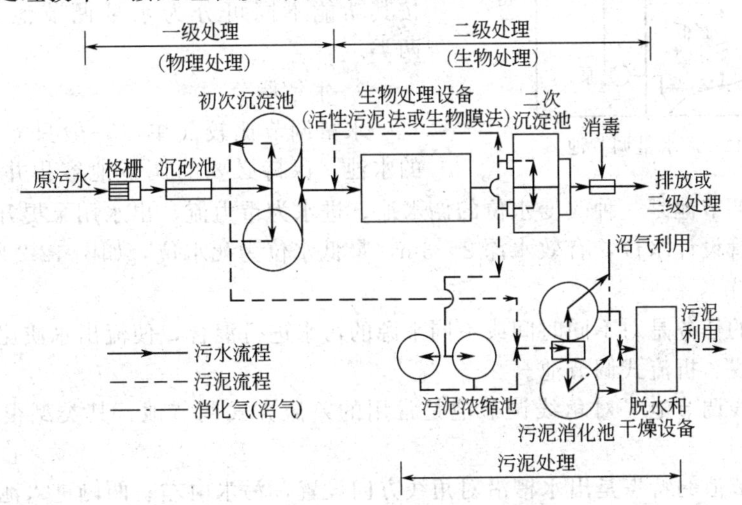

图 12-1 城市污水处理典型工艺流程

一级处理，主要去除污水中呈悬浮状态的固体污染物质，物理处理法大部分只能完成一级处理的要求。经过一级处理后的污水，BOD 一般可去除 30%左右，达不到排放标准。一级处理属于二级处理的预处理。

二级处理，主要去除污水中呈胶体和溶解状态的有机污染物质（即 BOD、COD 物质），去除率可达 90%以上，使有机污染物达到排放标准。

三级处理，是在一级、二级处理后，进一步处理难降解的有机物、磷和氮等能够导致水体富营养化的可溶性无机物等，主要方法有生物脱氮除磷法、混凝沉淀法、活性炭吸附法、离子交换法和电渗析法等。

对于某种污水采用哪几种处理方法组成系统，要根据污水的水质、水量，回收其中有用物质的可能性、经济性、受纳水体的具体条件，并结合调查研究与经济技术比较后决定，必要时还须进行试验。图 12-1 是城市污水处理的典型流程。

第二节 废水物理处理

物理处理技术是借助于物理作用分离或去除污水中的不溶性悬浮物或固体单元操作过程。其目的在于去除那些在大小或性质方面不利于后续处理过程的物质，如大块漂浮物和泥沙等。物理处理技术采用的方法主要有调节、筛滤、截留和重力分离等；采用处理设备和装置有格栅、筛网、沉沙池、沉淀池等。与废水处理程度不同，这些操作技术可单独使用，也可作为整个污水处理过程中的预处理和后续处理工艺。

一、废水调节

废水的水量和水质并不总是恒定均匀的，通常都随时间的变化而变化。生活污水随生活作息规律而变化，工业污水的水量、水质随生产过程而变化。水量和水质的变化使得处理设备不能在最佳工艺条件下运行，严重时甚至使设备无法工作，为此在处理前必须进行调节。

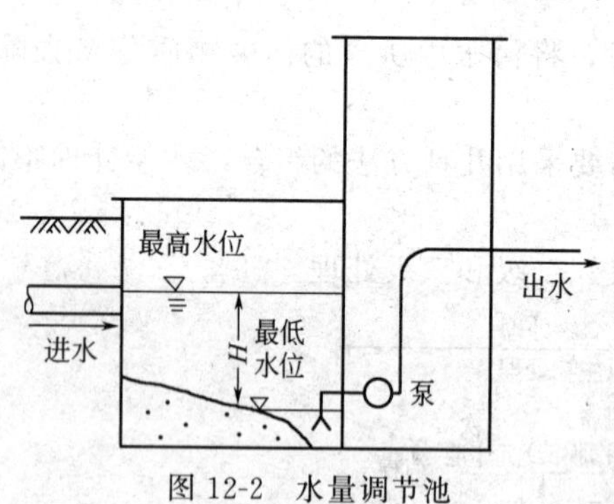

图 12-2　水量调节池

废水的调节，主要通过调节池进行，调节池按其功能不同可分为水量调节池和水质调节池两类。

1. 水量调节

水量调节比较简单，一般只需设置一个简单的水池，保持必要的调节池容积并使出水均匀即可。常用水量调节池是一种改变水位的储水池。进水为重力流，出水用泵提升。池中最高水位不高于进水管设计水位，有效水深 2～3m，最低水位为死水位，如图 12-2 所示。

2. 水质调节

水质调节的任务是对不同时间或不同来源的污水进行混合，使流出水质比较均匀。常用构筑物有对角线、折流式调节池。

（1）对角线调节池　对角线调节池是常用的差流方式调节池，其类型很多，结构如图 12-3 所示。

对角线调节池的特点是出水槽沿对角线方向设置，污水由左右两侧进入池内，经过不同的时间流到出水槽，从而实现后过来的、不同浓度的废水混合，达到自动调节均匀的目的。

（2）折流调节池 在池内设置许多折流隔墙（如图 12-4），污水从调节池的起端流入，在池内来回折流，延迟时间，充分混合，均衡；剩余的流量通过设在调节池上的配水槽的各投配口等量地投入池内前后两个位置，从而实现后过来的、不同浓度的废水混合，达到自动调节均和的目的。

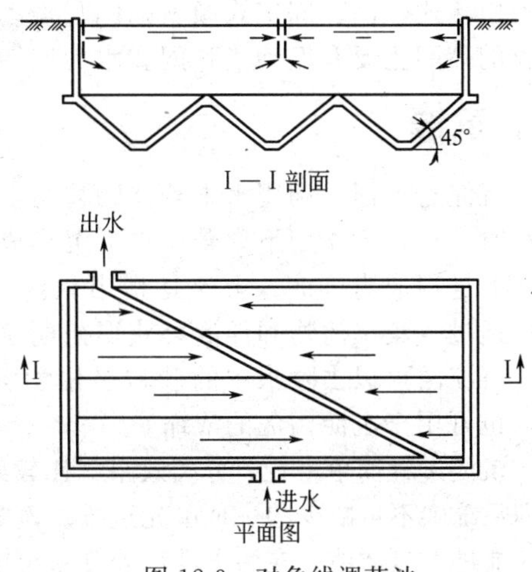

图 12-3 对角线调节池

二、筛滤

筛滤是去除废水中粗大的悬浮物和杂物，以保护后续处理设施能正常运行的一种预处理方法。筛滤的设备包括格栅和筛网。它们所去除的物质则称为筛余物。其中格栅去除的是那些可能堵塞水泵机组及管道阀门的较粗大的悬浮物；而筛网去除的是用格栅难以去除的呈悬浮状的细小纤维。

1. 格栅

格栅是由一组平行的金属栅条制成的框架，斜置在进水渠道上，或泵站集水池的进口处，用于拦截污水中大块的呈悬浮或飘浮状态的污物。格栅由栅条和框架组成，倾斜或直立在进水渠道中。格栅基本形状如图 12-5 所示。

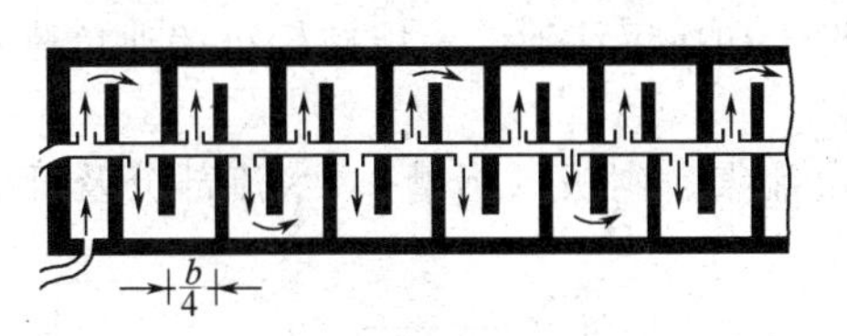

图 12-4 折流调节池
b 为调节池的宽

格栅的种类较多，按格栅栅条的间隙，可分为粗格栅（50～100mm）、中格栅（10～40mm）、细格栅（3～10mm）三种。新设计的废水处理厂一般都采用粗、中两道格栅，甚至采用粗、中、细三道格栅。

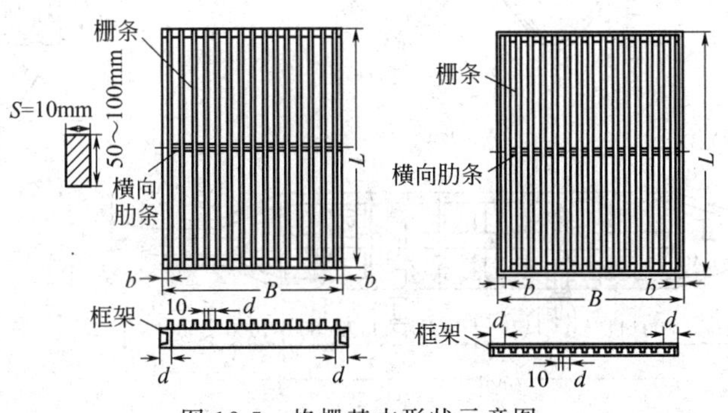

图 12-5 格栅基本形状示意图

按清渣方式，粗格栅可分为人工清渣和机械清渣两种。按构造形状不同可分为平面格栅、曲面格栅和回转式格栅。在污水处理中，应根据污水的特点，结合实际情况来选择格栅的类型。

2. 筛网

对于含有长 1～20mm 的纤维类杂物的废水，呈悬浮状的细纤维不能通过格栅去除，如不清除，则可能堵塞排水管道和缠绕水泵叶轮，破坏水泵的正常工作。这类悬浮物可用筛网去除，且具有简单、高效、不加化学药剂、运行费低、占地面积小及维修方便等优点。

筛网通常用金属丝或化学纤维编制而成，它的空隙比格栅更小，其形式有转筒式筛网、

水力回转式筛网、固定式倾斜筛网、振动式筛网等多种。目前大量用于废水处理或短小纤维回收的筛网主要有振动式筛网和水力回转式筛网。

三、沉淀

沉淀与上浮是利用水中悬浮颗粒与水的密度差进行分离的基本方法。当悬浮物的密度大于水时，在重力作用下，悬浮物下沉形成沉淀物。水中悬浮颗粒依靠重力作用，从水中分离出来的过程成为沉淀。上浮是指当悬浮物的密度小于水时，则上浮至水面形成浮渣（油）。污水通过收集沉淀物和浮渣可获得初期净化。

沉淀法可以去除水中的砂粒、化学沉淀物、混凝处理所形成的絮体和生物处理后的污泥，也可用于沉淀污泥的浓缩。

沉淀过程简单易行，分离效果又比较好，是水处理的重要过程，应用非常广泛。几乎是水处理系统中不可缺少的一种单元过程。例如，在混凝水处理系统后，必须设竖流式沉淀池，然后才能进入过滤池；在污水生物处理系统中，要设初次沉淀池，以保证生物处理设备净化功能的正常发挥；在生物处理之后，设二次沉淀池，用于分离生物污泥，使处理水得以澄清。

基于沉淀基础知识设计的污水沉淀处理构筑物主要是沉砂池和沉淀池。

1. 沉砂池

沉砂池的作用是去除废水中密度比较大的无机颗粒，如泥沙、煤渣等，一般设在泵站前，以便减轻无机颗粒对水泵、管道的磨损；也可设于初次沉淀池前，以减轻沉淀池负荷及改善污泥处理构筑物的处理条件。

(1) 平流式沉砂池　平流式沉砂池由入流渠、出流渠、闸板（闸槽）、水流部分及沉砂斗组成，其构造见图 12-6。

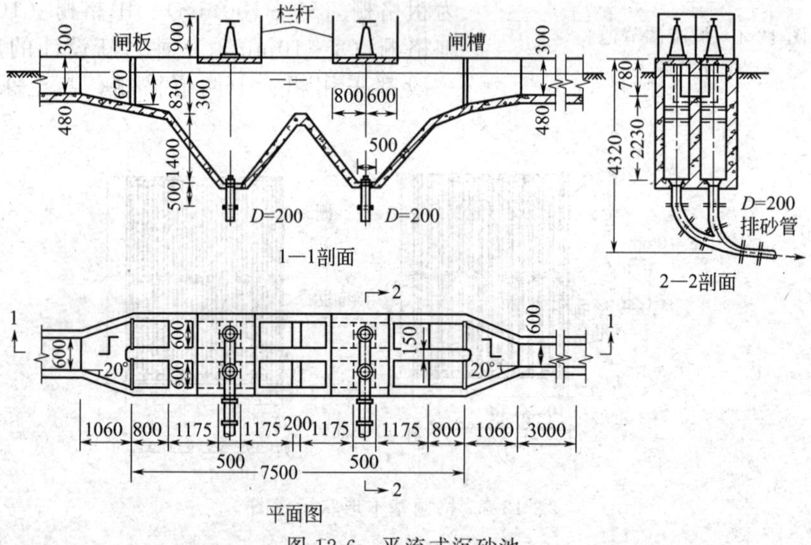

图 12-6　平流式沉砂池

平流式沉砂池具有截留无机颗粒效果较好、工作稳定、构造简单、排砂方便等优点。普通平流式沉砂池的主要缺点是沉砂中夹杂有约 15% 的有机物，对被有机物包覆的砂粒，截留效果不佳，沉砂易于腐化发臭，增加了沉砂后续处理的难度。目前推广使用的曝气沉砂池，则可以在一定程度上克服这些缺陷。

(2) 曝气沉砂池　曝气沉砂池具有沉砂中有机物的含量低于 5%；具有预曝气、脱臭、防止污水厌氧分解、加速污水中油类的分离等特点。

曝气沉砂池是一个长形渠道，沿渠道壁一侧的整个长度上，距池底 60～90cm 处设置曝气装置，在池底设置沉砂斗，其构造如图 12-7 所示。

污水在池中存在两种运动形式，其一为水平流动（流速一般为 0.1m/s，不得超过 0.3m/s)，同时，由于在池的一侧有曝气作用，因而在池的横断面上产生旋转运动，整个池内水流产生螺旋状前进的流动形式。旋转速率在过水断面的中心处最小，而在池的周边则为最大。空气的供给量要保证在池中污水的旋流速率达到 0.25～0.4m/s 之间。由于曝气以及水流的螺旋旋转作用，污水中悬浮颗粒相互碰撞、摩擦，并受到气泡上升时的冲刷作用，使黏附在砂粒上的有机物得以去除，沉于池底的砂粒较为纯净，有机物含量只有 5%左右，长期搁置也不至于腐化。

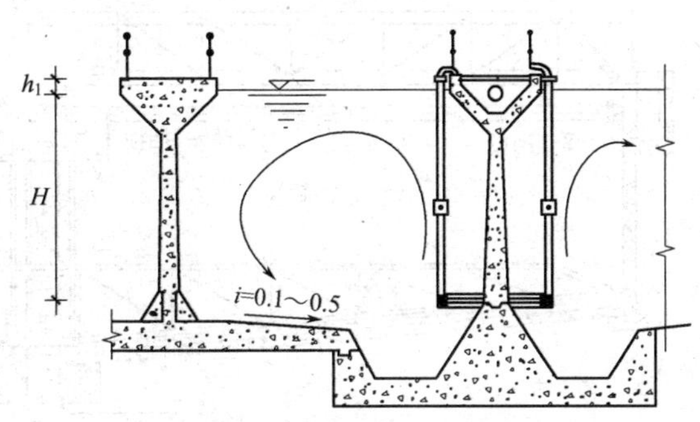

图 12-7 曝气沉砂池构造图

2. 沉淀池

沉淀池的类型很多，按工艺布置不同，可分为初次沉淀池和二次沉淀池两种。初次沉淀池设于生物处理前，二次沉淀池设于生物处理后。按池内水流方向，又可分为平流式、辐流式、竖流式三种。

沉淀池内可分为流入区、流出区、沉淀区和污泥区。流入区和流出区是使污水流均匀流过沉淀区；沉淀区（工作区）是可沉颗粒与污水分离的区域；污泥区是污泥储放、浓缩和排出的区域；而缓冲层则是分隔沉淀区和污泥区的水层，使已沉下的颗粒不再浮起。

(1) 平流式沉淀池　在平流式沉淀池内，水是按水平方向流过沉降区并完成沉降过程的。

图 12-8 是设有刮泥机的平流式沉淀池。废水由进水槽经淹没孔口进入池内。在孔口后面设有挡板或穿孔整流墙，用来消能稳流，使进水沿过流断面均匀分布。在沉淀池末端设有溢流堰（或淹没孔口）和集水槽，澄清水溢过堰口，经集水槽排出。在溢流堰前也设有挡板，用于阻隔浮渣，浮渣通过可转动的排渣管收集和排除。池体下部进水端有泥斗，斗壁倾角为 50°～60°，池底以 0.01～0.02 的坡度坡向泥斗。当刮泥机缓慢行走时，刮泥板就将池底的沉泥向前推入泥斗，而位于水面的刮板把将浮渣推向池尾的排渣管。泥斗内设有排泥管，开启排泥阀时，泥渣便在静水压力作用下由排泥管排出池外。

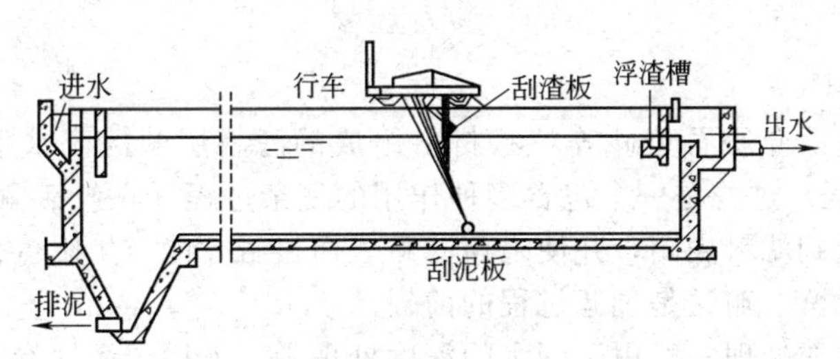

图 12-8 平流式沉淀池的构造图

(2) 辐流式沉淀池　辐流式沉淀池的构造如图 12-9 所示。

辐流式沉淀池常为直径较大的圆形池，直径一般介于 20～30m 之间，但变化幅度可为 6～60m，最大甚至可达 100m，池中心深度为 2.5～5.0m，池周深度则为 1.5～3.0m。

(3) 竖流式沉淀池　竖流式沉淀池的表面多呈圆形，也有采用方形和多角形的。为了池内水流分布均匀，池径不宜太大，一般在 8m 以下，多介于 4～7m。沉淀池上部呈圆柱状的部分为沉淀区，下部呈截头倒圆锥状的部分为污泥区，在二区之间留有缓冲层 0.3m，如图

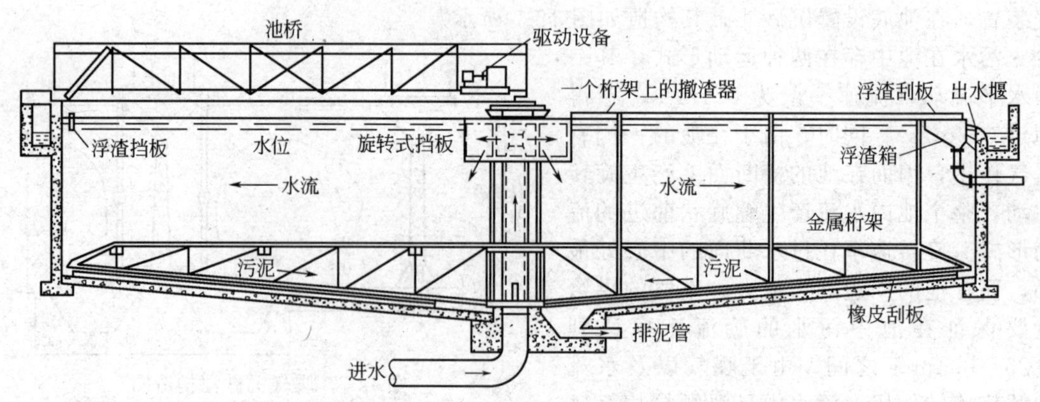

图 12-9　中心进水周边出水辐流式沉淀池

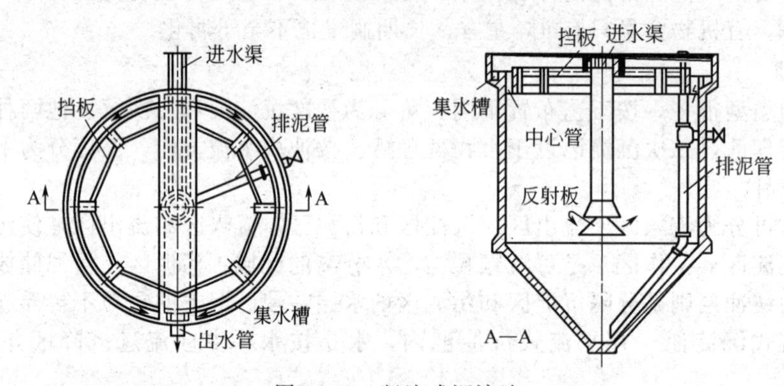

图 12-10　竖流式沉淀池

12-10 所示。

污水从进水槽进入池中心管，并从中心管的下部流出，经过反射板的阻拦向四周均匀分布，沿沉淀区的整个断面上升，沉淀后的出水由四周溢出。流出区设于池四周采用自由堰或三角堰，堰口最大负荷为 1.5L/(m·s)。当池的直径大于 7m 时，为集水均匀，还可以设置辐射式汇水槽。

四、过滤

1. 过滤基础知识

过滤就是利用过滤介质石英砂等粒状材料组成的滤料层截的流水中的悬浮杂质，从而固-液分离的处理过程。过滤是一个包含多种作用的复杂过程。它包括输送和附着两个阶段，只有将悬浮粒子输送到滤料表团，并使之与滤料表面接触才能产生附着作用，附着以后不再移动才算是被滤料截留，输送是过滤过程的前提。

在废水处理中过滤处理一般用于废水的深度处理中，如用于活性炭吸附和膜处理等深度处理过程之前的预处理，混凝和生物处理之后的后处理等主要去除二级处理水生物残留在处理水中的生物絮体污泥。

2. 快滤池的构造与分类

(1) 普通快滤池

① 滤池的废水流向选择　据废水的流向不同，快滤池可分为下向流式、上向流和双向流式，如图 12-11 所示。

下向流式滤池的滤速较高且反洗效果好，但水头损失增加较快，过滤周期短，下层滤料

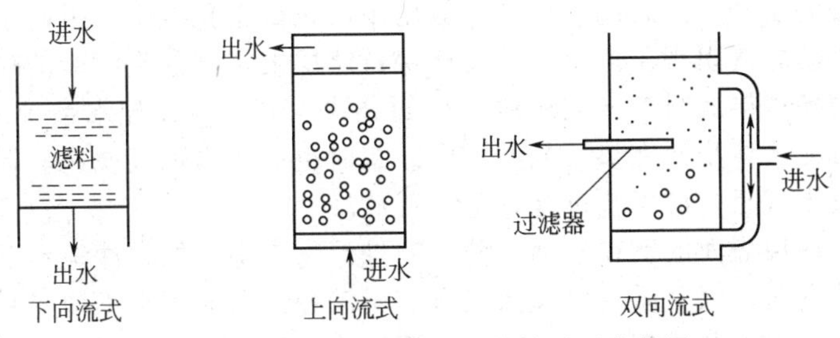

图 12-11　不同废水流向的快滤池示意简图

难以充分发挥作用。而上向流滤池可克服下向流式滤池的缺点，整个滤料层纳污能力强，过滤周期也相应延长，但为了避免滤料的损失，滤速不能太快。双向式滤池的进水管设在滤料层中部，废水沿上、下两个方向流入，保持了下向流和上向流两种滤池的优点，又不至于造成滤料的损失。

② 构造　滤池的种类虽然很多，但其基本构造是相似的，在废水处理中使用的各种滤池都是在普通滤池的基础上加以改进而来的，如图 12-12 所示为普通快速滤池的构造。

普通快速滤池一般为矩形钢筋混凝土的池子外部由滤池池体、进水管、出水管、冲洗水管、冲洗水排出管等管道及其附件组成；滤池内部出冲洗水排出槽、进水渠、滤料层、垫料层（承托层）、排水系统（配水系统）组成。

a. 滤料层。单层滤料滤池多以石英砂、无烟煤、陶粒和高炉渣为滤料。

b. 垫料层。垫料层的作用主要是承托滤料（故称承托层），防止滤料经配水系统上的孔眼随水流走，同时保证反冲洗水更均匀地分布在整个滤池面积上。

一般采用卵石或砾石，按颗粒大小分居铺设。垫料层的粒径一般不小于 2mm，以同滤料的粒径相配合。

c. 排水系统。排水系统的作用是均匀收集滤后水，更重要的是均匀分配反冲洗水，故亦称配水系统。

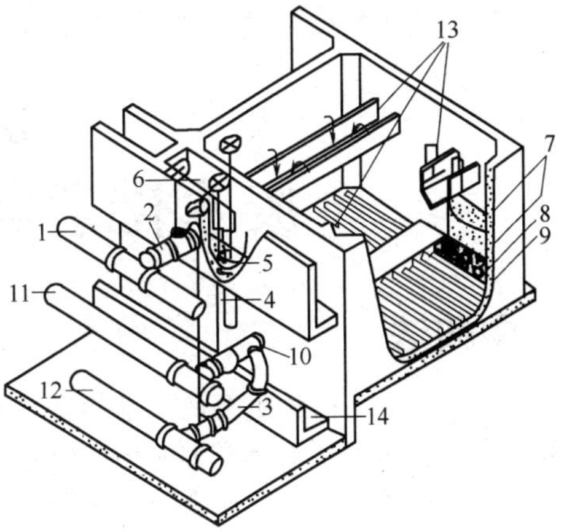

图 12-12　普通快滤池构造

1—进水总管；2—进水支管；3—浑水渠；4—渗滤层；5—承托层；6—配水支管；7—配水干管；8—清水支管；9—清水总管；10—冲洗水总管；11—排水阀；12—冲洗水总管；13—排水槽；14—废水渠

③ 滤池的工作过程　将污水通过一层带孔眼的过滤装置或介质，大于孔眼尺寸的悬浮物颗粒物质被截留在介质的表面，从而使污水得到净化。经过一定时间的使用以后，过水的阻力增加，就必须采取一定的措施，如通常采用反冲洗将截留物从过滤介质上除去。

（2）无阀滤池　一般快滤池都有复杂的管道系统，并设有各种控制阀门，操作步骤相当复杂，同时也增加了建造费用。无阀滤池是利用水力学原理，通过进出水的压差自动控制虹吸产生和破坏，实现自动运行的滤池。

（3）虹吸滤池　虹吸滤池是指滤池的进水和冲洗水的排除都由虹吸管完成，所以叫虹吸滤池。虹吸滤池可以做成圆形或方形。一般是由数格（如 6～8 格）滤池组成一个整体，便于管理和冲洗。

3. 快滤池的异常问题及控制

（1）气阻　在过滤末期，局部滤层的水头损失可能大于该处实际的水压力，即出现负水

头。此时，这部分滤层水中溶解的气体将释放出来，积聚于孔隙中，阻碍水流通过，以致滤水量显著减少。为防止气阻现象产生，首先应保持滤层上足够的水深，消除负水头；在池深已定时，可采取调换表层滤料、增大滤料粒径的办法。其次，在配水系统末端应设排气管，防止反冲洗水中带入气体积聚在垫层或滤层中。有时也可适当加大滤速，促使整个滤层纳污比较均匀。一旦发生气阻，应停止过滤，进行反冲洗。

（2）结泥球　滤层表面的颗粒较细，截留的悬浮物较多，如果冲洗不下净，则互相黏结成球。在下一次冲洗时，因其质量放大而沉入滤层深处。造成布水不均匀和再结泥球的恶性循环。这种污泥的主要成分是有机物，结球严重时会腐化发臭。防止办法是改善冲洗效果，增加表面冲洗。对已结泥球的滤池，应翻池换滤料，也可在反冲洗时加氯浸泡 12h，氧化污泥，加氯量约 $1m^3$ 滤池 1kg 漂白粉。

（3）跑砂　如果冲洗强度过大或滤料级配不当，反冲洗会冲走大量细滤料。另外，如果冲洗水分配不匀，滤料层可能发生平移，进一步促使布水不匀，最后局部垫料层被冲走淘空，过滤时，滤料通过这些部位的配水系统漏失到清水池中。遇到这种情况，应检查配水系统，并适当调整冲洗强度。

（4）水生物繁殖　在水温较高时，滤池出水中常含多种微生物，极易在滤池中繁殖。在快滤池中，微生物繁殖是不利的，往往会使滤池堵塞。可在滤前加氯解决。

第三节 废水化学和物理化学处理

一、中和法

酸、碱废水是两种重要的工业废液，酸碱废水排放到水体，使水体的 pH 值发生变化，破坏自然缓冲作用，消灭或抑制微生物生长，妨碍水体自净。酸碱还可大大增加水中的一般无机盐类和水的硬度，从而会导致地下水的硬度在不断升高。

根据含酸（碱）废水所含酸（碱）量的差异，对其处理方法不同。酸含量大于 3%～5%的高含量含酸废水，常称为废酸液；碱含量大于 1%～3%的高含量含碱废水，常称为废碱液。这类废酸液、废碱液往往要采用特殊的方法回收其中的酸和碱，例如用蒸发浓缩法回收苛性钠，用扩散渗析法回收钢铁酸洗液中的硫酸。由于酸含量小于 3%～5%或碱含量小于 1%～3%的低含量酸性废水与碱性废水中酸碱含量低，回收的价值不大，常采用中和法处理，使溶液的 pH 值恢复到中性附近的一定范围内，消除其危害。

中和处理方法因废水的酸碱性不同而不同。针对酸性废水，主要有酸性废水与碱性废水相互中和、药剂中和及过滤中和三种方法。而对于碱性废水，主要有碱性废水与酸性废水相互中和、药剂中和两种。

1. 酸性废水中和处理

（1）药剂中和法处理酸性废水　药剂中和法能处理任何浓度、任何性质的酸性废水，对水质和水量波动适应性强，中和药剂利用率高。主要的药剂包括石灰、苛性钠、碳酸钠、石灰石、电石渣等，其中最常用的是石灰（CaO）。药剂的选用应考虑药剂的供应情况、溶解性、反应速率、成本、二次污染等因素。

石灰的投加可分为干法和湿法。干法可采用利用电磁振荡原理的石灰振荡设备投加，以保证投加均匀。它设备简单，但反应较慢，而且不易彻底，投药量大（需为理论量的 1.4～1.5 倍）。当石灰成块状时，则不宜用干投法，可采用湿投法，即将石灰在消解槽内先消解成40%～50%含量后，投入乳液槽，经搅拌配成5%～10%含量的氢氧化钙乳液，然后投加。消解槽和乳液槽中可用机械搅拌或水泵循环搅拌（不宜用压缩空气，以免CO_2与CaO反应生成沉淀)，以防止产生沉淀。投配系统采用溢流循环方式，即输送到投配槽的乳液量大于投加量，剩余量溢流回乳液槽，这样可维持投配槽内液面稳定，易于控制投加量。

中和反应在反应池内进行。由于反应时间较快，可将混合池和反应池合并或机械搅拌，停留时间采用5～10min。

投药中和法有两种运行方式：当废水量少或间断排出时，可采用间歇处理，并设置2～3个池子进行交替工作。当废水量大时，可采用连续流式处理，并可采取多级串联的方式，以获得稳定可靠的中和效果。图12-13为常用的药剂中和处理工艺流程。

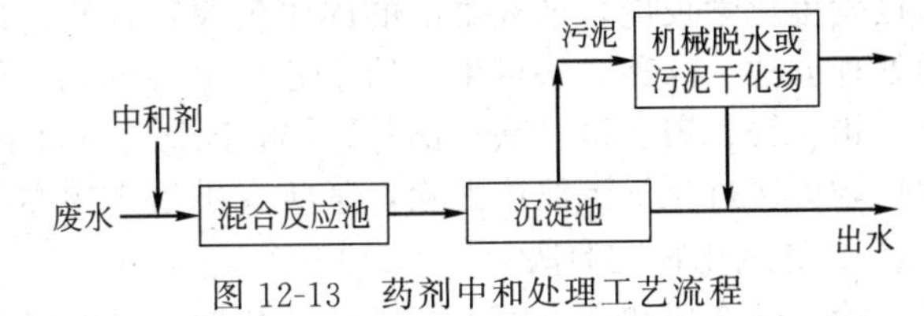

图12-13　药剂中和处理工艺流程

(2) 过滤中和法处理酸性废水　过滤中和法是选择碱性滤料填充成一定形式的滤床，酸性废水流过此滤床即被中和。过滤中和法与投药中和法相比，具有操作方便、运行费用低及劳动条件好等优点，它产生的沉渣少，只有废水体积的0.1%，主要缺点是进水硫酸浓度受到限制。常用的滤料有石灰石、大理石、白云石三种，其中前两种的主要成分是$CaCO_3$，而第三种的主要成分是$CaCO_3 \cdot MgCO_3$。

滤料的选择与废水中含何种酸以及含酸浓度密切相关。因滤料的中和反应发生在滤料表面，如生成的中和产物溶解度很小，就会沉淀在滤料表面形成外壳，影响中和反应的进一步进行。以处理含硫酸废水为例，当采用石灰石为滤料时，硫酸浓度不应超过1～2g/L，否则就会生成硫酸钙外壳，使中和反应终止。当采用白云石为滤料时，由于$MgSO_4$溶解度很大，故产生的沉淀仅为石灰石的一半，因此废水含硫酸浓度可以适当提高，不过白云石有个缺点，就是反应速率比石灰石慢，这影响了它的应用。当处理含盐酸或硝酸的废水时，生成的盐溶解度都很大，则采用石灰石、大理石、白云石作滤料均可。

中和滤池主要有普通中和滤池、升流式滤池和滚筒中和滤池三种类型。

(3) 利用碱性废水中和处理酸性废水　如厂内或区内也有碱性废水排出，则可利用碱性废水来中和酸性废水，达到“以废治废”的目的。此时应进行中和能力的计算，即参与反应的酸和碱的物质的量应相同。如碱量不足，还应补充碱性药剂；如酸量不足，则应补充酸来中和碱。在中和过程中，酸碱双方的物质的量恰好相等时称为中和反应的等当点。强酸强碱互相中和时，由于生成的强酸强碱盐不发生水解，因此等当点即中性点，溶液的pH值等于7.0。但中和的一方若为弱酸或弱碱，由于中和过程所生成的盐的水解，尽管达到等当点，但溶液并非中性，pH值大小取决于所生成盐的水解度。

2. 碱性废水的中和处理

(1) 利用废酸性物质中和处理　废酸性物质包括含酸废水、烟道气等。烟道气中CO_2含量可高达24%，此外有时还含有SO_2和H_2S，故可用来中和碱性废水。

利用酸性废水中和法和利用碱性废水中和酸性废水原理基本相同。

用烟道气中和碱性废水一般在喷淋塔中进行。废水从塔顶布水器均匀喷出，烟道气则从塔底鼓入，两者在填料层间进行逆流接触，完成中和过程，使碱性废水和烟道气都得到净化。根据资料介绍，用烟道气中和碱性废水，出水的pH值可由10～12降到中性。该法的优点是以废治废，投资省，运行费用低；缺点是出水中的硫化物、耗氧量和色度都会明显增加，还需进一步处理。

(2) 药剂中和法　常用的药剂是硫酸、盐酸及压缩二氧化碳。硫酸的价格较低，应用最

广。盐酸的优点是反应物溶解度高，沉渣量少，但价格较高。用无机酸中和碱性废水的工艺流程与设备，和药剂中和酸性废水基本相同，在此不再赘述。用 CO_2 中和碱性废水，采用设备与烟道气处理碱性废水类似，均为逆流接触反应塔。用 CO_2 作中和剂可以不需 pH 控制装置，但由于成本较高，在实际工程中使用不多，一般均用烟道气。

二、化学沉淀法

化学沉淀法是指向废水中投加某些化学药剂（沉淀剂），使之与废水中溶解态的污染物直接发生化学反应，形成难溶的固体生成物，然后进行固液分离，从而除去水中污染物的一种处理方法。这种方法可用于给水处理中去除钙、镁等硬度，废水中的重金属离子（如汞、镉、铅、锌、镍、铬、铁、铜等）、碱土金属（如钙和镁）及某些非金属（如砷、氟、硫、硼）均可通过化学沉淀法去除，某些有机污染物亦可通过化学沉淀法去除。

1. 氢氧化物沉淀法

除了碱金属和部分碱土金属外，其他金属的氢氧化物大多是难溶的，可利用氢氧化物沉淀法去除废水中的重金属离子。沉淀剂为各种碱性药剂，常用的有石灰、碳酸钠、苛性钠、石灰石、白云石等。

2. 硫化物沉淀法

大多数过渡金属的硫化物都难溶于水，可利用硫化物沉淀法去除废水中的重金属离子。硫化物沉淀法常用的沉淀剂有 H_2S、Na_2S、NaHS、CaS_x、$(NH_4)_2S$ 等。

3. 碳酸盐沉淀法

碱土金属（Ca、Mg 等）和重金属（Mn、Fe、Co、Ni、Cu、Zn、Ag、Cd、Pb、Hg、Bi 等）的碳酸盐都难溶于水，可用碳酸盐沉淀法将这些金属离子从废水中去除。

4. 铁氧体沉淀法

铁氧体是指一类具有一定晶体结构的复合氧化物，它具有高的磁导率和高的电阻率（其电阻比铜大 10^{13}～10^{14}倍），是一种重要的磁性介质。铁氧体不溶于酸、碱、盐溶液，也不溶于水。

废水中各种金属离子形成不溶性的铁氧体晶粒而沉淀析出的方法叫作铁氧体沉淀法。工艺过程包括投加亚铁盐调整 pH 值进行中和、氧化和固液分离等过程。

例如用铁氧体法处理含铬废水。在含铬废水中加入过量的硫酸亚铁溶液，使其中的六价铬和亚铁离子发生氧化还原反应，Cr^{6+} 被还原为 Cr^{3+}，而 Fe^{2+} 被氧化为 Fe^{3+}，调整溶液的 pH 值，使 Cr^{3+}、Fe^{2+} 和 Fe^{3+} 转化为氢氧化物沉淀，然后加入双氧水，再使部分 Fe^{2+} 氧化为 Fe^{3+}，组成 $Fe_3O_4 \cdot xH_2O$ 的磁性氧化物即铁氧体。

三、氧化还原法

通过药剂与污染物的氧化还原反应，把废水中有毒害的污染物转化为无毒或微毒物质的处理方法称为氧化还原法。

工业废水中的有机污染物（如色、嗅、味、COD）及还原性无机离子（如 CN^-、S^{2-}、Fe^{2+}、Mn^{2+} 等）都可通过氧化法消除其危害，而废水中的许多重金属离子（如汞、镉、铜、银、金、六价铬、镍等）都可通过还原法去除。

废水处理中最常采用的氧化剂是空气、臭氧、氯气、次氯酸钠及漂白粉；常用的还原剂有硫酸亚铁、亚硫酸氢钠、硼氢化钠、水合肼及铁屑等。在电解氧化还原法中，电解槽的阳极可作为氧化剂，阴极可作为还原剂。

投药氧化还原法的工艺过程及设备比较简单，通常只需一个反应池，若有沉淀物生成，需进行固液分离及泥渣处理。

1. 空气氧化处理含硫废水

氧的化学氧化性是很强的，且 pH 值降低，氧化性增强。但是，用 O_2 进行氧化反应的活化能很高，因而反应速率很慢，这就使得在常温、常压、无催化剂时，空气氧化法（曝气法）所需反应时间很长，使其应用受到限制。如果设法断开氧分子中的氧氧键（如高温、高压、催化剂、γ 射线辐照等），则氧化反应速率将大大加快。“湿式氧化法”处理含大量有机物的污泥和高浓度有机废水，就是利用高温（200～300℃）、高压（3～15MPa）强化空气氧化过程的一个例子。

2. 臭氧氧化法处理有机废水

臭氧的氧化性很强。在理想的反应条件下，臭氧可把水溶液中大多数单质和化合物氧化到它们的最高氧化态，对水中有机物有强烈的氧化降解作用，还有强烈的消毒杀菌作用。

工业生产中常用的臭氧发生器，按电极的构造不同，可以分为两大类：管式臭氧发生器和板式臭氧发生器。

3. 氯氧化法处理含氰废水

氯系氧化剂包括氯气、次氯酸钠和二氧化氯等。

氯（Cl_2）易溶于水，并迅速水解，歧化为 HCl 和 HClO。次氯酸及其盐有很强的氧化性，且在酸性溶液中有更强的氧化性。氯氧化法处理含氰废水是分两个阶段来完成的。

第一阶段，CN^- 氧化成氰酸盐，要求 pH 控制在 10～11，反应时间 10～15min。第二阶段，在 pH 为 8～8.5 的条件下，将氰酸盐氧化成 N_2，反应在 1h 之内完成。处理设备主要是反应池和沉淀池。

4. 药剂还原法

（1）亚硫酸盐还原法去除废水中六价铬　在废水处理中，目前采用化学还原法进行处理的主要污染物有 Cr(Ⅵ)、Hg(Ⅱ)、Cu(Ⅱ) 等重金属。

废水中剧毒的六价铬（$Cr_2O_7^{2-}$ 或 CrO_4^{2-}）可用还原剂还原成毒性极微的三价铬。常用的还原剂有亚硫酸氢钠、二氧化硫、硫酸亚铁。

还原产物 Cr^{3+} 可通过加碱至 pH＝7.5～9 使之生成氢氧化铬沉淀，而从溶液中分离除去。还原反应在酸性溶液中进行（pH＜4 为宜）。还原剂的耗用量与 pH 值有关。例如，若用亚硫酸作还原剂，pH＝3～4 时，氧化还原反应进行得最完全，投药量也最省；pH＝6 时，反应不完全，投药量较大；pH＝7 时，反应难以进行。

（2）铁屑还原法除汞（Ⅱ）　常用的还原剂为比汞活泼的金属（铁屑、锌粉、铝粉、钢屑等）、硼氢化钠、醛类、联胺等。废水中的有机汞通常先用氧化剂（如氯）将其破坏，使之转化为无机汞后，再用金属置换。

四、混凝法

1. 混凝法的基础知识

废水中常含有多种成分的悬浮物质，它们会使废水变浑浊、带色和具有一定臭味。

在废水处理过程中，首先要把这些悬浮物质去除，各种污水都是以水为分散介质的分散体系，根据分散粒度不同，污水可分为三类。

（1）分散相粒度 0.1～1nm 间的称为真溶液。

（2）分散相粒度 1～100nm 间的称为胶体溶液。

（3）分散相粒度大于 100nm 的称为悬浮溶液。

其中粒度在 100μm 以上的悬浮溶液可采用沉淀或过滤处理，而粒度在 1nm～100μm 间的部分悬浮溶液和胶体溶液可采用混凝处理。

混凝处理的对象主要是污水中的细小悬浮颗粒和胶体微粒，这些颗粒很难用自然沉淀法

从水中分离出去。

混凝就是向污水中投加混凝剂来破坏胶体的稳定性，使细小悬浮颗粒和胶体微粒聚集成较粗大的颗粒而沉淀，从而与水分离，使污水得到净化。混凝法是给水和污水处理中应用非常广泛的方法。它既可以降低原水的浊度、色度等感观指标，又可以去除多种有毒有害污染物；它既可以自成独立的处理系统，又可以与其他单元过程组合，作为预处理、中间处理和最终处理过程，还经常用于污泥脱水前的浓缩过程。混凝法与污水的其他处理方法比较，其优点是设备简单，维护操作易于掌握，处理效果好，间歇或连续运行都可以。缺点是由于不断向污水中投药，运行费用较高，沉渣量大，且脱水较困难。

2. 混凝剂

目前常用的混凝剂按化学组成有无机混凝剂、有机混凝剂和生物混凝剂三类。下面介绍主要的几种。

（1）无机混凝剂　常用的无机混凝剂应用最广泛的是铝系和铁系金属盐，铝盐如硫酸铝、明矾、铝酸钠等，铁盐如硫酸亚铁、三氯化铁等。

（2）有机高分子混凝剂　高分子混凝剂分为天然和人工两类。在给水和废水处理中，人工合成的混凝剂日益增多并居主要地位。

根据高分子聚合物所带基团能否离解及离解后所剩离子的电性，有机高分子絮凝剂可分为阴离子型、阳离子型和非离子型三类。阴离子型主要是含有—COOM（M为H^+或金属离子）或—SO_3H的聚合物，如部分水解聚丙烯酰胺（HPAM）和聚苯乙烯磺酸钠（PSS）等。阳离子型主要是含有—NH_3^+、—NH_2^+和—N^+R_4的聚合物，如聚二甲基氨甲基丙烯酰胺（APAM）和聚乙烯吡啶盐等。非离子型是所含基团不发生离解的聚合物，如聚丙烯酰胺（PAM）、甲丙基聚丙烯酰胺（MPAM）和聚氧化乙烯（PEO）等，其中以PAM应用最为普遍。

（3）微生物絮凝剂　微生物絮凝剂（microbial flocculants，简称MBF）是利用生物技术，通过微生物发酵、抽取、精制而得到的一种新型水处理剂，具有高效、无毒、可生物降解和无二次污染等特性。

MBF具有广谱絮凝活性，适用范围较广，可用于给水处理、污水的除浊和脱色、消除污泥膨胀和污泥脱水等。此外，由于MBF具有无毒的特性，它还可成为发酵工业和食品工业中安全有效的絮凝剂，取代用离心和过滤的传统方法来分离细胞。

3. 助凝剂

为了提高混凝效果，生成粗大、密实、易于分离的絮凝体，特别是在原水水质状况与混凝剂所要求的适宜条件不相适应的情况（如pH值的差异和有干扰物质存在等）下，就需要添加一些辅助药剂，这些药剂统称为助凝剂。助凝剂可用于调节或改善混凝条件，也用于改善絮凝体的结构，有时有机类絮凝剂与其他无机类混凝剂合用，絮凝的效果更佳，经济上也更节约。助凝剂本身可以起混凝作用，也可不起混凝作用。按功能助凝剂可分为以下三种。

（1）pH调整剂　在污水pH不符合工艺要求，或在投加混凝剂后pH有较大变化时，需投加pH调整剂。常用的pH调整剂有石灰、硫酸、氢氧化钠等。

（2）絮体结构改良剂　这类物质有水玻璃、活性硅酸、黏土和粉煤灰等。主要作为骨架物质来强化低温和低碱度下的絮凝作用或作为絮体形成核心来加大絮体密度，改善其沉降性能和污泥的脱水性能。

（3）氧化剂　当污水中的有机物含量较高时，易起泡沫，不仅使感观性状恶化，也使絮凝体不易沉降，此时可投加氯气、次氯酸钠、臭氧等氧化剂来破坏有机物，以提高混凝效果。当用$FeSO_4$作混凝剂时，则常用O_2和Cl_2将Fe^{2+}氧化成Fe^{3+}，以提高混凝效果。

4．混凝设备与操作

整个混凝工艺过程包括混凝剂的配制与投加、混合、反应、澄清几个步骤。

（1）混凝剂的配制和投加　混凝剂的配制与投加方法分为干法投加和湿法投加两种。其优缺点比较见表12-3。

表12-3　药剂干投法与湿投法优缺点比较

投加方式	优点	缺点
干投法	设备占地小 设备被腐蚀的可能性小 当要求加药量突变时，易于调整投加量 药液较为新鲜	当用药量大时，需要一套破碎混凝剂的设备 混凝剂用量少时，不易调节 劳动条件差 药剂与水不易均匀混合
湿投法	容易与原水充分混合 不易阻塞入口，管理方便 投量易于调节	设备占地大 人工调制时，工作量较繁重 设备容易受腐蚀 当要求加药量突变时，投药量调整较慢

（2）混凝剂投加设备　目前较常用的药剂投加设备主要有计量泵、水射器、虹吸定量投药设备和孔口计量设备。其中计量泵最简单可靠，生产型号也较多。如图12-14所示为水射器投药设备，主要用于向压力管内投加药液，使用方便。如图12-15所示为虹吸定量投药设备，利用空气管末端与虹吸管出口中间的水位差不变，因而投药量恒定而设计的投配设备。孔口计量设备主要用于重力投加系统，溶液液位由浮子保持恒定。溶液由孔口经软管流出，只要孔上的水头不变，投药量就恒定。

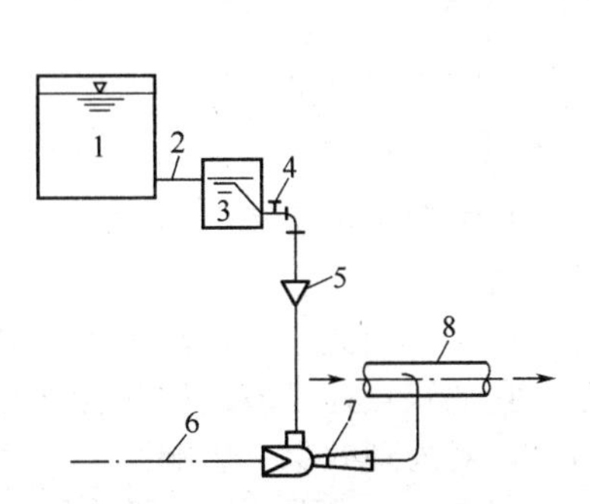

图12-14　水射器投药设备

1—溶液池；2—阀门；3—投药箱；4—阀门；5—漏斗；6—高压水管；7—水射器；8—原水管

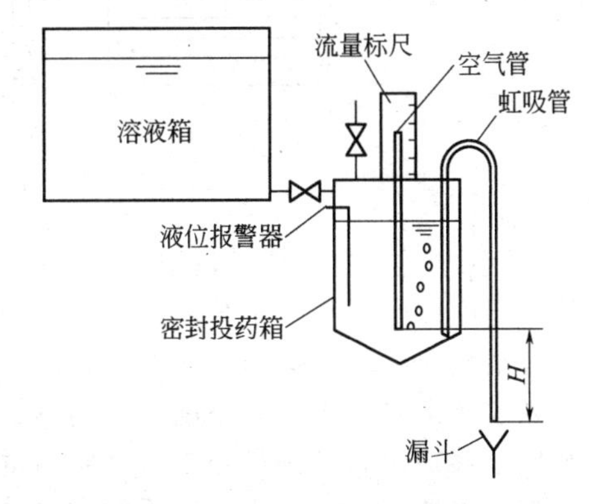

图12-15　虹吸定量投药设备

（3）混合设备　当药剂投入废水后在水中发生水解反应并产生异电荷胶体，与水中胶体和悬浮物接触，形成细小的絮凝体（矾花）这一过程就是混合。混合过程大约在10～30s内完成，一般不应超过2min。对混合的要求是快速而均匀。快速是因混凝剂在污水中发生水解反应的速率很快，需要尽量造成急速扰动以生成大量细小胶体，并不要求生成大颗粒；均匀是为了使化学反应能在污水中各部分得到均衡发展。

混合的动力来源有水力和机械搅拌两类。因此混合设备也分为两类，采用机械搅拌的有机械搅拌混合槽、水泵混合槽等；利用水力混合的有管道式、穿孔板式、涡流式混合槽等。

（4）反应设备　混合完成后，水中已经产生细小絮体，但还未达到自然沉降的粒度，反应设备的任务就是使小絮体逐渐絮凝成大絮体而便于沉淀。反应设备应有一定的停留时间和

适当的搅拌强度，以让小絮体能相互碰撞，防止生成的大絮体沉淀。但搅拌强度太大，则会使生成的絮体破碎，且絮体越大，越易破碎，因此在反应设备中，沿着水流方向搅拌强度应越来越小。

混凝反应设备也有机械搅拌和水力搅拌两类。机械搅拌反应池多为长方形，用隔板分为数格，每格装一搅拌叶轮，叶轮有水平和垂直两种。图 12-16 为一种机械搅拌反应池。

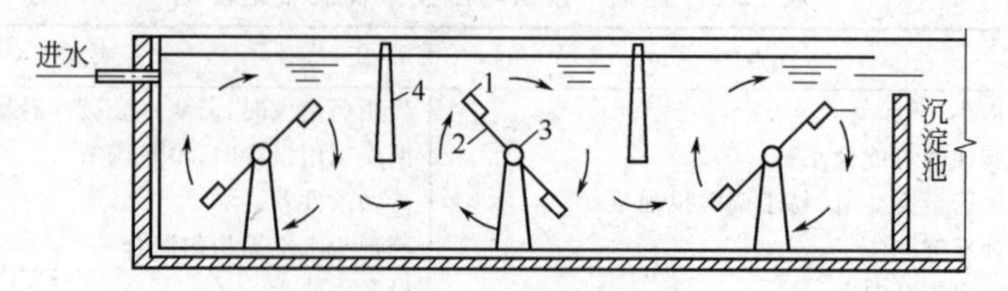

图 12-16　搅拌反应池

1—桨板；2—叶轮；3—旋转轴；4—隔墙

① 隔板反应池　水力搅拌反应池在我国应用广泛，类型也较多，主要有隔板反应池、旋流反应池、涡流反应池等。在污水处理中用得较多的是隔板反应池和旋流反应池，二者分别用于大、小流量的处理厂。隔板反应池中隔板的布置方式和相应的水流方向如图 12-17 所示。

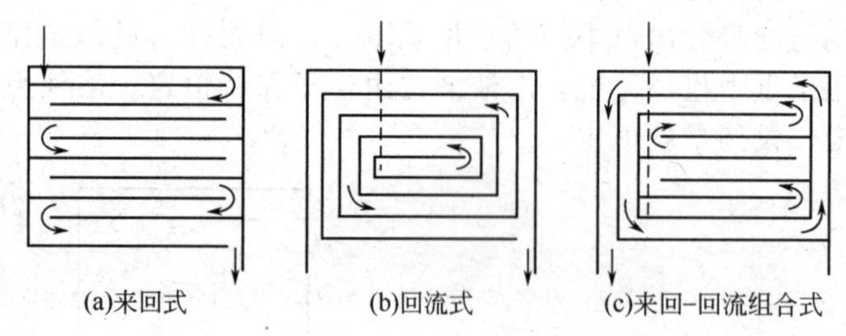

图 12-17　隔板反应池

② 澄清池　澄清是指利用原水中加入混凝剂并和池中积聚的活性泥渣相互碰撞接触、吸附，将固体颗粒从水中分离出来，而使原水得到净化的过程。

澄清池能在一个池内完成混合、反应、沉淀分离等过程，因此它占地面积小，同时它还具有处理效果好、生产效率高、药剂用量节约等优点。它的缺点是设备结构和管理复杂，出水水质不够稳定，尤其是当进水水质水量或水温波动时，对处理效果有影响。

在污水处理中，应用最广泛的是机械加速澄清池，如图 12-18 所示的澄清池。

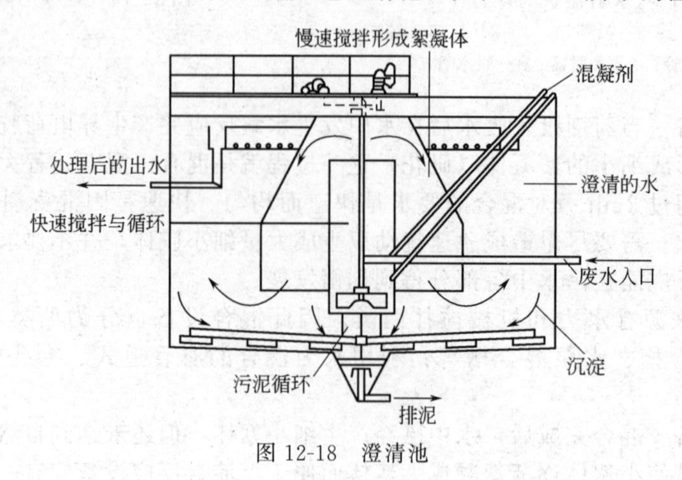

图 12-18　澄清池

五、吸附法

吸附法是一种物理化学处理技术，这种方法是将活性炭、黏土等多孔物质的粉末或颗粒与废水混合，或让废水通过由其颗粒状物组成的滤床，使废水中的污染物质被吸附在多孔物质表面上或被过滤除去。

目前，废水处理中主要采用活性炭吸附法，广泛应用于给水处理中去除微量有害物质和悬浮物质，废水脱色，去除难以降解的有机物以及一些如汞、锑、铬、银、铅、镍等重金属离子。

1. 常用的吸附剂

吸附剂必须是一种多孔物质，具有很大的比表面积。作为工业吸附剂，它必须满足以下条件：①吸附能力强；②选择性好；③吸附平衡浓度低；④容易再生和再利用；⑤机械强度好；⑥化学性质稳定。目前在水处理中广泛应用的吸附剂有：活性炭、活化煤、白土、硅藻土、活性氧化铝、焦炭、树脂吸附剂、炉渣、木屑、煤灰、腐殖酸等。

2. 吸附操作方式与设备

在污水处理中，吸附操作分为静态吸附和动态吸附两种。

(1) 静态吸附　静态吸附操作是把污水在不流动的条件下进行的吸附操作，为间歇操作方式。主要用于少量废水处理和科研，在实际处理过程中应用较少。

(2) 动态吸附　动态吸附就是污水在流动条件下进行的吸附，吸附操作是一个连续的过程。它是把污水连续地通过吸附型填料层，使污水中的杂质得到吸附。吸附剂经过一定时间的吸附后，吸附能力逐渐降低，吸附后出水中未被吸附的污染物逐渐增多，当超过规定的浓度后，再流出水的水质就不符合要求，应停止进水，需将吸附剂进行再生。

常用动态吸附设备主要有固定床、移动床、流化床。

① 固定床　固定床是污水处理中常用的吸附装置，如图 12-19 所示。当污水连续地通过填充吸附剂的设备时，污水中的吸附质便被吸附剂吸附。若吸附剂数量足够，从吸附设备流出的污水中吸附质的浓度可以降低到零。吸附剂使用一段时间后，出水中的吸附质的浓度逐渐增加；当增加到一定数值时，应停止通水，将吸附剂进行再生。吸附和再生可在同一设备内交替进行，也可将失效的吸附剂排出，送到再生设备进行再生。因这种动态吸附设备中，吸附剂在操作过程中是固定的，所以叫固定床。

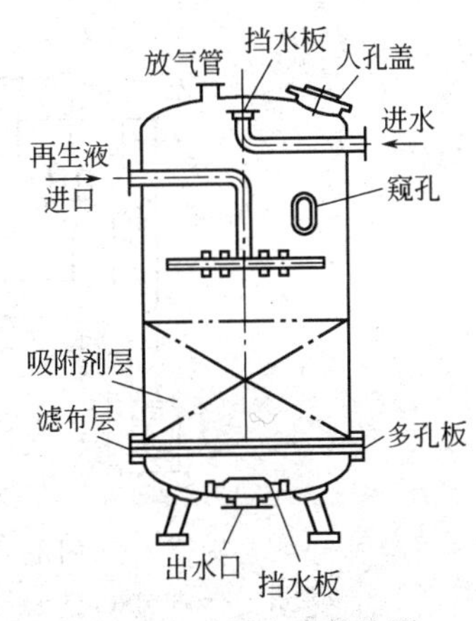

图 12-19　固定床构造图

固定床根据水流方向又分为升流式和降流式两种。降流式固定床中，水流自上而下流动，出水水质较好，但经过吸附后的水头损失较大。而且处理悬浮物较多的污水时，为了防止悬浮物堵塞吸附层，需定期进行反冲洗。而对于较大量的污水处理，多采用平流式或降流式吸附滤池。平流式吸附滤池把整个池身分为若干小的吸附滤池区间，这样的构造，可以使设备连续不断地工作，某一段再生时，污水仍可进入其余的区段进行处理，不至于影响全池工作。其操作示意图见图 12-20。

根据处理水量、原水水质及处理要求，固定床可分为单床和多床。多床又分为并联与串联两种，前者适于大规模处理、出水水质要求低；后者适于处理量小、出水水质要求高。

② 移动床　移动床的运行操作方式如图 12-21 所示。原水从吸附塔底部流入和吸附剂进行逆流接触，处理后的水从塔顶流出。再生后的吸附剂从塔顶加入，接近吸附饱和的吸附剂从塔底间歇地排出。移动床的优点是占地面积小，连接管路少，基本上不需要反冲洗。缺

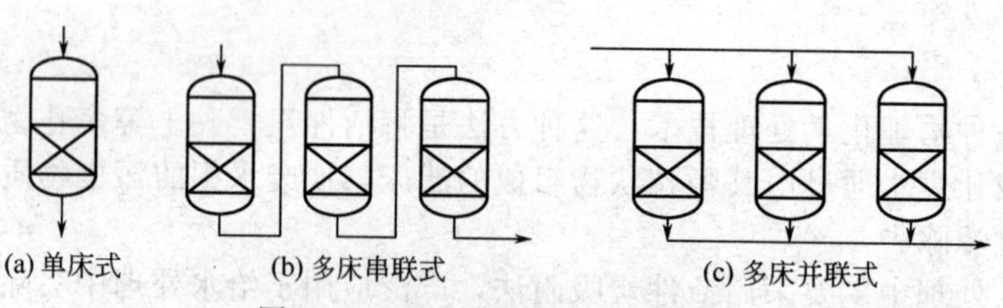

图 12-20 固定床吸附操作示意图

点是难以均匀地控制炭层；操作要求严格，不能使塔内吸附剂上下层互混。

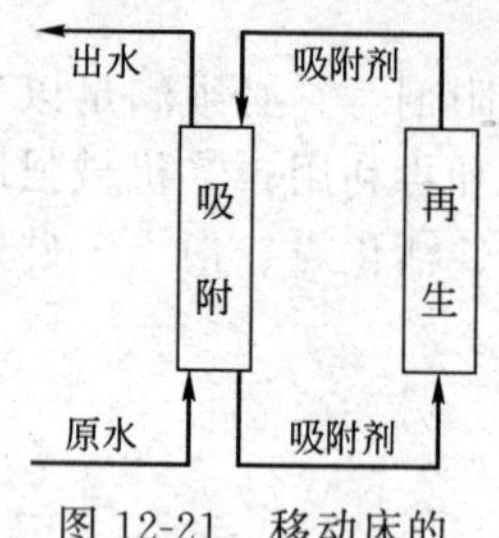

图 12-21 移动床的运行操作方式

③ 流化床 吸附剂在塔中处于膨胀状态，塔中吸附剂与污水逆向连续流动。流化床是一种较为先进的床型。与固定床相比，可使用小颗粒的吸附剂，吸附剂一次投加量较小，不需反冲洗，设备小，生产能力大，预处理要求低。但运转中操作要求高，不易控制，同时对吸附剂的机械强度要求较高。目前应用较少。

3. 工程应用

我国建成的第一套大型炼油污水活性炭吸附处理的工业装置，其工艺流程如图 12-22 所示。

炼油污水经隔、浮洗、生化和砂滤后，自下而上流经吸附塔活性炭层，到集水井 4，由水泵 5 送到循环水场，部分水作为活性炭输送用水。处理后的挥发分＜0.1mg/L、氰化物＜0.05mg/L、油含量＜0.3m/L，主要指标达到或接近地面水标准。吸附塔为移动床型，直径为 4400mm×8000mm，4 台，每台处理量 150t/h，再生炉除外。热式回转再生炉为 700mm×15700mm，处理能力为 100kg/h。

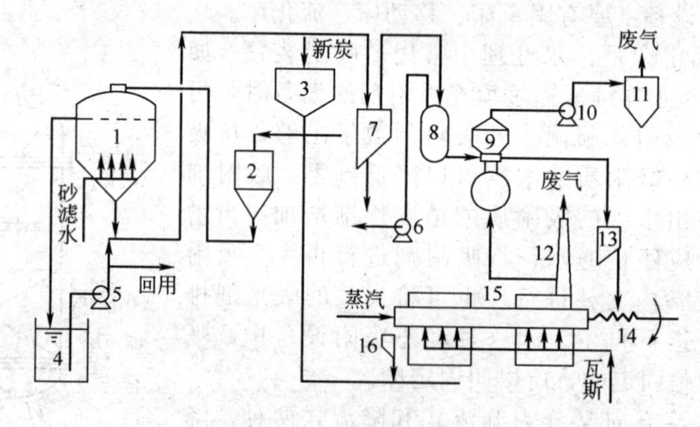

图 12-22 活性炭三级处理炼油污水工艺流程图

1—吸附塔；2—冲洗罐；3—薪炭投加斗；4—集水井；5—水泵；6—真空泵；7—脱水罐；8—储料罐；9—沸腾干燥床；10—引风机；11—旋风分离器；12—烟筒；13—干燥罐；14—进料机；15—再生炉；16—急冷罐

六、气浮法

气浮法又称浮选法，是从液体中除去低密度固体物质或液体颗粒的一种方法。气浮是通过空气鼓入水中产生的微小气泡与水中的悬浮物黏附在一起，靠气泡的浮力一起上浮到水面而实现固-液或液-液分离的操作。在进行浮选操作时，有时还需随水质不同同时加入相应的浮选剂或混凝剂。

在污水处理领域，气浮法广泛应用于污泥浓缩法中排出的污泥；回收含油废水中的悬浮油及乳化油；回收工业废水中的有用物质，如造纸厂污水中的纸浆纤维等。

1. 气浮法基础知识

气浮过程包括微小气泡的产生，微小气泡与固体或液体颗粒的黏附，以及上浮分离等步骤。实现浮选分离必须满足以下几个条件：①必须向水中提供足够数量的微小气泡；②必须使分离的物质呈悬浮态；③必须使气泡与悬浮的物质产生黏附作用。

废水通入气泡后，并非任何悬浮物都能与之黏附。预分离的悬浮物质能否与气泡黏附在一起取决于该物质的润湿性，即被水润湿的程度。

对于亲水性难气浮的物质，如纸浆纤维、煤粒、重金属离子等，若采用气浮法处理，一般需加一些浮选剂以改变颗粒表面性质，使其表面转化成疏水性物质而与气泡吸附。常用的浮选剂有松香油、煤油产品，硬脂酸、脂肪酸及其盐类等。有时还需投加一定量的表面活性剂作为起泡剂，使水中气泡形成稳定的微小气泡，产生的气泡越小，总表面积越大，吸附水中悬浮物的机会越多，对提高浮选效果有利。但表面活性剂不能超过限度，否则泡沫在水面上聚集过多，由于严重乳化，将显著降低浮选效果。

2. 气浮法的分类

浮选流程根据气泡的产生可以分为溶气浮选、布气浮选、电解浮选三类。

（1）溶气浮选法　溶气浮选是使空气在一定压力下溶解于水中，并达到过饱和状态，然后再突然使污水减到常压，此时溶解于水中的空气，便以微小气泡的形式从水中逸出。

溶气气浮形成的气泡粒度很小，气泡直径 80μm 左右，粒径均匀，且操作过程中可人为控制气泡与污水接触时间。因此，溶气浮选的净化效果好，在污水处理领域应用广泛。

（2）布气浮选法　布气浮选是利用机械剪切力，将混合于水中的空气粉碎成小的气泡，以进行气浮选的方法。按粉碎气泡方法的不同，布气浮选又可以分为泵吸水管吸气浮选、射流浮选、扩散板曝气浮选以及叶轮浮选四种。

水泵吸水管浮选是最原始也是最简单的一种浮选方法。该法的优点是设备简单，其缺点是由于水泵工作特性的限制，吸入空气量不能过多，一般不大于吸水量的 10%（体积分数），否则将破坏水泵吸水管负压工作。

射流浮选是采用以水带气的方式向污水中混入空气进行浮选的方法。

叶轮扩散气浮。在浮选池底部设有旋转叶轮，其上部装有带孔眼的轮套，轮套中心有曝气管。当电动机带动叶轮旋转时，在曝气管中产生局部真空，空气和水即沿曝气管和孔底逸出时，悬浮的杂质或乳化油黏附于气泡周围，随之浮至水面形成泡沫，由不断缓慢转动的刮板机将其刮出池外。

叶轮气浮设备构造图如图 12-23 所示。

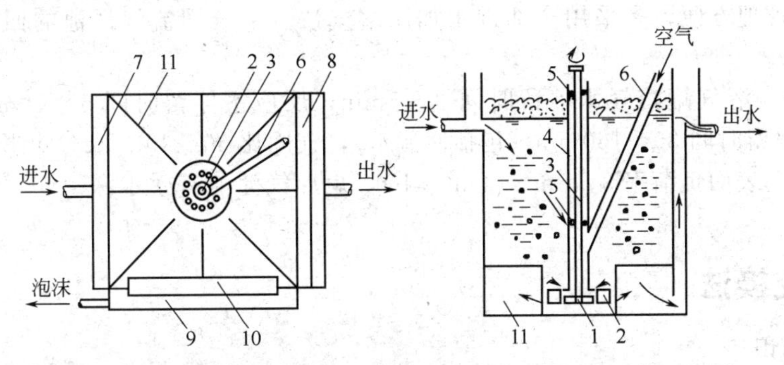

图 12-23　叶轮气浮设备构造图

1—叶轮；2—盖板；3—转轴；4—轴套；5—轴承；6—进气管；7—进水槽；8—出水槽；9—泡沫槽；10—刮沫板；11—整流板

（3）曝气浮选　曝气浮选是用鼓风机将空气直接打入装在浮选池底部的充气器，使空气

形成细小的气泡均匀地进入污水中进行浮选。充气器可用扩散板（如多孔瓷板）、微孔管（如陶瓷管、塑料管等）、穿孔管等制成。

3. 电解气浮选

电解浮选法是对污水进行电解，这时在阴极产生大量的氢气泡，氢气泡的直径极小，仅有20～100μm，它们起着浮选剂的作用。污水中的悬浮颗粒黏附在氢气泡上，随它上浮，从而达到净化污水的目的。与此同时，在阳极电离形成的氢氧化物起着混凝剂的作用，有助于污水中的污染物浮上或下沉。

4. 浮选法在废水处理中的工程实例

（1）炼油厂含油废水处理　某厂经平流式隔油池处理后的含油废水量为250m^3/h，主要污染物含量：石油类80mg/L、硫化物5.45mg/L、挥发分21.9mg/L、COD 400mg/L、pH值7.9，废水处理采用回流加压溶气流程，如图12-24所示。

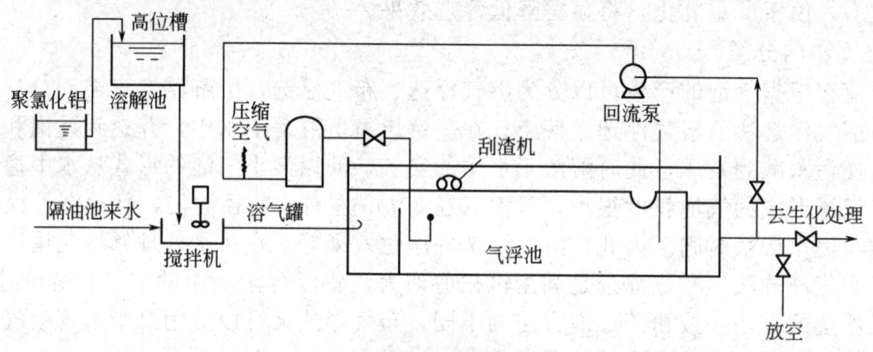

图12-24　回流加压溶气气浮工艺流程

含油废水经平流式隔油池处理后，在进水管线上加入20mg/L的聚氯化铝，搅拌混合后流入气浮池。气浮处理出水，部分送入生物处理构筑物进一步处理，部分用泵进行加压溶气后送入溶气罐，进罐前加入5%压缩空气，在0.3MPa压力下使空气溶于水中，从顶部减压后从释放器进入气浮池。浮在池面的浮渣用刮渣机刮至排渣槽。

出水水质：石油类17mg/L，硫化物2.54mg/L，酚18.4mg/L，COD 250mg/L，pH值为7.5。

（2）染色废水处理　气浮法处理染色废水中的合成洗涤剂和密度较小、难以沉淀的絮凝体效果较好。处理水量在1000m^3/d以上时可采用部分加压溶气气浮法。水量小于1000m^3/d时，为操作管理方便，多采用全部进水加压溶气法。部分回流气浮池的回流水量一般为25%～50%。

设计参数：溶气罐溶气水停留时间3～5min，反应室停留时间5～10min（包括回流水），分离室停留时间30～160min（包括回流水），气固比30～40L/kg，矩形气浮池水平流速1～2mm/s，表面负荷率3～5m^3/（m^2·h），矩形气浮池有效水深1.5～2m，保护高度0.4～0.5m。

七、离子交换法

1. 基础知识

离子交换法是利用固相离子交换剂功能基团所带交换离子，与废水中相同电性离子进行交换反应，以达到分离废水中污染物的目的。

常用的离子交换剂有磺化煤和离子交换树脂。

（1）磺化煤：是煤磨碎后经浓硫酸处理得到的碳质离子交换剂。

(2) 离子交换树脂：是人工合成的有机高分子电解质凝胶，其内部是一个立体的网状结构作为骨架，上面结合相当数量的活性离子交换基团。

2. 离子交换树脂的选择性

离子交换树脂对水中各种离子的吸附能力不同，其中某些离子很容易吸附，而另一些离子却很难吸附。离子交换树脂对某种离子能优先吸附的性能称为选择性，它是决定离子交换法处理效率的一个重要因素。常温和低浓度溶液中，各种树脂对不同离子的选择性大致有如下规律。

强酸性阳离子交换树脂的选择性顺序为：

$$Fe^{3+}>Cr^{3+}>Al^{3+}>Ca^{2+}>Mg^{2+}>K^{+}=NH_4{}^{+}>Na^{+}>Li^{+}$$

弱酸性阳离子交换树脂的选择性顺序为：

$$H^{+}>Fe^{3+}>Cr^{3+}>Al^{3+}>Ca^{2+}>Mg^{2+}>K^{+}=NH_4^{+}>Na^{+}>Li^{+}$$

强碱性阴离子交换树脂的选择性顺序为：

$$Cr_2O_7^{2-}>SO_4^{2-}>CrO_4^{2-}>NO_3{}^{-}>Cl^{-}>OH^{-}>F^{-}>HCO_3{}^{-}>HSiO_3^{-}$$

弱碱性阴离子交换树脂的选择性顺序为：

$$OH^{-}>Cr_2O_7^{2-}>SO_4^{2-}>CrO_4^{2-}>NO_3^{-}>Cl^{-}>HCO_3^{-}$$

应当指出，由于实验条件不同，各研究者所得出的选择性顺序不完全相同。

3. 常用的离子交换设备及操作

按照运行方式的不同，离子交换设备可分为固定床和连续床两大类，固定床又可分为单层、双层、混合床三种，连续床又可分为移动床和流化床两种。

在废水处理中，单层固定床离子交换装置是最常用、最基本的一种形式，离子交换树脂装填在离子交换器内，形成一定高度，在整个操作过程中，树脂本身都固定在容器内而不往外输送，常用的固定床离子交换器见图 12-25 所示。

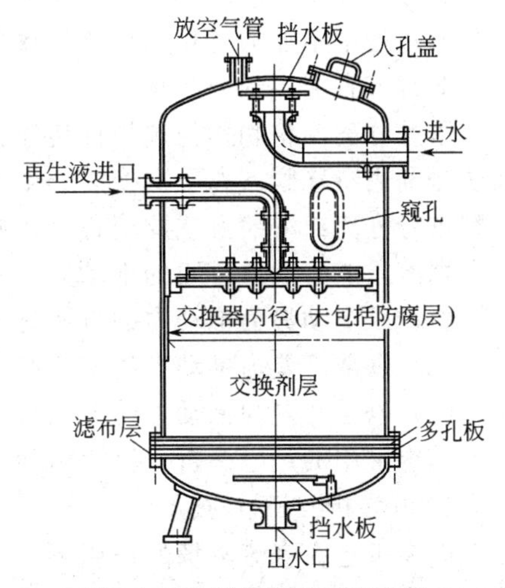

图 12-25 固定床离子交换器

离子交换的运行操作包括四个步骤：交换、反洗、再生、清洗。

4. 工程实例（离子交换法处理电镀含铬废水应用实例）

电镀含铬废水由于电镀工艺的不同，废水中的六价铬浓度不同，其他金属离子和各种阴离子等的成分和含量也有所不同。废水中 pH 为中性条件主要以 CrO_4^{2-} 存在，而在酸性条件下主要以 $Cr_2O_7^{2-}$ 存在。离子交换法处理电镀含铬废水成功实例是双阴柱全酸全饱和工艺流程。见图 12-26。

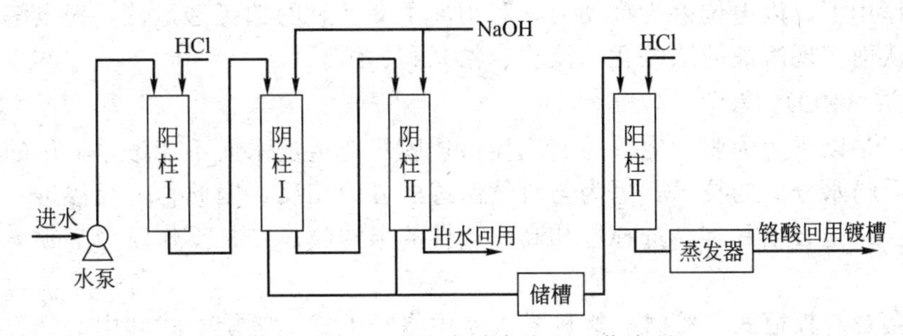

图 12-26 双阴柱全酸全饱和工艺流程

经过滤除去悬浮物后的废水流经 H 型阳离子交换柱Ⅰ，除去少量的 Cr^{3+} 和其他阳离

子，其交换反应方式为：

$$3RH+Cr^{3+} \longrightarrow R_3Cr^{3+}+3H^+$$

经过上述阳离子交换反应后，废水的 pH 值降低，使 CrO_4^{2-} 转化为 $Cr_2O_7^{2-}$，因此，从阳柱Ⅰ中流出的废水中六价铬主要以 $Cr_2O_7^{2-}$ 形式存在，有利于后面的阴离子交换。$Cr_2O_7^{2-}$ 的氧化能力很强，容易破坏树脂，因此，阴树脂要选用化学稳定性较好的强碱性树脂。

脱除阳离子后的废水流经两个串联的强碱性阴离子（ROH）交换柱，除去六价铬，其交换反应式为：

$$2ROH+Cr_2O_7^{2-} \longrightarrow R_2Cr_2O_7+2OH^-$$

$$2ROH+CrO_4^{2-} \longrightarrow R_2CrO_4+2OH^-$$

经阳、阴离子交换后，出水中六价铬浓度低于 0.5mg/L，可用作镀件漂洗水。饱和的阳树脂用盐酸溶液再生，饱和阴树脂用氢氧化钠再生，可得到 Na_2CrO_4 溶液。为回收铬酐，将再生液经过一个阳柱，得到的铬酸进行回收。

八、膜分离技术

膜分离技术是以高分子分离膜为代表的一种新型流体分离单元操作技术。它的最大特点是分离过程中不伴随有相的变化，仅靠一定的压力作为驱动力就能获得很好的分离效果，是一种非常节省能源的分离技术。

膜是分离两相和作为选择性传递物质的屏障，它所具有的共同特性是选择透过性。膜分离法是利用特殊膜（离子交换膜、半透膜）的选择透过性，对溶剂（通常是水）中的溶质或微粒进行分离或浓缩方法的统称。溶质通过膜的过程叫渗析，溶剂通过膜的过程叫渗透。

据溶质或溶剂透过膜的推动力不同，膜分离法可分为三类。

（1）以电动势为推动力的方法有电渗析和电渗透；

（2）以浓度差为推动力的方法有分散渗析和自然渗透；

（3）以压力差为推动力的方法有压渗析和反渗透、超滤、微孔过滤。

其中常用的是电渗析、反渗透和超滤。

1. 电渗析（ED）技术

电渗析是在直流电场的作用下，溶液中的阴、阳离子选择性透过阴、阳离子交换膜，而使溶液中的溶质与水分离的物理化学过程。电渗析技术已发展为大规模的分离单元过程，在膜分离中占有重要地位。它被广泛应用于苦咸水脱盐，在某些地区已成为饮用水的主要生产方法。

电渗析技术将阴、阳离子交换膜交替排列于正负电极之间，并用特制的隔板将其隔开。在直流电场作用下，以电位差为推动力，利用离子交换膜的选择透过性，把电解质从溶液中分离出来，从而实现溶液的浓缩化、淡化、精制和提纯。

2. 反渗透（RO）技术

反渗透：是以压力为驱动力，并利用反渗透膜只能透过水而不能透过溶质的选择性而使水溶液中溶质与水分离的技术，因为与自然渗透的方向相反，因此称为反渗透。反渗透工作的必备条件：一是必须具有高选择性和高渗透性的半透膜；二是操作压力必须大于溶液的渗透压。

反渗透装置有板框式、管式、螺旋卷式及中空纤维式。螺旋卷式和中空纤维式的单位体积处理水量高，大型装置一般采用这两种装置，而小型装置采用板框式和管式。

反渗透技术应用较多，在海苦咸水的脱盐、锅炉给水和纯水制备、废水处理与再生、有用物质的分离和浓缩等方面，反渗透都发挥了重要作用。反渗透用于造纸废水、印染废水、石油化工废水的深度处理等也都获得了很好的效果。

3. 超滤

超滤与反渗透一样也依靠压力推动力和半透膜实现分离。两种方法的区别在于超滤受渗透压的影响较小，能在低压力下操作（一般 0.1～0.5MPa），而反渗透的操作压力为 2～10MPa。超滤适于分离相对分子质量大于 500、直径为 0.005～10μm 的大分子和胶体，以及细菌、病毒、淀粉、树胶、蛋白质、黏土和油漆色料等，这类液体在中等浓度时，渗透压很小；而反渗透一般用来分离相对分子质量低于 500、直径为 0.0004～0.06μm 的糖、盐等渗透压较高的体系。

工业用超滤组件也和反渗透组件一样，有板框式、管式、螺旋卷式和中空纤维四种。超滤的运行方式应当根据超滤设备的规模、被截留物质的性质及其最终用途等因素来进行选择，另外还必须考虑经济问题。膜的通量、使用年限和更新费用构成运行费的关键部分。

超滤在工业废水处理方面的应用很广，如用于电泳涂漆废水、含油废水、含聚乙烯醇废水、纸浆废水、颜料和染色废水、放射性废水等的处理都十分有效，国外早已大规模用于实际生产中。

第四节 废水生物处理

一、活性污泥法

1. 基础知识

向活污水注入空气进行曝气。每天保留沉淀物，更换新鲜污水，这样，在持续一段时间后，在污水中即将形成一种呈黄褐色的絮凝体。这种絮凝体主要是由大量繁殖的微生物群体所构成，它易于沉淀与水分离，并使污水得到净化、澄清。这种絮凝体就是称为“活性污泥”的生物污泥。

活性污泥是活性污泥处理系统中的主体作用物质。在活性污泥上栖息着具有强大生命力的微生物群体，包括细菌、真菌、原生动物和后生动物。在微生物群体新陈代谢功能的作用下，活性污泥具有将有机污染物转化为稳定的无机物质的强大活性。

2. 活性污泥的净化机理

在活性污泥处理系统中，当反应器（曝气池）中活性污泥和废水充分接触时，废水中有机物在有氧条件下，通过好氧微生物代谢过程转化成无机物 CO_2 和 H_2O，微生物获得能量进行繁殖，其结果是使活性污泥得到增殖。这就是活性污泥微生物净化过程。这一过程主要是由微生物初期吸附和氧化代谢两个阶段来完成的。

（1）初期的吸附　活性污泥对废水中有机物的初期吸附作用，主要是由于微生物具有较大表面积而致。每毫升活性污泥表面积在 20～100cm^2 之间，表面上含有多糖类的黏性物质。这些为产生初期较大吸附作用提供一定条件。实验表明，在活性污泥系统中，当污水刚与污泥接触约 20min 左右时，BOD 去除率就可达 75％～80％。此后去除速率减慢。

通过吸附作用，有机物只是从污水中转移到污泥上，其成分未立即发生变化。只有经过一定的时间曝气，才能够相继被摄入微生物体内而代谢。当吸附量达饱和时，污泥的吸附能力减弱。

初期吸附速率的大小和污水性质和微生物状态等因素有关。当污水中悬浮有机物少或微

生物处于饥饿状态的内源呼吸阶段，都会产生较大的吸附作用。

（2）微生物的代谢　活性污泥去除有机物的第二阶段是氧化分解。被吸附在活性污泥中的有机物在微生物分泌外酶的作用下，进入细胞内部之后，才能在胞内酶作用下被微生物代谢。

活性污泥微生物对废水中的一部分有机物进行氧化分解生成 CO_2 和 H_2O 等稳定的无机物质，并获得合成新细胞所需要的能量。与此同时，另一部分有机物被微生物进行合成代谢。在分解过程产生能量作用下进行新细胞的合成，使活性污泥增殖。由于活性污泥具有很好的沉降性能，可在重力的作用下与水分离，从而达到污水净化的目的。

3. 活性污泥法的基本流程

活性污泥系统主要是由曝气池、二沉池、污泥回流设备和空气扩散系统组成，主要构筑物是曝气池和二沉池。

经过预处理污水和来自二沉池的回流污泥一起进入中心构筑物曝气池。压缩空气通过空气管道和空气扩散设备送到曝气池，向污水充氧并使混合液得到足够的搅拌，而呈悬浮状态。这样可使污水中有机物、氧气同活性污泥充分接触，使生化反应得以正常的进行。

污水在曝气池内经过一定停留时间后，混合液将不断排出，流入二沉淀池。在此进行污泥、水分离，活性污泥在重力作用下通过静止沉淀与水分离，上清液外排。沉淀下来的污泥从二沉池底部排除。一部分作为回流污泥，回到曝气池，补充曝气池生物固体浓度；另一部分作为剩余污泥送到污泥处理系统。

从上述基本流程可知，要使活性污泥系统正常运行，必要条件就是系统中不得有对微生物有毒有害物质进入，使活性污泥具有良好的凝聚和沉降性能；充足的氧气使污泥处于悬浮状态，与污水中的有机物、溶解氧充分地接触。另外，污泥需连续回流，保持曝气池中一定浓度的活性污泥。这样才使活性污泥法成为高效的生物处理方法。

在活性污泥处理系统中，活性污泥性能是控制运行效果的关键环节。在实际工程中，要求曝气池内有数量足够、性能良好的活性污泥。这样能保证在净化阶段污泥具一定吸附、凝聚性和氧化分解能力。在泥水分离时，活性污泥又能迅速与水分离，达到很好的处理效果。

4. 曝气

曝气是利用曝气设备，将空气中的氧转移到混合液中被微生物利用。曝气除供氧之外，还起搅拌混合的作用，使曝气池中的活性污泥和废水中的有机物充分混合，提高处理效果。

（1）曝气设备　曝气设备可分为鼓风曝气和机械曝气两大类。

① 鼓风曝气设备　鼓风曝气是向曝气池内充入一定的压缩空气，将压缩空气通过管道输送至曝气池内来满足微生物生化反应所需的氧气，并达到搅拌、混合活性污泥的目的。鼓风曝气系统是由空压机、空气扩散装置和一系列空气管道组成，其中空气扩散装置是曝气系统的关键部件。它的作用是将空气形成不同尺寸的气泡，增大气-液接触面，把空气中的氧溶水中。释放气泡的大小、气泡的压力、气液接触时间都会影响曝气装置的氧转移效率。

② 机械曝气设备　机械曝气是利用装在曝气池内的叶轮或转刷的搅动、剧烈地翻动液面，使空气中的氧溶于水中。由于轮或转刷常安装在曝气池表面进行曝气，也称“表面曝气”。

叶轮旋转时除了供氧外，也使气体和液体得到充分的混合，控制了池内活性污泥的沉积。

（2）曝气池

① 鼓风曝气系统曝气池　采用鼓风曝气的曝气池多为廊道式的推流曝气池，池形为长方形。污水（混合液）从池子一端流入，在后续水流的推动下，沿池长流动，并从池子的另一端流出。

② 机械曝气系统曝气池 机械曝气系统的曝气池多采用完全混合式曝气池（曝气沉淀池）。池形为圆形或矩形。曝气装置多采用叶轮表示曝气机，完全混合式曝气沉淀池构造如图 12-27 所示。

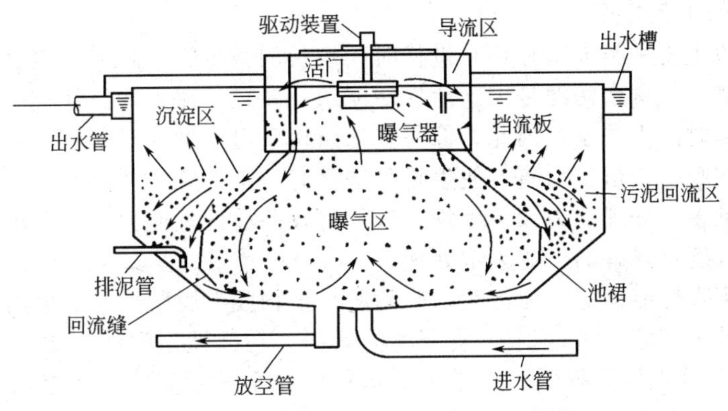

图 12-27 圆形曝气沉淀池剖面示意图

完全混合式曝气沉淀池构造是由曝气区、导流区、沉淀区和回流区四部分组成。废水从池子底部进入后，立即和曝气区中混合液混合，然后由导流区慢慢平稳地流入沉淀区进行泥水分离，污水经溢流堰排出，沉淀下来的污泥又从回流缝流入曝气区。导流区需设置竖向整流板以防止从回流窗流入的水流在惯性作用下旋转，并有利于气水和泥水的分离。曝气区出流窗口设可调节活门，以调节流量。

5. 二次沉淀池

二次沉淀池是活性污泥处理系统中的重要构筑物。它是用来澄清混合液、浓缩活性污泥并将污泥回流到曝气池。

二、生物膜法

1. 基本知识

废水中微生物细胞几乎能在水环境中任何适宜的载体表面牢固地附着，并在其上生长繁殖，经过一段时间表面就会形成一种膜状的物质被称之为生物膜。生物膜法就是利用生物膜中的微生物来分解废水中的有机物，使污水得到净化。由于生物膜主要是由微生物细胞和它所分泌胞外多聚物组成。因而，生物膜通常是孔状结构，有很大的表面积，并具有很强的吸附和氧化分解能力。在光学显微镜下观察生物膜，可看到形状各异、种类繁多的微生物群体。归纳起来主要有细菌、真菌、藻类、原生动物和后生动物等，其中细菌是生物膜主体成分，它产生胞外多聚物，为形成生物膜的结构奠定一定的基础。

由于生物膜的吸附作用，在废水不断流经生物膜表面时，会在膜表面存在一层液膜（附着水层），在生物膜外层形成以好氧微生物为主体的、厚度约 2mm 的好氧层。而在好氧层的深部由于扩散作用制约了溶解氧的渗透，往往会形成一层厌氧层，所以生物膜构造包括好氧层和厌氧层两部分。

空气中氧溶解于流动水层，通过液膜传递给生物膜，供微生物分解有机物之需；污水中有机物由流动的废水转移到液膜，然后进入生物膜的好氧层和厌氧层被微生物分解，代谢产物包括 H_2O、CO_2 和厌氧分解的产物 H_2S、NH_3、CH_4 等会沿着相反方向，排入到流动水层和空气层中，污水中有机物在流动过程中使之净化。在此过程中好氧代谢起主要作用。

在微生物利用有机物过程中，厌氧层与好氧层的厚度保持着一定的平衡和稳定关系，好氧层会维持正常的净化功能，但随着有机物分解的继续，生物膜的厚度会随之增加，厌氧层

厚度就会增加，当达到一定程度时，代谢产物在排出流动水层和空气过程中，会破坏好氧层结构，失去两层膜间的平衡关系，生物膜在滤料表面固着力会下降，使老化膜脱落下来，形成新的生物膜。

2. 生物膜法的工艺特点

（1）膜上的微生物种类丰富且存有世代时间较长的微生物　膜上微生物类型广泛，且能形成较长的食物链，使剩余污泥量少于活性污泥法，减轻污泥处理与处置的费用。生物膜法污泥龄与污水停留时间无关系，因此，像一些增殖速率慢、世代时间较长的亚硝化细菌、硝化细菌，都可以在膜上繁衍、增殖，使生物膜法具有一定的脱氮功能。

（2）微生物量多，处理能力大　生物膜法具有较高的处理能力，不仅用于城市污水的处理，还可用于高浓度难降解的工业废水处理。

（3）污泥的沉降性能良好，无污泥膨胀问题　生物膜上脱落下来的生物污泥密度大，个体也较大，污泥易于沉淀，易达到固-液分离的目的。在活性污泥法中因污泥膨胀问题而导致固-液分离困难和处理效果降低一直是工艺运行的一个棘手问题，而生物膜法中微生物是附着生长，即使丝状细菌大量繁殖，也不会导致污泥膨胀，相反的还可以利用这些具有较强分解能力的菌种来提高处理效果。

（4）耐冲击负荷，并能处理低浓度废水　生物膜中微生物受水质、水量变化的影响较小，有一定的耐冲击负荷能力，即使在一段时间内中断进水或工艺出现问题，也不会对生物膜的功能造成致命的影响，通水后会较快恢复活性。

生物膜法不仅可处理高浓度的废水，且对低浓度污水也同样具有较好的处理效果，这点是活性污泥法无法比拟的。

（5）易于维护管理，经济节能　生物膜法不需污泥回流系统，多数生物膜反应器，采用自然通风供氧，勿需曝气，节省能源，动力费用较低，且易于维护管理。

当然生物膜法在运行中也存在着一些不足，如工艺需较多的填料和支撑结构，会提高基建投资，出水易携带着脱落下来的生物膜，细小的悬浮物分散在水中，使处理水的澄清度下降。但综合比较起来，生物膜法还是有着它独特的优势。

据污水与生物膜接触形式不同，生物膜法可分为生物滤池、生物转盘和生物接触氧化法等。

第五节 污泥的处理与处置

一、污泥的特性

污泥是城市污水和工业废水处理过程中的大量产物，其体积庞大，成分复杂，多含有机物、病原微生物、重金属离子等，会对周围环境造成新的污染，因此，必须进行处理与处置。

按来源不同，污泥可分为如下几种。

① 初沉污泥：是指初次沉淀池沉淀下来而排除的污泥。

② 剩余活性污泥：来自活性污泥法二沉池的污泥，主要成分是微生物细胞。

③ 腐殖污泥：来自生物膜法后二沉池污泥，主要是脱落下来的生物膜。

④ 熟污泥：初沉污泥、剩余污泥、腐殖污泥经消化后的污泥，也称为消化污泥。

⑤ 化学污泥：用化学沉淀法、混凝法处理污水所产生的污泥。

二、污泥浓缩

在废水处理过程中产生的污泥含水率很高，体积很大，这对污泥的后续处理和利用都会造成一定的难度，因此必须是进行污泥浓缩。

污泥浓缩的主要方法有重力浓缩法、气浮法和离心法，在实际操作中应考虑各种方法特点、污泥性质、来源及最终处置等多种因素来选择浓缩方法。

三、污泥的稳定与干化

1. 污泥的好氧处理

污泥好氧处理（消化）实际上是活性污泥法的延续，它是在不外加有机物的条件下，继续对污泥进行长达10～20h的曝气，使污泥中微生物处于内源呼吸阶段进行自身的氧化，从而使污泥得到稳定。污泥好氧消化法的可消化程度高，可生物降解有机物的降解程度高，剩余消化污泥最少，管理方便简捷，因此一般小型污水处理厂或污泥量少时易采用好氧消化处理。

2. 污泥厌氧处理

污泥中含大量有毒物质和病原微生物，需对其进行处理。最常采用的处理方法是厌氧处理，通过厌氧处理使污泥减量、稳定及无害化。

3. 污泥的脱水与干化

污泥经浓缩、消化后其含水率仍很高，体积很大，污泥需脱水处理，使其含水率下降，以便综合利用和最终处理。污泥脱水方法有自然干化法和机械脱水两种。

自然干化法是利用自然因素使污泥中水分蒸发、渗透来达到脱水的目的。它是一种经济简单的方法。适用于气候干燥、用地不紧张的中、小型污水处理厂的污泥脱水处理。

机械脱水设备应用较多的有带式压滤脱水机和板框压滤机。带式压滤脱水机属于过滤法脱水设备，由于它具有能连续运行、操作管理简单、附属设备少、动力消费少等特点，使之发展迅速，成为应用广泛的一种脱水设备，我国大型污水处理厂的脱水设备几乎都采用带式压滤机。板框压滤机是一种使用较早的脱水设备。它的构造简单，泥饼含固率高，滤液清澈，有利于后续处理，适用于各种性能的污泥脱水，所以在一些小型污水处理厂和工业废水处理站，污泥脱水多采用板框压滤机。目前使用较多的是半自动式板框压滤机。

四、污泥的最终处置

污泥处置的最终出路有在农业上利用、建筑材料的利用、填埋和投海等。

1. 农田利用

城市污水处理厂的有机污泥用于农业上作肥料是污泥最终处置的最佳方法。污泥中含有植物生长所需的营养物和微量元素，所以施入农田后，可增加农田的肥力和作物的产量。另外污泥中还含有大量的腐殖物，可促进土壤的团粒结构，改善土壤性质，有利于农作物的增长。但污泥中也含有一些对植物、土壤有害的病原菌、寄生虫卵及金属离子等。因此在施肥前应进行稳定化处理或堆肥，以杀死病原菌和寄生虫，稳定有机物。另外，重金属离子含量也必须符合我国农业部制定的《农田污泥中污染物控制指标》（GB 4284—84）的要求。

污泥焚烧的灰渣中也含有磷、镁、铁等植物生长所必需的元素，也可作为肥料使用。多采用湿式堆肥法，防止灰渣飞扬。

生污泥脱水的泥饼含水率高，有机物多，易于腐化，所以直接用于肥料时难以直接进行施肥操作，一般应在野外长期堆放，再进行施肥。

2. 建筑材料的利用

污泥在建筑材料上的利用主要有制砖与制纤维材料，此外，还可以用作铺路。污泥制砖

的方法有两种，一种是用干污泥直接制砖，在制砖前应对污泥的成分进行调整，使其成分与制砖黏土化学成分相当。另一种是用污泥焚烧灰制砖，焚烧的灰的化学成分与制砖黏土的化学成分是比较接近的，制坯时，应加入适量的黏土与硅砂。

污泥制生化纤维板，主要是利用污泥所含粗蛋白（有机物）与球蛋白（酶），能溶解于水及稀酸、稀碱、中性盐的水溶液这一性质，在碱性条件下，加热、干燥、加压后，会发生蛋白质变性作用，从而制成活性污泥树脂（又称蛋白胶）。使之与漂白、脱脂处理的废纤维压制成生化纤维板材。其性质亦优于国家三级硬质纤维板的标准。

污水处理后所产生的沉渣，可用作铺路、制造水泥等材料，应用普遍。

3. 弃置法

包括污泥填埋和投海。

污泥可单独填埋，也可与城市垃圾等其他固废物一起填埋。填埋场地应符合一定的填埋设计要求。

沿海城市可用船舶或管道将污泥输送到海洋，这是一种较方便、经济的污泥最终处理方法。但是污泥投海须慎重，否则会造成海区的污染。在污泥投海工程实施前，一定要按环境部门要求，合理选择倾置海区。按国外污泥投海经验，污泥投海应距海岸10km以上，深25m，潮流水量为污泥量的500～1000倍，以保证海水的稀释和自净作用。

复习思考题

1. 导致水体污染的来源有哪些?
2. 污水的水质指标有哪些? 它们各自的含义是什么?
3. 简述水体中可能有哪些污染物质，举例说明之。
4. 污水处理工艺中，调节池的主要功能是什么? 沉淀在污水处理系统中的主要作用是什么?
5. 用中和法处理硫酸废水要考虑哪些问题?
6. 活性炭为什么具有较强的吸附作用? 什么物质易被活性炭吸附?
7. 吸附的操作分为哪几种形式? 并分别加以讨论
8. 什么是溶气气浮? 在废水处理中常用的是哪种?
9. 什么是离子交换法? 该法在废水处理中有哪些应用?
10. 化学沉淀法主要处理废水中哪些污染物? 化学沉淀法在废水处理中有哪些应用?
11. 反渗透技术有哪些应用?
12. 什么是混凝技术? 常用的混凝剂有哪几种?
13. 超滤法和反渗透法的异同是什么?
14. 活性污泥法的基本概念和净化原理是什么?
15. 正常运行的活性污泥系统应具备哪些条件?
16. 什么是生物膜法? 与活性污泥法比较，生物膜法的特点体现在哪几方面?
17. 什么是生物滤池? 它的种类和特点如何?
18. 什么是生物流化床? 其特点有哪些?
19. 试述污泥厌氧消化的机理，并说明影响因素有哪些。
20. 简述污泥的最终处置方法。

CHAPTER 13

第十三章 化工固废的处理与资源化

固体废物（简称固废）是指在社会的生产、流通、消费等一系列活动中产生的一般不再具有原使用价值而被丢弃的以固态和泥状储存的物质。

固体废物来自人类活动的许多环节，即包括生产过程和生活过程的一些环节。因此，固体废物的来源大体上可分为两类：一是生产过程中所产生的废物（不包括废气和废水），称为生产废物；另一类是在产品进入市场后在流动过程中或使用消费后产生的固体废物，称生活废物。

《中华人民共和国固体废物污染环境法》（1995 年公布）将固体废弃物分为城市生活垃圾、工业固体废物和危险废物 3 类。其中工业固体废物和危险废物中均有化工固废。

化学工业产生的固体废物种类繁多、成分复杂，治理方法和综合利用的工艺技术较为苛刻，是主要的工业污染源之一；多数化工固废对人体健康和环境会构成较大威胁，另一方面，化工固废中有相当一部分，通过加工可以将有价值的物质回收利用，其资源化潜力很大。

第一节 化工固废概述

一、化工固废的来源、分类、特点和治理原则

1. 化工固废的来源

化学工业固体废弃物简称化工固废，是指化工生产过程中，产生的固体、半固体或浆状废弃物，其来源包括化工生产过程中进行化合、分解、合成等化学反应产生的不合格产品（含中间产品）、副产物、失效催化剂、废添加剂、未反应的原料及原料中夹带的杂质等，以及直接从反应装置排出的或在产品精制、分离、洗涤时由相应装置排出的工艺废物，还有空气污染控制设施排出的粉尘、废水处理产生的污泥、设备检修和事故泄漏产生的固体废弃物及报废的旧设备、化学品容器和工业垃圾等。

化学工业固体废物的性质、数量、毒性与原料来源、生产工艺和操作条件等有很大关系。由于化工生产过程中所用的原料种类、反应条件和二次回用方式等的不同，使得产生废渣的化学成分和矿物组成等均有较大差异。但总的来说，化工废渣中的主要成分为硅、铝、镁、铁、钙等化合物，同时还含有一些钾、钠、磷、硫等化合物，对于一些特定的化工废渣，如铬渣、汞渣、砷渣等则含有铬、汞、砷等有毒物质。

国家经贸委发布的《资源综合利用目录》（2003 年修订）介绍的化工固废包括：硫铁矿渣、硫铁矿煅烧渣、硫酸渣、硫石膏、磷石膏、磷矿煅烧渣、含氰废渣、电石渣、磷肥渣、

硫黄渣、碱渣、含钡废渣、铬渣、盐泥、总溶剂渣、黄磷渣、柠檬酸渣、制糖废渣、脱硫石膏、氟石膏、废石膏模等。

2. 化工固废的分类

化工固体废物有多种分类方法。为了便于管理，常按产生的行业和工艺过程来划分，如硫酸生产过程产生的硫铁矿烧渣、铬盐生产过程产生的铬渣、电石乙炔法制聚氯乙烯生产过程中产生的电石渣等，化工固废的具体分类见表 13-1。

表 13-1 化学工业固体废物来源与分类

行业名称	产品	生产工艺	固体废物类型	产量 /(t 废物/t 产品)
1. 无机盐工业	重铬酸钾	氧化焙烧法	铬渣	1.8～3
	氰化钠	氨钠法	氰渣	0.057
	黄磷	电炉法	电炉炉渣 富磷泥	8～12 0.1～0.15
2. 氯碱工业	烧碱	水银法 隔膜法	含汞盐泥 盐泥	0.04～0.05 0.04～0.05
	聚氯乙烯	电石乙炔法	电石渣	1～2
3. 磷肥工业	黄磷	电炉法	电炉炉渣	8～12
	磷酸	湿法	磷石膏	3～4
4. 氨肥工业	合成氨	煤制气	炉渣	0.7～0.9
5. 纯碱工业	纯碱	氨碱法	蒸馏残液	9～11m^3
6. 硫酸工业	硫酸	硫铁矿制酸	硫铁矿烧渣	0.7～1
7. 有机原料及合成材料工业	季戊四醇	低温缩合法	高浓度废母液	2～3
	环氧乙烷	乙烯氧化(钙法)	皂化废渣	3
	聚甲醛	聚合法	稀醛液	3～4
	聚四氟乙烯	高温裂解法	蒸馏高沸残液	0.1～0.15
	氯丁橡胶	电石乙炔法	电石渣	3.2
	钛白粉	硫酸法	硫酸亚铁	3.8
8. 染料工业	还原艳绿 FFB	苯绕蒽酮缩合法	废硫酸	14.5
	双倍硫化氢	二硝基氯苯法	氧化滤液	3.5～4.5

3. 化工固废特点

化工固废具有如下特点。

(1) 化工固废产生量大，一般每生产 1t 产品产生 1～3t 固废，有的产品甚至可高达 8～12t 固废。

(2) 危险废物种类多，有毒物质含量高，对人体健康和环境危害大。化工固废中有相当一部分具有急性毒性、反应性、腐蚀性等特点，而且废物中有毒物质含量高，对人体健康和环境会构成较大威胁。表 13-2 列举了几种化工危险固废对人体与环境的危害。

(3) 再资源化潜力大。化工固废中有相当一部分是反应原料和反应副产物，如硫铁矿烧渣、废胶片、废催化剂等，通过加工就可将有价值的物质从废物中回收利用，能取得较好的经济和环境双重效益。

4. 化工固废治理技术原则

随着我国化工生产的发展，化工固废的产生量日益增加，除一部分进行处置外，相当一

表 13-2 化工危险固废对人体与环境的危害

废渣	主要成分及其含量	危害特征
铬渣	Cr^{6+}，0.3%～2.9%	对人体消化道和皮肤具有强烈刺激和腐蚀作用，对呼吸道造成损伤，有致癌作用。可在水生生物体内蓄积并导致死亡。影响小麦、玉米等作物生长
无机盐废渣	CN^-，14%	引起头痛、头晕、心悸、甲状腺肿大，急性中毒时，可导致呼吸衰竭，对人体和生物危害极大
	含汞 0.2%～0.3%	无机汞对消化道黏膜有强烈腐蚀作用，吸入较高浓度的汞蒸气可引起急性中毒，神经功能障碍。烷基汞能在人体内长期滞留，对鸟类、水生脊椎动物会造成危害效应
	Zn^{2+}，7%～25% Pb^{2+}，0.3%～2% Cd^{2+}，100～500mg/kg As^{3+}，40～400mg/kg	铅镉对人体神经系统、造血系统、消化系统、肝、肾、骨骼等都会引起中毒伤害。砷化物具有致癌作用，锌盐对皮肤和黏膜有刺激腐蚀作用。重金属对动植物、微生物有明显危害作用
蒸馏釜残液	苯、苯酚、硝基苯、芳香胺、有机磷农药等	对人体中枢神经、肝、肾、胃、皮肤等造成障碍和损害。芳香胺类、亚硝胺类有致癌作用，对水生生物也有致毒作用
酸渣和碱渣	无机酸、无机碱以及金属离子和盐类	对人体皮肤、眼睛和黏膜有强烈刺激作用，导致皮肤和内部器官损伤、腐蚀，对水生生物如鱼类有严重影响

部分直接排到环境中，造成污染，其危害包括侵占工厂内外大片土地，污染土壤、地下水和大气环境，直接或间接危害人体健康。

以铬盐行业为例，我国化工铬盐行业年产铬渣 10 万～12 万吨，Cr^{6+} 含量 0.3%～2.9%，加上历年积存，铬渣量已达 200 多万吨。这些渣大部分露天堆放，经风吹雨淋，到处流失，污染地表水和地下水，使当地水中 Cr^{6+} 含量超过饮用水标准几十至几百倍，危害人畜。

又如，全国化工企业汞法烧碱、聚氯乙烯和乙醛年耗汞量达到 200t 以上，比国外高几十到几百倍。由于含汞盐泥和废水的排放，当地水体受到严重污染，水质、底泥、水生生物中含汞量超标，严重影响农业、渔业生产和居民身体健康，如我国松花江、辽宁锦州湾、云南螳螂川等水体曾遭受过严重污染。

我国各级化工部门和企业为适应环保的要求，采取了一系列措施来加强管理和监督，努力改造旧设备和工艺，积极开展固废治理和综合回收利用工作，在治理和解决固废污染方面取得了较大进展，开发出一批技术成熟、经济效益较高的处理与综合利用技术。在解决化工固废污染时，应遵循以下原则。

(1) 化工固废治理应从改革工艺路线入手，尽可能采用无毒、无害或低毒、低害的原料和能源，采用不产生或少产生固体废物的新技术、新工艺、新设备，最大限度地提高资源和能源的利用率，将废物消除在生产过程中。

(2) 对于生产过程中不得不排出的废物，应根据其性质采取回收或综合利用措施就地处理。但要注意的是，在利用化工固废回收产品、加工建筑材料或其他制品的过程中，须防止二次污染。

(3) 无法或暂时无法加以综合利用的化工固废，必须采取无害化或焚烧、填埋等手段进行妥善的处理处置。

二、化工固废对生态环境的危害

化工固体废物中的有害、有毒成分主要通过大气、水、土壤、生物、食物链等途径污染

环境影响生态平衡，影响人类正常生产和生活，影响人体健康。其主要危害表现在如下方面。

（1）侵占土地　固体废弃物不加利用就需占地堆放，堆积量越大，占地越多。据估算，每堆积1万吨，约需占地一亩。我国仅煤矸石一项存积量就达10亿吨，侵占农田5万亩。这些矿业尾矿、工业废渣等侵占了越来越多的土地，从而直接影响了农业生产、妨碍了城市环境卫生，而且埋掉了大批绿色植物，大面积破坏了地球表面的植被，这不仅破坏了自然环境的优美景观，更重要的是破坏了大自然的生态平衡。

（2）污染土壤　废物堆置，其中的有害组分容易污染土壤。如果直接利用来自医院、肉类联合厂、生物制品厂的废渣作为肥料施入农田，其中的病菌、寄生虫等，就会使土壤污染。土壤是许多细菌、真菌等微生物聚居的场所，这些微生物形成了一个生态系统，在大自然的物质循环中担负着碳循环和氮循环的一部分重要任务。工业固体废物，特别是有害固体废物，经过风化、雨淋，产生高温、毒水或其他反应，能杀伤土壤中的微生物和动物，降低土壤微生物的活动，并能改变土壤的成分和结构，使土壤被污染。

（3）污染水体　固体废物随天然降水径流进入河流、湖泊，或因较小颗粒随风飘迁、落入河流、湖泊，造成地面水被污染；固体废物随渗沥水渗到土壤中，进入地下水，使地下水受污染；废渣直接排入河流、湖泊或海洋，会造成上述水体的污染。

（4）污染大气　固体废物一般通过下列途径使大气受到污染——在适宜的温度和湿度下，某些有机物被微生物分解，释放出有害气体；细粒、粉末受到风吹日晒可以加重大气的粉尘污染，如粉煤灰堆遇到四级以上风力，可被剥离1～1.5cm，灰尘飞扬可高达20～50m；有些煤矸石堆积过多会发生自燃，产生大量的二氧化硫，采用焚烧法处理固体废物也会使大气污染。

第二节　化工固废的破碎与分选

一、化工固废的破碎

1. 破碎的理论基础

（1）破碎的目的　用外力使大块固体废物分裂成小块的过程称为破碎；使小块固体废物颗粒分裂成细粉的过程称为磨碎。固体废物破碎和磨碎的目的如下。

① 使固体废物的容（体）积减小，便于运输和储存。

② 为固体废物的分选提供所要求的入选粒度，以便有效地回收固体废物中的某种成分。

③ 使固体废物的比表面积增加，提高焚烧、热分解、熔融等作业的稳定性和热效率。

④ 为固体废物的下一步加工做准备，例如，煤矸石的制砖、制水泥等，都要求把煤（矸）石破碎和磨碎到一定粒度以下，以便进一步加工制备使用。

⑤ 对破碎后的生活垃圾进行填埋处置时，压实密度高而均匀，可以加快复土还原。

⑥ 防止粗大、锋利的固体废物损坏分选、焚烧和热解等设备。

（2）固体废物的机械强度　固体废物的机械强度是指固体废物抗破碎的阻力。通常用静载下测定的抗压强度、抗拉强度、抗剪强度和抗弯强度来表示。其中抗压强度最大，抗剪强度次之，抗弯强度较小，抗拉强度最小。

一般以固体废物的抗压强度为标准来衡量。抗压强度大于50MPa者为坚硬固体废物；40～25MPa者为中硬固体废物；小于25MPa者为软固体废物。

固体废物的机械强度与废物颗粒的粒度有关，粒度小的废物颗粒，其宏观和微观裂缝比大粒度颗粒要少，因而机械强度较高。

在实际工程中，鉴于固体废物的硬度在一定程度上反映被破碎的难易程度，因而可以用废物的硬度表示其可碎性。矿物的硬度可按莫式硬度分为十级，其硬度从小到大排列如下：①滑膏；②石膏；③方解石；④萤石；⑤灰石；⑥长石；⑦石英；⑧黄玉石；⑨刚玉；⑩金刚石。各种固体废物的硬度可通过与这些矿物相比较来确定。

在需要破碎的废物中，大多数呈现脆性，废物在断裂之前的变形很小。但也有一些需要破碎的废物在常温下呈现较高的可塑性，这些废物用传统的破碎机难以破碎，需要采取特殊措施。

例如，废橡胶在压力作用下能产生较大的塑性变形而裂，但可利用其低温变脆的性能而有效地破碎。又如破碎金属切削下来的金属屑，压力只能使其压实成团，但不能碎成小片或小条、粉末，必须采用特制的金属切削破碎机进行有效的破碎。

（3）破碎方法　按破碎固体物所用的外力，即消耗能量的形式可分为机械能破碎和非机械能破碎两类方法。机械能破碎是利用破碎工具（如破碎机的齿板、锤子、球磨机的钢球等）对固体废物施力而将其破碎的。非机械能破碎是利用电能、热能等对固体废物进行破碎的新方法，如低温破碎、热力破碎、减压破碎及超声破碎等。

目前广泛应用的是机械能破碎，主要有压碎、劈碎、折断、磨碎和冲击破碎等方法。

选择破碎方法时，需视固体废物的机械强度，特别是废物的硬度而定。对坚硬物采用挤压破碎和冲击破碎十分有效；对脆性废物则采用劈碎、冲击破碎为宜。

一般破碎机都是由两种或两种以上的破碎方法联合作用对固体废物进行破碎的，例如压碎和折断、冲击破碎和磨碎等。

2．破碎机

破碎作业常按给料和排料粒度的大小分为粗碎、中碎和细碎。它们之间的粒度分界线大致如表 13-3 所示。破碎固体废物常用的破碎机类型有颚式破碎机、锤式破碎机、冲击式破碎机、剪切式破碎机、辊式破碎机和球磨机等。

表 13-3　破碎作业的粒度分界

破碎作业	最大给料粒度/mm	排料粒度/mm
粗碎	2000～350	500～100
中碎	350～100	100～20
细碎	100～30	25～3

（1）颚式破碎机　颚式破碎机具有结构简单、坚固、维护方便、高度小、工作可靠等特点。在固体废物破碎处理中，主要用于破碎强度及韧性高、腐蚀性强的废物。例如，煤矸石作为沸腾炉燃料，制砖和水泥原料时的破碎等。其既可用于粗碎，也可用于中、细碎。

（2）锤式破碎机　锤式破碎机主要用于破碎中等硬度且腐蚀性弱的固体废物，还可破碎含水分及油质的有机物、纤维结构、弹性和韧性较强的木块、石棉水泥废料、回收石棉纤维和金属切屑等。

（3）冲击式破碎机　利用板锤的高速冲击和反击板的回弹作用使物料受到反复冲击而破碎的机械。与锤式破碎机相比，反击式破碎机的破碎比更大，并能更充分地利用整个转子的高速冲击能量。具有破碎比大、适应性强、构造简单、外形尺寸小、操作方便、易于维护等特点。适用于破碎中等硬度、软质、脆性、韧性以及纤维状等多种固体废物。我国在水泥、火力、发电、玻璃、化工、建材、冶金等工业部门广泛应用。

（4）剪切式破碎机　剪切式破碎机是通过固定刀和可动刀（往复式刀或旋转式刀）之间

的啮合作用，将固体废物切开或割裂适宜的形状和尺寸，特别适合破碎低二氧化硅含量的松散物料。

（5）辊式破碎机　利用辊面的摩擦力将物料咬入破碎区，使之承受挤压或劈裂而破碎的机械。当用于粗碎或需要增大破碎比时，常在辊面上做出牙齿或沟槽以增大劈裂作用。

按辊子的特点可分为光辊破碎机和齿辊破碎机两种。光辊破碎机的辊子表面光滑，具压挤破碎兼有研磨作用。用于硬度较大的固体废物的中碎和细碎。齿辊破碎机辊子表面带有齿牙，主要破碎形式是劈碎。用于破碎脆性和含泥黏性废物。

辊式破碎机的特点是能耗低、产品过度粉碎程度小、构造简单、工作可靠等。

（6）球磨机　磨碎在固体废物处理与利用中占有重要地位。对于矿业废物和工业废物尤其是这样。例如，在煤矸石生产水泥、砖瓦、矸石棉、化肥和化工原料等；在硫铁矿烧渣炼铁制造球团，回收有色金属、制造铁粉和化工原料、生产铸石等；电石渣生产水泥、砖瓦、回收化工原料等；钢渣生产水泥、砖瓦、化肥、溶剂等过程都离不开球磨机对固体废物的磨碎。

（7）非机械破碎

① 低温破碎　对于常温下难以破碎的固体废物如汽车轮胎、包覆电线、家用电器等，可利用其低温变脆的性能而有效地破碎。亦可利用不同的物质脆化温度的差异进行选择性破碎，即所谓低温破碎技术。

低温破碎通常采用液氮作致冷剂。液氮具有致冷温度低、无毒、无爆炸危险等优点。但制备液氮需耗用大量能源，故低温破碎的对象仅限于常温难破碎的废物，如橡胶和塑料。对塑料低温破碎的研究结果表明，各种塑料的脆化点聚氯乙烯为－5～－20℃、聚乙烯为－95～－135℃、聚丙烯为0～－20℃。

② 超声波破碎　由于超声波与声波一样是一种疏密的振动波，在传播过程中，介质的压力作交替变化。在负压区域，液体中产生撕裂的力，并形成真空的气泡。当声压达到一定值时，气泡迅速增长，在正压区域气泡由于受到压力挤破灭、闭合。此时，液体间相互碰撞产生强大的冲击波。虽然位移、速率都非常小，但加速度却非常大，局部压力可达几千个大气压，这就是所谓的空化效应。

二、化工固废的分选

固体废物分选是实现固体废物资源化、减量化的重要手段，在固体废物处理、处置与回收利用之前必须进行分选，将有用的成分分选出来加以利用，并将有害的成分分离出来。

1. 筛分

筛分是利用筛子将粒度范围较宽的颗粒群分成窄级别的作业。该分离过程可看作是由物料分层和细粒透过筛子两个阶段组成的。物料分层是完成分离的条件，细粒透过筛子是分离的目的。常见的筛分设备有：固定筛、筒形筛和振动筛等。

（1）固定筛　筛面由许多平行排列的筛条组成，可以水平安装或倾斜安装。固定筛由于构造简单、不耗用动力、设备费用低和维修方便，在固体废物处理中广泛应用。

（2）筒形筛　筒形筛是一个倾斜的圆筒，置于若干辊子上，圆筒的侧壁上开有许多筛孔。圆筒以很慢的速率转动（10～15r/min），因此不需要很大动力，这种筛的优点是不会堵塞。筒形筛筛分时，固体废物在筛中不断滚翻，较小的物料颗粒最终通过筛孔筛出。

（3）振动筛　振动筛由于筛面强烈振动，消除了堵塞筛孔的现象，有利于湿物料的筛分，可用于粗、中细粒的筛分，还可以用于振动和脱泥筛分。

2. 重力分选

重力分选是在活动的或流动的介质中按颗粒的密度或粒度进行颗粒混合物的分选过程。

重力分选的介质有：空气、水、重液、重悬浮液等。

（1）重介质分选　重介质有重液和重悬浮液两大类。可以将铝从较重的物料中分离出来，或应用在选煤中。

① 重液　是一些可溶性高密度的盐溶液（$CaCl_2$、$ZnCl_2$ 等）或高密度的有机液体（如 CCl_4、$CHCl_3$ 等），价格昂贵，只在实验室中使用。

② 重悬浮液　是在水中添加高密度的固体颗粒而构成的固-液两相分散体系，其密度可随固体颗粒的种类和含量而变。其中的高密度固体微粒起着加大介质密度的作用，称为加重质。加重质的粒度约 200 目，占 60%～80%，与水混合形成微细颗粒的重悬浮液。

（2）跳汰分选　跳汰分选是在垂直脉冲介质中颗粒群反复交替地膨胀收缩，按密度分选固体废物的一种方法。供料在水介质中受到脉冲力作用，于是整个筛面上的物料层不断地被冲起又落下，颗粒之间频繁接触，逐渐形成一按密度分层的床层。

（3）风力分选（气流分选）　风力分选简称风选，又称气流分选，是以空气为分选介质，将轻物料从较重物料中分离出来的一种方法。

按气流吹入分选设备内的方向不同，风选设备分为两种类型：水平气流（卧式）风选机和上升气流（立式）风选机。水平气流分选机构造简单，维修方便，但分选精度不高，一般很少单独使用，常与破碎、筛分、立式风力分选机组成联合处理工艺。立式风力分选机则分选精度较高。

（4）摇床分选　摇床分选是在一个倾斜的床面上，借助床面的不对称往复运动和薄层斜面水流的综合作用，使细粒固体废物按密度差异在床面上呈扇形分布而进行分选的一种方法。

3. 磁力分选

磁力分选简称磁选。磁选有两种类型：一种是传统的磁选法，另一种是磁流体分选法，后者是近二十年发展起来的一种新的分选方法。传统的磁选是利用固体废物中各种物质的磁性差异在不均匀磁场中进行分选的一种处理方法。磁流体分选法是利用磁流体作为分选介质，在磁场或磁场和电场的联合作用下产生“加重”作用，按固体废物各组分的磁性和密度的差异，或磁、导电性和密度的差异，使不同组分分离。当固体废物中各组分间的磁性差异小，而密度或导电性差异较大时，采用磁流体可以有效地进行分离。

4. 电力分选

电选分离过程是在电选设备中进行的。废物颗粒的电选分离过程，废料由给料斗均匀给入滚筒上，随着滚筒的旋转，废物颗粒进入电晕电场区，由于空间带有电荷，使导体和非导体颗粒都获得负电荷（与电晕电极相反）。导体颗粒一面带电，一面又把电荷传给滚筒，其放电速率快，因此，当废物颗粒随着滚筒的旋转离开电晕电场区而进入静电场区时，导体颗粒的剩余电荷少。

而非导体颗粒则因放电速率慢，致使剩余电荷多。导体颗粒进入静电场后不再继续获得负电荷。但仍继续放电，直至放完全部负电荷，并从滚筒上得到正电荷而被滚筒排斥，在电力、离心力和重力分力的综合作用下，其运动轨迹偏离滚筒，而在滚筒前方落下。偏向电极的静电引力作用更增大了导体颗粒的偏离程度。非导体颗粒由于有较多的剩余负电荷，将与滚筒相吸，被吸附在滚筒上，带到滚筒后方，被毛刷强制刷下，半导体颗粒的运动轨迹则介于导体与非导体颗粒之间，成为半导体产品落下，从而完成电选分离过程。

5. 浮选

浮选是利用废水中的颗粒的疏水性，通过在气浮池中向废水中通入一定尺寸的气泡，使废水中的污染物吸附在气泡上，随气泡的上浮，污染物也随之浮到水面上而形成由气泡、水和污染物形成的三相泡沫层，收集泡沫层即可把污染物与水分离。

第三节 化工固废的焚烧与热解

一、化工固废的焚烧

1. 焚烧法

焚烧法是一种高温热处理技术，即以一定的过剩空气量与被处理的有机废物在焚烧炉内进行氧化燃烧反应，废物中的有害有毒物质在高温下氧化、热解而被破坏，是一种可同时实现废物无害化、减量化、资源化的处理技术。

主要目的是尽可能焚毁废物，使被焚烧的物质变为无害和最大限度地减容，并尽量减少新的污染物质产生，避免造成二次污染。

焚烧法不但可以处理固体废物，还可以处理液体废物和气体废物；不但可以处理城市垃圾和一般工业废物，而且可以用于处理危险废物。危险废物中的有机固态、液态和气态废物，常用焚烧来处理。

2. 焚烧系统

一座大型垃圾焚烧厂通常包括下述八个系统。如图 13-1 所示。

(1) 储存及进料系统　本系统由垃圾储坑、抓斗、破碎机（有时可无）、进料斗及故障排除监视设备组成。

(2) 焚烧炉　主要包括炉床及燃烧室：炉床让垃圾在炉床上翻转和燃烧。燃烧室一般在炉床正上方，可提供燃烧废气数秒钟的停留时间，由炉床下方往上喷入的一次空气，由炉床下方喷入的二次空气。

(3) 废热回收系统　包括布置在燃烧室四周的蒸发器、过热器、节热器、蒸汽汗管、安全阀等装置。

(4) 发电系统　由锅炉产生的高温高压蒸汽被导入发电机后，在急速冷凝中推动发电机的涡轮片，产生电力。

(5) 给水处理系统　主要将给水处理到纯水品质，再送入锅炉水循环系统。处理方法为高级用水处理程序，一般包括活性炭吸附、离子交换及逆渗透等单元。

(6) 废气处理系统　处理从炉体产生的废气以达到排放标准。

(7) 废水处理系统　包括锅炉泄放的废水、洗车废水、灰渣冷却水。

(8) 灰渣收集及处理系统　由焚烧炉体产生的底灰及废气处理单元所产生的飞灰。经冷却收集后合并或分开处理。

3. 焚烧炉

焚烧炉是整个焚烧过程的核心，焚烧炉类型不同，往往整个焚烧反应的焚烧效果不同。焚烧炉的构造大致可分成承载炉床和炉床上空的燃烧室两部分。具体的结构形式与废物的种类、性质和燃烧形式等因素有关，不同的焚烧方式有相应的焚烧炉与之相配合。

目前世界上固体废物焚烧炉的型号已有 200 多种，其中较广泛应用的炉型按照燃烧方式主要可分成机械炉排焚烧炉、回转窑焚烧炉和沸腾流化床焚烧炉等。

(1) 机械炉排焚烧炉　机械炉排焚烧炉（图 13-2）的发展历史最长，技术也最成熟。机械炉排焚烧炉的心脏是机械炉排及燃烧室。炉排的构造及性能和燃烧室几何形状，决定了焚烧炉的性能及固体废物焚烧处理的效果。炉排的主要作用是运送固体废物和炉渣通过炉体，还可以不断地搅动固体废物，并在搅动的同时使从炉排下方吹入的空气穿过固体燃烧

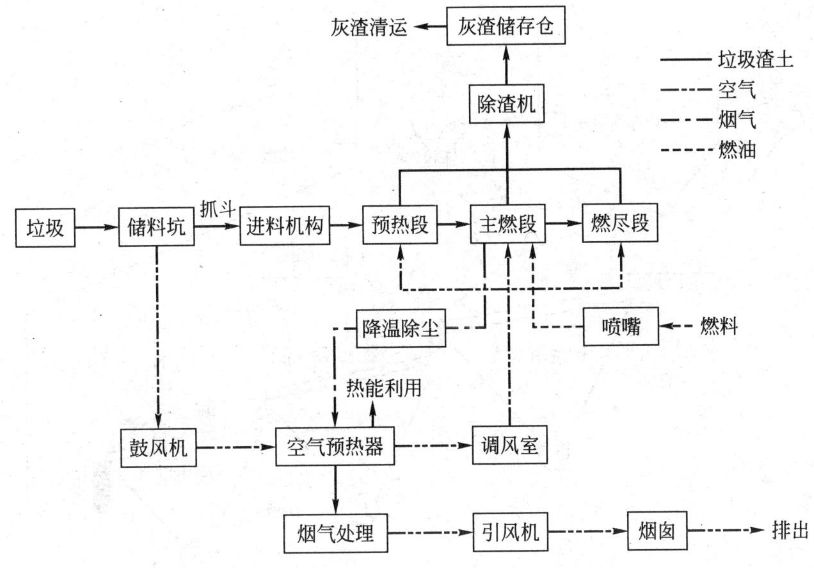

图 13-1 典型垃圾焚烧工艺系统示意图

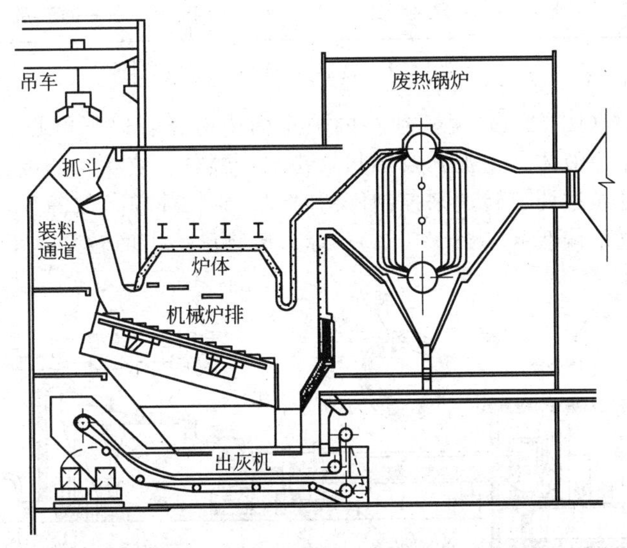

图 13-2 机械炉排焚烧炉结构示意图

层，使燃烧反应进行得更加充分。

机械炉排焚烧炉因其特殊的传动部件构造而具有以下特点：焚烧操作连续化、自动化，处理量大；垃圾燃尽率高，热值利用较彻底；对进料无形态上的要求，无需破碎；设备复杂，传动部件多，维修费用亦高；塑料及其他低熔点化合物会因熔融烧结而损坏设备。图13-3 为炉排焚烧炉的燃烧示意图。

(2) 回转窑式焚烧炉 回转窑是一个略为倾斜而内衬耐火砖的钢制空心圆筒，窑体通常很长。大多数废物物料是由燃烧过程中产生的气体以及窑壁传输的热量加热的。固体废物可从前端送入窑中进行焚烧，以定速旋转来达到搅拌废物的目的。旋转时须保持适当倾斜度，以利于固体废物下滑。

此外，废液及废气可以从前段、中段、后段同时配合助燃空气送入，甚至于整桶装的废物（如污泥）也可送入窑中燃烧。

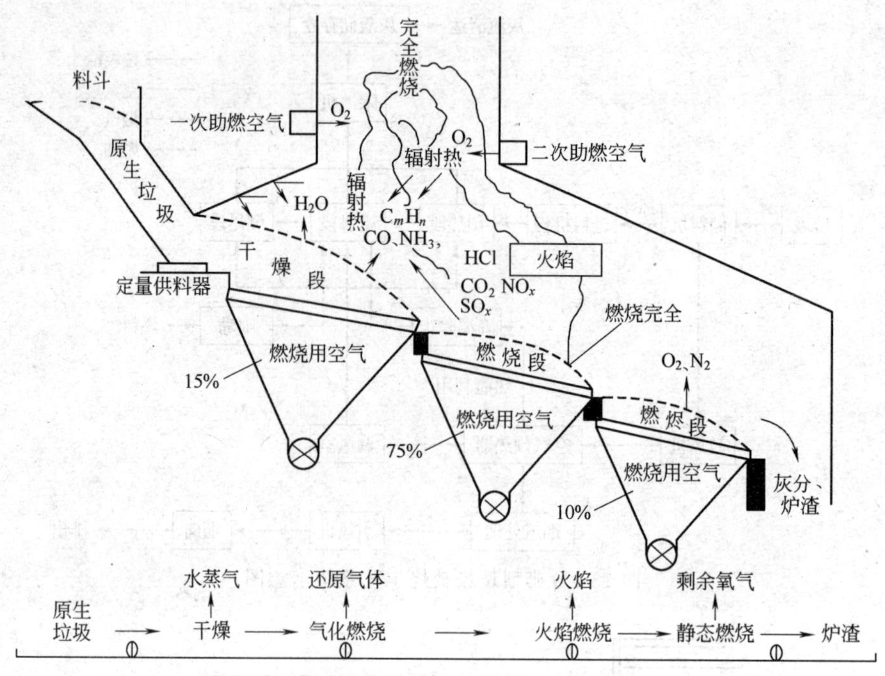

图 13-3 炉排焚烧炉的燃烧示意概念图

回转窑式焚烧炉（图 13-4）因其独特的炉身构造而具有以下特点：进料适应性广，能焚烧不同物态（固体、液体、污泥）及形状（粉末、颗粒、块状）的废物，可在熔融态下工作；工作连续，且可通过调节转速来控制停留时间；结构简单，故障少，维修费用低；过剩空气系数大，故热效率偏低（35%～40%）；球形废物已滚出回转窑，不易完全燃烧。

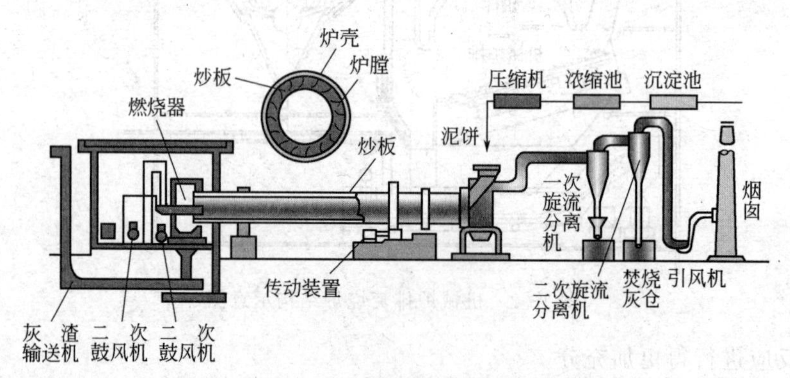

图 13-4 逆流回转焚烧炉

(3) 流化床焚烧炉 流化床焚烧炉（图 13-5）是一垂直的衬耐火材料的钢制容器，在焚烧炉的下部安装有气流分布板，板上装有载热的惰性颗粒（如石英砂）。空气从焚烧炉的下部进入，经过气流分布板使床层产生流态化。固体废物多由炉侧进入炉内，与高温载热体及气流交换热量而被干燥，破碎并燃烧，产生的热量储存于载热体中，并将气流的温度提高。

流化床焚烧炉的燃烧原理是借助高压气流流态化和砂介质的均匀传热与蓄热效果以达到完全燃烧的目的。由于介质之间所能提供的孔道狭小，无法接纳较大的颗粒，因此若是处理固体废弃物，必须先破碎成小颗粒，以利反应的进行。

向上的飞流流速控制着颗粒流体化的程度，气流流速过大时会造成介质被上升气流带入空气污染抑制系统，可外装一旋风除尘器将大颗粒的介质捕集再返送回炉膛内。

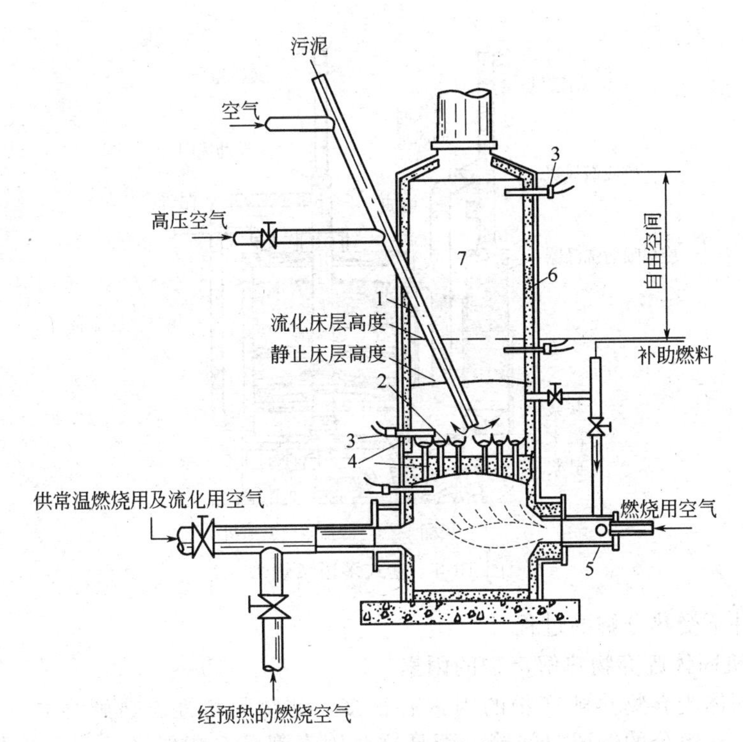

图 13-5　流化床焚烧炉

1—污泥供料管；2—泡罩；3—热电偶；4—分配板；5—补助燃烧喷嘴；6—耐火材料；7—燃烧室

流化床焚烧炉因其特殊的工作原理而具有以下特点：气固混合强烈，过剩空气系数较小，燃烧效率高；传热均匀，床温易于控制；构造简单，造价低，故障率亦低；大块物料需预破碎，废气中粉尘含量高；动力消耗很大。

（4）特殊焚烧炉——多段炉　炉体是一个垂直的内衬耐火材料的钢制圆筒，内部分为许多层，每层是一个炉膛，炉体中央装有带搅动臂的中空中心轴，搅动臂上装有多个方向与每层落料口的位置相配合的搅拌齿。

废物经由炉顶送入，依次向下移动，呈螺旋形运动，助燃空气由中心轴的内筒下部进入；然后进入搅动臂的内筒流至臂端。

多层炉的特点是废物在炉内停留时间长，能挥发较多水分，特别适合处理含水多、热值低的污泥，目前世界70%的污泥焚烧都使用多段炉。但其结构复杂，移动零件多，易出故障，维修费用高。立式多段焚烧炉见图 13-6。

二、化工固废的热解

热化学技术处理垃圾是在高温下对有机固体废弃物进行分解破坏，实现快速、显著减容的同时，对废物中的有机成分加以利用。近年来，有机固体废弃物的热解（或干馏技术）受到国内外的普遍关注。

固体废物的热解与焚烧相比有下列优点：可以将固体废物中的有机物转化为以燃料气、燃料油和炭黑为主的储存性能源；由于是缺氧分解，排气量少，有利于减轻对大气环境的二次污染；废物中的硫、重金属等有害成分大部分被固定在炭黑中；由于保持还原条件，Cr^{3+} 不会转化为 Cr^{6+}；NO_x 的产生量也很少。

1. 热解概念

热解（pyrolysis）在工业上也称为干馏。固体废物热解是利用有机物的热不稳定性，在

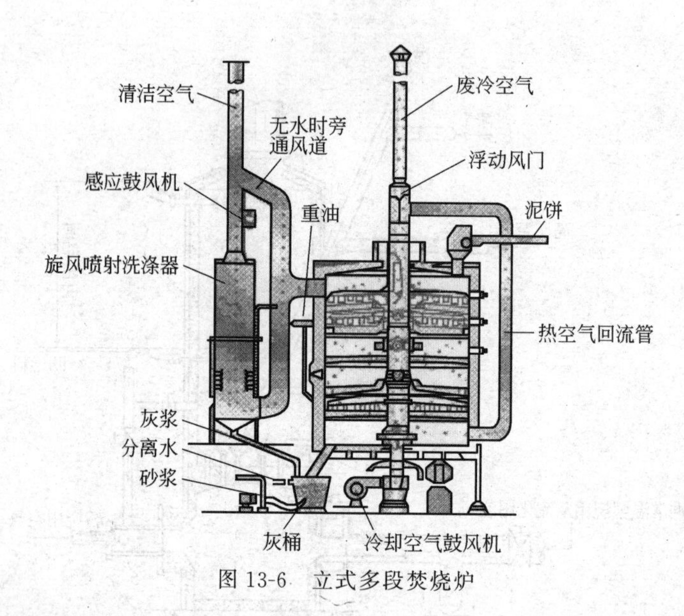

图 13-6 立式多段焚烧炉

无氧或缺氧条件下受热分解的过程。

2. 影响有机固体废弃物热解产物的因素

影响有机固体废弃物热解产物的因素有很多，如物料特性、热解终温、炉型、堆积特性、加热方式、各组分的停留时间等，而且这些因素都是互相偶合的，形成非线性的关系。各种影响因素的关联度大小为：热解终温＞物料特性＞加热速率＞物料的填实度＞物料粒径。热解终温的关联度数值最大，这说明热解终温是最重要的参数之一。

不同的温度分布会导致热解产物的产量和特性的不同，温度的提高可有利于加速反应的进行，而且也可能促使焦油蒸气发生二次裂解反应，使得反应程度加深反应更彻底，同时温度提高，物料的比表面积和孔体积都将扩大，这有利于热解产物的解吸扩散。

物料的工业分析特性将直接影响热解产物的产率。如挥发组分含量对产气率的影响较大；挥发组分和水分的含量对焦油产率的影响较大

3. 典型固体废物的热解

(1) 废塑料的热解　主要产物为 C_1～C_{44} 的燃料油和燃料气以及固体残渣。在通常情况下，产生的燃料气基本上在系统内全部消耗掉，燃料油也部分消耗。

聚烯烃在热作用下可以发生裂解，产生低分子量化合物，有气体、液体、固体，其中气体可作燃气，液体作汽油、柴油等，固体作铺路材料。有催化剂存在时会改变裂解机理或裂解速率，使产物组分发生改变。聚烯烃在催化剂存在下分解，其分解速率大大增加，如 PE（聚乙烯）在熔融盐分解炉中有沸石催化剂存在时，在 420～580℃分解，其分解速率提高 2～7 倍。

废旧 PE（聚乙烯）和 PP（聚丙烯）聚合物在高温下可以发生裂解，随温度不同，裂解产物有所变化。裂解温度在 800℃时，热分解产物大部分是乙烯、丙烯和甲烷；在中等温度 400～500℃之间，热分解产物有液体、气体、固体残留物，其中气体占 20%～40%，液体 35%～70%，残留物 10%～30%；在较低温度下裂解产生较多的高沸点化合物。随温度提高，低分子量物质含量会提高，在常温下为气体。

(2) 橡胶的热解处理　废轮胎高温热解靠外部加热使化学链打开，有机物得以分解或液化、汽化。热解温度在 250～500℃范围内，当温度高于 250℃时，破碎轮胎分解出的液态油和气体会随温度升高而增加。400℃以上时依采用的方法不同，液态油和固态炭黑的产量随气体产量的增加而减少。4%NaOH 溶液是最常用的废轮胎热解催化剂，它能加速高分子链

的断裂，在相同的温度下可以增加液态油的产量，同时提高产品的质量。

轮胎橡胶的热稳定性可以用三个温度区域表示：＜200℃，200～300℃及300℃以上。

在200℃以下无氧存在时，橡胶较稳定。

在200～300℃，橡胶特性黏度迅速改变，低分子量的物质被“热馏”出来，残余物成为不溶性干性物。此时橡胶中的高分子链有些还未断裂，有些断裂成为较大分子量的化学物质，因此产生的油黑而且黏，分子量大，炭黑生成很不完全。

当温度高于300℃时，橡胶分解加快，断裂出来的化学物质分子量较小，产生的油流动性较好，而且透明。

第四节 典型固体废物的处理与利用

一、粉煤灰的处理与利用

1. 粉煤灰简介

粉煤灰是燃煤电厂排出的主要污染物，长期以来主要堆积于储存场或直接排入江河中，不仅占用大量农田（据统计仅我国被粉煤灰占用的农田已经达4万公顷），而且排送粉煤灰又浪费了珍贵的水电资源，更可惜的是排弃粉煤灰浪费了大量宝贵的矿物资源。

粉煤灰实际上是煤的非挥发物残渣。它是煤粉进入1300～1500℃的炉膛，在悬浮燃烧后产生的3种固体产物的总和，包括：①漂灰，它是从烟囱中漂出来的细灰；②粉煤灰，又称飞灰，它是烟道气体中收集的细灰；③炉底灰，是从炉底中排出的炉渣中的细灰。

一般烟煤的灰分含量都小于25%，而褐煤、低品级烟煤以及石煤灰分含量较高，有的高达50%以上。我国煤的平均粉煤灰产出量是25～30kg/t。每10^4kW发电机组排灰渣量（19～110）万吨。

2. 粉煤灰结构

粉煤灰微粒在普通光学显微镜下呈球形，泛贝壳状光泽，是很像粒粒晶莹珍珠的微珠。在扫描电镜下观察，会发现这些微珠并不像在显微镜下看到的中空亮球，而是在微珠的外表有许多不规则的突起，壳壁上可见气孔，而且大颗粒里面包裹了大量的玻璃微珠，像石榴一样，粒径约为6μm。这就是通常所称的子母珠或复珠。

微珠子母珠的包裹结构极大地增加了粉煤灰颗粒的赋存空间，极易使玻璃微珠成为空气中污染有害元素和微量元素的载体。因此，在粉煤灰的后期处理过程中应通过碾磨等方法破坏粉煤灰玻璃微珠的包裹结构，减少赋存空间，同时还能使其中的富铁微珠的外壳与其所包裹的玻璃微珠分离，达到提纯铁的目的。

3. 粉煤灰的物理性质

粉煤灰是固体物质的细分散相，颜色由灰白色至黑色。在粉煤灰的形成过程中，由于表面张力作用，粉煤灰颗粒大部分为空心微珠；微珠表面凹凸不平，极不均匀，微孔较小；一部分因在熔融状态下互相碰撞而连接，成为粗糙表面，棱角较多的蜂窝状粒子，颗粒粒径集中在10～1000μm之间，约占85%以上。

正是基于此，粉煤灰的粒度较细，密度为211～214g/cm^3，低于土壤颗粒的密度，容重15～110g/cm^3，比表面积2000～4000cm^2/g，在粒径上相当于砂级。粉煤灰吸附气态水的能力和吸水的能力与土壤大致相同，最大吸水量在417～1038g/kg间，不同粉煤灰之间的差异较大。

4. 粉煤灰的活性

粉煤灰的活性一般包括物理活性和化学活性。

（1）物理活性　物理活性是指粉煤灰在硅酸盐材料中的颗粒形态效应和微集料效应的总和。它能促进硅酸盐制品的胶凝活性和改善制品的性能（如强度、抗渗性、耐磨性等），是早期活性的主要来源。颗粒形态效应和微集料效应见下面粉煤灰效应假说。

（2）化学活性　粉煤灰的化学活性来源于熔融后被迅速冷却而形成的玻璃态颗粒（多孔玻璃体和玻璃珠）中可溶性的 SiO_2、Al_2O_3 等活性组分。活性 SiO_2、Al_2O_3 在有水存在时，可以与 $Ca(OH)_2$ 反应，生成水化硅酸钙（C—S—H）和水化硅酸铝（A—S—H）。这一性质成为粉煤灰在水泥和混凝土中以及粉煤灰建材制品中应用的基础。

5. 粉煤灰用途

由于粉煤灰含有多种成分元素，因而它是一类来源广泛的再生资源。在发达国家，粉煤灰的利用率很高，应用范围也较广泛。

我国是煤炭生产和消费大国，也是粉煤灰产量最大的国家，而我国粉煤灰的利用率仅为26%，且多用于筑路、填坑及制造建筑材料方面，缺少深加工利用，与先进国家相比，差距很远，加强我国在这方面的科学研究和市场开发，其意义十分重大。

（1）粉煤灰在建筑材料中的应用　电厂排放的粉煤灰可直接用作建筑材料，如可用粉煤灰制作空心砖、砌块和水泥的填料。粉煤灰中含有少量炭，可节省燃料，降低能耗。粉煤灰砖比黏土砖轻10%～20%，可减轻建筑物自重和建筑工人劳动强度。以粉煤灰为主要原料制成的粉煤灰砌块，具有重量轻、热导率小、成型方便、工艺简单等特点，可取代黏土砖，广泛用于建筑行业。

（2）粉煤灰在建筑工程中的应用　粉煤灰在建筑工程中可用于制作砂浆粉和混凝土的掺料。粉煤灰砂浆粉是以粉煤灰为主要原料，按一定比例加入水泥、石灰、石膏等制成。用固化剂固化粉煤灰作建筑材料，其性能优于黏性土料，达到并超过用10%的水泥固化粉煤灰的性能。

（3）粉煤灰在道路工程中的应用　粉煤灰大量应用于高速公路建设，从目前发展趋势看，筑路用灰迅速增长，粉煤灰在水泥混凝土路面、路面基层等方面有广泛的应用。粉煤灰成本远低于水泥，在铺筑水泥混凝土路面时，采用粉煤灰替代水泥，可有效降低工程造价和运输过程中的坍落度损失。

利用粉煤灰代替传统的砂、土或其他填筑材料，不仅可作道路基层混合料，还是路堤填方的好材料，其原因为：渗透性好、密度较小、粒径适中、稳定性好、压缩系数小。因此，粉煤灰作为道路、机场等交通工程中的填筑材料使用，已经成为我国数十年存量众多的粉煤灰资源的一个重要利用途径，起着减少环境污染、降低电厂处理费用、节省土地资源、节约水泥、石料与降低工程费用等综合社会效益的作用。

粉煤灰在道路工程中的应用比较广泛，不仅用于路堤填筑、铁路路基，而且可以用于路面基层和底基层的混合料中以及机场场道基层中。

我国粉煤灰路堤第一条试验公路是在云南324国道上，高7.6m；第一条高速公路试验路堤是在1985年修筑的沪嘉高速公路上；第一条加筋粉煤灰挡墙高速路堤是在1991年青平一级公路上，最高达8.75m。在1993年竣工的济青高速公路上粉煤灰路堤试验段长3625m，消化湿排粉煤灰近40万吨，节约土地300余亩，解决了高填土路基填料不足的困难。

（4）粉煤灰在农业上的应用　粉煤灰在农业中可用于改良土壤和培肥。粉煤灰疏松多孔、表面积大，能保水，透气好，可以明显地改善土壤结构，降低容量，增加孔隙度，提高地温，缩小膨胀率，从而显著改善土壤的物理性质，促进土壤中微生物活性，有利于养分转化，使水、肥、气、热趋向协调，为作物生长创造良好的土壤环境。

在农业方面的具体应用有如下几个方面。

① 利用粉煤灰改良盐碱地　盐碱土或盐渍土因过量的易溶性盐类累积而增高了土壤溶液的渗透压，会造成生理干旱而危害植物及影响植物吸收营养的比例。粉煤灰有改良这种盐碱地的效能，施加粉煤灰的盐碱地土壤变松散，返盐返碱程度轻，可防止或减少由于表土盐分过高而盐害幼苗的现象。

② 利用粉煤灰作堆肥　用粉煤灰堆肥发酵比纯用城市垃圾堆肥慢，不过发酵后热量散失也慢，雨水不易渗下去，对防止肥效流失有利。粉煤灰比垃圾干净，无杂质、无虫卵与病菌，有利于田间操作及减净，有利于减少作物病虫害的传播。把粉煤灰的堆肥施在地里不仅能改良土壤，起到一些肥效，而且也可增加土壤通气与透水性，有利于作物根系的发育。用粉煤灰垫猪圈或牲口圈也是积肥法之一，产生的肥效较好，因为粉煤灰与猪（或牲口）粪尿有充分掺和时间，混合均匀，使肥料易于撒开，能充分发挥肥效作用。

③ 粉煤灰肥料　由于粉煤灰含有锌、铜、硼、钼、铁等微量元素，可将其加工成高效复合肥料，比如制成硅、钙肥。粉煤灰粒径小，流动性好，用作复合肥的原料具有减少摩擦、提高粒肥制成速率的作用，而且能够提高粒肥的抗压强度。粉煤灰多孔，比表面积大，吸附性能好，可吸附某些养分离子和气体，以调节养分释放速率。

④ 用于水稻育秧　农作物育秧往往因马粪不足而以炉灰、砂、土等作覆盖物，可是易影响秧田的质量。实践证实，粉煤灰可代替马粪等作水稻秧田的覆盖物，而且育出的秧苗具有苗壮、根系发达等特点，效果良好。

（5）粉煤灰在环保与化工方面的应用　粉煤灰可有效去除富营养型湖泊表层水和间隙水中的磷酸酶，对造纸、印染、中草药等废水具有一定的净化作用；用粉煤灰作固化剂可对高浓度的少量有害物质进行固化处理，是理想的固化剂。

① 物理吸附　粉煤灰比表面不大，但粒径很小，有众多微孔和次微孔，合适的孔结构为废水中污染物提供了极好的通道与被吸附孔穴。物理吸附主要特征是吸附时粉煤灰颗粒表面能降低、放热，故在低温下可自发进行；吸附无选择性，对各种污染物都有一定的吸附去除能力。

② 化学吸附　粉煤灰分子结构中存在大量 Al—O 和 Si—O 活性基团，能与吸附质化学键或离子发生结合，从而产生吸附。其特点是选择性强，通常为不可逆。

③ 中和反应　粉煤灰组分中含有 $CaCO_3$、MgO、K_2O 等碱性物质，可用来中和气体中的酸性成分，净化含酸性污染物的废水和气体。

④ 制备混凝剂　在粉煤灰中加入少量硫铁矿烧渣和适量氯化钠，在一定温度下用盐酸浸提，即制得集物理吸附和化学混凝为一体的粉煤灰混凝剂。这种混凝剂可用于造纸、制药、印染、制革等工业废水处理。

⑤ 深度处理焦化废水　焦化废水主要是在焦化生产过程中产生的剩余氨水、粗苯终冷水和产品加工过程中的废水，水中含有酚、油、硫化氢、氰化物、硫氰化物、吡啶、苯等多种有害物质。传统的焦化废水处理方法是生化处理，如活性污泥法，外排水 COD 浓度高，不符合国家有关废水排放标准的要求。采用粉煤灰净化生化出口水，可使污染物含量达到国家限值要求，同时有较好的脱色除臭效果。

⑥ 制备烟气脱硫吸收剂　试验证明，在氢氧化钙浆液中加入飞灰，生成水合硅酸钙具有较大的比表面积和含水率，脱硫活性比纯氢氧化钙增加 5 倍，大大提高了脱硫效率。粉煤灰与氢氧化钠反应能够生成沸石，沸石分子筛对二氧化硫吸附作用很强。合成沸石还可用于处理垃圾焚烧烟道气，以去除汞和二噁英等异物。

二、铬渣的处理与利用

1. 铬渣简介

铬渣是金属铬和铬盐生产过程中排放的废渣。通常，每生产 1t 铬盐可排放 3～5t 铬渣。

含铬固体废渣是危险的固体废弃物，它会对周围生态环境造成持续性的污染。铬渣中的有害成分主要是可溶性铬酸钠、酸溶性铬酸钙等六价铬离子。

2. 铬渣中的主要化学成分

铬渣为有毒废渣，具有致癌性，其外观有黄、黑、赭等颜色，铬渣的组成随原料和生产工艺的不同而改变。铬渣中常含有镁、钙、铝等氧化物、三氧化二铬、水溶性铬酸钠（Na_2CrO_4）、酸溶性铬酸钙（$CaCrO_4$）等。国内铬渣生产工艺大体相同，其成分也近似。铬渣主要组成见表13-4。

表 13-4 铬渣组成

组成	Cr_2O_3	CaO	MgO	Al_2O_3
质量分数/%	2.5～4	29～36	20～33	5～8
组成	Fe_2O_3	SiO_2	水溶性 Cr^{6+}	酸溶性 Cr^{6+}
质量分数/%	7～11	8～11	0.28～1.34	0.9～1.49

3. 铬渣的危害和对环境的影响

铬的毒性与其存在状态有极大关系，金属铬不会引起中毒，六价铬比三价铬的毒性高出100倍，且毒性与化合物结构有关。六价铬化合物在高浓度时，具有明显的局部刺激作用和腐蚀作用，低浓度时是常见的致敏物质，体征检查主要以鼻黏膜溃疡和皮肤损伤以及血相变化为主，还可造成鼻中隔穿孔和耳膜穿孔，而影响嗅觉、听觉，出现口角糜烂和铬疮、腹泻等症状。

铬渣本身不具有放射性，但当采用的铬矿石伴生放射性元素时例外。

铬渣中铬化物以四水铬酸钠、铬铝酸钠、碱式铬酸铁和铬酸钙为主，铬渣中水溶性六价铬为0.28%～1.34%，酸溶性六价铬为0.90%～1.46%，它是铬渣的主要污染物，是一种有毒有害的废渣。

1911年德国医生普菲尔就提出铬有致癌性，现有临床资料证明，接触铬盐的工人发生肺癌的危险比一般人高3～30倍，空气中六价铬浓度过大可导致肺癌。动物实验证明，可溶性三价铬也有致癌作用，铬致癌潜伏期可达20～30年。六价铬对鱼的致死浓度为5～177mg/L。

铬渣对环境的影响主要表现在如下方面。

(1) 对大气环境影响。铬渣对大气的影响主要表现在大风使铬渣扬尘，全国每年排放含铬粉尘约2400t，其中大部分为生产过程排放，少部分为铬渣扬尘。

(2) 对土壤和水环境影响。如果铬渣堆场没有可靠的防渗漏设施，遇雨水冲刷，含铬污水四处溢流、下渗，造成对周围土壤、地下水、河道的污染。如锦州铁合金厂周围土壤和地下水污染范围长达12.5km，宽1km，有9个自然村、千眼井受六价铬不同程度的污染。

(3) 对农作物影响。食物中含铬在0.175×10^{-6}～0.47×10^{-6}、饲料中含铬在2×10^{-6}以下，一般认为是允许的。

4. 铬渣的综合利用

(1) 铬渣用于炼铁工业　用铬渣代替白云石、石灰石作为生铁冶炼过程的添加剂，在高炉冶炼过程中六价铬可完全被还原，同时还原后的金属铬进入生铁中使其力学性能、硬度等都有所提高。

(2) 铬渣生产钙镁磷肥　铬渣中含MgO 27%～31%，SiO_2 4%～30%，因此适当调整配料比例，可用铬渣作熔剂生产钙镁磷肥。将磷矿石、白云石、硅石、铬渣及焦炭按一定比例投入高炉，经高温熔融，水淬骤冷，使晶态磷酸三钙转变为松脆的无定形、易被植物吸收的钙镁磷肥。同时在高温还原状态下，铬渣中有毒的六价铬离子被转化成稳定性强、没有毒性的三价铬氧化物存在于玻璃体中，铬渣得到解毒和综合利用。

（3）铬渣用于水泥生产　铬渣外观与铁粉相似，但晒干后为黄白色颗粒，主要矿物组成为硅酸二钙、铁铝酸钙和方镁石（三者含量达70%），与水泥熟料矿物组成相似，这为铬渣用于水泥生产提供了依据。

（4）利用铬渣烧制彩釉玻化砖　将铬渣与陶瓷原料制得的基料按比例充分混合，喷入雾化水，混匀，造粒、用压机成型，干燥后素烧，然后上釉再干燥，最后入窑烧成。

（5）铬渣制造微晶玻璃建筑装饰板　微晶玻璃是一定组成的配合料经熔融成型后，通过特定温度的受控结晶，在均质玻璃体中形成数量大而尺寸细小的晶粒。以铬渣为主要原料制备微晶玻璃，铬渣中的 Cr_2O_3 正是理想的成核剂。

三、赤泥的处理与利用

1. 赤泥简介

赤泥是氧化铝工业生产的废料，化学成分极其复杂，一般每生产1t氧化铝大约产出1.0～1.3t赤泥。

赤泥的产生量与氧化铝的生产方法及矿石品位有关，一般每生产1t氧化铝产出1.5t左右赤泥。据不完全统计，1997年我国排放赤泥约163.5万吨，历年累计堆存量为2164万吨，堆存占地面积为137.8万平方米。赤泥的排放占用大量土地，严重污染环境。

2. 赤泥的化学成分

（1）赤泥的矿物组成　赤泥的主要矿物组成（表13-5）为文石和方解石，含量为60%～65%，其次是蛋白石、三水铝石、针铁矿，含量最少的是钛矿物、菱铁矿、天然碱、水玻璃、铝酸钠和火碱。其矿物组成复杂，且不符合天然土的矿物组合。在这些矿物中，文石、方解石和菱铁矿既是骨架，又有一定的胶结作用；而针铁矿、三水铝石、蛋白石、水玻璃起胶结作用和填充作用。

表13-5　赤泥的矿物组成

组成	β-C_2S	$Fe_2O_3 \cdot nH_2O$	$C_3A+C_3AS_x \cdot (6-2n)\ H_2O$
质量分数/%	50～60	4～7	5～10
组成	$NaS_2 \cdot nH_2O$	$CaCO_3$	$CaO \cdot TiO_2$
质量分数/%	5～10	2～10	2～5

（2）赤泥的物理性质与化学组成　赤泥是氧化铝生产过成中产生的固体废物，其物理性质为：外观呈红色，熔点为1200～1250℃，碱度pH为10～12，粒度为0.08～0.25μm，相对密度2.7～2.9，表观相对密度0.8～1.0。赤泥的化学成分见表13-6。

表13-6　赤泥的化学成分

组成	灼减	SiO_2	Fe_2O_3	Al_2O_3	CaO	Na_2O	K_2O	MgO	TiO_2
质量分数/%	10～12	20～22	8～10	5～7	42～46	2～2.3	0.2～0.4	1～1.5	2～2.2

烧结法赤泥主要含有硅酸二钙、碳酸钙和铝硅酸钠，并含有大量活性矿物，其 SiO_2、Fe_2O_3、Al_2O_3、CaO 组分占80%，可用作水泥生产原料，取代部分黏土和石灰石硅质原料，生产普通硅酸盐水泥。

3. 赤泥的应用

（1）赤泥生产硅酸盐水泥　在生料中掺25%～30%赤泥可以生产普通硅酸盐水泥和油

田水泥，此外还可以利用赤泥作混合材生产赤泥硅酸盐水泥和赤泥硫酸盐水泥。赤泥硅酸盐水泥中赤泥掺量为42%左右，而赤泥硫酸盐水泥是一种少熟料水泥，其配比为水泥熟料15%、赤泥70%、石膏15%，这种水泥具有较好的抗冻性和耐腐蚀。

(2) 利用烧结法赤泥制造炼钢用保护渣　烧结法赤泥含有 SiO_2、Al_2O_3、CaO 等组分，含有 Na_2O、K_2O、MgO 溶剂组分，还具有熔体的一系列物化特性。该渣资源丰富，组成成分稳定，是生产钢铁工业浇铸用保护材料的理想原料。赤泥制成的保护渣按其用途可大体分为：普通渣、特种渣和速溶渣几种类型；适用于碳素钢、低合金钢、不锈钢、纯铁等钢种和锭型。应用这种保护渣浇铸，一般在锭模内加入量为2～2.5kg/t。实践证明，这种赤泥制成的保护渣可以显著降低钢锭头部及边缘增炭，提高钢锭表面质量，提高钢坯成材质量和金属回收率，具有比其他保护材料强的同化性能，其主要技术指标可达到或超过国内外现有保护渣的水平。

(3) 利用赤泥制造硅钙肥料　烧结赤泥中含有多种农作物生长需要的常量因素（Si、Ca、Fe、Mg、K、S、P）和微量元素（Mo、Zn、V、B、Cu)，且具有较好的弱酸溶解性，可以用作微量元素复合肥。

(4) 利用赤泥生产赤泥塑料　用赤泥作塑料填充剂，能改善 PVC 的加工性能，提高 PVC 的抗冲击强度、尺寸稳定性、黏合性、绝缘性、耐碱性和阻燃性。此外，这种塑料有良好的抗老化性能，比普通 PVC 制品寿命提高3～4倍，生产成本低2%左右。赤泥对 PVC 树脂有良好的相容性，是一种优质塑料填充剂，可取代轻质碳酸钙且起部分稳定剂作用。赤泥作为普通 PVC 复合材料填充剂的突出优点是成本低，在提高材料的抗低温和光热老化性、耐磨性等方面均有明显效果，抗张强度也有较大幅度提高。

(5) 用赤泥生产流态自硬砂硬化剂　利用赤泥铸造流态自硬砂硬化剂，这种赤泥硬化剂造型强度较其他硬化剂大，一般8h的强度达 $8kg/cm^2$。赤泥在硬化剂自硬砂中配入比为4%～6%。

(6) 用赤泥制造人工轻骨料　首先使含水10%～16%的赤泥造粒，如含水率不到10%时，就难以造粒；如超过16%时，造粒物将不规则，且强度低。因此，要生产合格的人工骨料，其赤泥原料必须调整含水率为10%～16%。如赤泥有过剩的水分，要干燥去除水分，若赤泥含水在10%以下时，要添加赤泥浆或水进行调整。也可与薪土、页岩、火山灰等混合使用，其配比量约占10%以下。一般采用回转型造粒机进行造粒。

为了防止在煅烧时因急速加热而发生造粒崩溃，首先要进行干燥，使其含水率降到3%以下，其次在1100～1300℃的温度下烧结，如低于1200℃时烧结就不充分，强度较低；如超过1300℃，赤泥开始软化，颗粒之间相互融合，难以达到骨料要求；1200℃左右烧结最为理想，具有较好的强度和外形，具有优于天然骨料的特性。

复习思考题

1. 化工固废的治理应遵从哪些原则?
2. 化工固废对生态环境有哪些危害?
3. 化工固废的处理有哪些步骤？各有何作用?
4. 你对化工固废的资源化有何看法?

参 考 文 献

[1] 刘景良. 化工安全技术. 第2版. 北京：化学工业出版社，2008.
[2] 贾素云. 化工环境科学与安全技术. 北京：国防工业出版社，2009.
[3] 金适. 清洁生产与循环经济. 北京：气象出版社，2007.
[4] 刘景良. 大气污染控制工程. 第2版. 北京：中国轻工业出版社，2012.
[5] 张自杰主编. 排水工程：下册. 第4版. 北京：中国建筑工业出版社，2000.
[6] 刘雨，赵庆良，郑兴灿. 生物膜法污水处理技术. 北京：中国建筑工业出版社，2000.
[7] 沈耀良，王宝贞. 废水生物处理新技术：理论与应用. 北京：中国环境科学出版社，2006.
[8] 张宝军主编. 水污染控制技术. 北京：中国环境科学出版社，2007.
[9] 王金梅，薛叙明主编. 水污染控制技术. 北京：化学工业出版社，2006.
[10] 丁亚兰. 国内外废水处理工程设计实例. 北京：化学工业出版社，2000.
[11] 陶俊杰等编. 城市污水处理技术及工程实例. 北京：化学工业出版社，2005
[12] 肖锦. 城市污水处理及回用技术. 北京：化学工业出版社，2002.
[13] 张忠祥，钱易. 废水生物处理新技术. 北京：清华大学出版社，2004.
[14] 童志权等. 工业废气净化与利用. 北京：化学工业出版社，2001.
[15] 蒋文举等. 大气污染控制工程. 成都：四川大学出版社，2001.
[16] 李连山等. 大气污染控制工程. 武汉：武汉理工大学出版社，2003.
[17] 何志桥等. 生物法处理 NO_x 的研究进展. 环境污染治理技术与设备，2003，19（3）：27-31.
[18] 毕列锋等. 微生物法净化含 NO_x 废气. 环境工程，1998，16（3）：37-39.
[19] 郭东明. 硫氮污染防治工程技术及其应用. 北京：化学工业出版社，2001.
[20] 聂永丰. 三废处理工程技术手册：固体废物卷. 北京：化学工业出版社，2000.
[21] 王绍文，梁富智，王纪曾编著. 固体废弃物资源化技术与应用. 北京：冶金工业出版社，2003.
[22] 庄伟强，尤峥. 固体废物处理与处置. 北京：化学工业出版社，2004.
[23] 汪大翚，徐新华，赵伟荣. 化工环境工程概论. 北京：化学工业出版社，2007.
[24] 赵由才. 实用环境工程手册：固体废物污染控制与资源化. 北京：化学工业出版社，2002.
[25] 董保澍. 固体废物的处理与利用. 第2版. 北京：冶金工业出版社，2000.
[26] 廖宗文. 工业废物的农用资源化：理论、技术与实践. 北京：中国环境科学出版社，1996.